COURS

DE

GÉOMÉTRIE ANALYTIQUE PLANE.

COLLECTION NATIONALE
DE CLASSIQUES A L'USAGE DE L'ENSEIGNEMENT MOYEN

COURS
DE
GÉOMÉTRIE ANALYTIQUE PLANE

PAR V. FALISSE
DOCTEUR EN SCIENCES PHYSIQUES ET MATHÉMATIQUES
PROFESSEUR DE MATHÉMATIQUES SUPÉRIEURES A L'ATHÉNÉE ROYAL DE LIÉGE
PROFESSEUR AGRÉGÉ A LA FACULTÉ DES SCIENCES DE L'UNIVERSITÉ
DE LA MÊME VILLE, ETC.

MONS
HECTOR MANCEAUX, IMPRIMEUR-LIBRAIRE-ÉDITEUR
BRUXELLES. — HENRI MANCEAUX, LIBRAIRE

1873

GÉOMÉTRIE ANALYTIQUE.

CHAPITRE Ier.

APPLICATION DE L'ALGÈBRE A LA RÉSOLUTION DES PROBLÈMES DE GÉOMÉTRIE DÉTERMINÉS.

—

§ 1er.

OBJET DE LA GÉOMÉTRIE ANALYTIQUE. — DE L'HOMOGÉNÉITÉ.

1. Objet de la Géométrie analytique. — La géométrie analytique a pour objet de montrer comment on doit s'y prendre pour appliquer l'algèbre à la résolution des questions de géométrie ; et réciproquement comment on parvient à traduire, en géométrie, les résultats de l'analyse.

Nous ne nous occuperons spécialement que de la géométrie plane, ou à deux dimensions.

2. — Pour mesurer les quantités d'une certaine espèce, on les compare à une grandeur de la même espèce que l'on prend pour unité, et on les représente ainsi par des nombres. On conçoit par là que les questions de géométrie peuvent se ramener à des questions de nombres, et qu'une relation entre les dimensions d'une figure, n'est autre chose qu'une équation entre les nombres qui les mesurent.

Par exemple, le théorème du carré de l'hypothénuse qui, dans son acception géométrique, signifie que :

La surface du carré construit sur l'hypothénuse d'un triangle rectangle est égale à la somme des surfaces des carrés construits sur les deux côtés de l'angle droit,

donne lieu à la relation numérique suivante :

Le carré du nombre qui mesure l'hypothénuse d'un triangle

rectangle, est égal à la somme des carrés des nombres qui mesurent les deux côtés de l'angle droit.

De sorte que si l'on représente par a, b, c ces trois nombres, on aura l'équation :

$$a^2 = b^2 + c^2.$$

Réciproquement, une équation algébrique peut être traduite en théorème de Géométrie. Ainsi l'équation

$$(a+b)(a-b) = a^2 - b^2,$$

signifie que :

La surface du rectangle construit sur la somme et la différence de deux droites, est égale à la différence des surfaces des carrés construits sur chacune de ces droites.

Ordinairement, les grandeurs données sont représentées par les premières lettres de l'alphabet, et les inconnues par les dernières.

Eclaircissons ce qui précède par un exemple facile à traiter.

Problème. — Inscrire un carré dans un triangle.

Soit ABC le triangle donné. Supposons le problème résolu, et soit EFGD le carré cherché. Représentons par a la base BC du triangle, par h la hauteur AH, et par x le coté ED du carré.

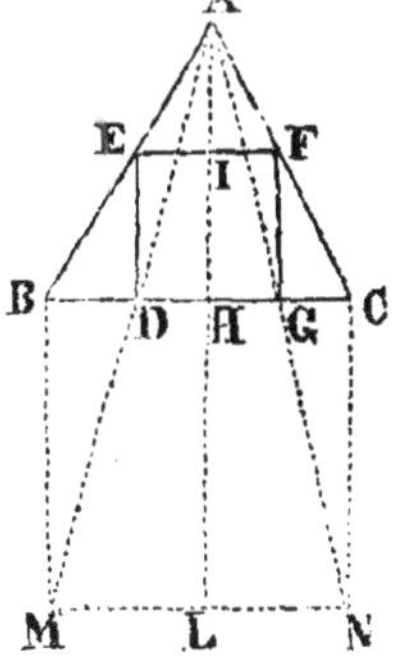

Les triangles semblables ABC et AEF donneront

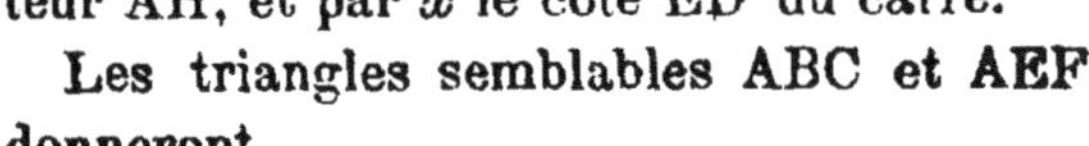

$$\frac{BC}{EF} = \frac{AH}{AI},$$

ou

$$\frac{a}{x} = \frac{h}{h-x};$$

d'où l'on tire

$$x = \frac{ah}{a+h},$$

ou, ce qui revient au même

$$\frac{a+h}{h} = \frac{a}{x}.$$

La distance x est donc une quatrième proportionnelle aux trois longueurs $a+h$, h et a. Pour construire cette quatrième proportionnelle, faisons sur le côté BC le carré BCMN, puis menons les droites AM, AN ; elles couperont BC en deux points qui seront précisément les sommets D et G du carré cherché. En effet, les triangles semblables AMN et ADG donnent :

$$\frac{AL}{AH} = \frac{MN}{DG},$$

ou

$$\frac{a+h}{h} = \frac{a}{DG};$$

donc DG est x.

3. Sans avoir besoin de multiplier les exemples, on voit, par ce qui précède, que la résolution par l'algèbre d'un problème de géométrie, se compose de trois parties :

1° La mise du problème en équation; 2° la résolution des équations obtenues; 3° la construction des formules trouvées.

De ces trois parties, la seconde est simplement une question d'algèbre, et, par conséquent, nous n'avons pas à nous en occuper ici : quant aux deux autres, elles sont essentiellement du ressort de la géométrie analytique; mais avec cette différence que la mise en équation d'un problème n'est soumise à aucune règle certaine, tandis que la construction des racines des équations que l'on obtient est assujettie à une méthode régulière et uniforme. En conséquence, nous allons nous occuper d'abord de la construction des expressions algébriques, puis nous ferons connaître les préceptes qu'il convient de suivre pour mettre en équations les problèmes de géométrie.

4. Avant d'exposer les procédés que l'on emploie pour construire les expressions algébriques, nous développerons les principes sur lesquels repose l'application de ces procédés.

5. De l'homogénéité. — Un polynome est dit homogène, et du degré m, quand tous ses termes sont du degré m. Si, dans un tel polynome, on multiplie chaque lettre par un même facteur k, le polynome sera multiplié par k^m.

Plus généralement, on dit qu'une fonction $f(a, b, c)$ est homogène et du degré m, lorsqu'en remplaçant a par ka, b par kb, et c par kc, on a

$$f(ka, kb, kc) = k^m f(a, b, c).$$

Telles sont, par exemple, les fonctions

$$a^2 + 2ab, \quad \frac{a\sqrt{b} + b\sqrt{c}}{a+b}, \quad \frac{a+\sqrt{ab}}{a+c}, \quad \frac{a}{a^3-b^3}.$$

Le degré de la première est 2, celui de la seconde $\frac{1}{2}$, celui de la troisième 0, et celui de la quatrième —2.

6. Il est facile de voir

1° Que la somme ou la différence de deux fonctions homogènes du degré m, est elle-même une fonction homogène du degré m.

2° Que le produit de plusieurs fonctions homogènes de degrés quelconques m, n, p... est une fonction homogène du degré $m+n+p+$...

3° Que le quotient de deux fonctions homogènes des degrés m et p, est une fonction homogène du degré $m-p$.

4° Que la puissance d'une fonction homogène, est une fonction homogène dont le degré est égal au produit du degré de la fonction par l'exposant de la puissance.

5° Que la racine d'une fonction homogène, est une fonction homogène dont le degré est égal au quotient du degré de la fonction, divisé par l'indice de la racine.

6° Qu'une fonction transcendante d'une fonction homogène et du degré zéro, est elle-même une fonction homogène et du degré zéro.

Ainsi,

$$\sin \frac{a}{b} + \lg \frac{a+\sqrt{bc}}{a-\sqrt{bc}},$$

est une fonction homogène.

7. — Théorème. Lorsqu'une équation $f(a, b, c) = o$, existe entre les diverses longueurs d'une figure, si, dans cette équation, on remplace a par ka, b par kb, c par kc, l'équation ainsi obtenue doit être satisfaite, quelle que soit la valeur attribuée à k.

En effet, pour établir une relation entre les diverses lignes d'une figure, il faut choisir une unité arbitraire, puis représenter par des lettres a, b, c,... les nombres qui mesurent ces lignes ; soit

$$(1) \qquad f(a, b, c, \ldots) = o,$$

l'équation trouvée. Les raisonnements et les calculs que l'on a faits, pour arriver à cette équation, sont complétement indépendants de l'unité choisie, de sorte que si l'on prend une autre unité, et que l'on représente par a', b', c', ... les nombres qui mesurent les lignes de la figure au moyen de cette nouvelle unité, on devra avoir entre les nombres a', b', c', ... la même équation qu'entre les nombres a, b, c, ... de sorte qu'on aura encore

$$f(a', b', c', \ldots) = o. \qquad (2)$$

Soit k le rapport de la nouvelle unité à l'ancienne, nous aurons:

$$\frac{a'}{a} = \frac{b'}{b} = \frac{c'}{c} = \ldots = k,$$

d'où

$$a' = ak, \quad b' = bk, \quad c' = ck, \ldots.$$

Substituant dans l'équation (2), il viendra :

$$f(ak, bk, ck, \ldots) = o. \quad (3)$$

Or, la nouvelle unité est arbitraire, donc le rapport k est quelconque, et l'équation (3) doit être vérifiée quelle que soit la valeur que l'on attribue à k.

8. — Corollaire. — Le théorème a évidemment lieu quand le premier membre de l'équation proposée est homogène; car alors, m étant le degré d'homogénéité, on a

$$f(ka, kb, kc, \ldots) = k^m . f(a, b, c, \ldots) = o.$$

Mais on a

$$f(a, b, c, \ldots) = o\ ;$$

donc, l'équation (3) est satisfaite quel que soit k.

Il résulte de là que l'homogénéité de l'équation est une condition suffisante pour l'existence du théorème ; nous allons démontrer (en nous bornant au seul cas des équations algébriques entières), que si une équation algébrique entière, a lieu indépendamment de l'unité à laquelle sont rapportées les quantités de même espèce qu'elle renferme, cette équation est nécessairement homogène.

En effet, soit

$$f(a, b, c, \ldots) = o$$

une équation algébrique dans laquelle les lettres a, b, c.... représentent les valeurs numériques des lignes de la figure, mesurées avec une unité arbitraire.

On pourra, en séparant un monome A des autres termes, écrire l'équation proposée de cette manière :

$$A + \varphi(a, b, c, \ldots) = o,$$

$\varphi(a, b, c, \ldots)$ désignant une fonction algébrique entière quelconque dont la valeur ne peut être nulle, puisque le monome A est différent de zéro.

Si l'on fait varier l'unité qui a donné, pour mesure des lignes de la figure, les nombres a, b, c, etc., et qu'on prenne une nouvelle unité qui soit, par exemple, k fois moindre que la première, il est clair que les longueurs des lignes représentées d'abord par a, b, c, etc., auront pour valeurs numériques ak, bk, ck, etc. De sorte qu'en désignant par m le degré du monome A, la valeur de ce monome deviendra Ak^m, et $\varphi\ (a,\ b,\ c,\ \ldots)$ prendra la valeur $\varphi\ (ak,\ bk,\ ck,\ \ldots)$.

Or, l'équation

$$(1) \qquad A + \varphi\ (a,\ b,\ c,\ \ldots) = o$$

exprime une relation qui, par hypothèse, doit exister quelle que soit l'unité qui serve à mesurer les lignes de la figure, on a donc :

$$(2) \qquad Ak^m + \varphi\ (ak,\ bk,\ ck,\ \ldots) = o.$$

Cela posé, si l'on multiplie par k^m l'équation (1), elle devient :

$$(3) \qquad Ak^m + k^m\ \varphi\ (a,\ b,\ c,\ \ldots) = o\ ;$$

et, en comparant les équations (2) et (3) on voit que

$$\varphi\ (ak,\ bk,\ ck,\ ..) = k^m\ \varphi\ (a,\ b,\ c,\ \ldots)$$

Donc, en remplaçant les variables a, b, c, etc., par ak, bk, ck, etc., la fonction

$$A + \varphi\ (a,\ b,\ c,\ \ldots)$$

devient

$$Ak^m + k^m\ \varphi\ (a, b, c,\ \ldots),\ \text{ou}\ [A + \varphi\ (a, b, c,\ \ldots)]\ k^m\ ;$$

par conséquent, l'équation

$$A + \varphi\ (a, b, c,\ \ldots) = o,$$

ou

$$f\ (a, b, c,\ \ldots) = o$$

est homogène.

9. Cette démonstration suppose nécessairement qu'aucune des quantités que l'on considère dans la question n'a été prise pour unité. Car *l'unité* n'étant jamais employée comme multiplicateur ni comme diviseur, on ne pourrait pas écrire, dans les termes où cette quantité prise pour unité entre comme multiplicateur ou comme diviseur, que cette unité est devenue k fois plus petite.

10. — L'homogénéité cesse donc d'exister lorsqu'on prend pour unité l'une des quantités que l'on considère ; mais on la rétablit facilement. Soient, en effet, A, B, C, D,... des grandeurs de même espèce ; prenons la grandeur A pour unité, et représentons par b, c, d, les rapports des autres grandeurs B, C, D,... à A; l'équation du problème que l'on pourra représenter par

$$\varphi(b, c, d, \ldots) = o,$$

ne sera pas homogène. Rapportons les quantités A, B, C, D, .. à une nouvelle unité λ, et appelons a', b', c', d', ... leurs rapports à cette nouvelle unité, nous aurons :

$$A = a'\lambda, B = b'\lambda, C = c'\lambda, D = d'\lambda, \ldots.$$

d'où l'on déduit :

$$b = \frac{B}{A} = \frac{b'}{a'}, \ c = \frac{C}{A} = \frac{c'}{a'}, \ d = \frac{D}{A} = \frac{d'}{a'}, \ldots$$

En substituant ces valeurs dans l'équation

$$\varphi(b, c, d, \ldots) = o,$$

on trouve

$$\varphi\left(\frac{b'}{a'}, \frac{c'}{a'}, \frac{d'}{a'}, \ldots\right) = o,$$

ou, en supprimant les accents qui sont maintenant inutiles,

$$\varphi\left(\frac{b}{a}, \frac{c}{a}, \frac{d}{a}, \ldots\right) = o,$$

équation homogène, puisqu'aucune des quantités qui y entrent n'a été prise pour unité.

En comparant l'équation proposée $\varphi(b, c, d, \ldots) = o$, avec la transformée $\varphi\left(\frac{b}{a}, \frac{c}{a}, \frac{d}{a}, \ldots\right) = o$, on voit que quand une des quantités aura été prise pour unité, il faudra, pour rétablir l'homogénéité, représenter cette quantité par une lettre, puis remplacer les quantités qui sont de même espèce que celle-ci, par leurs rapports à cette quantité, ou, ce qui est la même chose, introduire cette quantité comme multiplicateur ou comme diviseur dans tous les termes de l'équation, selon qu'il en sera besoin pour que tous les termes soient du même degré.

Supposons, par exemple, que x représente une ligne, et qu'ayant pris une certaine ligne pour unité, on ait trouvé

$$x = \sqrt{a - \frac{b^2 c}{d^4}};$$

Représentons par λ la ligne prise pour unité, et remplaçons les quantités x, a, b, c et d par $\frac{x}{\lambda}$, $\frac{a}{\lambda}$, $\frac{b}{\lambda}$, $\frac{c}{\lambda}$ et $\frac{d}{\lambda}$, il viendra

$$x = \sqrt{a\lambda - \frac{b^2 c \lambda^3}{d^4}},$$

expression homogène.

Plus simplement, on aurait pu observer que le premier membre étant du premier degré, la quantité soumise au radical doit être du second degré. Or, sous le radical, le premier terme est du degré 1 et le second du degré — 1, donc on multipliera le premier par λ, et le second par λ^3.

11. Il est important de remarquer qu'une équation peut renfermer des grandeurs de natures différentes ; alors il peut se présenter deux cas :

1° Les unités respectives sont indépendantes les unes des autres, et alors l'équation devra être homogène par rapport à toutes ces grandeurs. Ainsi l'équation

$$a^2\, vf^2\, t^2 - 3\, a'^2\, v'\, f'^2\, t'^2 + 2\, a''^2\, v''\, f''^2\, t''^2 = o,$$

dans laquelle a, a', a'' représentent des longueurs, v, v', v'' des vitesses, f, f', f'' des forces, et t, t', t'' des temps, est homogène.

2° Plusieurs unités peuvent dépendre les unes des autres, alors l'homogénéité n'existera qu'en ayant égard à leur subordination mutuelle. Ainsi, par exemple, s'il entre dans la question proposée des lignes, des aires et des volumes, on doublera les exposants des facteurs qui représentent des aires, et on triplera ceux des facteurs qui expriment des volumes. C'est ainsi que l'on reconnaît que l'équation

$$v = 3\, a^2\, b - 6\, d\, s,$$

dans laquelle a, b et d représentent des lignes, s une surface, et v un volume, est homogène.

12. Remarque I. — Une équation peut contenir des lettres qui représentent des angles. Or, on mesure un angle en décrivant un cercle de son sommet comme centre avec un rayon arbitraire, et prenant le rapport de la longueur de l'arc à celle du rayon ; les angles sont donc représentés par des nombres indépendants de l'unité de longueur. Il en est de même des lignes trigonométriques, qui sont aussi des rapports au rayon du cercle. Dans le principe d'homogénéité, on fera donc abstraction des angles et de leurs fonctions trigonométriques.

C'est ainsi que l'équation

$$\rho^2 - 2\,a^2 \cos.\, 2\,\omega = o$$

est homogène par rapport aux deux longueurs ρ et a qu'elle renferme.

13. Remarque II. — Le principe de l'homogénéité est d'une grande utilité dans les calculs ; il permet de vérifier à chaque instant, soit les raisonnements à l'aide desquels on a posé les équations du problème, soit les transformations que l'on a fait subir à ces équations.

§ II.

CONSTRUCTION DES EXPRESSIONS ALGÉBRIQUES.

14. Nous supposerons dans tout ce qui va suivre que l'expression à construire a été rendue homogène, si elle ne l'était pas. Car celle des lignes de la question que l'on aurait prise pour unité, n'entrant pas dans l'expression, on ne saurait reconnaître à quelle construction elle devrait être soumise.

L'expression de la quantité inconnue à construire peut être rationnelle ou irrationnelle, et dans chacun des deux cas, elle peut être monome ou polynome. Nous nous occuperons d'abord des quantités rationnelles, et dans ce seul cas, savoir que la formule proposée représente une ligne droite.

15. Si la quantité à construire est entière, elle n'aura qu'une dimension, et sera exprimée par une équation de la forme

$$x = a - b + c - d + e.$$

Pour la construire, il suffira de porter sur une droite indéfinie, et dans un même sens, à partir d'un point fixe O, des longueurs OA, AC, CE, respectivement égales aux lignes a, c et e,

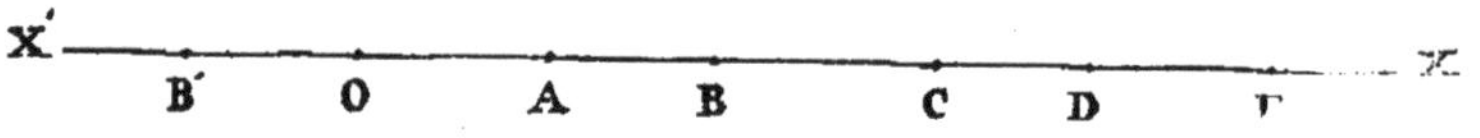

X' B' O A B C D E X

qui sont toutes précédées du signe +, puis de porter, à partir du point E, et en sens contraire, des longueurs ED, DB ou DB', respectivement égales aux lignes d et b qui sont précédées du signe —. La valeur de X sera OB ou OB', et devra être considérée comme positive ou négative, suivant que le point B tombera à droite ou à gauche de l'origine O.

16. Si la valeur de x est fractionnaire et de la forme

$$x = \frac{ab}{c},$$

on la construira en cherchant une quatrième proportionnelle aux trois lignes c, b et a.

Si elle est de la forme

$$x = \frac{abcd}{mnp},$$

on l'écrira

$$x = \frac{ab}{m} \cdot \frac{c}{n} \cdot \frac{d}{p};$$

et pour la construire, on cherchera une quatrième proportionnelle y aux trois lignes m, b et a, puis une quatrième proportionnelle z aux trois lignes n, c et y, et enfin une quatrième proportionnelle x aux trois lignes p, d et z. En effet, on a successivement,

$$my = ab, \quad nz = cy, \quad px = dz.$$

En multipliant membre à membre toutes ces égalités, on trouve:

$$mnpxyz = abcdyz,$$

ou

$$x = \frac{abcd}{mnp}.$$

On peut lier les constructions de manière à les abréger.

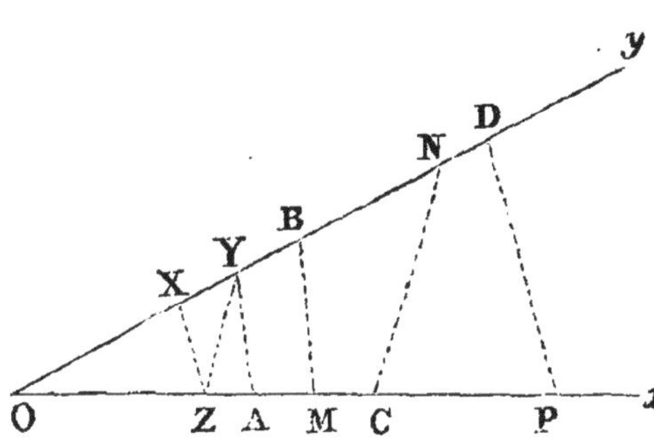

Menons deux droites Ox et OY sous un angle quelconque, et portons alternativement sur chacune d'elles, à partir du point O, des longueurs OA, OB, OC, OD, OM, ON et OP respectivement égales à a, b, c, d, m, n, et p ; joignons BM, CN et DP. Par A menons AY parallèle à BM ; par Y menons YZ parallèle à CN ; enfin par Z menons ZX parallèle à DP, OX sera la valeur de x.

En effet, à cause des triangles semblables OBM, OAY, on a

$$\frac{OM}{OA} = \frac{OB}{OY}, \text{ ou } \frac{m}{a} = \frac{b}{y};$$

des triangles ONC, OYZ, on tire

$$\frac{ON}{OY} = \frac{OC}{OZ}, \text{ ou } \frac{n}{y} = \frac{c}{z};$$

enfin les triangles ODP, OZX donnent

$$\frac{OP}{OZ} = \frac{OD}{OX}, \text{ ou } \frac{p}{z} = \frac{d}{x}.$$

Remarquons qu'il y aura toujours autant de quatrièmes proportionnelles à chercher, qu'il y a d'unités dans le degré du dénominateur.

17. — Si la valeur de x est une fraction à termes polynomes, chacun des termes du numérateur aura une dimension de plus que chacun des termes du dénominateur. La valeur de x sera donc de la forme

$$x = \frac{a^3 b - 3a^2 bc + 4c^2 d^2}{2ab^2 + 5bc^2 - d^3}.$$

Pour construire cette valeur, je choisis une ligne arbitraire λ; je divise chacun des termes de la fraction par une puissance de λ inférieure d'une unité au degré de ce terme, puis je multiplie le numérateur par λ pour rétablir l'homogénéité, il vient

$$x = \frac{\lambda\left(\frac{a^3 b}{\lambda^3} - 3\frac{a^2 b c}{\lambda^3} + 4\frac{c^2 d^2}{\lambda^3}\right)}{2\frac{ab^2}{\lambda^2} + 5\frac{bc^2}{\lambda^2} - \frac{d^3}{\lambda^2}}$$

Chacun des termes entre parenthèses au numérateur, ainsi que chacun des termes du dénominateur, se construira par la règle du numéro précédent ; en représentant par A, B, C, M, N et P les valeurs de ces termes, on aura

$$x = \frac{\lambda(A - B + C)}{M + N - P};$$

les expressions A — B + C, M + N — P se construiront d'après la règle du nº 15 ; et si D et E sont leurs valeurs respectives, il viendra

$$x = \frac{\lambda D}{E},$$

qui se construira par une quatrième proportionnelle.

La ligne λ étant arbitraire, on peut la choisir de manière à diminuer le nombre des opérations. Soit

$$x = \frac{a^4 - 6a^3b + 5a^2b^2 - 3ab^3 + 2b^4}{2a^3 + 4a^2b - 3ab^2 - b^3}.$$

Si nous prenons $\lambda = a$, l'expression pourra se mettre sous la forme

$$x = \frac{a\left(a - 6b + \frac{5b^2}{a} - \frac{3b^3}{a^2} + 2\frac{b^4}{a^3}\right)}{2a + 4b - 3\frac{b^2}{a} - \frac{b^3}{a^2}},$$

et il ne restera plus qu'à construire les expressions $\frac{b^2}{a}$, $\frac{b^3}{a^2}$, et $\frac{b^4}{a^3}$, ce que nous ferons par la règle du n° 15.

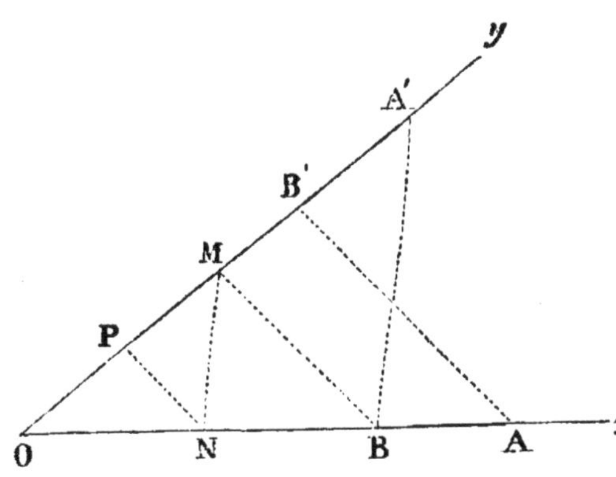

Sur les deux côtés d'un angle yOx, je prends $OA = OA' = a$, $OB = OB' = b$; puis par le point B je mène BM parallèle à AB', par le point M, MN parallèle à BA', et enfin NP parallèle à MB, on aura ainsi

$$\frac{OA}{OB} = \frac{OB'}{OM}, \text{ d'où } OM = \frac{b^2}{a};$$

$$\frac{OA'}{OM} = \frac{OB}{ON}, \text{ d'où } ON = \frac{OM.OB}{OA'} = \frac{b^3}{a^2},$$

enfin

$$\frac{OA}{ON} = \frac{OB'}{OP}, \text{ d'où } OP = \frac{ON.OB'}{OA} = \frac{b^4}{a^3}.$$

Avec ces valeurs, l'expression de x devient :

$$x = \frac{a(a - 6b + 5\,OM - 3\,ON + 2\,OP)}{2a + 4b - 3\,OM - ON},$$

et se construit sans difficulté.

Quand les deux polynomes sont décomposables en facteurs, on peut abréger beaucoup les opérations. Soit, par exemple,

$$x = \frac{2b^2c^2 + 2a^2c^2 + 2a^2b^2 - a^4 - b^4 - c^4}{ab^2 - 2abc + ac^2}.$$

On peut écrire

$$x = \frac{(a+b+c)(a+b-c)(a+c-b)(b+c-a)}{a(b-c)^2};$$

les quantités entre parenthèses se construiront avec la plus grande facilité. En les représentant par A, B, C, D et M, on a

$$x = \frac{A\ B.\ C.\ D}{a\,M^2},$$

expression qui se construira par la règle du n° 15.

CONSTRUCTION DES EXPRESSIONS IRRATIONNELLES.

18. Supposons maintenant que la valeur de x soit irrationnelle. Si le radical est du second degré, la quantité soumise au radical devra être homogène et du second degré.

Supposons-la monome et entière, elle aura la forme

$$x = \sqrt{ab},$$

et se construira par une moyenne proportionnelle entre a et b.

19. Si le radical porte sur une fraction algébrique, le degré du numérateur devra surpasser de deux unités celui du dénominateur. Soit, pour fixer les idées,

$$x = \sqrt{\frac{abcd}{p.q}};$$

Pour construire cette expression, on la mettra sous la forme

$$x = \sqrt{a.\frac{bc}{p}.\frac{d}{q}},$$

on construira d'abord une droite $y = \frac{bc}{p}\cdot\frac{d}{q}$, puis on aura la valeur de x par une moyenne proportionnelle entre a et y.

Soit encore l'expression

$$x = \sqrt{\frac{a^5 - 4\,a^2b^3 + bc^4}{2a^3 + 3\,bc^2}}.$$

Choisissons une unité arbitraire λ, et divisons chaque terme par une puissance de λ inférieure d'une unité au degré de ce terme ; puis, pour rétablir l'homogénéité, multiplions le numérateur par λ^2, il viendra

$$x = \sqrt{\frac{\lambda^2\left(\frac{a^5}{\lambda^4} - 4\frac{a^2b^3}{\lambda^4} + \frac{bc^4}{\lambda^4}\right)}{2\frac{a^3}{\lambda^2} + 3\frac{bc^2}{\lambda^2}}}.$$

La quantité entre parenthèses peut être réduite à une ligne p, et le dénominateur à une ligne q ; il reste donc

$$x = \sqrt{\frac{\lambda^2 p}{q}} = \sqrt{\lambda . \frac{\lambda p}{q}},$$

et si l'on désigne par m une quatrième proportionnelle aux trois lignes q, λ et p, il viendra

$$x = \sqrt{\lambda m},$$

ce qui est une moyenne proportionnelle entre λ et m.

On peut, par cette méthode, construire tous les radicaux du second degré. Mais λ restant arbitraire, le choix qu'on en fera permettra d'abréger les opérations. Ainsi, dans l'exemple précédent, si l'on prend $\lambda = a$, on aura

$$x = \sqrt{\frac{a^2\left(a - 4\frac{b^3}{a^2} + \frac{bc^4}{a^4}\right)}{2a + 3\frac{bc^2}{a^2}}},$$

valeur plus simple que la précédente.

Il peut arriver que les polynomes soient décomposables en facteurs; c'est une circonstance dont il faut avoir soin de profiter, parce qu'elle abrège les opérations. Soit, par exemple,

$$x = \sqrt{\frac{a^4 - 2a^3b + 2a^2b^2 - 2ab^3 + b^4}{a^2 + 2ab}}.$$

On peut écrire

$$x = \sqrt{\frac{(a - b)^2(a^2 + b^2)}{a(a + 2b)}},$$

ou

$$x = \sqrt{\frac{(a - b)^2\left(a + \frac{b^2}{a}\right)}{a + 2b}}$$

Faisons $a - b = p$, $\frac{b^2}{a} = q$, $a + q = r$, et $a + 2b = s$, il viendra

$$x = \sqrt{\frac{p^2 r}{s}} = \sqrt{p . \frac{pr}{s}},$$

et si l'on pose $\frac{pr}{s} = u$, on aura

$$x = \sqrt{pu},$$

qui est une moyenne proportionnelle entre p et u.

20. Si x est donné par un radical du quatrième degré, la quantité sous le radical devra être homogène et du quatrième degré. Soit, par exemple,

$$x = \sqrt[4]{\frac{a^7 - a^4 b^3 + b^7}{a^3 + b^3}}.$$

Après avoir choisi une unité arbitraire λ, on divisera chaque terme de la fraction par une puissance de λ, inférieure d'une unité au degré du terme ; puis, pour rétablir l'homogénéité, on multipliera le numérateur par λ^4 ; il viendra

$$x = \sqrt[4]{\frac{\lambda^4 \left(\frac{a^7}{\lambda^6} - \frac{a^4 b^3}{\lambda^6} + \frac{b^7}{\lambda^6}\right)}{\frac{a^3}{\lambda^2} + \frac{b^3}{\lambda^2}}}.$$

la quantité entre parenthèses se réduira à une ligne A, et le dénominateur à une ligne B, et l'on aura

$$x = \sqrt[4]{\frac{\lambda^4 A}{B}},$$

ou

$$x = \sqrt{\lambda \sqrt{\frac{\lambda A}{B} . \lambda}}$$

Soit u une quatrième proportionnelle à B, A et λ, on aura

$$x = \sqrt{\lambda \sqrt{\lambda u}},$$

Soit enfin p une moyenne proportionnelle entre u et λ, il viendra

$$x = \sqrt{p\lambda}$$

Cette méthode permettra de construire tous les radicaux du quatrième degré. Mais λ restant arbitraire, on aura soin, dans chaque cas particulier, de le prendre de manière à abréger les opérations. Ainsi, dans l'exemple qui précède, si l'on prend $\lambda = a$; il viendra

$$x = \sqrt[4]{\frac{a^4\left(a - \frac{b^3}{a^2} + \frac{b^7}{a^6}\right)}{a + \frac{b^3}{a^2}}},$$

expression plus simple que le précédente.

21. Il résulte de ce qui précède que toute quantité algébrique, rationnelle ou irrationnelle, qui représente une droite, pourra toujours se construire par des quatrièmes et des moyennes proportionnelles, pourvu, si elle est irrationnelle, que l'indice du radical qu'elle renferme, soit une puissance exacte de 2.

On démontre, d'ailleurs, que les expressions de cette nature sont les seules susceptibles d'être construites de la façon indiquée. Mais cette démonstratiou ne peut trouver place ici. Ainsi, par exemple, le côté x d'un cube double d'un autre cube dont le côté est a, est donné par la formule

$$x = \sqrt[3]{2a^3},$$

laquelle ne peut être construite par la règle et le compas. Il en est de même, en général, des racines des équations du troisième et du quatrième degré, puisqu'il entre des radicaux cubiques dans l'expression de ces racines.

22. Les seules opérations élémentaires nécessaires pour la construction d'une irrationnelle du second degré, sont celles qui déterminent des quatrièmes proportionnelles et des moyennes proportionnelles. Dans certains cas, on peut arriver plus promptement au résultat. Ainsi les formules

$$x = \sqrt{a^2 + b^2}, \quad x = \sqrt{a^2 - b^2},$$

se construisent au moyen du théorème du carré de l'hypothénuse. La première est l'hypothénuse d'un triangle rectangle dont les deux côtés de l'angle droit sont a et b, la seconde est le côté de l'angle droit d'un triangle rectangle dont l'hypothénuse est a, et l'autre côté de l'angle droit b.

Une suite de triangles rectangles donnera la valeur de l'expression

$$x = \sqrt{a^2 - b^2 + c^2 - d^2 + \ldots}$$

CONSTRUCTION DES ANGLES.

23. Jusqu'à présent nous avons supposé que l'inconnue était une ligne ; mais elle pourrait être un angle. Cet angle sera donné, en général, par une de ses lignes trigonométriques ; dans ce cas, l'expression obtenue devra être homogène, et du degré zéro : on pourra donc, par des transformations convenables, et par des procédés analogues à ceux que nous avons employés plus haut, la ramener à la forme $\frac{a}{b}$, a et b étant des lignes. Soit donc

$$\text{Sin. } x = \frac{b}{a} ;$$

On construira un triangle rectangle ABC dont CB $= a$ soit l'hypothénuse, et AB $= b$ un côté de l'angle droit, l'angle C sera l'angle cherché.

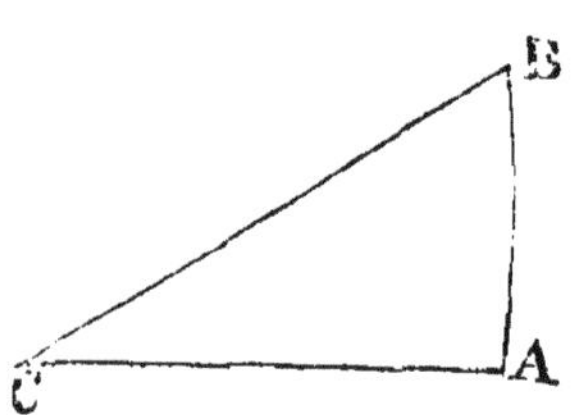

$$\text{Soit } \cos x = \frac{b}{a} ;$$

la même construction étant faite, l'angle x est l'angle B adjacent au côté b.

$$\text{Soit } \operatorname{tg} x = \frac{b}{a},$$

l'angle x sera l'angle opposé à b dans le triangle rectangle qui aurait a et b pour côtés de l'angle droit.

Les deux premiers cas supposent que b est plus petit que a ; le troisième cas est toujours possible.

24. — Soit à construire

$$\operatorname{tg} x = \frac{ab + cd}{ac - bd} ;$$

en divisant par ac les deux termes de la fraction, on a

$$\operatorname{tg} x = \frac{\frac{b}{c} + \frac{d}{a}}{1 - \frac{b}{c} \cdot \frac{d}{a}}.$$

Posons $\frac{b}{c} = \operatorname{tg} u$, $\frac{d}{a} = \operatorname{tg} v$, ces angles u et v se construiront facilement par la règle donnée ci-dessus, et il viendra

$$\operatorname{tg} x = \frac{\operatorname{tg} u + \operatorname{tg} v}{1 - \operatorname{tg} u \operatorname{tg} v} = \operatorname{tg}(u + v),$$

donc x est la somme des angles u et v.

25. Il y a parfois avantage à introduire la considération des angles dans les formules qui représentent des lignes, soit, par exemple,

$$x = \sqrt{\frac{a^4 - a^3 b - ab^3 + b^4}{(a+b)^2}},$$

On peut écrire

$$x = (a - b)\sqrt{1 - \frac{ab}{(a+b)^2}}.$$

Or, on a toujours $ab < (a+b)^2$, dont aussi $\sqrt{ab} < a+b$, et, par suite, $\frac{\sqrt{ab}}{a+b} < 1$, d'où il suit qu'on peut représenter $\frac{\sqrt{ab}}{a+b}$ par un sinus : soit $\sin y = \frac{\sqrt{ab}}{a+b}$, il viendra

$$x = (a - b)\sqrt{1 - \sin^2 y} = (a - b)\cos y.$$

L'angle y étant déjà tracé, on prendra à partir du sommet une longueur égale à $a - b$, et la projection de cette ligne sur l'autre côté sera la valeur de x.

Remarque. — Pour construire l'angle y, on cherchera une moyenne proportionnelle u entre a et b, puis on construira un triangle rectangle dont $a + b$ sera l'hypothénuse, et u un côté de l'angle droit, l'angle y sera l'angle opposé au côté u.

CONSTRUCTION DES ÉQUATIONS.

26. La méthode que nous avons exposée pour construire les quantités irrationnelles du second et du quatrième degré, donne implicitement la construction des racines des équations du second degré et des équations bicarrées. Mais il est, en général, plus élégant et plus simple de construire les racines de ces équations sans les résoudre.

L'équation générale du second degré à une inconnue se ramène à la forme

$$x^2 + px + q = o;$$

Pour qu'elle soit homogène, il faut que p soit une quantité du premier degré, et q une quantité du second degré ; si ces quantités sont rationnelles ou irrationnelles du second degré, on pourra toujours trouver une ligne a équivalente à la première, et un carré b^2 équivalent à la seconde; et l'équation du second degré, en mettant en évidence les signes de ses termes, aura l'une des quatre formes suivantes

$$x^2 + ax + b^2 = o,$$
$$x^2 + ax - b^2 = o,$$
$$x^2 - ax + b^2 = o,$$
$$x^2 - ax - b^2 = o.$$

Les racines des deux premières équations sont celles des deux dernières prises en signes contraires ; il suffit donc de s'occuper de ces dernières. Or, si on les écrit :

$$x(a - x) = b^2,$$
$$x(x - a) = b^2,$$

on voit qu'il s'agit de trouver un rectangle équivalent à un carré donné b^2, et dont la somme ou la différence des côtés est égale à une ligne donnée a, problèmes que la géométrie élémentaire a appris à résoudre.

27. — L'équation bicarrée se ramène pareillement à l'une des formes

$$x^4 - abx^2 + c^2 d^2 = o,$$
$$x^4 - abx^2 - c^2 d^2 = o,$$
$$x^4 + abx^2 - c^2 d^2 = o.$$

Nous excluons le cas où les trois termes seraient positifs ; car une pareille équation aurait évidemment ses racines imaginaires.

Posons $x^2 = cz$, et il viendra, après avoir divisé par c^2

$$z^2 - \frac{ab}{c} z + d^2 = o,$$
$$z^2 - \frac{ab}{c} z - d^2 = o,$$
$$z^2 + \frac{ab}{c} z - d^2 = o.$$

Équations dont les racines se construisent facilement, d'après ce qui précède. On trouve ensuite x par une moyenne proportionnelle entre c et z.

§ III.

PROBLÈMES DÉTERMINÉS.

28. — Mise des problèmes en équation. — Il n'y a pas de règle fixe pour mettre en équation les problèmes de géométrie ; tout ce qu'on peut dire de plus général sur ce sujet, se réduit au précepte suivant :

On suppose le problème résolu, on trace toutes les lignes connues et inconnues dans la position qu'elles doivent occuper les unes à l'égard des autres, ainsi que les lignes auxiliaires que l'on jugera nécessaires pour établir leur dépendance mutuelle ; on représentera par les premières lettres de l'alphabet les nombres qui mesurent les lignes connues, et par les dernières lettres de l'alphabet les nombres qui mesurent les lignes inconnues ; puis, sans faire aucune distinction entre les unes et les autres, on établira les équations qui, d'après l'énoncé du problème, et les théorèmes de géométrie, lient entre elles les différentes lignes. On formera ainsi autant d'équations qu'en comporte l'énoncé de la question. Si le nombre des équations est égal au nombre des inconnues, le problème est déterminé.

Suivant qu'il a plus ou moins d'habitude, plus ou moins d'habileté, celui qui s'occupe de la solution d'une question, trouve entre les quantités données et celles qu'il prend comme inconnues, les relations les plus simples, celles qui conduisent le plus promptement au résultat.

29. Il arrive quelquefois que les théorèmes de la géométrie élémentaire conduisent directement au nombre d'équations suffisant pour la détermination des inconnues.

Exemple. — Trouver les trois côtés d'un triangle rectangle dont on donne le périmètre et la surface.

Représentons par $2p$ le périmètre donné, par S la surface, par x et y les deux côtés de l'angle droit, et par z l'hypothénuse.

Deux théorèmes simples donnent immédiatement les équations :

$$x + y + z = 2p,$$
$$x^2 + y^2 = z^2,$$
$$xy = 2S,$$

qui sont en nombre suffisant pour la détermination des inconnues. On tire des deux premières :

$$z = \frac{p^2 - S}{p},$$

puis

$$x + y = \frac{p^2 + S}{p},$$

on a d'ailleurs $xy = 2S$, donc x et y sont les racines de l'équation du second degré

$$t^2 - \frac{p^2 + S}{p} t + 2S = o.$$

30. Emploi des inconnues auxiliaires. — Il arrive souvent qu'en construisant la figure qui répond à l'énoncé, on ne trouve pas de relation immédiate entre ses éléments. On prend alors une ou plusieurs inconnues auxiliaires, que l'on choisit de telle sorte qu'elles aient des relations connues avec les données de la question. Après avoir établi un nombre suffisant d'équations, on éliminera ces inconnues auxiliaires, et on obtiendra de la sorte des équations qui ne renfermeront que les données et les inconnues cherchées.

Exemple. — Etant donnés les quatre côtés d'un quadrilatère inscrit, trouver l'une de ses diagonales.

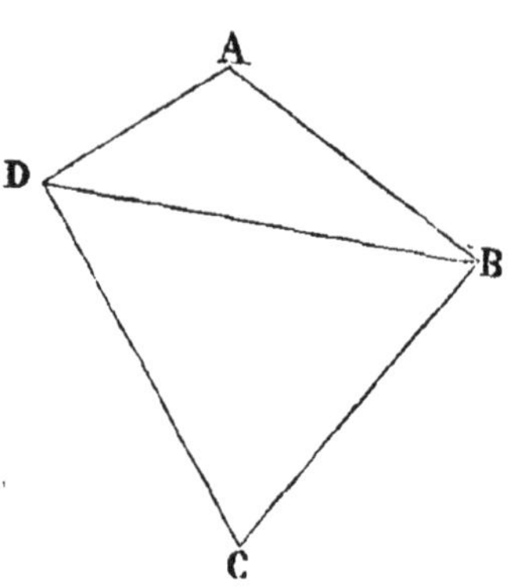

Soient ABCD le quadrilatère dont on donne les quatre côtés, et BD la diagonale cherchée. Représentons par a, b, c, d, les quatre côtés du quadrilatère ; par x la diagonale, et prenons comme inconnues auxiliaires les angles opposés A et C, nous aurons les trois équations :

$$x^2 = a^2 + d^2 - 2ad \cos A,$$
$$x^2 = b^2 + c^2 - 2bc \cos C,$$
$$A + C = \pi.$$

En éliminant les inconnues auxiliaires A et C, on trouve

$$(ad - bc)\, x^2 = ad\,(b^2 + c^2) - bc\,(a^2 + d^2),$$

ou

$$(ad - bc)\, x^2 = (ac - bd)\,(cd - ab).$$

31. — Des différents cas d'un même problème. Souvent une

question géométrique présente plusieurs cas différents. On considère alors chacun d'eux comme une question particulière ; on fait la figure qui s'y rapporte, et l'on met le problème en équation : les solutions de ce cas sont données par les systèmes de valeurs réelles et positives des inconnues, qui satisfont aux équations trouvées.

Exemple. — Par un point pris sur la bissectrice d'un angle donné, mener une droite telle que la partie interceptée entre les deux côtés de l'angle, ait une longueur donnée.

Soient θ l'angle donné YOX, M le point pris sur la bissectrice ; menons MP, MQ respectivement parallèles à OX et OY, ces droites déterminent la position du point M : appelons a leur valeur commune. La droite cherchée dont nous représenterons la partie interceptée par $2l$, peut avoir les diverses positions AMB A″MB″, A‴MB‴.

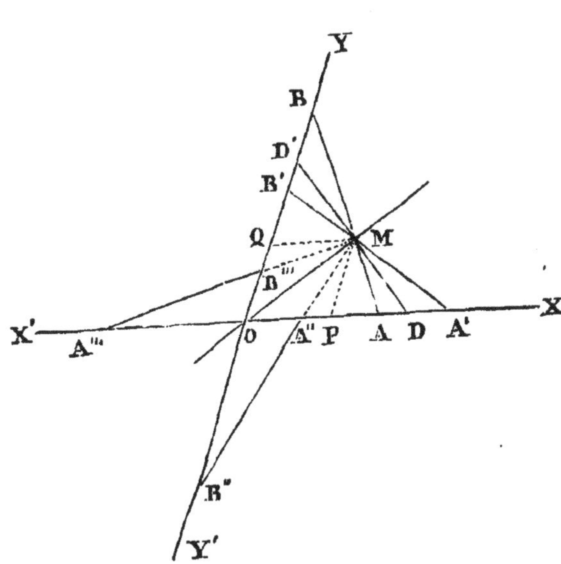

1er Cas. — Prenons pour inconnues OA $=x$, OB $=y$. Du triangle OAB dans lequel MP est parallèle à OB, on tire les deux équations

$$\left.\begin{aligned}&\frac{y}{a}=\frac{x}{x-a}, \text{ ou } xy=a(x+y),\\&x^2+y^2-2xy\cos\theta=l^2.\end{aligned}\right\}\quad(1)$$

et tous les systèmes de valeurs réelles et positives qui vérifient ces deux équations, donneront des droites AMB situées dans l'angle YOX.

2e Cas. — Les deux inconnues OA″, OB″ étant toujours représentées par x et y, les triangles OA″ B″ et A″ MP donneront

$$\left.\begin{array}{l}\frac{y}{a}=\frac{x}{a-x}, \text{ ou } -xy=a(x-y), \\ x^2+y^2+2yx\cos\theta=l^2\end{array}\right\}(2)$$

et tous les systèmes de valeurs réelles et positives de x et de y qui satisferont à ces deux équations, donneront des droites A″MB″ situées dans l'angle XOY′.

3e Cas. — En représentant toujours par x et par y les inconnues OA‴, OB‴, les triangles A‴MP, et A‴OB‴ donneront les deux équations

$$\left.\begin{array}{l}\frac{y}{a}=\frac{x}{a+x}, \text{ ou } -xy+ax-ay=0, \\ x^2+y^2+2xy\cos\theta=l^2.\end{array}\right\}(3)$$

Chacun des systèmes de valeurs réelles et positives qui vérifient ces deux équations, donne des droites MA‴B‴ situées dans l'angle YOX′. On remarquera que des équations (1), on déduit les équations (2) et (3), en changeant successivement dans les équations (1), y en $-y$, et x en $-x$. Or, dans le second cas, y représente une grandeur portée sur OY′, et dans le troisième cas, x représente une longueur portée sur OX′; donc, si l'on convient de regarder les valeurs de x et de y comme positives ou négatives, suivant qu'elles expriment des distances portées sur OX et OY, ou des distances portées sur OX′ et OY′, le système des équations (1) sera général, et conviendra à tous les cas de la question. Ainsi, si l'on représente par p et q deux nombres positifs, les couples de solutions tels que $x=p$, et $y=q$, des équations (1) donneront des droites AMB ; les couples $x=p$, $y=-q$, des droites A″MB″, et les couples $x=-p$, $y=q$ des droites A‴MB‴. A l'inspection de la première des équations (1), on reconnait qu'il n'y a pas de droite qui réponde au couple $x=-p$, $y=-q$.

En résolvant les équations (1) dans l'hypothèse de l'angle $\theta=\frac{\pi}{2}$, on a

$$x+y=a\pm\sqrt{a^2+l^2},$$
$$xy=a^2\pm a\sqrt{a^2+l^2}.$$

Si l'on prend le radical avec le signe —, le produit xy est négatif, et les valeurs correspondantes de x et de y seront réelles et de signes contraires ; on a ainsi les solutions A″MB″ et A‴MB‴. Si l'on prend le signe supérieur, on a pour condition de réalité

$l > 2a\sqrt{2}$, c'est-à-dire $l >$ DD'. Pour $l =$ DD', on a $x=y=2a$. Ainsi, de toutes les lignes que l'on peut mener dans l'angle droit YOX par le point M de la bissectrice, la plus petite est la perpendiculaire DD' à OM. Pour toute valeur de $l >$ DD', on a deux solutions AMB, et A' MB' faisant de part et d'autre des angles égaux avec la droite minimum.

32. — Généralisation de l'énoncé. Dans l'exemple qui précède, nous avons généralisé, autant que possible, l'énoncé de la question. Au lieu de considérer seulement l'angle YOX, nous avons considéré l'ensemble des deux droites indéfinies YY' et XX' et nous sommes arrivés ainsi à un système d'équations dont les diverses solutions résolvent le problème dans son sens le plus général. Si nous nous étions bornés à l'angle YOX, il eût fallu, parmi ces solutions des équations, ne prendre que celles de la forme $x=p$, $y=q$. Quand cela est possible, il est important de faire disparaître de l'énoncé d'un problème les restrictions qu'il renferme, les conditions trop particulières, afin de s'élever à la conception la plus large et la plus abstraite de la question.

Exemple. — Partager une droite donnée en moyenne et extrême raison.

Soit a la longueur de la droite donnée OA, x celle de son plus grand segment OB; $a - x$ sera celle du plus petit, et l'énoncé du problème donnera immédiatement l'équation

B' O B A

$$x^2 = a(a - x),$$

ou

$$x^2 + ax - a^2 = o. \quad (1)$$

Cette équation a ses deux racines réelles et de signes contraires, puisque son dernier terme est négatif. Le problème proposé n'admet que la racine positive.

La racine négative que nous représenterons par $-x'$, n'ayant aucun sens, il est naturel de penser que la valeur absolue de cette racine est la réponse à une autre question qui aurait avec celle que nous nous sommes proposée une telle connexion, que les valeurs de x qui les résolvent toutes deux sont données par la même équation.

Par conséquent, pour voir s'il en est ainsi, et pour découvrir l'énoncé de cet autre problème, changeons dans l'équation (1) x en $-x'$, nous aurons

$$x'^2 = a(a + x'). \quad (2)$$

Cette équation a ses racines égales et de signes contraires à celles de l'équation (1), et sa racine positive est la racine négative de l'équation (1).

L'équation (2) nous montre qu'en prenant $OB' = x'$, la distance OB' sera moyenne proportionnelle entre B'A et OA. L'équation (2) résout donc la question suivante :

Trouver sur le prolongement de la droite AO, un point tel que sa distance au point O soit moyenne proportionnelle entre sa distance au point A et la droite OA.

33. Il suit de là que les points B et B' résolvent cette question générale dont les deux précédentes ne sont que des cas particuliers :

Trouver sur la droite indéfinie qui passe par deux points O et A, un point tel que sa distance au point O soit moyenne proportionnelle entre sa distance au point A et la droite OA; pourvu que l'on convienne de porter la racine positive, à partir du point O, dans le sens de OA, et la valeur absolue de la racine négative, en sens contraire.

34. — Cette généralisation n'est pas toujours possible ; pour l'opérer, il faudrait souvent faire subir à l'énoncé des modifications profondes, et qui changeraient en quelque sorte l'énoncé de la question.

Exemple. — Couper une sphère par un plan, de manière que le volume du segment soit égal au volume du cône qui aurait pour base la base du segment, et pour sommet le centre de la sphère.

Soient O la sphère, et AB le plan sécant; appelons x la distance OC du centre de la sphère au plan sécant. Nous aurons pour le volume du cône $\frac{1}{3}\pi(r^2 - x^2)x$; celui du segment ACBD, qui doit être la moitié du volume du secteur AOBD, sera $\frac{1}{3}\pi r^2(r - x)$, d'où l'équation

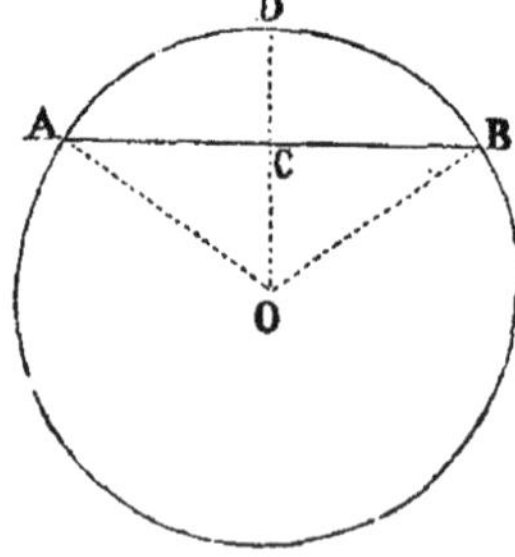

$$\tfrac{1}{3}\pi(r^2 - x^2)x = \tfrac{1}{3}\pi r^2(r - x),$$

ou $$(r - x)(x^2 + rx - r^2) = o. \qquad (1)$$

L'équation (1) est d'abord satisfaite par $x = r$, elle donne un segment et un cône nuls ; si on fait abstraction de cette solution particulière, il reste

$$x^2 + rx - r^2 = o. \qquad (2)$$

L'équation (2) est celle que l'on obtient quand on divise le rayon en moyenne et extrême raison, de manière que le plus grand segment parte du centre. Elle a une racine positive moindre que r, et une racine négative plus petite que $-r$. La première donne une solution de la question ; quant à la seconde, elle correspond à un plan sécant qui ne rencontre pas la sphère. Donc, en se bornant au cas de la sphère, le problème n'est pas susceptible de généralisation.

35. — Des valeurs imaginaires. Les valeurs imaginaires n'indiquent pas toujours l'impossibilité de la question qui y conduit ; elles peuvent indiquer qu'on est parti d'une hypothèse qui ne se concilie pas avec les conditions de la question. De sorte qu'avant d'affirmer que le problème est impossible, il faudrait examiner si, en modifiant ces hypothèses, on ne pourrait pas arriver à la véritable solution. Reprenons, en effet, le problème du n° 30, et supposons que le point demandé doive être situé à la droite de A. Représentons par x sa distance au point O, nous aurons pour l'équation du problème

$$x^2 = a(x - a),$$

ou

$$x^2 - ax + a^2 = o,$$

équation dont les racines sont imaginaires. Comme on voit, on aurait tort d'en conclure que le problème est absurde ; l'absurdité tient uniquement à l'hypothèse qu'on a faite en plaçant le point cherché à la droite du point A, hypothèse évidemment absurde, car alors sa distance au point O étant plus grande que sa distance au point A et que la droite OA, ne saurait être moyenne proportionnelle entre ces deux quantités.

Exercices.

1. Inscrire dans un triangle donné un rectangle qui soit semblable à un rectangle donné, et dont la base repose sur un des côtés de ce triangle. — Discussion.

2. Inscrire dans un triangle un rectangle dont l'aire soit égale à m^2. — Le problème admet-il deux solutions ? — Quelle est l'aire du rectangle maximum ? — Construire ce rectangle. — Quel est le rapport de cette aire maximum à celle du triangle ? — Ce rectangle sera-t-il un carré ? — Quand cela aura-t-il lieu ?

3. Construire un triangle dont la base est à la hauteur $= \frac{p}{q}$ et qui soit tel que l'aire du plus grand rectangle qu'on puisse y inscrire égale m^2.

4. Inscrire dans un triangle donné un rectangle tel qu'en le faisant tourner autour du côté commun, l'aire totale du cylindre ainsi engendré soit égale à celle d'une sphère donnée dont le rayon est R. — Discussion.

5. A une sphère donnée circonscrire un cône d'un volume donné. — Le problème admet-il deux solutions? — Le prouver. — Quel est le cône de volume minimum ? — Quelles sont ses dimensions ?

6. A une sphère donnée circonscrire une cône dont la surface totale soit égale à une surface donnée. — Combien de solutions? — Cône de surface minimum. — Ses dimensions.

7. A une sphère donnée circonscrire un tronc de cône d'un volume donné. — Nombre de solutions. — Tronc de volume minimum. — Ses dimensions.

8. Par un point donné dans le plan de deux droites indéfinies, mener une secante telle que l'aire du triangle intercepté égale m^2. — Discussion.

9. Trouver sur le diamètre AB d'un cercle un point D tel qu'en élevant par ce point une perpendiculaire DC à ce diamètre, le volume du segment sphérique engendré par AMCD, lorsqu'on fera tourner la figure autour de AB, soit à celui du cône décrit par le triangle CDO, dans le rapport de p à q. — Discuter. — Effectuer la construction pour le cas où $p = q$.

10. A une sphère donnée circonscrire une pyramide triangulaire régulière d'un volume minimum.

11. Etant donné un cercle sur une sphère, tracer un second cercle parallèle au premier, comprenant avec lui une tranche qui soit dans le rapport $\frac{p}{q}$ avec le cône dont le sommet serait au centre du premier cercle, et qui aurait le second pour base. — Examiner le cas où $q = p$. — Faire la construction pour le cas ou $p = 3q$.

12. Sur un cercle donné construire un cône tel que son volume soit à celui de la sphère inscrite $= n : 1$. — Discussion. — Dans quel cas le volume de la sphère sera-t-il maximum ?

13. Dans une pyramide triangulaire régulière, on donne le rayon de la sphère inscrite, et la distance du centre au sommet de la pyramide :

on demande le volume du segment sphérique compris entre le plan de base de la pyramide et le cercle de contact de la sphère avec la pyramide.

14. Trouver sur le diamètre AB d'un cercle un point D, tel qu'en élevant par ce point une perpendiculaire DC au diamètre, le volume du segment sphérique décrit par AMCD tournant autour de AD, soit à celui du cône décrit par le triangle ACD tournant autour de CD dans le rapport de p à q. — Y a-t-il deux solutions? — Dans quel cas le rapport $\frac{p}{q}$ sera-t-il minimum ? — Construire le point D correspondant à ce minimum. — Quel est alors le rapport du volume du segment à celui de la sphère ?

15. A une sphère de rayon R circonscrire un cône dont la base repose sur un plan diamétral, et dont le volume soit un minimum.

16. Etant donnés deux triangles isocèles inégaux ABC, ABC′ ayant même base AB et dont les plans font entre eux l'angle θ. déterminer le rayon de la sphère qui passe par les quatre sommets A, B, C, C′.

Discuter la valeur du rayon.

1° Quand $\theta = o$,

2° Quand $\theta = o$, et $C = C' = 90$.

17. Etant donné une sphère de rayon R, on propose de la couper par un plan tel que le plus petit des deux segments sphériques ainsi obtenus, soit au cône de même base qui aurait pour sommet le centre de la sphère, dans un rapport donné.

18. Même problème, en supposant que le cône ait pour sommet l'extrémité du diamètre perpendiculaire à la base commune, située dans le plus grand segment.

19. Partager un trapèze dont les bases sont a et b, en trois parties proportionnelles à m, n et p par des parallèles aux bases.

20. Inscrire dans un cercle de rayon R un triangle isocèle, connaissant la somme a de la base et de la hauteur. — Quelles sont les conditions de possibilité ? — Dans quel cas y a-t-il deux solutions ?

21. Inscrire dans une sphère de rayon R un cylindre dont le volume soit équivalent à la somme des deux segments sphériques qui ont même base que lui.

22. Un quadrilatère ABCD étant donné, on propose de construire un second quadrilatère A′B′C′D′, dont les côtés soient respectivement parallèles aux côtés du premier, également distants de ceux-ci, de telle sorte que l'aire comprise entre les périmètres des deux polygones soit équivalente à un carré m^2.

23. Etant donné un cercle de rayon R, on mène, par un point C de son plan, une tangente à ce cercle, et l'on fait tourner à la fois, autour du diamètre qui passe par C, la tangente et la demi-circonférence. On demande de déterminer le point C, de telle sorte que la surface conique et la zone de même base qu'elle enveloppe, soit dans un rapport donné m.

24. Connaissant les rayons des cercles inscrits et circonscrits à un triangle et la hauteur, déterminer ce triangle.

25. Les rayons de deux cercles qui se coupent sont r et r', et la distance des centres est c ; chercher la longueur de la corde commune.

26. Si de l'un des angles d'un rectangle on abaisse une perpendiculaire sur la diagonale opposée, et que par le point d'intersection on mène des perpendiculaires aux deux côtés qui comprennent l'angle opposé, prouver que p et p' représentant les longueurs de ces deux dernières perpendiculaires et d la diagonale, on a $p^{\frac{2}{3}} + p'^{\frac{2}{3}} = d^{\frac{2}{3}}$.

27. Si r et r' sont les rayons de deux cercles dans un plan, et a la distance de leurs centres, et que la ligne des centres soit prolongée indéfiniment, les deux points sur cette ligne de chacun desquels les deux cercles apparaissent de même grandeur sont à une distance l'un de l'autre égale à $\frac{2\,arr'}{r'^2 - r^2}$, et si l'on décrit un cercle sur la ligne qui joint ces deux points comme diamètre, cette troisième circonférence sera le lieu des points d'où les deux autres seront vues de même grandeur.

28. Si r et R sont les rayons de deux sphères inscrites dans un cône, de telle sorte que la plus grande (R) touche la plus petite et la base du cône, on aura vol. cône $= \frac{2\pi R^3}{3r(R-r)}$.

29. Dans l'intérieur d'un cône creux dont l'angle au sommet est 2α sont placées un nombre de sphères, l'une au-dessus de l'autre, de telle sorte que chaque sphère est tangente à celle qui la précède et à celle qui la suit et à la surface convexe du cône, prouver que les rayons de ces sphères forment une progression géométrique dont la raison est $\text{tang}^2\left(45^\circ \pm \frac{\alpha}{2}\right)$.

30. Diviser un tronc de cône en trois parties équivalentes, par deux plans parallèles aux bases.

CHAPITRE II.

DES COORDONNÉES.

§ 1er.

COORDONNÉES RECTILIGNES.

35. Soient deux droites ou *axes fixes* xx', yy', tracées dans un plan, et faisant entre elles un angle quelconque, et M un point du plan. La position du point M sera déterminée par l'intersection des deux droites GG′ et HH′, la première parallèle à l'axe yy', la seconde parallèle à l'axe xx'. La position de la parallèle GG′ est déterminée par sa distance OP à l'axe yy', comptée sur l'autre axe ; il faut de plus indiquer de quel côté de cet axe elle est placée, ce qui se fera au moyen du signe. Conformément aux conventions faites sur l'interprétation géométrique des signes + et — placés devant des quantités isolées, nous conviendrons de regarder comme positives les distances OP, mesurées sur ox, à la droite de yy', et comme négatives celles qui seront mesurées sur Ox'. De même la position de HH′ est déterminée par sa distance OQ à l'axe xx', distance qui sera affectée du signe + ou du signe —, selon qu'on la comptera sur yy' en allant dans le sens Oy, ou dans le sens Oy'.

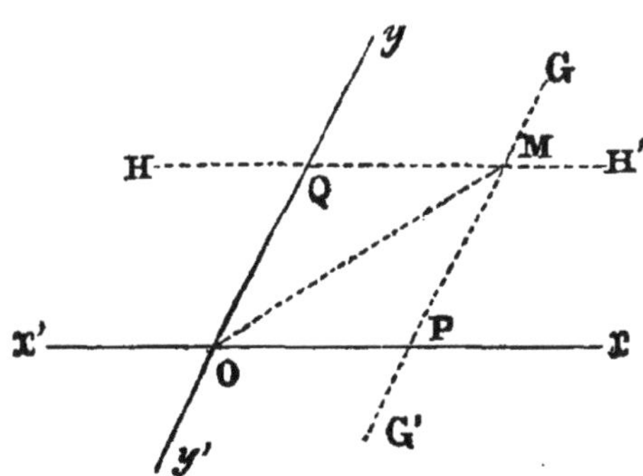

Les deux longueurs OP et OQ, prises chacune avec le signe qui lui convient, déterminent la position des deux parallèles GG′ et HH′, et par suite le point M. Pour cette raison, on les appelle les *coordonnées rectilignes* du point M. On les représente ordinairement par les lettres x et y. Cependant l'x porte plus particulièrement le nom d'*abscisse* et l'y celui d'*ordonnée*. Les deux droites xx', yy' s'appellent les *axes coordonnés* ; le premier est l'axe des

x, le second est l'axe des y. Le point O, à partir duquel on compte les coordonnées sur chaque axe, dans un sens ou dans l'autre, prend le nom d'*origine des coordonnées*.

36. ÉQUATIONS DU POINT. Si l'on convient de représenter généralement par x et y l'abscisse et l'ordonnée d'un point quelconque, le point particulier M dont l'abscisse OP $= a$, et l'ordonnée MP $=$ OQ $= b$, sera représenté par le système des deux équations

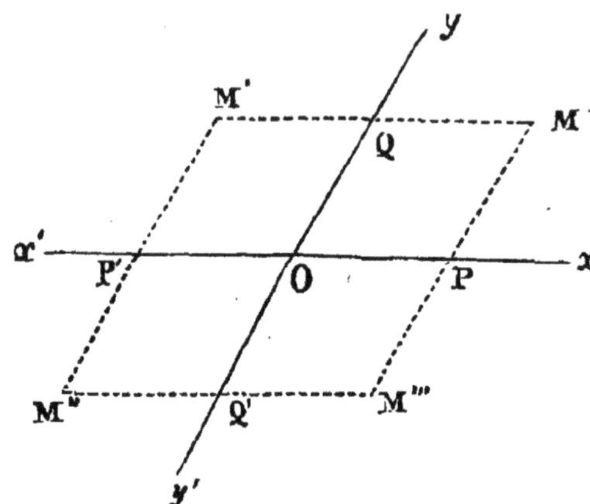

$$x = a,\ y = b\ ;$$

celles du point M' seront

$$x = -a,\ y = +b\ ;$$

celles du point M''

$$x = -a,\ y = -b\ ;$$

et pour le point M''' on aura

$$x = a,\ y = -b.$$

Il est facile de voir que les coordonnées du point P sont $x = a$, $y = 0$; celles du point Q, $x = 0$, $y = b$; et celles de l'origine $x = 0$, $y = 0$.

Si l'on donne à x et à y toutes les valeurs possibles positives ou négatives, en d'autres termes, si l'on fait varier x et y depuis $-\infty$ jusqu'à $+\infty$, on obtient tous les points du plan. D'ailleurs chaque couple de valeurs ne donne qu'un seul point.

On peut remarquer que chacune des coordonnées du point M, l'x, par exemple, n'est autre chose que la projection de la distance OM sur l'axe des x, *parallèlement* à l'axe des y.

Remarque. — On désigne souvent, pour abréger, par point (a, b), point (x', y'), les points qui ont pour coordonnées $x = a$, $y = b$, ou $x = x'$, $y = y'$.

Il résulte de ce que nous avons dit plus haut, que les points $(+a, +b)$ et $(-a, -b)$ se trouvent sur une même droite passant par l'origine, sont également distants de l'origine, et sont situés dans des régions opposées par rapport à cette origine.

37. *Coordonnées rectilignes rectangulaires.* Nous avons dit que les axes auxquels on rapporte les points du plan, font entre eux un angle quelconque ; ordinairement on trace les axes fixes perpendiculaires entre eux. Dans ce cas, les deux coordonnées

du point M sont les distances de ce point aux deux axes; ce sont aussi les projections orthogonales de la distance OM sur les deux axes.

38. *Trouver l'expression de la distance δ des deux points (x', y'), (x'', y''), les coordonnées étant rectangulaires.*

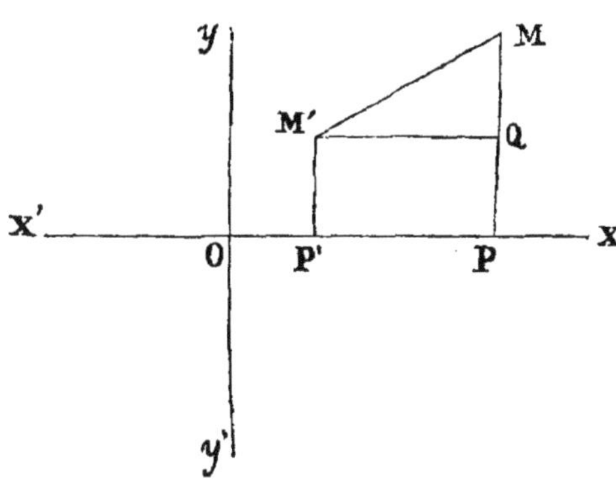

On a évidemment pour la distance MM' des deux points M et M', dont les ordonnées sont M P et M' P', M' Q étant parallèle à O X,

$$\overline{M M'}^2 = \overline{M Q}^2 + \overline{M' Q}^2;$$

D'ailleurs,

$$MQ = MP - M'P' = y' - y'',$$
$$M'Q = OP - OP' = x' - x'';$$

Par suite,

$$\delta^2 = \overline{MM'}^2 = (x' - x'')^2 + (y' - y'')^2.$$

Pour trouver la distance d'un point (x', y') à l'origine, on n'a qu'à faire $x'' = 0$, $y'' = 0$ dans l'équation précédente, et l'on trouve ainsi

$$\delta^2 = x'^2 + y'^2.$$

39. Nous aurons rarement occasion, dans la suite, de nous servir des coordonnées obliques, parce que les formules sont en général beaucoup plus simples avec les coordonnées rectangulaires; néanmoins, comme il y a quelquefois avantage à employer les coordonnées obliques, nous donnerons les formules principales dans leur forme la plus complète.

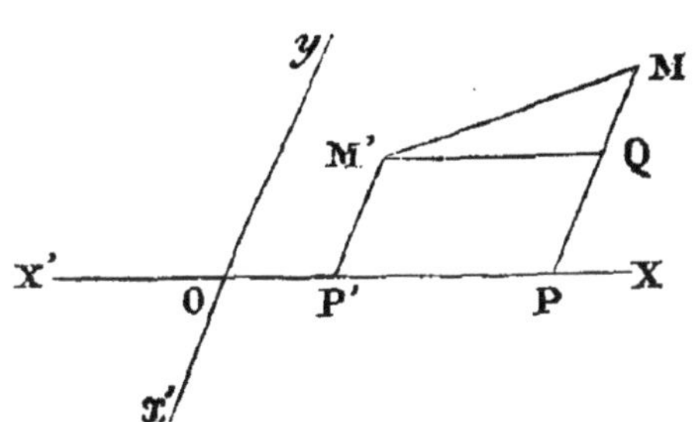

Si nous supposons que l'angle YOX soit quelconque, et égal à θ, nous aurons

$$\text{Angle } M Q M' = 180° - \theta,$$

et

$$\overline{M M'}^2 = \overline{M Q}^2 + \overline{M' Q}^2 - 2 M Q . M' Q \cos M Q M',$$

ou

$$\delta^2 = \overline{MM'}^2 = (y' - y'')^2 + (x' - x'')^2 + 2 (y' - y'')(x' - x'') \cos \theta.$$

La distance d'un point (x', y') à l'origine s'obtient en faisant $x'' = 0$, $y'' = 0$ dans l'équation précédente ; ce qui donne

$$\delta^2 = x'^2 + y'^2 + 2x' y' \cos \theta.$$

En appliquant ces formules, il faut faire attention aux signes des coordonnées. Ainsi, par exemple, si le point M se trouvait dans l'angle XOY', le signe de y'' serait changé, et la ligne MQ serait la *somme* et non la *différence* de y' et y''. Du reste, le lecteur n'éprouvera aucune difficulté en écrivant les coordonnées avec leurs signes, et en ayant soin de prendre pour MQ et M'Q *la différence algébrique* des coordonnées correspondantes.

Exercices.

I. Trouver les longueurs des côtés du triangle dont les sommets ont pour coordonnées $x' = 2$, $y' = 3$; $x'' = 4$, $y'' = -5$; $x''' = -3$, $y''' = -6$ (axes rectangulaires).

Réponse $\sqrt{68}$, $\sqrt{50}$, $\sqrt{106}$.

II. Mêmes données, les axes faisant entre eux un angle de 60°.

Réponse $\sqrt{52}$, $\sqrt{57}$, $\sqrt{151}$.

III. Exprimer que la distance du point (x, y) au point $(2, 3)$ est égale à 4.

Réponse $(x - 2)^2 + (y - 3)^2 = 4.$

IV. Exprimer que le point (x, y) est également distant des points $(2, 3)$, $(4, 5)$.

Réponse $x + y = 7.$

V. Trouver le point qui est à égale distance des points $(2, 3)$, $(4, 5)$, $(6, 1)$.

Réponse $x = \frac{13}{3}$, $y = \frac{8}{3}$;

La distance de ce point à chacun des trois autres est égal à $\frac{5}{3}\sqrt{2}$.

40. La distance de deux points étant exprimée par une racine carrée, peut recevoir le double signe. De plus, si la distance MM', mesurée dans le sens de MM', reçoit le signe +, la distance M'M, mesurée dans le sens contraire M'M, reçoit le signe —. Lorsqu'il s'agit simplement de la distance entre deux points, le signe n'est susceptible d'aucune interprétation, puisqu'il ne sert qu'à indiquer si cette distance doit s'ajouter à une autre distance, ou s'en retran-

cher; mais il n'en est pas de même lorsqu'il y a plusieurs distances à considérer. Si, par exemple, on se donne trois points en ligne droite, P, Q, R, et les deux distances PQ et QR, on aura PR = PQ + QR ; et, d'après ce qui a été dit plus haut, cette équation sera toujours vraie, que le point R soit ou non entre P et Q. Car s'il est en dedans de P et Q, PQ et QR se trouvent mesurées en sens contraire, et leur différence arithmétique est encore égale à leur somme algébrique.

Hors le cas où les droites sont parallèles à l'un des axes, on n'a établi aucune convention sur la direction qui doit être regardée comme positive.

41. Trouver les coordonnées du point R qui partage, dans le rapport $m : n$, la droite joignant les deux points P et Q.

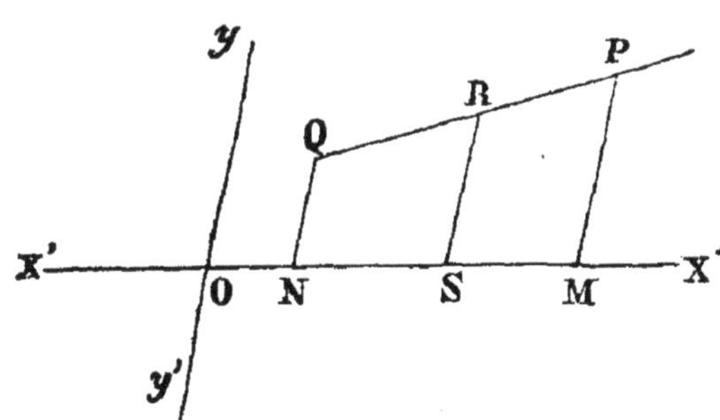

Menons les ordonnées QN, RS, PM, et soient x, y; x', y'; x'', y'', les coordonnées des points R, P et Q; nous avons

$$\frac{m}{n} = \frac{PR}{RQ} = \frac{MS}{SN},$$

ou

$$\frac{m}{n} = \frac{x' - x}{x - x''},$$

c'est-à-dire

$$mx - mx'' = nx' - nx,$$

d'où

$$x = \frac{mx'' + nx'}{m + n}.$$

On trouverait de même

$$y = \frac{my'' + ny'}{m + n}$$

Si la droite doit être coupée *extérieurement* dans un rapport donné, nous aurons :

$$\frac{m}{n} = \frac{x - x'}{x - x''},$$

et, par suite

$$x = \frac{mx'' - nx'}{m - n}, \quad y = \frac{my'' - ny'}{m - n}.$$

On voit que les formules relatives au cas où la droite est coupée extérieurement, se déduisent de celles qui sont relatives au cas où elle est coupée intérieurement, en changeant le signe du rapport;

c'est-à-dire en changeant $m : + n$ en $m : - n$. De fait, dans le cas où le point de partage est situé entre les deux points, PR et RQ sont mesurées dans la même direction, et par suite leur rapport doit être considéré comme positif (40); tandis que le point de partage étant situé en dehors, PR et RQ se trouvent mesurées suivant des directions opposées, et leur rapport doit être considéré comme négatif.

Exercices.

I. Trouver les coordonnées du milieu de la droite joignant $(x'\ y')$, (x'', y'').

Réponse $$x = \frac{x' + x''}{2},\quad y = \frac{y' + y''}{2}.$$

II. Trouver les coordonnées des milieux des côtés du triangle, ayant pour sommets les points $(2,\ 3)$, $(4,\ -5)$, $(-3,\ -6)$.

Réponse $$\frac{1}{2},\ -\frac{11}{2};\quad -\frac{1}{2},\ -\frac{3}{2};\quad 3,\ -1.$$

III. On divise en trois parties égales la droite joignant $(2,\ 3)$, $(4, -5)$; trouver les coordonnées du point de division le plus voisin du premier point.

Réponse $$x = \frac{8}{3},\quad y = \frac{1}{3}.$$

IV. Les coordonnées des sommets d'un triangle sont $x'\ y'$; x'', y''; x''', y'''; une des médianes est divisée en trois parties égales; trouver les coordonnées du point de division le plus éloigné du sommet d'où part la médiane.

Réponse $$x = \frac{x' + x'' + x'''}{3},\quad y = \frac{y' + y'' + y'''}{3}.$$

V. Trouver les coordonnées de l'intersection des médianes du triangle de l'ex. II.

Réponse $$x = 1,\quad y = -\frac{8}{3}.$$

VI. On joint au sommet d'un triangle le point qui divise le côté opposé dans le rapport de $m : n$; trouver les coordonnées du point qui divise la droite de jonction dans le rapport de $m + n : l$.

Réponse $$x = \frac{lx' + mx'' + nx'''}{l + m + n},\quad y = \frac{ly' + my'' + ny'''}{l + m + n}.$$

§ II.

COORDONNÉES POLAIRES.

42. Soit O un point fixe nommé *pôle*, OX une droite fixe que nous appellerons *axe polaire*; on peut déterminer la position du point M par la longueur ρ du *rayon vecteur* OM, et par l'angle ω que fait ce rayon avec l'axe polaire. En effet, si l'on fait au point O et avec OX l'angle AOX égal à ω, le point demandé sera un de ceux de la droite OA. D'un autre côté, puisqu'il doit être à une distance ρ du pôle, il n'y aura qu'à porter sur la droite indéfinie OA une distance OM égale à ρ, et le point M ainsi obtenu sera le point (ω, ρ), c'est-à-dire celui qui a ω et ρ pour coordonnées polaires. On obtient tous les points du plan en faisant varier ρ depuis zéro jusque $+\infty$, et ω depuis 0 jusqu'à 2π. Chaque couple de valeurs donne d'ailleurs un point, et un seul.

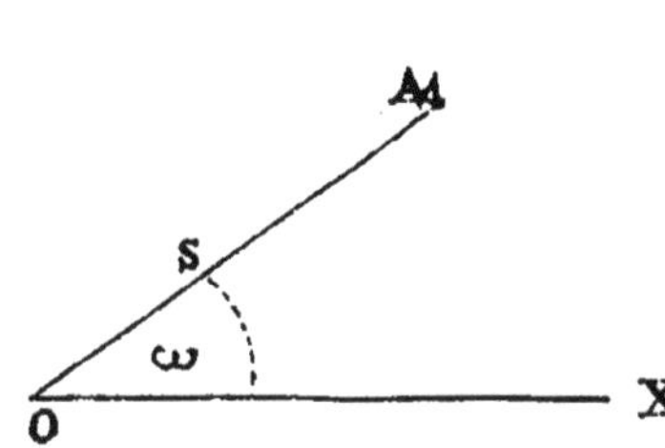

43. Exprimer la distance δ de deux points en fonction des coordonnées polaires de ces points.

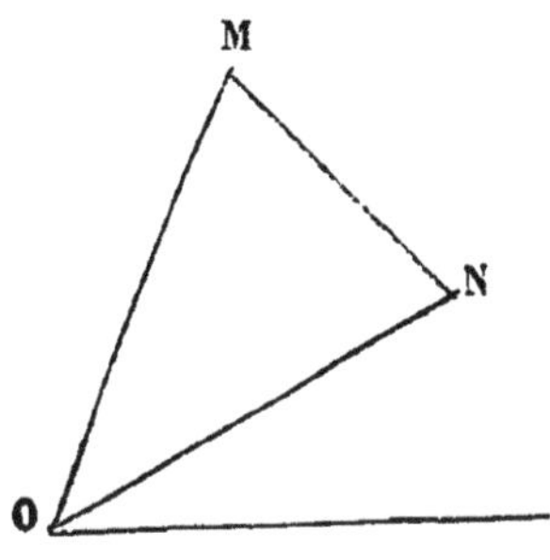

Soient M et N les deux points, O le pôle et OB la droite fixe.

$$OM = \rho', \ MOB = \omega',$$
$$ON = \rho'', \ NOB = \omega'';$$

on a :

$$\overline{MN}^2 = \overline{OM}^2 + \overline{ON}^2 - 2 OM . ON \cos . MON$$

donc

$$\delta^2 = \rho'^2 + \rho''^2 - 2 \rho' \rho'' \cos . (\omega' - \omega'').$$

44. Equations. — Définition. — Un *lieu géométrique* est l'ensemble de tous les points qui jouissent d'une propriété commune. En général ces points se succèdent avec continuité suivant une ligne droite ou courbe.

Soit une ligne plane quelconque AB, qui représente un lieu.

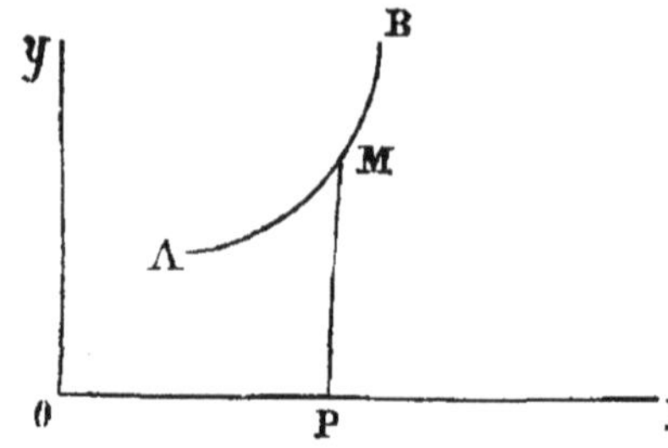

Traçons dans le plan deux axes OX et OY, et représentons par x et y les deux coordonnées OP et MP d'un point M quelconque du lieu ; quand le point M se meut sur la ligne, les deux coordonnées varient simultanément, et si l'on donne à l'abscisse une valeur OP, l'ordonnée du point de la courbe qui a pour abscisse OP, est complétement déterminée ; car il suffira, pour l'obtenir, de mener par le point P une parallèle à l'axe des y, et la partie de cette parallèle comprise entre le point P et la courbe, sera l'ordonnée du point M. Il résulte de là que la variation de l'abscisse entraîne celle de l'ordonnée ; ainsi les deux coordonnées sont *fonctions* l'une de l'autre. Si la relation qui lie l'ordonnée à l'abscisse est constante, c'est-à-dire si la ligne proposée est telle que, pour obtenir l'ordonnée d'un de ses points, il faille faire sur son abscisse les mêmes opérations qu'on a dû effectuer sur l'abscisse de tout autre point pour avoir son ordonnée, l'équation qui exprimera la relation qui existe entre l'abscisse et l'ordonnée d'un point quelconque, est ce que l'on appelle l'*Equation du lieu*. On dit donc que

L'équation d'un lieu géométrique est l'expression de la relation constante qui existe entre les coordonnées de chacun de ses points.

Quand on connaîtra la *définition géométrique* du lieu, ou, ce qui revient au même, l'une quelconque des propriétés qui le caractérisent, on pourra obtenir son équation.

45. Deux équations quelconques entre les coordonnées représentent géométriquement un ou plusieurs points.

Lorsque ces équations sont du premier degré, elles représentent un seul point ; car, en les résolvant par rapport à x et à y, on trouve deux équations de la forme $x = a$, $y = b$, qui, ainsi que nous l'avons vu dans le paragraphe I, représentent un seul point.

Si ces deux équations sont d'un degré supérieur au premier, elles représentent plusieurs points. En effet, éliminant y entre les deux équations, on obtient une équation en x seulement, dont nous représenterons les racines par a, a', a'',.... En substituant une de ces valeurs à x dans les équations primitives, a, par exemple, on trouve deux équations en y, ayant une racine commune $y = b$, puisque l'équation résultante de l'élimination de y entre les deux équations est satisfaite par $x = a$. Les valeurs $x = a$, $y = b$ satisfont aux deux équations données et correspondent à un point représenté par ces équations. Les mêmes raisonnements s'appliqueront aux autres points $x = a'$, $y = b'$, etc.

Exercices.

I. Quel est le point représenté par les équations

$$3x + 5y = 13, \quad 4x - y = 2?$$

Réponse $x = 1, y = 2$.

II. Quels sont les points représentés par les deux équations

$$y^2 - 4x = 0, \quad y^2 + x^2 - 9x + 4 = 0 ?$$

Réponse $x = 1, y = 2$; $x = 1, y = -2$; $x = 4, y = 4$; $x = 4, y = -4$.

III. Quels sont les points représentés par les deux équations

$$x^2 + y^2 = 5, \quad xy = 2 ?$$

Réponse $(1, 2)$; $(-1, -2)$; $(2, 1)$; $(-2, -1)$.

IV. Quels sont les points représentés par les deux équations

$$x^2 - 5x + y + 3 = 0, \quad x^2 + y^2 - 5x - 3y + 6 = 0 ?$$

Réponse $(1, 1)$; $(2, 3)$; $(3, 3)$; $(4, 1)$.

46. Une seule équation entre les coordonnées représente un lieu géométrique.

Il est évident qu'une seule équation est insuffisante pour déterminer les deux inconnues x et y, et qu'elle peut être satisfaite par un nombre indéfini de systèmes de valeurs de x et de y, sans que, cependant, elle le soit par un système de valeurs pris au hasard. L'ensemble des points dont les coordonnées satisfont à l'équation forme un *lieu* qui est considéré comme la représentation géométrique de l'équation donnée.

Ainsi, par exemple, l'équation

$$(x - \alpha)^2 + (y - \beta)^2 = R^2$$

exprime que la distance du point variable (x, y) au point fixe (α, β) est égale à la quantité constante R ; cette équation est donc satisfaite par les coordonnées d'un point quelconque de la circonférence qui a pour centre le point (α, β) et R pour rayon, et elle n'est satisfaite que par les coordonnées de ces points. On dit alors que la circonférence est le lieu représenté par cette équation.

L'exemple suivant, plus simple encore, nous permettra de faire voir qu'une seule équation entre les coordonnées représente un lieu géométrique. Reprenons la construction au moyen de laquelle (n 34) nous avons déterminé la position du point représenté par les deux équations $x = a$, $y = b$. Nous avons obtenu le point M en menant par le point P distant du point O de OM $= a$, une parallèle PK à OY, et prenant sur cette parallèle MP $= b$. Si nous nous étions donné une valeur différente b' pour y, en procédant de la même manière, nous aurions encore trouvé un point M', situé sur la ligne PK. Enfin, si la valeur de y est laissée tout à fait indéterminée, et si nous ne nous donnons que l'équation $x = a$, le point M sera situé quelque part sur la ligne PK, et sa position sur cette droite sera indéterminée. La ligne PK est donc le lieu de tous les points représentés par l'équation $x = a$, puisque, quel que soit le point que l'on prenne sur cette ligne PK, l'abscisse de ce point sera toujours égale à a.

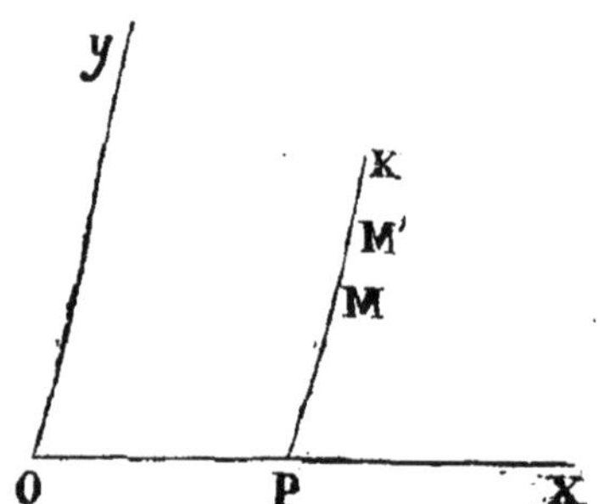

Donc, une équation entre deux variables x et y représente une ligne qui est le lieu géométrique des points qui ont pour coordonnées tous les couples de valeurs de x et de y qui peuvent vérifier cette équation.

On comprend qu'il est impossible de construire tous les points déterminés par les différents couples de valeurs de x et de y qui satisfont à une équation, car il est impossible d'assigner à l'une de ces variables des valeurs qui ne soient pas discontinues ; mais on pourra toujours construire un certain nombre de ces points, et il ne restera plus qu'à les unir par un trait continu pour avoir une ligne qui diffèrera d'autant moins du *lieu* de l'équation donnée, que les points que l'on aura déterminés seront plus rapprochés les uns des autres.

Exercices.

I. Représenter graphiquement une série de points satisfaisant à l'équation $y = 2x + 3$.

Réponse. Donnant à x les valeurs $-2, -1, 0, 1, 2, 3, \ldots$ on trouve pour y, $-1, 1, 3, 5, 7, 9 \ldots$, et l'on voit alors que les points correspondants sont en ligne droite.

II. Représenter le lieu correspondant à l'équation $y = x^2 - 3x - 2$.

Réponse. Aux valeurs $x = -1, -\frac{1}{2}, 0, \frac{1}{2}, 1, \frac{3}{2}, 2, \frac{5}{2}, 3, \frac{7}{2}, 4$, correspondent les valeurs de y : $2, -\frac{1}{4}, -2, -\frac{13}{4}, -4, -\frac{17}{4}, -4, -\frac{13}{4}, -2, -\frac{1}{4}, 2$.

Ces points sont suffisants pour indiquer la forme de la courbe ; on peut du reste les multiplier en donnant à x des valeurs positives ou négatives plus grandes.

III. Représenter la courbe $y = 3 \pm \sqrt{20 - x - x^2}$.

Réponse. A chaque valeur de x correspondent deux valeurs de y : aucune partie de la courbe ne se trouve à droite de la ligne $x = 4$, ni à gauche de la ligne $x = -5$, puisqu'en donnant à x des valeurs positives ou négatives plus grandes, la valeur de y devient imaginaire.

IV. Représenter la courbe $y^2 - x^2 = 4$.

Réponse. Elle est symétrique par rapport aux deux axes ; x variant de $-\infty$ à $+\infty$, les valeurs de y restent réelles, et varient de $-\infty$ à $+\infty$ sans passer par zéro ; donc la courbe s'étend indéfiniment au-dessus et au-dessous de l'axe des x, à droite et à gauche de l'axe des y. Si l'on fait $x = 0$, il vient $y = \pm 2$; portant sur l'axe des y, à partir de l'origine deux longueurs égales à 2, les points ainsi obtenus seront à la courbe, et seront ceux où elle se rapproche le plus de l'axe des x ; pour $x = 1$, on a $y = \pm \sqrt{5} = \pm 2{,}2$, à 0,1 près ; etc.

47. Il arrive souvent qu'on n'a pas besoin de tracer la courbe dont il s'agit, et qu'il suffit d'avoir une idée générale de sa forme et de sa position par rapport aux axes coordonnés. On y parvient facilement lorsque l'équation de la courbe

$$f(x, y) = 0,$$

peut être résolue par rapport à y. Supposons, en effet, qu'on ait tiré la valeur suivante

$$y = \varphi(x).$$

$\varphi(x)$ étant une fonction de x. On supposera que x croisse d'une manière continue de zéro jusqu'à l'infini positif, et depuis zéro jusqu'à l'infini négatif, et l'on examinera avec soin comment varieront dans les mêmes circonstances les ordonnées correspondantes aux abscisses que l'on considère.

Si l'on trouve, par exemple, que $\varphi(x)$ devient infini pour une certaine valeur de x, ou qu'en donnant à x des valeurs croissantes au delà de toute limite, les valeurs de y ne cessent pas d'être réelles, on en conclura que le cours de cette branche de courbe est infini, puisqu'elle s'éloigne indéfiniment de l'un des axes, ou de tous les deux à la fois.

Si pour toutes les valeurs de x comprises entre certaines limites, $\varphi(x)$ devient imaginaire, on en conclura que la courbe $y = \varphi(x)$ est *discontinue*, c'est-à-dire composée de parties séparées ; et si, à partir d'une certaine valeur de x positive ou négative, y est constamment imaginaire, on en conclura que la courbe est limitée dans le sens des abscisses positives ou négatives. Enfin si l'équation $y = f(x)$ n'est vérifiée par aucun système de valeurs réelles de x et de y, on en conclura que l'équation ne *représente aucun lieu géométrique*. L'équation

$$x^2 + y^2 + 1 = 0.$$

n'a pas de représentation géométrique.

48. Si l'équation proposée ne renferme qu'une seule variable, comme l'équation

$$f(x) = 0,$$

on observera qu'en la supposant du degré m, elle sera décomposable en m facteurs du premier degré $x - a$, $x - b$, $x - c$,....., de sorte que toutes les solutions de cette équation seront données par les équations partielles

$$x = a,\ x = b,\ x = c, \ldots\ldots ;$$

or, tous les points dont les coordonnées vérifient l'équation $x = a$, ont a pour abscisse, si cette quantité a est réelle ; donc ils sont tous situés sur une parallèle à l'axe des y, menée à une distance a de cet axe ; donc cette parallèle est le lieu de l'équation $x = a$. Par conséquent, si l'on construit tous les couples de valeurs de x qui vérifient l'équation $f(x) = 0$, on trouvera autant de parallèles à l'axe des y que cette équation a de racines réelles ; donc on peut dire que le lieu de cette équation est le système de toutes ces parallèles.

49. Toute la géométrie analytique est fondée sur la corrélation qui, ainsi que nous venons de le montrer, existe entre une équation

et un lieu géométrique. De là un double but à remplir. Si une courbe est définie par une propriété géométrique, nous aurons à déduire de cette propriété l'équation qui devra être satisfaite par les coordonnées d'un point de la courbe. Si, d'un autre côté, on nous donne une équation, nous aurons à déterminer la forme de la courbe qu'elle représente, ainsi que les propriétés géométriques de cette courbe. Pour faire cette recherche avec méthode, après avoir classé les équations suivant leur degré, nous déterminerons la forme et les propriétés du lieu représenté par une équation, en commençant par les équations du degré le moins élevé.

CHAPITRE III.

GÉNÉRALITÉS SUR LES COURBES.

50. Nous avons vu que les lignes peuvent être représentées par des équations qui ne sont autre chose que l'expression analytique d'une relation constante entre les coordonnées de chacun de leurs points. Ces équations peuvent être ou *algébriques* ou *transcendantes*, et on a distingué les lignes en *lignes algébriques* et en *lignes transcendantes*, suivant que leurs équations sont de la première ou de la seconde espèce.

51. Les courbes algébriques sont classées en différents ordres, d'après le degré de leur équation. Ainsi, les lignes du premier ordre sont celles dont l'équation est du premier degré ; les lignes du second ordre, sont celles dont l'équation est du second degré, et ainsi de suite. Nous ne nous occuperons spécialement que des courbes algébriques, en nous bornant à celles qui sont définies par des équations du premier et du second degré, et nous les supposerons rapportées à deux axes rectilignes.

Cette classification suppose un principe qui sera démontré plus tard, savoir : que le degré de l'équation d'une courbe est indépendant du système d'axes auquel on la rapporte.

52. Il est important de remarquer qu'une équation entre deux indéterminées ne représente pas nécessairement une ligne de l'ordre indiqué par son degré ; mais qu'elle peut représenter un système de lignes d'un ordre inférieur. En effet, soit $A = 0$ cette équation, et supposons que son premier membre soit décomposable en deux facteurs rationnels B et C : il est évident que les solutions de l'équation $A = 0$, sont les mêmes que celles des deux équations partielles $B = 0$, $C = 0$; de sorte que le lieu de cette équation $A = 0$ est celui de tous les points dont les coordonnées vérifient *séparément* les deux équations $B = 0$ et $C = 0$. Or, chacune de ces deux équations représente une certaine ligne, donc le lieu de l'équation proposée est le système de ces deux lignes. Ainsi l'équation

$$(y + ax + b)(y^2 - cx) = 0,$$

représente une ligne du premier ordre, et une ligne du second. Enfin, si le premier membre de l'équation $A = 0$ était décomposable en facteurs rationnels du premier degré, le lieu de cette équation serait le système d'autant de lignes du premier ordre qu'il y aurait de ces facteurs réels et différents. Telle est l'équation

$$y^3 - x^2y + y^2 + xy = 0,$$

qui se décompose en

$$y(y + x)(y - x + 1) = 0,$$

et qui représente trois lignes du premier ordre.

53. Il suit immédiatement de là que pour représenter plusieurs lignes par une seule équation, il suffit de multiplier leurs équations membre à membre, après avoir transposé tous les termes de chacune d'elles dans le premier membre. Ainsi, les lignes que construisent les deux équations

$$A = B, \text{ et } C = D,$$

seront représentées par la seule équation :

$$(A - B)(C - D) = 0.$$

54. Il est bon de remarquer que si l'on avait multiplié membre à membre les deux équations

$$A = B, \text{ et } C = D,$$

l'équation résultante

$$AC = BD,$$

n'aurait pas représenté le lieu de ces deux équations, mais seulement une courbe passant par leurs points d'intersection. En effet, tout couple de valeurs de x et de y qui vérifie les deux équations $A = B$, et $C = D$, satisfait nécessairement à l'équation $AC = BD$; mais le point qui a ces valeurs de x et de y pour coordonnées, appartient nécessairement aux deux courbes représentées par les équations

$$A = B, \text{ et } C = D ;$$

donc le lieu de l'équation $AC = BD$ passe par les points d'intersection des courbes $A = B$ et $C = D$.

55. — Soient

$$f(x, y) = 0, \quad (1)$$

et

$$\varphi(x, y) = 0, \quad (2)$$

les équations de deux courbes. Si on combine ces deux équations soit par voie d'addition, soit par voie de soustraction, ou plus généralement, si on les ajoute après avoir multiplié l'une d'elles par un coefficient numérique λ, l'équation résultante

$$f(x, y) + \lambda \varphi(x, y) = 0, \quad (3)$$

représentera

un lieu passant par les points d'intersection des deux premières lignes.

En effet, tout système de valeurs de x et de y qui satisfera aux équations (1) et (2), satisfera nécessairement à l'équation (3), donc le lieu de l'équation (3) passe par les points d'intersection des courbes.

$$f(x, y) = 0, \text{ et } \varphi(x, y) = 0.$$

Exercices.

Déterminer la signification géométrique des équations :

1. $12xy + 8x - 27y - 18 = 0.$
2. $x^2 + y^2 + xy = 0.$
3. $y^2 - 2xy + 2x^2 - 2x + 1 = 0.$
4. $y^2 + 4xy + x^2 - 2y + 2x - 2 = 0.$
5. $y^2 - 2xy + 3x^2 - 2y - 10x + 19 = 0.$
6. $y^2 - 2xy + x^2 - 2y + 2x = 0.$

CHAPITRE IV.

LIGNES DU PREMIER ORDRE.

56. CONSTRUCTION DE L'ÉQUATION DU PREMIER DEGRÉ. Les lignes du premier ordre sont représentées par des équations du premier degré.

L'équation générale du premier degré entre les deux variables x et y est de la forme

$$Ax + By + C = 0,$$

A, B et C sont des coefficients numériques, positifs ou négatifs, entiers ou fractionnaires.

On ne peut pas avoir en même temps $A = 0$, $B = 0$, car il viendrait alors $C = 0$, équation absurde, à moins que C ne soit également nul, et, dans ce cas, l'équation disparaîtrait.

Soit d'abord $A = 0$, il viendra

$$By + C = 0, \text{ ou } y = -\frac{C}{B}.$$

Faisons $-\frac{C}{B} = b$, l'équation $y = b$ représente une série de points ayant tous la même ordonnée, quelle que soit, d'ailleurs, leur abscisse ; $y = b$ représente donc une droite parallèle à l'axe des x.

Si $B = 0$, il restera

$$Ax + C = 0, \text{ d'où } x = -\frac{C}{A} = a.$$

Or, $x = a$ représente une série de points ayant tous la même abscisse, quelle que soit, d'ailleurs, leur ordonnée ; $x=a$ représente donc une parallèle à l'axe des y. Donc dans ces deux cas, l'équation (1) représente une ligne droite.

Soient en même temps $A = 0$ et $C = 0$, il viendra $By = 0$, et comme B n'est pas nul, on aura $y = 0$, ce qui est l'équation de l'axe des x. On verrait de même que si l'on a à la fois $B = 0$, $C = 0$, il en résultera $x = 0$, ce qui est l'équation de l'axe des y.

Soit maintenant $C = 0$, il viendra

$$Ax + By = 0,$$

d'où

$$y = -\frac{A}{B}x,$$

et, en faisant $-\frac{A}{B} = m$, on aura

$$y = mx, \text{ ou } \frac{y}{x} = m.$$

Rapportons le lieu à deux axes ox et oy faisant entre eux un angle quelconque θ. Si m est positif, à des abscisses positives correspondront des ordonnées positives ; et à des abscisses négatives correspondront des ordonnées négatives ; d'ailleurs, le lieu passe par l'origine, car $x = 0$ donne $y = 0$: donc tous les points du lieu se trouvent dans l'axe $y\ o\ x$ et dans l'angle opposé par le sommet $y'\ o\ x'$. Soit M un point du lieu, ses coordonnées MP et OP devront satisfaire à l'équation du lieu, et l'on aura

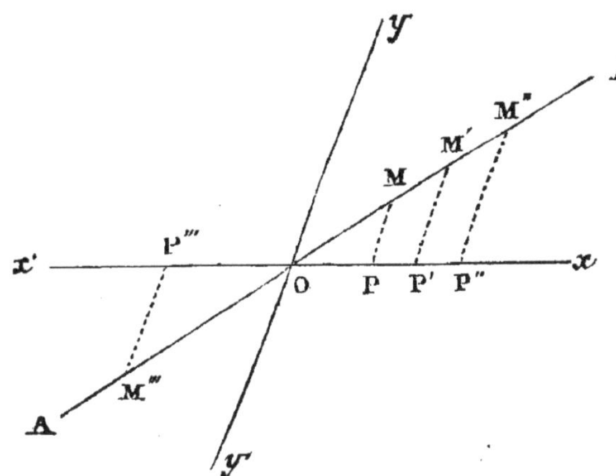

$$\frac{MP}{OP} = m.$$

Si M', M'', M''', ... sont d'autres points du lieu, on aura également

$$\frac{M'P'}{OP'} = m, \quad \frac{M''P''}{OP''} = m, \quad \frac{-M'''P'''}{-OP'''} = m, \ldots.$$

et, par suite,

$$\frac{MP}{OP} = \frac{M'P'}{OP'} = \frac{M''P''}{OP''} = \frac{M'''P'''}{OP'''} = \ldots ;$$

En joignant les points M, M', M'', M''', ... au point O, les triangles MOP, M'OP', M''OP'', M'''OP''',... seront semblables, et, par conséquent, les angles MOP, M'OP', M''OP'', M'''OP''',... seront égaux ; donc, les points M, M', M'', M''', ... sont tous placés sur une même droite AA' passant par l'origine.

Donc l'équation $y = mx$ représente la droite AA'.

Lorsque m est négatif, à des abscisses positives correspondront des ordonnées négatives, et à des abscisses négatives correspondront des ordonnées positives; donc tous les points du lieu sont dans l'angle xoy' et dans son opposé par le sommet yox'.

Si M, M', M'', ... sont des points du lieu, on aura les relations

$$\frac{\mathrm{MP}}{-\mathrm{OP}} = \frac{\mathrm{M'P'}}{-\mathrm{OP'}} = \frac{-\mathrm{M''P''}}{\mathrm{OP''}} = \ldots = m,$$

et l'on en conclura comme précédemment que les triangles MOP, M'OP', M''OP'', ... sont semblables, et, par suite, que les angles MOP, M'OP', M''OP'', ... sont égaux, et les points M, M', M'', ... sur une même droite BB' passant par l'origine. Ainsi, dans tous les cas, l'équation $y = mx$ représente une ligne droite passant par l'origine.

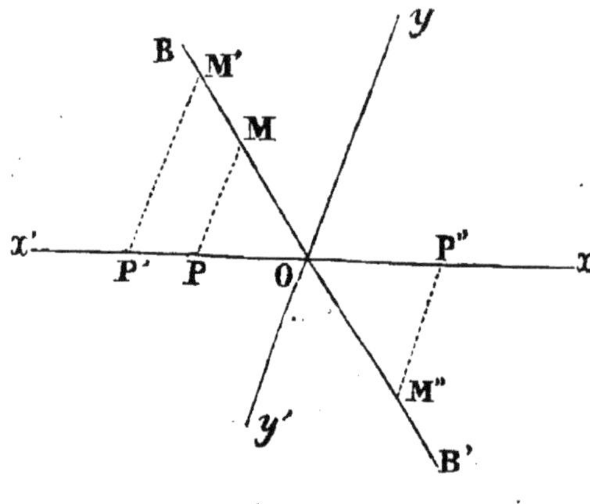

Supposons maintenant que ni A, ni B, ni C ne soient nuls; en résolvant l'équation par rapport à y, il viendra

$$y = -\frac{\mathrm{A}}{\mathrm{B}}x - \frac{\mathrm{C}}{\mathrm{B}}.$$

Faisons $-\frac{\mathrm{A}}{\mathrm{B}} = m$, $-\frac{\mathrm{C}}{\mathrm{B}} = b$, nous aurons

$$y = mx + b.$$

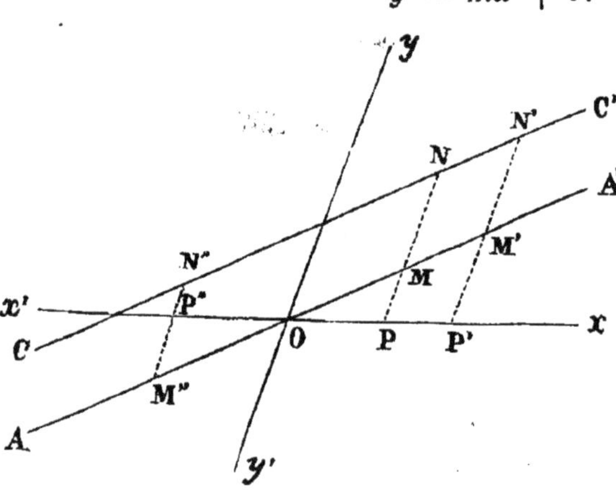

Si l'on compare les deux équations

$$y = mx + b,$$

et $\quad y = mx,$

on voit que les ordonnées correspondantes à une même abscisse diffèrent de la quantité constante b. On augmentera donc, ou l'on diminuera, suivant le signe de b, les ordonnées de tous les points de la droite AA', de longueurs MN, M'N', M''N'', ..., égales à b, et les points N, N', N'', ... ainsi obtenus donneront évidemment une droite CC', parallèle à AA'.

Donc, dans tous les cas, l'équation du premier degré à deux variables $Ax + By + C = 0$, représente une ligne droite.

57. — Equation d'une ligne droite. — Réciproquement, une ligne droite est définie par une équation du premier degré. En effet, si elle est parallèle à l'axe des x, tous ses points ont même ordonnée, et son équation est de la forme $y = b$. Si elle est parallèle à l'axe des y, tous ses points ont même abscisse, et son équation est $x = a$. Si elle passe par l'origine, elle ne peut occuper qu'une des deux positions A'OA, B'OB, indiquées dans les deux figures précédentes, et les triangles semblables donnent

$$\frac{MP}{OP} = \frac{M'P'}{OP'} = \frac{M''P''}{OP''} = \frac{-M'''P'''}{-OP'''} = \dots,$$

ou

$$\frac{MP}{-OP} = \frac{M'P'}{-OP'} = \frac{-M''P''}{OP''} = \dots .$$

Soit m ce rapport constant, et appelons x et y les coordonnées d'un point quelconque de la droite, son équation sera $\frac{y}{x} = m$, d'où $y = mx$.

Supposons enfin que la droite, sans être parallèle à l'un des axes, ne passe pas par l'origine, et soit CC' cette droite.

Par l'origine menons la parallèle AA', qui, d'après ce qui précède, aura pour équation $y = mx$. Or, l'excès de l'ordonnée de la droite CC' sur l'ordonnée correspondante de la parallèle AA' est la quantité constante b, donc la droite CC' a pour équation $y = mx + b$.

Donc, une ligne droite est définie par une équation du premier degré.

58. Signification des coefficients. — Toute droite non parallèle à l'axe des y peut être ramenée à la forme $y = mx + b$. La constante b est *l'ordonnée* du point où la droite rencontre l'axe des y ; on l'appelle *l'ordonnée à l'origine*.

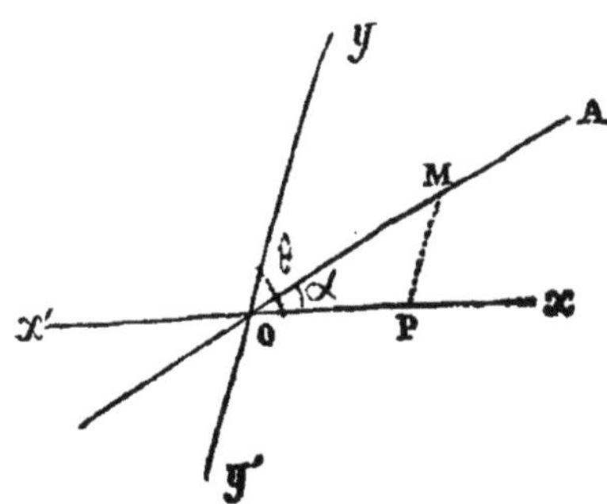

Pour reconnaître la signification de m, menons par l'origine, et au dessus de l'axe des

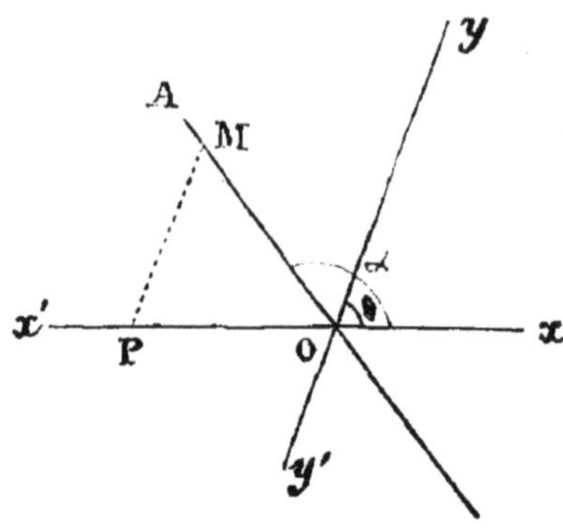

x, une parallèle à la droite proposée ; soit OA cette parallèle, $y = mx$ son équation. Représentons par θ l'angle des axes, et par α l'angle de OA avec l'axe des abscisses, angle qui peut varier de 0 à π ; on a, dans la disposition de la première figure,

$$m = \frac{y}{x} = \frac{MP}{OP} = \frac{\sin \alpha}{\sin (\theta - \alpha)},$$

et dans celle de la seconde

$$m = \frac{y}{x} = \frac{MP}{-OP} = \frac{\sin MOP}{-\sin OMP} = \frac{\sin \alpha}{-\sin (\alpha - \theta)} = \frac{\sin \alpha}{\sin (\theta - \alpha)}.$$

Donc, dans tous les cas,

$$m = \frac{\sin \alpha}{\sin (\theta - \alpha)}.$$

La constante m ne dépend que de la direction de la droite; elle est la même pour toutes les droites parallèles, on l'appelle *coefficient angulaire* ou *de direction.* Elle exprime *le rapport des sinus des angles que la droite fait avec les deux axes.*

Quand les axes sont rectangulaires, $\theta = \frac{\pi}{2}$, et l'on a

$$m = \frac{\sin \alpha}{\sin (\frac{\pi}{2} - \alpha)} = \frac{\sin \alpha}{\cos \alpha} = \text{tg } \alpha.$$

Dans ce cas,

le coefficient angulaire est la tangente trigonométrique de l'angle que la droite fait avec l'axe des x.

59. *Remarque.* — L'angle α s'obtient en faisant tourner l'axe ox vers oy jusqu'à ce qu'il coïncide une première fois avec la parallèle menée par l'origine à la droite donnée.

AUTRES FORMES DE L'ÉQUATION DE LA LIGNE DROITE.

60. Trouver l'équation de la droite MN en fonction des segments OM $= a$, ON $= b$ qu'elle determine sur les axes.

Nous pouvons déduire cette équation de l'équation connue,

$$Ax + By + C = o, \text{ ou } \frac{A}{C}x + \frac{B}{C}y + 1 = 0.$$

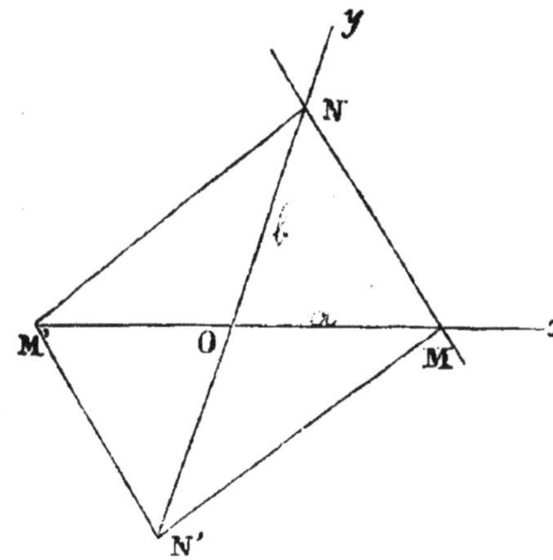

Cette dernière équation devant être satisfaite par tous les points de la droite, le sera par le point M $(x = a,\ y = o)$; nous aurons donc :

$$\frac{A}{C}a + 1 = o,\quad \frac{A}{C} = -\frac{1}{a}.$$

Elle le sera de même par le point N $(x = o,\ y = b)$, donc :

$$\frac{B}{C} = -\frac{1}{b}.$$

Portant ces valeurs dans l'équation générale, elle devient

$$\frac{x}{a} + \frac{y}{b} = 1.$$

Cette équation est indépendante de l'angle que font entre eux les axes des coordonnées.

La position de la droite varie évidemment avec les signes des quantités a et b. Ainsi, à l'équation $\frac{x}{a} + \frac{y}{b} = 1$, qui donne des quantités positives pour les segments faits sur les axes, correspond la droite MN, tandis que l'équation $\frac{x}{a} - \frac{y}{b} = 1$, qui donne un segment positif sur l'axe des x et un segment négatif sur l'axe des y, représente la droite MN'.

On verrait de même que l'équation $-\frac{x}{a} + \frac{y}{b} = 1$ représente la droite NM', et l'équation $-\frac{x}{a} - \frac{y}{b} = 1$ la droite M' N'.

Remarque. — Une équation du premier degré peut toujours se ramener à une des quatre formes précédentes, en divisant tous ses termes par le terme constant.

61. Exprimer l'équation d'une droite en fonction de la longueur de la perpendiculaire abaissée de l'origine sur cette droite, et des angles que cette perpendiculaire fait avec les axes.

Soient MN la droite, $OP = p$ la longueur de la perpendiculaire abaissée de l'origine sur sa direction ; $POM = \alpha$ l'angle qu'elle fait

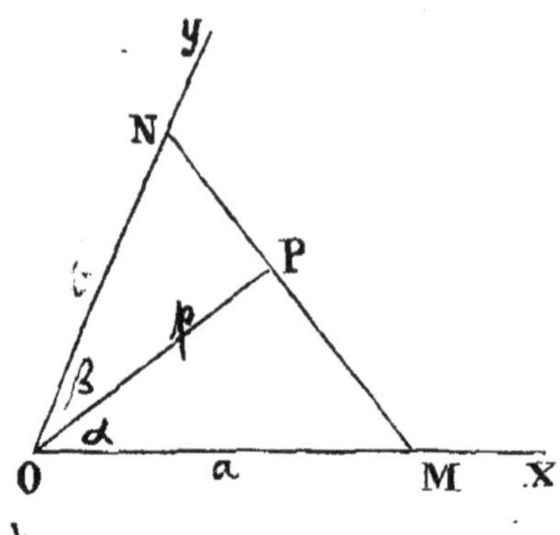

avec l'axe des x ; PON $= \beta$ celui qu'elle fait avec l'axe des y ; OM $= a$, ON $= b$.

L'équation de la droite MN est (60.)

$$\frac{x}{a} + \frac{y}{b} = 1.$$

Multipliant cette équation par p, il vient

$$\frac{p}{a} x + \frac{p}{b} y = p.$$

Mais $\frac{p}{a} = \cos \alpha$, $\frac{p}{b} = \cos \beta$, donc l'équation de la droite devient

$$x \cos \alpha + y \sin \beta = p,$$

dans laquelle $\alpha + \beta = \theta$.

Si les axes sont rectangulaires, $\theta = 90$, $\beta = 90 - \alpha$, et l'équation de la droite devient

$$x \cos \alpha + y \sin \alpha = p.$$

62. On peut toujours trouver une droite satisfaisant à deux conditions.

Toutes les formes sous lesquelles nous avons donné l'équation de la ligne droite renferment deux constantes. Ainsi les formes $y = mx + b$, $x \cos \alpha + y \sin \alpha = p$, $\frac{x}{a} + \frac{y}{b} = 1$, renferment les constantes m et b, α et p, a et b. La seule forme

$$Ax + By + C = 0$$

semble en renfermer un plus grand nombre ; mais dans ce cas on n'a pas à considérer les grandeurs absolues des coefficients, mais bien leurs rapports, car, en multipliant ou en divisant tous les termes d'une équation par une même quantité, on ne change pas la nature du lieu qu'elle représente. On peut donc ramener l'équation $Ax + By + C = 0$ à n'avoir que deux constantes $\frac{A}{C}$, $\frac{B}{C}$ en divisant tous ses termes par C. Par suite, en adoptant une quelconque de ces formes, par exemple, $y = mx + b$, pour celle de l'équation générale de la droite, on peut considérer m et b comme des inconnues qu'il s'agit de déterminer. Lorsque nous aurons deux conditions, nous pourrons trouver les valeurs de m et de b relatives à la droite qui satisfait à ces deux conditions.

63. On donne l'angle qu'une droite fait avec l'axe des x, et l'ordonnée à l'origine, trouver l'équation de cette droite.

Représentons par α l'angle que la droite fait avec l'axe des x, et par b l'ordonnée à l'origine. L'équation générale d'une ligne droite est

$$y = mx + b;$$

Si les axes sont obliques, $m = \frac{\sin \alpha}{\sin(\theta - \alpha)}$ (58), et l'équation de la droite est

$$y = \frac{\sin \alpha}{\sin(\theta - \alpha)} x + b,$$

et si les axes sont rectangulaires $m = \operatorname{tg} \alpha$ (n° 58), et l'équation de la droite sera

$$y = x \operatorname{tg} \alpha + b.$$

64. — Connaissant l'équation $y = mx + b$ d'une droite, déterminer l'angle qu'elle fait avec l'axe des x.

Nous avons vu (n° 58) que l'on a

$$m = \frac{\sin \alpha}{\sin(\theta - \alpha)},$$

θ étant l'angle des axes, et α l'angle de la droite avec l'axe de x.

De cette équation on tire

$$m \sin(\theta - \alpha) = \sin \alpha,$$

ou $$m \sin \theta \cos \alpha - m \sin \alpha \cos \theta = \sin \alpha,$$

divisant les deux membres par $\cos \alpha$, on trouve

$$m \sin \theta - m \cos \theta \operatorname{tg} \alpha, = \operatorname{tg} \alpha$$

et, par suite,

$$\operatorname{tg} \alpha = \frac{m \sin \theta}{1 + m \cos \theta}.$$

Cette formule n'est pas calculable par logarithmes; mais si l'on prend pour inconnue $\operatorname{tg}(\alpha - \frac{1}{2}\theta)$, on trouve facilement la formule logarithmique

$$\operatorname{tg}(\alpha - \tfrac{1}{2}\theta) = \frac{m - 1}{m + 1} \operatorname{tg} \tfrac{1}{2}\theta,$$

de laquelle on déduit $\alpha - \frac{1}{2}\theta$, et par suite l'angle α.

65. — Chercher l'équation générale d'une droite passant par un point donné.

Soient x', y' les coordonnées du point donné, et

$$y = mx + b,$$

l'équation de la droite cherchée. Le point x', y' étant sur la droite, on aura entre les coefficients la relation

$$y' = mx' + b.$$

Retranchant ces équations membre à membre, il vient

$$y - y' = m\,(x - x').$$

Cette équation, qui ne renferme plus qu'un paramètre arbitraire, le coefficient de direction, convient à toutes les droites qui passent par le point (x', y') : c'est donc l'équation générale de toutes les droites qui passent par ce point et pour déterminer complétement celle dont on s'occupe, il faut attribuer à m une valeur particulière. Par exemple, l'équation

$$y - 2 = m\,(x - 3)$$

représente toutes les droites qui passent par le point dont les coordonnées sont $x = 3$ et $y = 2$; mais l'équation

$$y - 2 = 4\,(x - 3)$$

ne convient qu'à celle de ces droites qui fait avec les axes des x et des y des angles tels que le rapport de leurs sinus est égal à 4.

66. — Trouver l'équation d'une droite qui passe par deux points donnés.

Soient (x', y') et (x'', y'') les coordonnées des deux points donnés. La droite devant passer par le premier point, son équation sera de la forme (65)

$$y - y' = m\,(x - x').$$

Mais les coordonnées du second point doivent satisfaire à cette équation, donc

$$y'' - y' = m\,(x'' - x').$$

En divisant ces deux équations membre à membre, on élimine m, et il vient $\dfrac{y - y'}{y'' - y'} = \dfrac{x - x'}{x'' - x'}$,

ou
$$y - y' = \frac{y'' - y'}{x'' - x'}\,(x - x'),$$

pour l'équation de la droite cherchée.

Si, par exemple, les points ont pour coordonnées $x' = 1$, $y' = -2$, et $x'' = -2$, $y'' = -4$, on aura

$$y + 2 = \frac{-4+2}{-2-1}(x-1),$$

ou

$$y + 2 = \tfrac{2}{3}(x-1),$$

pour l'équation de la droite qui passe par ces deux points.

67. Remarque I. — Le coefficient angulaire de la droite passant par les deux points (x', y'), (x'', y'') est égal à $\frac{y''-y'}{x''-x'}$, c'est-à-dire

Au quotient de la différence des ordonnées des deux points donnés divisée par la différence des abscisses de ces mêmes points.

68. Remarque II. — Si les deux points donnés ont pour coordonnées $x' = a$, $y' = 0$ et $x'' = 0$, $y'' = b$, on trouve

$$y = \frac{b}{-a}(x-a),$$

ou

$$\frac{y}{b} + \frac{x}{a} = 1.$$

Ce qui est l'équation du n° 60.

69. Remarque III. — Si l'un des points est l'origine des coordonnées, et que l'on ait, par exemple, $x'' = 0$, $y'' = 0$, on obtient

$$y - y = \frac{-y'}{-x'}(x - x'), \text{ ou } y = \frac{y'}{x'}x,$$

équation d'une droite passant par l'origine et par le point (x', y').

Exercices.

I. Ecrire les équations des côtés du triangle ayant pour sommets les points (2, 1), (3, — 2), (— 4, — 1).

Réponse. $x + 7y + 1 = 0$, $3y - x = 1$, $3x + y = 7$.

II. Trouver l'équation de la droite joignant les points

$$(x', y'),\ \left(\frac{mx' + nx''}{m+n},\ \frac{my' + ny''}{m+n}\right).$$

Réponse. $(y' - y'')x - (x' - x'')y + x'y'' - x''y' = 0$.

III. Ecrire l'équation de la droite joignant

$$(x', y') \text{ et } \left(\frac{x'' + x'''}{2},\ \frac{y'' + y'''}{2}\right).$$

Réponse. $(y'' + y''' - 2y')x - (x'' + x''' - 2x')y + x''y' - y''x' + x'''y' - y'''x' = 0$.

IV. Ecrire les équations des médianes du triangle dont les sommets ont pour coordonnées (2, 3), (4, — 5,) (— 3, — 6).

Réponse. $17x - 3y = 25$, $7x + 9y + 17 = 0$, $5x - 6y = 21$.

70. — Trouver la condition nécessaire pour que trois points (x_1, y_1), (x_2, y_2), (x_3, y_3) soient en ligne droite.

Pour résoudre cette question, il suffit de vérifier si les coordonnées du troisième point satisfont à l'équation (66) de la droite qui joint les deux premiers. On obtient ainsi la relation

$$(y_1 - y_2)x_3 - (x_1 - x_2)y_3 + (x_1 y_2 - x_2 y_1) = 0\,;$$

qui peut se mettre sous la forme plus symétrique

$$y_1(x_2 - x_3) + y_2(x_3 - x_1) + y_3(x_1 - x_2) = 0.$$

71. — Trouver les coordonnées du point d'intersection de deux droites données par leurs équations.

Soient $y = mx + b$ (1), $y = m'x + b'$ (2)

les équations des deux droites données.

Le problème géométrique consiste à déterminer le point dont les coordonnées satisfont à ces deux équations, et le problème algébrique consiste à calculer ces coordonnées. Si donc on suppose que x et y, au lieu de représenter dans chaque équation les coordonnées d'un point quelconque de la droite correspondante, représentent les coordonnées du point commun, le problème algébrique reviendra à calculer les valeurs de x et de y qui rendent simultanées ces deux équations.

En retranchant ces deux équations membre à membre, on obtient :

$$0 = x(m - m') + b - b'$$

d'où

$$x = \frac{b' - b}{m - m'}.$$

Portant cette valeur dans l'une des équations, par exemple, dans (1), il vient :

$$y = \frac{mb' - bm'}{m - m'}.$$

On a donc pour les coordonnées du point d'intersection

$$x = \frac{b' - b}{m - m'}, \qquad y = \frac{mb' - bm'}{m - m'}.$$

Discussion. — Pour que le problème soit possible, il faut et il suffit que ces valeurs de x et de y soient finies. Pour cela on doit avoir m différent de m'.

Lorsque $m = m'$, b étant différent de b', les valeurs de x et de y du point de rencontre deviennent infinies ; cela doit être, puisqu'alors les droites sont parallèles.

Si l'on suppose à la fois $m = m'$, et $b = b'$, on aura

$$x = \frac{0}{0}, \qquad y = \frac{0}{0};$$

valeurs indéterminées. En effet, dans ce cas les équations des deux droites étant les mêmes, ces deux droites se confondent, c'est-à-dire que tous les points de l'une appartiennent à l'autre.

Exercices.

I. Trouver les sommets du triangle dont les côtés ont pour équations :

$$x + y = 2, \quad x - 3y = 4, \quad 3x + 5y + 7 = 0.$$

Réponse. $\left(-\frac{1}{14}, -\frac{19}{14}\right)$, $\left(\frac{17}{2}, -\frac{13}{2}\right)$, $\left(\frac{5}{2}, -\frac{1}{2}\right)$.

II. Trouver les coordonnées des intersections des droites :

$$3x + y - 2 = 0, \quad x + 2y = 5, \quad 2x - 3y + 7 = 0.$$

Réponse. $\left(\frac{1}{7}, \frac{17}{7}\right)$, $\left(-\frac{1}{11}, \frac{25}{11}\right)$, $\left(-\frac{1}{5}, \frac{13}{5}\right)$.

III. Trouver les coordonnées des sommets et les équations des diagonales du quadrilatère dont les côtés sont :

[illegible] $3y = 10$, $2y + x = 6$, $16x - 10y = 33$, $12x + 14y + 29 = 0$.

Réponse. $\left(-1, \frac{7}{2}\right)$, $\left(3, \frac{3}{2}\right)$, $\left(\frac{1}{2}, -\frac{5}{2}\right)$, $\left(-3, \frac{1}{2}\right)$;

$$6y - x = 0, \quad 8x + 2y + 1 = 0.$$

IV. Trouver les intersections des côtés opposés du même quadrilatère, et l'équation de la droite joignant ces points d'intersection.

Réponse. $\left(83, \frac{259}{2}\right)$, $\left(-\frac{71}{5}, \frac{101}{10}\right)$; $162y - 199x = 4462$.

V. Trouver les diagonales du parallélogramme formé par

$$x = a, \quad x = a', \quad y = b, \quad y = b'.$$

Réponse. $(b - b')x - (a - a')y = a'b - ab'$; $(b - b')x + (a - a')y = ab - a'b'$.

VI. On prend pour axes la base d'un triangle et la médiane correspondante ; trouver les équations des autres médianes et les coordonnées de leur point d'intersection, les coordonnées du sommet opposé à la base étant $(0, y')$, celles des autres sommets, $(x', 0)$ et $(-x', 0)$.

Réponse. $3x'y - y'x - x'y' = 0$, $3x'y + y'x - x'y' = 0$; $\left(0, \frac{y'}{3}\right)$.

VII. On prend pour axes les côtés opposés d'un quadrilatère, et les autres côtés ont pour équations :

$$\frac{x}{2a} + \frac{y}{2b} = 1, \quad \frac{x}{2a'} + \frac{y}{2b'} = 1.$$

Trouver les points milieux des diagonales.

Réponse. (a, b'), (a', b).

72. Etant données les équations de deux droites, trouver l'angle de ces deux droites.

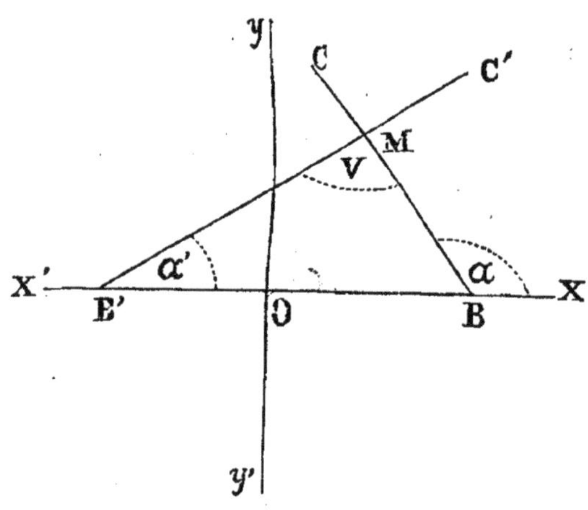

Soient BC et B'C' les deux droites données, que nous supposons rapportées à des axes rectangulaires. Appelons V l'angle BMB' des deux droites, α et α' les angles que ces mêmes droites font avec l'axe des x, nous aurons

$$V = \alpha - \alpha'$$

d'où

$$\text{tang } V = \text{tg } (\alpha - \alpha') = \frac{\text{tg } \alpha - \text{tg } \alpha'}{1 + \text{tg } \alpha \text{ tg } \alpha'};$$

or, les axes sont rectangulaires, donc (58) $\text{tg } \alpha = m$, $\text{tg } \alpha' = m'$, et il vient

$$\text{tg } V = \frac{m - m'}{1 + mm'}.$$

formule qui donne la tangente de l'angle demandé.

Remarque. — Les droites BM et B'M font entre elles deux angles BMB' et BMC' différents, mais supplémentaires. Or, deux angles supplémentaires ont leurs tangentes égales et de signes contraires, il suffira donc de prendre avec un signe contraire la valeur que l'on vient d'obtenir, et l'on aura la tangente de l'angle BMC'.

- 73. Conditions pour que deux droites soient parallèles.

Pour que les deux droites soient parallèles, on doit avoir tang V $= 0$, et, par suite, il faut que le numérateur soit nul, sans que le dénominateur le soit, ou bien que le dénominateur soit infini, sans qu'il en soit de même du numérateur.

Dans le premier cas, nous aurons

$$m = m',$$

et le dénominateur ne peut pas être nul, car, en vertu de la relation précédente, on aurait

$$1 + m^2 = 0,$$

équation dont les racines sont imaginaires.

Dans le second cas, pour que le dénominateur soit infini, il faut que l'une des deux quantités m ou m' soit elle-même infinie ; mais $m = \infty$ donne tg V $= \frac{1}{m'}$; donc il faut encore que $m' = \infty$, pour que tg V soit nulle. Et ces deux conditions sont suffisantes, car si, dans l'équation

$$\text{tg V} = \frac{m - m'}{1 + mm'},$$

on divise les deux termes du second membre par mm', on obtient

$$\text{tg V} = \frac{\frac{1}{m'} + \frac{1}{m}}{\frac{1}{mm'} + 1},$$

qui se réduit à tang V $= 0$; quand on y fait $m = \infty$, $m' = \infty$. Mais $m = \infty$, $m' = \infty$ satisfont à la condition $m = m'$; donc,

Pour que deux droites rapportées à des coordonnées rectangulaires soient parallèles, il faut et il suffit que leurs coefficients angulaires soient égaux.

- 74. Condition pour que deux droites soient perpendiculaires.

Si les deux droites doivent se couper à angle droit, il faut et il suffit que la valeur de tang V soit infinie : or, il faut, pour cela, que le dénominateur de cette valeur soit nul, sans que le numérateur le soit, ou que le numérateur soit infini, sans que le dénominateur soit en même temps infiniment grand.

Dans le premier cas, on a

$$1 + mm' = 0,$$

et nous avons vu tout à l'heure que, quand cette condition est remplie, le numérateur ne peut pas être égal à zéro.

Dans le second cas, il faut que m ou m' soit infini. Supposons que ce soit m, alors en divisant par m les deux termes de tang V, on aura

$$\text{tang } V = \frac{1 - \frac{m'}{m}}{\frac{1}{m} + m'},$$

d'où, en faisant $m = \infty$,

$$\text{tang } V = \frac{1}{m'}.$$

Ainsi la condition $m = \infty$ ne suffit pas pour rendre infini la valeur de tang V, il faut encore que

$$m' = 0.$$

Mais nous remarquons que ces valeurs de m et de m' vérifient l'équation

$$1 + mm' = 0,$$

car si, après avoir divisé les deux membres par m, on y fait $m = \infty$ et $m' = 0$, elle se réduit à $0 = 0$; donc la relation

$$1 + mm' = 0,$$

est la condition nécessaire et suffisante pour que les droites représentées par les équations

$$y = mx + b, \quad y = m'x + b'$$

se coupent à angles droits.

De l'équation

$$1 + mm' = 0,$$

on tire

$$m' = -\frac{1}{m}.$$

Donc,

pour que deux droites rapportées à des coordonnées rectangulaires soient perpendiculaires entre elles, il faut et il suffit que leurs coefficients angulaires soient réciproques et de signes contraires.

— 75. CAS DES AXES OBLIQUES. Considérons le cas où les axes font entre eux un angle θ, et représentons toujours les droites B C et B' C' par les équations

$$y = mx + b, \; y = m'x + b' ;$$

V étant l'angle de ces deux droites, et α, α' les angles qu'elles font avec l'axe des x, nous aurons encore

$$V = \alpha - \alpha',$$

d'où

$$\operatorname{tg} V = \operatorname{tg} (\alpha - \alpha') = \frac{\operatorname{tg} \alpha - \operatorname{tg} \alpha'}{1 + \operatorname{tg} \alpha \operatorname{tg} \alpha'}.$$

Or (58),

$$\operatorname{tg} \alpha = \frac{m \sin \theta}{1 + m \cos \theta}, \quad \operatorname{tg} \alpha' = \frac{m' \sin \theta}{1 + m' \cos \theta};$$

substituant ces valeurs de tg α et de tg α' dans

$$\operatorname{tg} V = \frac{\operatorname{tg} \alpha - \operatorname{tg} \alpha'}{1 + \operatorname{tg} \alpha \operatorname{tg} \alpha'},$$

on trouve, après avoir multiplié les deux termes de la fraction par le produit $(1 + m \cos \theta)(1 + m' \cos \theta)$,

$$\operatorname{tg} V = \frac{(m - m') \sin \theta}{1 + mm' + (m + m') \cos \theta}.$$

On peut encore démontrer ici que dans le cas où les deux droites sont parallèles, on a $m = m'$, et que quand elles sont perpendiculaires on doit toujours avoir

$$1 + mm' + (m + m') \cos \theta = 0; \qquad (1)$$

En effet, les deux droites seront parallèles, lorsque $m - m'$ sera nul, le dénominateur étant différent de zéro ; ou bien lorsque le dénominateur sera infini, le numérateur gardant une valeur finie.

La condition $m - m' = 0$, ou $m = m'$, donne pour le dénominateur la valeur

$$1 + m^2 + 2 m \cos \theta,$$

qui ne peut être nul, car

$$1 + m^2 + 2m \cos \theta = (m + \cos \theta)^2 + \sin^2 \theta.$$

Pour que le dénominateur soit infini, il faut que l'une des deux quantités m ou m' soit elle-même infinie. Supposons m infini :

Divisant par m les deux termes de la valeur de tg V, il vient

$$tg\ V = \frac{\left(1 - \frac{m'}{m}\right) \sin \theta}{\frac{1}{m} + m' + \left(1 + \frac{m'}{m}\right) \cos \theta},$$

ou, parce que $m = \infty$,

$$\text{tg V} = \frac{\sin \theta}{m' + \cos \theta}.$$

Pour que cette tangente soit nulle, il faut que $m' = \infty$. On a donc encore $m = m'$, et on conclut de là que, dans tous les cas, pour que deux droites soient parallèles, il faut et il suffit que leurs coefficients angulaires soient égaux.

Lorsque les deux droites sont perpendiculaires, on doit avoir

$$\text{tg V} = \infty.$$

Pour qu'il en soit ainsi, il faut que le dénominateur soit nul, sans que le numérateur le soit, ou que le numérateur soit infini, le dénominateur gardant une valeur finie.

Dans le premier cas, on a

$$1 + mm' + (m + m') \cos \theta = 0, \qquad (1)$$

et l'on sait qu'alors le numérateur ne peut pas être nul.

Dans le second cas, l'une des quantités m ou m' doit être infinie: Supposons que ce soit m, et divisons par m les deux termes de la valeur de tg V, nous aurons

$$\text{tg V} = \frac{\left(1 - \frac{m'}{m}\right) \sin \theta}{\frac{1}{m} + m' + \left(1 + \frac{m'}{m}\right) \cos \theta},$$

et, à cause de $m = \infty$,

$$\text{tg V} = \frac{\sin \theta}{m' + \cos \theta}.$$

La condition $m = \infty$ ne suffit donc pas pour rendre tg V infinie, il faut encore que l'on ait $m' = -\cos \theta$. Mais ces valeurs de m et de m' vérifient l'équation

$$1 + mm' + (m + m') \cos \theta = 0;$$

car, on peut la mettre sous la forme

$$\frac{1}{m} + m' + \left(1 + \frac{m'}{m}\right) \cos \theta = 0,$$

qui se réduit à $0 = 0$ quand $m = \infty$, et $m' = -\cos \theta$.

Ainsi, l'équation (1) exprime, dans tous les cas, la condition nécessaire et suffisante pour que les droites représentées par les équations

$$y = mx + b, \quad y = m'x + b',$$

se coupent à angles droits.

76. Trouver l'équation de la perpendiculaire abaissée d'un point donné sur une droite donnée.

Supposons d'abord les axes rectangulaires, soient x', y' les coordonnées du point donné, $y = mx + b$ l'équation de la droite donnée. La ligne cherchée devant passer par le point (x', y'), son équation sera de la forme (n° 65)

$$y - y' = m'(x - x');$$

or, les deux droites étant perpendiculaires, on a (74)

$$1 + mm' = 0, \text{ d'où } m' = -\frac{1}{m};$$

l'équation de la perpendiculaire sera donc :

$$y - y' = -\frac{1}{m}(x - x').$$

77. Supposons maintenant que les axes font entre eux un angle quelconque θ. Soient, comme dans le cas précédent, x', y' les coordonnées du point donné, et

$$y = mx + b$$

l'équation de la droite donnée. Nous aurons d'abord

$$y - y' = m'(x - x')$$

et (75), pour la condition de perpendicularité,

$$1 + mm' + (m + m')\cos\theta = 0,$$

d'où

$$m' = -\frac{1 + m\cos\theta}{m + \cos\theta},$$

et l'équation de la perpendiculaire sera

$$y - y' = -\frac{1 + m\cos\theta}{m + \cos\theta}(x - x').$$

Exercices.

I. Trouver les équations des hauteurs du triangle (2, 1), (3, — 2), (— 4, — 1).

Réponse. les équations des côtés sont:

$$x + 7y + 11 = 0, \quad 3y - x = 1, \quad 3x + y = 7,$$

et celles des hauteurs :

$$7x - y = 13, \quad 3x + y = 7, \quad 3y - x = 1.$$

Le triangle est rectangle.

II. Trouver les équations des perpendiculaires élevées sur les milieux des côtés du même triangle.

Réponse. Les points milieux étant

$$\left(-\tfrac{1}{2}, -\tfrac{5}{2}\right), (-1, 0), \left(\tfrac{5}{2}, -\tfrac{1}{2}\right),$$

les perpendiculaires ont pour équations

$$7x - y + 2 = 0, \quad 3x + y + 3 = 0, \quad 3y - x + 4 = 0,$$

et elles se coupent au point $\left(-\frac{1}{2}, -\frac{3}{2}\right)$.

II. Trouver les équations des hauteurs d'un triangle ayant (x', y'), (x'', y''), (x''', y''') pour sommets.

Réponse.

$$(x'' - x''')x + (y'' - y''')y + (x'x''' + y'y''') - (x'x'' + y'y'') = 0,$$
$$(x''' - x')x + (y''' - y')y + (x''x' + y''y') - (x''x''' + y''y''') = 0,$$
$$(x' - x'')x + (y' - y'')y + (x'''x'' + y'''y'') - (x'''x' + y'''y') = 0.$$

III. Trouver les équations des perpendiculaires élevées sur le milieu des côtés de ce triangle.

Réponse.

$$(x'' - x''')x + (y'' - y''')y = \tfrac{1}{2}(x''^2 - x'''^2) + \tfrac{1}{2}(y''^2 - y'''^2),$$
$$(x''' - x')x + (y''' - y')y = \tfrac{1}{2}(x'''^2 - x'^2) + \tfrac{1}{2}(y'''^2 - y'^2),$$
$$(x' - x'')x + (y' - y'')y = \tfrac{1}{2}(x'^2 - x''^2) + \tfrac{1}{2}(y'^2 - y''^2).$$

IV. On prend pour axes la base d'un triangle et la hauteur correspondante, trouver l'équation des deux autres hauteurs et les coordonnées de leur point d'intersection. Les coordonnées des extrémités de la base sont $(x'', 0)$, $(-x''', 0)$, et celles du sommet opposé $(0, y')$.

Réponse.

$$x'''(x - x'') + y'y = 0, \quad x''(x + x''') - y'y = 0, \quad \left(0, \frac{x''x'''}{y}\right).$$

V. Trouver les équations des perpendiculaires élevées sur les milieux des côtés du même triangle, et les coordonnées de leur intersection.

Réponse.

$$2(x'''x - yy') = y'^2 - x'''^2, 2(y'y - x''x) = y'^2 - x''^2, x = \frac{x'' - x'''}{2}$$

$$\left(\frac{x' - x''}{2}, \frac{y'^2 - x''x'''}{2y'}\right).$$

78. Trouver la distance d'un point à une droite.

1er Cas. — Les axes sont rectangulaires. Soient M le point donné, x', y' ses coordonnées, RS la droite donnée, et $y=mx+b$ son équation ; la perpendiculaire indéfinie MP sera représentée par l'équation (76)

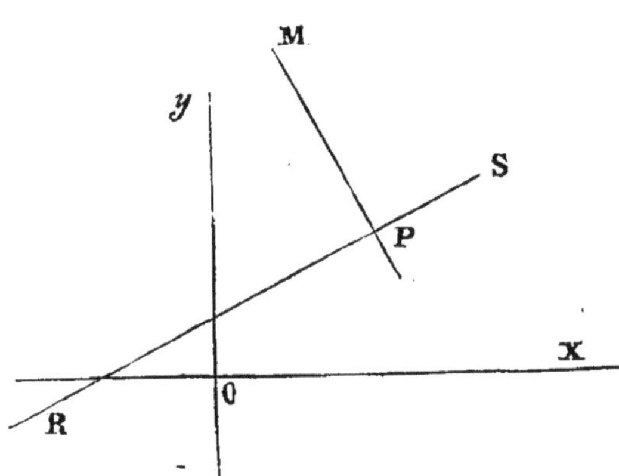

$$y-y'=-\frac{1}{m}(x-x').$$

Les coordonnées du point P sont les valeurs de x et de y qui satisfont en même temps aux équations des deux droites. Si donc on considère les deux équations comme simultanées, x et y représenteront les coordonnées du point de rencontre P, et la distance MP s'obtiendra par la formule (37)

$$\delta^2=\overline{MP}^2=(x-x')^2+(y-y')^2.$$

Il s'agit, au moyen des équations des deux droites, de calculer les inconnues x et y, ou plutôt $x-x'$ et $y-y'$. L'équation de la droite donnée mise sous la forme

$$y-y'=m(x-x')-y'+mx'+b,$$

et combinée avec l'équation de la perpendiculaire

$$y-y'=-\frac{1}{m}(x-x'),$$

donne
$$x-x'=\frac{m(y'-mx'-b)}{1+m^2}$$

$$y-y'=-\frac{y'-mx'-b}{1+m^2}.$$

Substituant ces valeurs dans l'expression de MP, on obtient :

$$MP=\pm\frac{y'-mx'-b}{\sqrt{1+m^2}}.$$

La valeur de MP devant être positive, on prendra le signe $+$, quand le numérateur $y'-mx'-b$ sera positif, et le signe $-$ quand ce numérateur sera négatif.

Si l'on fait en même temps $x' = 0$, $y' = 0$, on aura pour la longueur de la perpendiculaire abaissée de l'origine sur la droite $y = mx + b$,

$$OP = \pm \frac{b}{\sqrt{1 + m^2}}.$$

Lorsque le point donné est sur la droite, on a

$$y' - mx' - b = 0, \text{ d'où } MP = 0,$$

ce qui doit nécessairement arriver.

La formule

$$MP = \pm \frac{y' - mx' - b}{\sqrt{1 + m^2}},$$

est très-importante, et peut s'énoncer ainsi :

En coordonnées rectangulaires la distance d'un point à une droite représentée par son équation $y - mx - b = 0$, s'exprime par une fraction qui a pour numérateur le premier membre de l'équation de la droite dans lequel on remplace les coordonnées courantes x et y par les coordonnées du point, et pour dénominateur la racine carrée de la somme du carré du coefficient de x et de l'unité.

Lorsque l'équation de la droite donnée est de la forme

$$Ax + By + C = 0,$$

on doit remplacer m par $-\frac{A}{B}$, et b par $-\frac{C}{B}$, et l'on a :

$$MP = \pm \frac{Ax' + By' + C}{\sqrt{A^2 + B^2}}.$$

2me Cas. — Les axes font entre eux un angle θ.

Soient, comme dans le cas précédent, x' et y' les coordonnées du point M, et

$$y = mx + b, \quad (1)$$

l'équation de la droite donnée.

Nous aurons d'abord (65, 75) :

$$y - y' = m'(x - x'),$$

$$1 + mm' + (m + m') \cos \theta = 0,$$

$$\text{d'où} \quad m' = -\frac{1 + m \cos \theta}{m + \cos \theta},$$

et l'équation de la perpendiculaire sera

$$y - y' = -\frac{1 + m\cos\theta}{m + \cos\theta}(x - x'). \qquad (2)$$

Si l'on désigne toujours par MP la longueur de la perpendiculaire, ou la distance entre les deux points x, y et x', y', on aura (38)

$$\overline{MP}^2 = (x - x')^2 + (y - y')^2 + 2(x - x')(y - y')\cos\theta\,; \qquad (3)$$

en mettant l'équation (1) sous la forme

$$y - y' = m(x - x') - y' + mx' + b,$$

et la combinant avec l'équation (2), on trouve

$$x - x' = \frac{(m + \cos\theta)(y' - mx' - b)}{1 + m^2 + 2m\cos\theta},$$

$$y - y' = -\frac{(1 + m\cos\theta)(y' - mx' - b)}{1 + m^2 + 2m\cos\theta}.$$

Portant ces valeurs dans la formule (3), et réduisant, nous aurons

$$MP = \pm\frac{(y' - mx' - b)\sin\theta}{\sqrt{1 + m^2 + 2m\cos\theta}}. \qquad (4)$$

80. Cas particuliers. I. Si on a en même temps $x' = 0$, $y' = 0$, il vient

$$\delta = \pm\frac{b\sin\theta}{\sqrt{1 + m^2 + 2m\cos\theta}},$$

pour la distance de l'origine à la droite donnée.

II. — Si la droite donnée est l'axe des x, on trouve en faisant $m = 0$ et $b = 0$,

$$MP = \pm y'\sin\theta.$$

III. — Si la droite donnée est l'axe des y, en divisant les deux termes par m, puis faisant $m = \infty$, et $b = 0$, il vient :

$$MP = \pm x'\sin\theta.$$

Lorsque l'équation de la droite est de la forme

$$Ax + By + C = 0,$$

on a :

$$MP = \pm\frac{(Ax' + By' + C)\sin\theta}{\sqrt{A^2 - 2AB\cos\theta + B^2}},$$

81. Remarque. — RS étant la droite donnée, et M le point

donné, menons MQ parallèle à OY, et qui coupe en N la droite RS : nous avons $x' = OQ$, par suite $NQ = mx' + b$.

Par conséquent

$$y' - mx' - b = MQ - NQ.$$

On voit que cette quantité sera positive quand le point M sera au-dessus de la droite donnée par rapport à l'axe des x, et négative si le point M est au-dessous de la droite.

On peut vérifier que cette conclusion subsistera pour toutes les positions de la droite et du point.

82. Trouver la distance du point (x', y') à la droite $x \cos \alpha + y \cos \beta = p$.

Soient AB la ligne donnée, M le point (x', y'), et appelons p' la perpendiculaire MP dont on veut avoir la longueur. Si par le point M, nous menons MN parallèle à AB, jusqu'à sa rencontre avec la perpendiculaire $OQ = p$ prolongée, l'équation de la droite MN sera :

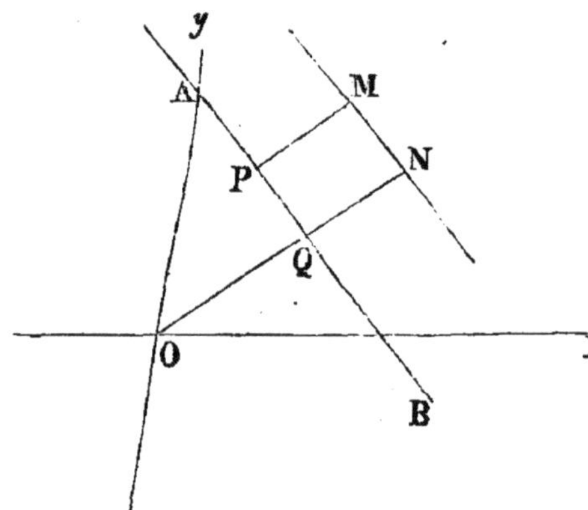

$$x \cos \alpha + y \cos \beta - (p + p') = 0;$$

mais cette ligne passe par le point M, dont les coordonnées sont x', y' ; on aura donc :

$$x' \cos \alpha + y' \cos \beta - (p + p') = o,$$

d'où

$$p' = x' \cos \alpha + y' \cos \beta - p.$$

Si les axes étaient rectangulaires, il suffirait de remplacer $\cos \beta$ par $\sin \alpha$, et l'on aurait :

$$p' = x' \cos \alpha + y' \sin \alpha - p.$$

Le second membre de cette égalité sera positif, si, comme dans la figure, le point M n'est pas situé du même côté que l'origine par rapport à la droite AB. Il sera négatif dans le cas contraire : de sorte que, par son signe, $x' \cos \alpha + y' \cos \beta - p$ indique si la perpendiculaire est située d'un côté ou de l'autre de la droite AB.

83. Remarque. La condition nécessaire pour qu'un point (x', y') se trouve sur une droite $Ax + By + C = 0$, ou $x \cos \alpha + y \cos \beta - p = o$, s'obtient évidemment en écrivant que ses coordonnées satisfont à l'équation de la droite, ce qui donne

$$Ax' + By' + C = 0, \text{ ou } x' \cos \alpha + y' \cos \beta - p = 0.$$

Cette condition n'est donc, d'après ce qui précède, que la traduction algébrique de ce fait : que la distance du point à la droite est nulle.

Exercices.

I. Trouver la distance de l'origine à la droite $3x + 4y + 20 = 0$, les axes étant rectangulaires.

Réponse 4.

II. Trouver la distance du point (2, 3) à la droite $2x + y - 4 = 0$.

Réponse. $\frac{3}{\sqrt{5}}$; le point est situé du côté opposé à celui de l'origine.

III. Trouver les hauteurs du triangle (2, 1), (3, —2), (—4, — 1).

Rép. $2\sqrt{2}$, $\sqrt{10}$, $2\sqrt{10}$. L'origine est à l'intérieur du triangle.

IV. Trouver la distance du point (3, — 4), à $4x + 2y - 7 = 0$, l'angle des axes étant de 60°.

Réponse. $\frac{5}{4}$; le point est du même côté que l'origine.

84. Touver l'équation de la bissectrice de l'angle compris entre les deux droites

$$y = mx + b,$$
$$y = m'x + b',$$

les axes étant rectangulaires.

Le moyen le plus simple pour trouver cette équation consiste à exprimer algébriquement cette propriété connue : « Les points de la bissectrice d'un angle sont à égale distance des côtés de cet angle. » Nous avons alors immédiatement l'équation

$$\frac{y - mx - b}{\sqrt{1 + m^2}} = \pm \frac{y - m'x - b'}{\sqrt{1 + m'^2}}.$$

Si les équations des droites étaient données sous la forme $Ax + By + C = 0$, $A'x + B'y + C' = 0$, on aurait pour l'équation de la bissectrice :

$$\frac{Ax + By + C}{\sqrt{A^2 + B^2}} = \pm \frac{A'x + B'y + C'}{\sqrt{A'^2 + B'^2}}.$$

Le double signe montre qu'il y a deux bissectrices. Les points de la première sont à égale distance d'une des droites dans la région que nous considérons comme positive, et de l'autre droite dans sa région négative ; les points de la deuxième sont à égale distance des deux droites prises dans leurs régions positives ou dans leurs régions négatives.

85. Si les équations des deux droites étaient données sous la forme

$$x \cos \alpha + y \sin \alpha - p = 0,$$
$$x \cos \beta + y \sin \beta - p' = 0.$$

l'équation de la bissectrice serait

$$x \cos \alpha + y \sin \alpha - p = \pm (x \cos \beta + y \sin \beta - p'),$$

puisque chacun de ses membres exprime la distance d'un des points de la bissectrice à une des droites (82).

Exercices.

I. Trouver les équations des bissectrices des angles formés par les droites

$$3x + 4y - 9 = 0, \quad 12x + 5y - 3 = 0.$$

Réponse. $7x - 9y + 34 = 0, \quad 9x + 7y = 12.$

II. Ramener à la forme $x \cos \alpha + \sin \alpha = p$, l'équation

$$x \cos \alpha + y \sin \alpha - p = \pm (x \cos \beta + y \sin \beta - p')$$

qui représente les bissectrices des angles formés par les droites $x \cos \alpha + y \sin \alpha - p = 0$, $x \cos \beta + y \sin \beta - p' = 0$.

86. Trouver l'aire du triangle formé par les trois points (x', y'), (x'', y''), (x''', y''').

Le double de l'aire de ce triangle s'obtient en multipliant la longueur de la droite joignant deux de ses points (x', y'), (x'', y''), par la distance du troisième point (x''', y''') à cette ligne. Lorsque les axes sont rectangulaires, cette distance est égale à (78)

$$\frac{(y' - y'')\, x''' - (x' - x'')\, y''' + x' y'' - x'' y'}{\sqrt{(y' - y'')^2 + (x' - x'')^2}},$$

et comme le dénominateur de cette fraction exprime la longueur de la ligne joignant (x', y') à (x'', y''), la quantité

$$y' (x'' - x''') + y'' (x''' - x') + y''' (x' - x''),$$

représente le double de l'aire du triangle formé par les trois points.

On trouverait, en répétant le même raisonnement et en employant les formules relatives aux axes obliques, que, dans le cas de deux axes faisant entre eux un angle θ, il suffit de multiplier l'expression précédente par sin θ.

Corollaire I. Le double de l'aire du triangle formé par les points (x', y'), (x'', y'') et l'origine, s'obtient en faisant $x''' = 0$, $y''' = 0$, dans l'expression précédente, et a pour valeur

$$y' x'' - y'' x'.$$

Corollaire II. Considérée au point de vue géométrique, la condition (70) pour que trois points soient en ligne droite, exprime que l'aire du triangle formé par ces trois points est nulle.

Exercices.

I. Trouver l'aire du triangle (2, 1), (3 — 2), (— 4, — 1).
Réponse. 10.

II. Trouver l'aire du triangle (2, 3), (4, — 5), (— 3, — 6).
Réponse. 29.

III. Trouver l'aire du quadrilatère (1, 1), (2, 3), (3, 3), (4, 1).

87. Trouver la condition pour que trois droites concourent en un même point.

Soient

$$y = mx + b, \quad y = m'x + b', \quad y = m''x + b'',$$

les équations des trois droites. Si l'on résout deux de ces équations, les valeurs de x et de y que l'on en déduira, seront les coordonnées du point d'intersection des droites qu'elles représentent : par conséquent pour que les trois droites concourent, il faut et il suffit que ces valeurs de x et de y vérifient la troisième des équations proposées, ce qui revient à éliminer x et y entre les équations des trois droites. Cette élimination conduit aux calculs suivants :

$$0 = (m - m')\, x + b - b',$$

$$0 = (m - m'')\, x + b - b'' :$$

d'où l'on trouve

$$(b - b')(m - m'') - (b - b'')\,(m - m') = 0,$$

pour l'équation de condition cherchée.

Si les équations étaient données sous la forme

$Ax + By + C = 0,\ A'x + B'y + C' = 0,\ A''x + B''y + C'' = 0,$

on obtiendrait pour l'équation cherchée.

$$A''(BC' - B'C) + B''(CA' - C'A) + C''(AB' - BA') = 0.$$

Cette condition peut encore s'écrire des deux manières suivantes:

$$A(B'C'' - B''C') + B(C'A'' - C''A') + C(A'B'' - A''B') = 0.$$

$$A(B'C'' - B''C') + A'(B''C - BC'') + A''(BC' - B'C) = 0.$$

88. Trouver l'aire du triangle formé par les trois droites

$Ax + By + C = 0,\ A'x + B'y + C' = 0,\ A''x + B''y + C'' = 0.$

On obtiendra les coordonnées des sommets du triangle en éliminant successivement x et y entre ces équations prises deux à deux. En substituant ces valeurs dans la formule du n° 86, on trouve pour le double de l'aire

$$\frac{(BC' - B'C)}{AB' - BA'}\left(\frac{A'C'' - C'A''}{B'A'' - A'B''} - \frac{A''C - C''A}{B''A - A''B}\right)$$

$$+ \frac{B'C'' - B''C'}{A'B'' - B'A''}\left(\frac{A''C - C''A}{B''A - A''B} - \frac{AC' - CA'}{BA' - AB'}\right)$$

$$+ \frac{B''C - C''B}{A''B - B''A}\left(\frac{AC' - CA'}{A'B - AB'} - \frac{A'C'' - C'A''}{B'A'' - A'B''}\right)$$

Si l'on réduit, dans chacune des parenthèses, les deux fractions qu'elles comprennent au même dénominateur, on obtient une série de fractions ayant pour numérateur la quantité

$$A''(BC' - B'C) + A(B'C'' - B''C') + A'(B''C - C''B)$$

multipliée respectivement par A'', A et A', et il vient pour le double de l'aire

$$\frac{[A(B'C'' - B''C') + A'(B''C - BC'') + A''(BC' - B'C)]^2}{(AB' - BA')(A'B'' - B'A'')(A''B - B''A)}$$

Si les trois droites concourent, cette expression s'annule (87); si deux des droites deviennent parallèles, elle devient infinie (71).

89. Trouver l'équation générale des droites qui passent par le point d'intersection de deux droites données par leurs équations. Soient

$$y = mx + b, \text{ et } y = m'x + b',$$

les équations des deux droites données.

Multiplions la seconde par un coefficient indéterminé k, et retranchons de la première, nous aurons

$$(y - mx - b) - k(y - m'x - b') = 0. \quad (1)$$

Cette équation est du premier degré en x et en y, elle représente donc une ligne droite. D'un autre côté, les valeurs de x et de y qui vérifient à la fois les deux équations proposées, annulent les deux parenthèses, et satisfont par conséquent à l'équation (1) ; c'est-à-dire que le point d'intersection des deux doites données est situé sur la droite représentée par l'équation (1). Cette équation réprésente donc une droite qui va concourir avec les deux droites données ; d'ailleurs, sa direction reste indéterminée puisqu'on peut disposer à volonté du coefficient k. Donc l'équation (1) est l'équation demandée.

90. Remarques. —I. Les coefficients des variables dans l'équation (1) sont des fonctions linéaires du paramètre k.

Réciproquement, lorsque les coefficients d'une équation du premier degré à deux variables sont des fonctions linéaires d'un même paramètre, les droites représentées par cette équation concourent en un même point. En effet, une telle équation est de la forme

$$(mk + m')y + (bk + b')x + (ck + c') = 0 ; \quad (2)$$

si nous ordonnons par rapport à k, il vient

$$(my + bx + c)k + (m'y + b'x + c') = 0,$$

et sous cette forme, on voit qu'elle est vérifiée quel que soit k, si l'on a :

$$my + bx + c = 0, \quad m'y + b'x + c' = 0.$$

Donc, si $x = p$ et $y = q$ vérifient ces deux équations, les droites représentées par l'équation (2) passeront toutes par le point (p, q).

Remarque II. — On peut disposer du coefficient k de manière que la droite (1) ait une direction déterminée, ou qu'elle passe par un point donné.

Dans le premier cas, on remarquera que le coefficient angulaire de la droite (1) est

$$\frac{m - m'k}{1 - k};$$

si donc m'' est le coefficient angulaire d'une droite ayant la direction donnée, on devra avoir

$$\frac{m - m'k}{1 - k} = m'',$$

d'où

$$k = \frac{m - m''}{m' - m''}.$$

Dans le second cas, si x' et y' sont les coordonnées du point donné, ces coordonnées doivent satisfaire à l'équation (1), et l'on aura

$$(y' - mx' - b) - k(y' - m'x' - b') = 0,$$

d'où

$$k = \frac{y' - mx' - b}{y' - m'x' - b'}.$$

Exemple. Supposons que les droites données aient pour équations

$$y = 4x + 3, \text{ et } y = -3x + 8,$$

et que l'on demande l'équation d'une droite passant par le point d'intersection des deux droites données, et parallèle à la droite définie par l'équation $y = 2x$. Nous devrons prendre

$$k = \frac{4 - 2}{-3 - 2} = -\frac{2}{5},$$

et l'équation (1) deviendra

$$y - 4x - 3 + \tfrac{2}{5}(y + 3x - 8) = 0,$$

ou

$$y = 2x + \tfrac{31}{7}.$$

Si l'on veut, au contraire, l'équation d'une droite concourant avec les deux premières, et passant par le point dont les coordonnées sont $x' = 3$, $y' = 0$, on devra prendre

$$k = \frac{0 - 4.3 - 3}{0 + 3.3 - 8} = -15,$$

et l'équation (1) deviendra

$$y - 4x - 3 + 15(y + 3x - 8) = 0,$$

ou

$$16y + 41x - 123 = 0.$$

Remarque III. — On tire facilement de l'équation (1) la condition requise pour que trois droites concourent. En effet, soient

$$y = mx + b, \; y = m'x + b', \; y = m''x + b'',$$

les équations des trois droites. L'équation (1) étant l'équation générale des droites qui passent par le point d'intersection des deux premières, il faudra que l'équation de la troisième puisse s'identifier avec l'équation (1). Or, on tire de l'équation (1):

$$y = \frac{m - m'k}{1 - k} x + \frac{b - b'k}{1 - k}.$$

Il faudra donc que l'on ait

$$\frac{m - m'k}{1 - k} = m'', \text{ et } \frac{b - b'k}{1 - k} = b''.$$

En éliminant k entre ces deux relations, on a

$$\frac{m - m''}{m' - m''} = \frac{b - b''}{b' - b''},$$

ou

$$(m - m'')(b' - b'') - (m' - m'')(b - b'') = 0$$

ce qui est la condition trouvée (87).

Exercices.

I. Trouver l'équation de la droite joignant à l'origine le point d'intersection de

$$Ax + By + C = 0, \ A'x + B'y + C' = 0.$$

Réponse. On multiplie la première équation par C', la seconde par C, et l'on soustrait les deux produits ; on obtient :

$$(AC' - A'C)\, x + (BC' - CB')\, y = 0.$$

qui est l'équation cherchée.

II. Trouver l'équation de la droite menée par l'intersection de ces deux mêmes droites parallèlement à l'axe des x.

Réponse. $(BA' - AB')\, y + (CA' - AC') = 0.$

III. Trouver l'équation de la droite passant par le point d'intersection de ces deux mêmes droites et par le point (x', y').

Réponse. Dans l'équation

$$Ax + By + C - K\,(A'x + B'y + C') = 0,$$

on détermine la constante K, de manière que cette équation soit satisfaite par x', y' ; on trouve :

$$(Ax + By + C)(A'x' + B'y' + C') = (A'x + B'y + C')(Ax' + By' + C).$$

IV. Trouver l'équation de la droite joignant le point (2, 3) au point d'intersection des deux droites $2x + 3y + 1 = 0$, $3x - 4y = 5$.

Réponse.

$$11\,(2x + 3y + 1) + 14\,(3x - 4y - 5) = 0, \text{ ou } 64x - 23y = 59.$$

90. Le principe établi au numéro précédent et au n° 55 donne, pour reconnaître si trois droites se coupent au même point, une règle souvent plus commode dans la pratique que celle du n° 87.

Trois droites $Ax + By + C = 0$, $A'x + B'y + C' = 0$, $A''x + B''y + C'' = 0$, passent par le même point, lorsque la somme de leurs équations multipliées respectivement par une constante est identiquement nulle,

c'est-à-dire si la relation suivante, dans laquelle λ, μ, ν représentent trois constantes, est vraie, quels que soient x et y.

$$\lambda(Ax + By + B) + \mu(A'x + B'y + C') + \nu(A''x + B''y + C'') = 0$$

Car, dans ce cas, les valeurs de x et y qui annulent séparément les deux premiers termes, annulent aussi le troisième.

Exercices.

I. Les trois médianes d'un triangle se rencontrent au même point.

En prenant pour axes les deux côtés du triangle dont les longueurs sont a et b, on trouve :

$$\frac{2x}{a} + \frac{y}{b} - 1 = 0, \quad \frac{x}{a} + \frac{2y}{b} - 1 = 0, \quad \frac{x}{a} - \frac{y}{b} = 0.$$

Multipliant les deux dernières par — 1 et ajoutant le résultat à la première, la somme est identiquement nulle.

II. Les hauteurs d'un triangle se coupent en un même point, il en est de même des perpendiculaires élevées sur le milieu des côtés.

La somme des équations (76. Ex. II et III) est identiquement nulle.

III. Les bissectrices des angles d'un triangle se coupent en un même point.

Elles ont, en effet, pour équations,

$$(x\cos\alpha + y\sin\alpha - p) - (x\cos\beta + y\sin\beta - p') = 0,$$
$$(x\cos\beta + y\sin\beta - p') - (x\cos\gamma + y\sin\gamma - p'') = 0,$$
$$(x\cos\gamma + y\sin\gamma - p'') - (x\cos\alpha + y\sin\alpha - p) = 0,$$

dont la somme est identiquement nulle.

91. Trouver les coordonnées de l'intersection de la droite qui joint les points (x', y'), (x'', y'') avec la droite $Ax + By + C = 0$.

Nous savons (40) que chaque point de la ligne qui joint les deux points donnés a des coordonnées de la forme,

$$x = \frac{mx'' + nx'}{m + n}, \quad y = \frac{my'' + ny'}{m + n}.$$

Nous prendrons pour inconnue le rapport $\frac{m}{n}$ des segments déterminés par le lieu sur la droite qui joint les deux points, et nous en chercherons la valeur en exprimant que les coordonnées ci-dessus satisfont à l'équation du lieu. Ainsi nous aurons :

$$\mathrm{A}\frac{mx'' + nx'}{m + n} + \mathrm{B}\frac{my'' + ny'}{m + n} + \mathrm{C} = 0,$$

d'où

$$\frac{m}{n} = -\frac{\mathrm{A}x' + \mathrm{B}y' + \mathrm{C}}{\mathrm{A}x'' + \mathrm{B}y'' + \mathrm{C}}$$

Ce rapport est le même que celui des perpendiculaires abaissées des points donnés sur la droite $\mathrm{A}x + \mathrm{B}y + \mathrm{C} = 0$, lesquelles ont pour expression

$$\frac{\mathrm{A}x' + \mathrm{B}y' + \mathrm{C}}{\sqrt{\mathrm{A}^2 + \mathrm{B}^2}}, \quad \frac{\mathrm{A}x'' + \mathrm{B}y'' + \mathrm{C}}{\sqrt{\mathrm{A}^2 + \mathrm{B}^2}},$$

Elles seront de même signe, et le rapport $\frac{m}{n}$ sera positif, si elles sont toutes deux d'un même côté de la droite. Si les points donnés sont situés de côté différent par rapport à la droite, le rapport $\frac{m}{n}$ sera négatif.

Nous pouvons maintenant résoudre facilement le théorème suivant :

Quand une droite *LMN* coupe les troits côtés d'un triangle, les deux produits *BL. CM. AN* et *CL. MA. BN* formés par les segments qui n'ont pas d'extrémités communes, sont égaux.

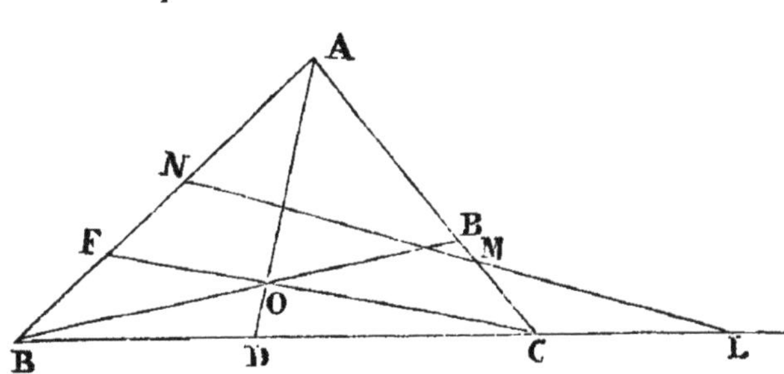

Soient (x', y'), (x'', y''), (x''', y''') les coordonnées des sommets, et $Ax + By + C = 0$ l'équation de la transversale, nous aurons :

$$\frac{BL}{CL} = \frac{Ax'' + By'' + C}{Ax''' + By''' + C},$$

$$\frac{CM}{AM} = -\frac{Ax''' + By''' + C}{Ax' + By' + C},$$

$$\frac{AN}{NB} = -\frac{Ax' + By' + C}{Ax'' + By'' + C},$$

donc

$$\frac{BL.\,CM.\,AN}{CL.\,AM.\,NB.} = 1.$$

92. Trouver le rapport suivant lequel la ligne qui joint deux points (x_1, y_1), (x_2, y_2), est coupée par celle qui joint deux autres points (x_3, y_3), (x_4, y_4).

Cette dernière ligne ayant pour équation

$$(y_3 - y_4)\,x - (x_3 - x_4)\,y + x_3\,y_4 - x_4\,y_3 = 0,$$

on obtient comme ci-dessus

$$\frac{m}{n} = -\frac{(y_3 - y_4)\,x_1 - (x_3 - x_4)\,y_1 + x_3\,y_4 - x_4\,y_3}{(y_3 - y_4)\,x_2 - (x_3 - x_4)\,y_2 + x_3\,y_4 - x_4\,y_3}$$

ou

$$= \frac{x_1\,(y_4 - y_3) + x_3\,(y_1 - y_4) + x_4\,(y_3 - y_1)}{x_2\,(y_3 - y_4) + x_3\,(y_4 - y_2) + x_4\,(y_2 - y_3)}.$$

Comme application nous pouvons établir le théorème suivant :

Si l'on joint un point O aux trois sommets d'un triangle ABC, et qu'on prolonge ces lignes AO, BO, CO jusqu'à ce qu'elles rencontrent les côtés opposés en D, E, F, les deux produits BD. CE. AF, et CD. AE. FB sont égaux.

En nommant (x_1, y_1), (x_2, y_2), (x_3, y_3) les coordonnées des sommets et x_4, y_4 celles du point O, on a

$$\frac{BD}{CD} = \frac{x_1\,(y_2 - y_4) + x_2\,(y_4 - y_1) + x_4\,(y_1 - y_2)}{x_1\,(y_4 - y_3) + x_4\,(y_3 - y_1) + x_3\,(y_1 - y_4)},$$

$$\frac{CE}{AE} = \frac{x_2\,(y_3 - y_4) + x_3\,(y_4 - y_2) + x_4\,(y_2 - y_3)}{x_1\,(y_2 - y_4) + x_2\,(y_4 - y_1) + x_4\,(y_1 - y_2)},$$

$$\frac{AF}{BF} = \frac{x_1\,(y_4 - y_3) + x_4\,(y_3 - y_1) + x_3\,(y_1 - y_4)}{x_2\,(y_3 - y_4) + x_3\,(y_4 - y_2) + x_4\,(y_2 - y_3)},$$

donc

$$\frac{BD.\,CE.\,AF}{CD.\,AE.\,BF} = 1.$$

CHAPITRE V[1].

—

93. Nous avons exposé, dans le chapitre précédent, les principes qui permettent d'exprimer algébriquement la position d'un point ou d'une droite ; nous allons donner quelques exemples de leur application à la solution des problèmes de géométrie.

Lieux géométriques. — La géométrie analytique s'applique avec une facilité particulière à la recherche des lieux géométriques. En effet, nous avons vu (44) que

L'équation d'un lieu géométrique est l'expression de la relation constante qui existe entre les coordonnées de chacun de ses points ;

il suffit donc de déterminer les conditions auxquelles les données de la question assujettissent les coordonnées du point dont on veut trouver le lieu géométrique : la traduction algébrique donne immédiatement l'équation du lieu cherché.

Exercices.

I. Trouver le lieu des sommets d'un triangle dont on donne la base AB, et la différence m^2 des carrés des côtés.

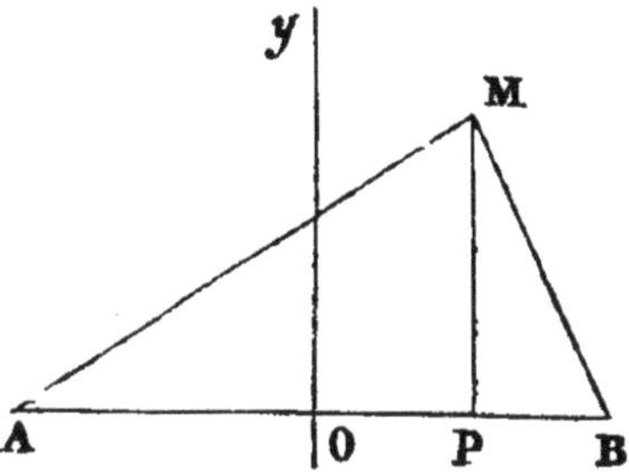

Prenons la base AB pour axe des x, et la perpendiculaire élevée sur le milieu de cette base pour axes des y. Désignons par c la moitié de AB, par x et y les coordonnées d'un point quelconque M du lieu.

Nous aurons alors

$$\overline{AM}^2 = y^2 + (c + x^2), \quad \overline{BM}^2 = y^2 + (c - x)^2.$$

$$\overline{AM}^2 - \overline{BM}^2 = 4cx.$$

L'équation du lieu est donc $4cx = m^2$. Elle représente une perpendiculaire à la base AB, en un point distant du milieu de cette droite de la quantité $x = \dfrac{m^2}{4c}$.

1. La plupart des questions traitées dans ce chapitre sont extraites de Salmon.

II. On donne la base AB d'un triangle et la relation $\cot A + m \cot B = p$, trouver le lieu du sommet.

En conservant les mêmes données que dans le problème précédent, on a évidemment

$$\cot A = \frac{AP}{MP} = \frac{c + x}{y}, \quad \cot B = \frac{c - x}{y}$$

le lieu cherché a donc pour équation

$$c + x + m(c - x) = py,$$

c'est une ligne droite.

III. On donne la base AB d'un triangle et la somme l des deux autres côtés : on prolonge la hauteur PC jusqu'en M, de telle sorte que l'on ait MP égale à l'un des côtés du triangle, on demande le lieu du point M.

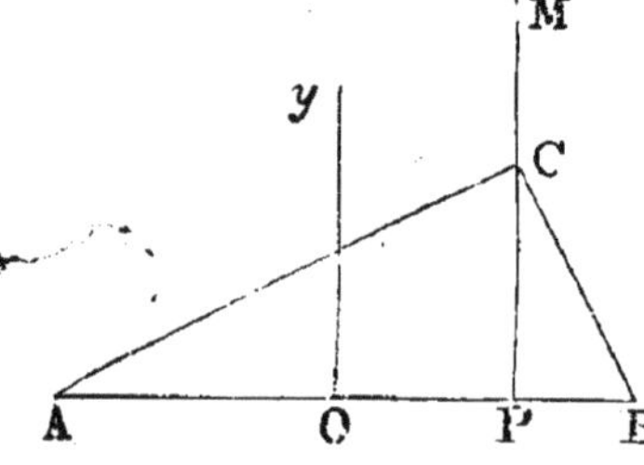

Prenons la base AB $= 2c$ pour axe des x, et la perpendiculaire élevée en son milieu pour axe des y ; soient x, y les coordonnées du point M, nous avons :

$$BC = l - y.$$

Mais

$$\overline{BC}^2 = \overline{AC}^2 + \overline{AB}^2 - 2AB.AP,$$

ou

$$(l - y)^2 = y^2 + 4c^2 - 4c(c + x),$$

et en réduisant

$$2ly - 4cx = l^2.$$

équation d'une ligne droite.

IV. On donne les côtés a, b, c, ... et la somme m^2 des aires d'un certain nombre de triangles ayant le sommet, opposé à ces côtés, commun ; trouver le lieu de ce sommet.

Soient a, b, c, les côtés, et

$$x \cos\alpha + y \sin\alpha - p = 0, \quad x\cos\beta + y\sin\beta - p' = 0, \ldots$$

leurs équations. Représentons par x, y les cordonnées du sommet commun, $x\cos\alpha + y\sin\alpha - p$ sera (82) la longueur de la perpendiculaire abaissée de ce sommet sur le côté opposé a, et, par conséquent, $a(x\cos\alpha + y\sin\alpha - p)$ sera le double de l'aire du premier triangle ; de même $b(x\cos\beta + y\sin\beta - p')$ sera le double de l'aire du second triangle, etc. L'équation du lieu sera :

$$a(x\cos\alpha + y\sin\alpha - p) + b(x\cos\beta + y\sin\beta - p') + \ldots = 2m^2.$$

Elle représente une ligne droite.

V. On donne un angle O d'un triangle, et la somme des côtés qui le comprennent ; trouver le lieu du point M où le côté opposé à cet angle est partagé dans un rapport donné $m : n$.

Prenons pour axes les côtés qui comprennent l'angle ; soit $\frac{AM}{BM} = \frac{m}{n}$ le rapport donné. On déduit de la similitude des triangles

$$OB = \frac{(m+n)x}{m}, \quad OA = \frac{(m+n)y}{n}.$$

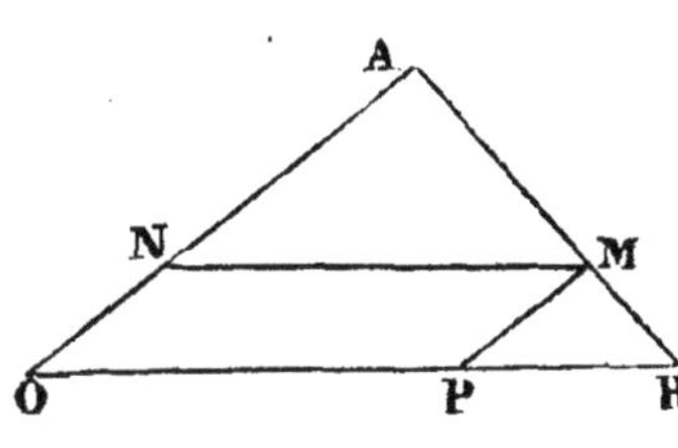

Portant ces valeurs dans l'équation de condition

$$OB + OA = s,$$

on trouve pour l'équation du lieu

$$\frac{x}{m} + \frac{y}{n} = \frac{s}{m+n};$$

c'est une ligne droite.

VI. D'un point M, on abaisse des perpendiculaires MA, MB sur deux droites fixes OA, OB ; trouver le lieu du point M, tel que

$$OA + OB = \text{const.}$$

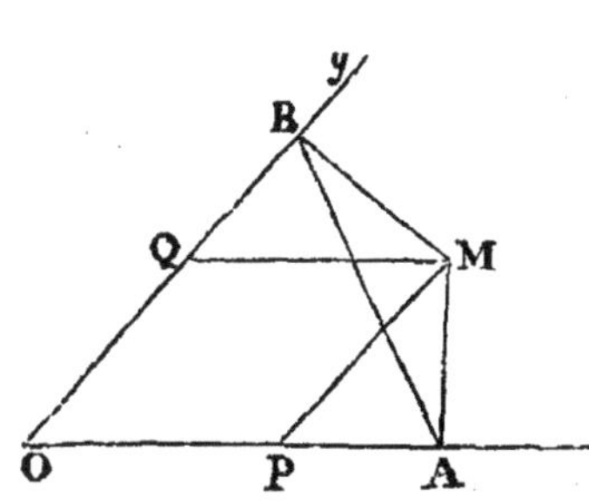

Prenons les droites fixes pour axes, et appelons θ l'angle qu'elles font entre elles, on a évidemment $OA = x + y\cos\theta$, $OB = y + x\cos\theta$. L'équation du lieu sera donc :

$$x + y = \text{const.}$$

VII. Trouver le lieu du point M, dans le cas où la droite AB est divisée dans un rapport donné $p : q$ par la droite $y = mx + n$.

Les coordonnées du point qui divise AB dans le rapport de p à q sont :

$$\frac{p}{p+q}(y + x\cos\theta), \quad \frac{q}{p+q}(x + y\cos\theta),$$

et puisqu'elles vérifient l'équation de la droite, les coordonnées du point M satisfont à l'équation

$$p(y + x\cos\theta) = mq(x + y\cos\theta) + n(p+q).$$

VIII. Le point M glisse le long d'une droite $y = mx + n$, trouver le lieu du point milieu de AB.

En représentant par α, β les coordonnées du point M ; par x, y celles du point milieu, on a :

$$2x = \alpha + \beta\cos\theta, \quad 2y = \beta + \alpha\cos\theta;$$

d'où
$$\alpha = \frac{2x - 2y\cos\theta}{\sin\theta}, \quad \beta = \frac{2y - 2x\cos\theta}{\sin^2\theta}.$$

Mais α et β sont liés par la relation

$$\beta = m\alpha + n,$$

donc
$$2y - 2x\cos\theta = m(2x - 2y\cos\theta) + n\sin^2\theta.$$

94. On a l'habitude de représenter par x et y les coordonnées du point dont on cherche le lieu, et par d'autres lettres ou des lettres accentuées celles des points fixes, comme nous l'avons fait dans les questions précédentes. Mais il arrive souvent que, dans la recherche d'un lieu, on est obligé d'écrire les équations de certaines lignes liées à cette recherche ; de là une confusion possible entre les coordonnées courantes x et y d'une de ces lignes et celles x, y du point dont on demande le lieu. Il est alors plus commode de représenter par d'autres lettres les coordonnées de ce point, par exemple, par α et β, jusqu'à ce que l'on soit arrivé à la relation qui doit exister entre elles. Une fois l'équation du lieu trouvé, on pourra y remplacer α et β par x et y, de manière à la ramener à la forme habituelle où x et y représentent les coordonnées courantes ; on peut aussi laisser α et β et les considérer comme les coordonnées courantes du lieu.

Exercices.

I. On donne la base CD d'un triangle, et le rapport AP : BQ des segments que les prolongements des côtés déterminent sur une parallèle AB à la base ; trouver le lieu du sommet M.

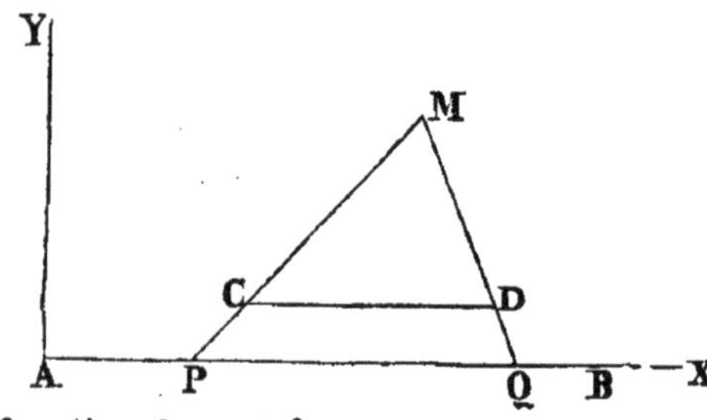

Prenons pour axes la droite AB et la perpendiculaire élevée au point A. Soient $AB = c$; x', y' les coordonnées du point C ; x'', y', celles du point D ; représentons par α et β les coordonnées du point M, dont il faut trouver le lieu, et cherchons à exprimer AP et AQ en fonction de α et β.

L'équation de M P est (66)

$$y - y' = \frac{y' - \beta}{x' - \alpha}(x - x');$$

pour trouver l'abscisse du point P, on fera dans cette équation $y = o$, et l'on aura

$$AP = \frac{\alpha y' - \beta x'}{y' - \beta}.$$

On trouverait de même

$$AQ = \frac{\alpha y' - \beta x''}{y' - \beta}.$$

d'où
$$BQ = c - \frac{\alpha y' - \beta x''}{y' - \beta}.$$

Substituant ces valeurs dans la relation AP = K. BQ, on a :

$$\frac{\alpha y' - \beta x'}{y' - \beta} = K\left(c - \frac{\alpha y' - \beta x''}{y' - \beta}\right).$$

On a exprimé toutes les conditions du problème en fonction des coordonnées du point M. Toute confusion étant devenue impossible, on peut remplacer α et β par x et y; alors, chassant le dénominateur, on a pour l'équation du lieu

$$x y' - y x' = K[c(y' - y) - (xy' - y x'')].$$

II. Deux sommets du triangle ABC glissent sur deux droites fixes LM, LN, tandis que les trois côtés passent par trois points fixes O, P, Q situés en ligne droite ; trouver le lieu du troisième sommet.

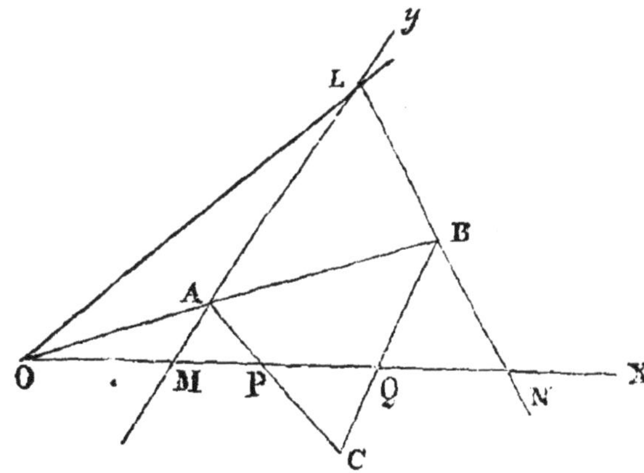

Prenons pour axes la droite O N et la ligne O L, qui joint le point O au point L d'intersection des deux droites fixes. Faisons OM = a, ON = a', OP = c, OQ = c', O L = b, et soient α et β les coordonnées du point C.

Les équations des droites L M et L N seront :

$$\frac{x}{a} + \frac{y}{b} = 1, \quad \frac{x}{a'} + \frac{y}{b} = 1$$

l'équation de C P qui passe par C (α, β) et par P (c, o), est

$$y(\alpha - c) = \beta(x - c).$$

Les coordonnées du point A d'intersection de cette droite avec

$$\frac{x}{a} + \frac{y}{b} = 1$$

seront
$$x_1 = \frac{ab(\alpha - c) + ac\beta}{b(\alpha - c) + a\beta}, \quad y_1 = \frac{b(a - c)\beta}{b(\alpha - c) + a\beta}.$$

Celles de B s'obtiendront en accentuant les lettres des précédentes

$$x_2 = \frac{a'b(\alpha - c') + a'c'\beta}{b(\alpha - c') + a'\beta}, \quad y_2 = \frac{b(a' - c')\beta}{b(\alpha - c') + a'\beta}.$$

Or, la condition pour que deux points (x_1, y_1), (x_2, y_2) se trouvent sur une droite passant par l'origine, est (69) : $\frac{y_1}{x_1} = \frac{y_2}{x_2}$; on aura donc

$$\frac{b(a-c)\beta}{ab(\alpha-c)+ac\beta} = \frac{b(a'-c')\beta}{a'b(\alpha-c')+a'c'\beta}.$$

Cette équation est la relation constante qui doit exister entre tous les points α, β ; c'est donc l'équation du lieu. En y remplaçant α et β par x et y, et réduisant, nous aurons :

$$\frac{(ac'-ca')x}{cc'(a-a')-aa'(c-c')} + \frac{y}{b} = 1,$$

équation d'une droite passant par le point L.

III. Les points P et Q du problème précédent sont sur une droite passant, non plus par le point O, mais par le point L ; trouver le lieu du sommet.

Prenons les droites fixes LM, LN pour axes, et désignons respectivement par x', y' ; x'', y'' ; x''', y''' ; α, β, les coordonnées des points P, Q, O, C. La condition que nous avons à exprimer revient à ceci : les droites CP, CQ coupant les axes aux points A et B, la droite AB doit passer par le point O.

L'équation de CP est

$$y(x'-\alpha) = (y'-\beta)x + \beta x' - \alpha y'.$$

Le segment LA qu'elle détermine sur l'axe des x a pour valeur

$$\text{LA} = \frac{\alpha y' - \beta x'}{y'-\beta}.$$

On trouverait de même pour le segment LB, fait par CQ sur l'axe des y

$$\text{LB} = \frac{\beta x'' - \alpha y''}{x''-\alpha}.$$

La droite AB a pour équation

$$\frac{x}{\text{LA}} + \frac{y}{\text{LB}} = 1, \qquad \text{ou} \quad \frac{(y'-\beta)x}{\alpha y'-\beta x'} + \frac{(x''-\alpha)y}{\beta x''-\alpha y''} = 1.$$

La condition du problème est que cette équation soit satisfaite par les coordonnées du point O, on devra donc avoir, entre les coordonnées α et β, la relation

$$\frac{(y'-\beta)x'''}{\alpha y'-\beta x'} + \frac{(x''-\alpha)y'''}{\beta x''-\alpha y''} = 1.$$

En chassant les dénominateurs, on trouve que cette équation renferme en général α et β au second degré. Mais si l'on suppose que les points P et Q sont sur une même ligne droite $y = mx$, passant par l'origine, on aura $y' = mx'$, et l'équation du lieu pourra s'écrire

$$\frac{(mx' - \beta)\,x'''}{x'\,(\alpha m - \beta)} + \frac{(x'' - \alpha)y'''}{x''\,(\beta - \alpha m)} = 1.$$

Chassant les dénominateurs, remplaçant α et β par x et y, on trouve pour le lieu cherché, une ligne droite ayant pour équation

$$x''\,x'''\,(mx' - y) + x'\,y'''\,(x - x'') = x'\,x''\,(mx - y).$$

95. Au lieu d'exprimer les conditions du problème directement au moyen des coordonnées du point dont on recherche le lieu, il est souvent plus commode de les exprimer d'abord au moyen des autres lignes de la figure. On peut alors obtenir autant de relations qu'il est nécessaire pour éliminer les indéterminées que l'on a introduites, et arriver en définitive à une équation entre les coordonnées de ce point. Quand on a ainsi exprimé par des équations toutes les relations des lignes entre elles, la recherche du lieu n'est plus qu'une question d'élimination. Les exemples suivants serviront d'éclaircissements.

Exercices.

I. Trouver le lieu des centres des rectangles inscrits dans un triangle.

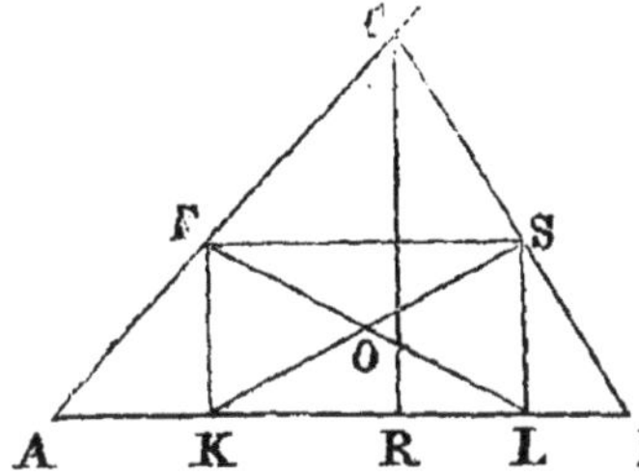

Prenons CR et AB pour axes. Soient $CR = h$, $BR = a$, $AR = b$.

Les équations de BC et de AC seront :

$$\frac{y}{h} + \frac{x}{a} = 1,$$

$$\frac{y}{h} - \frac{x}{b} = 1.$$

Soit $y = \beta$, l'équation d'une parallèle FS à la base ; nous trouverons les abscisses des points S et F, où cette parallèle rencontre les droites BC et AC, en faisant $y = \beta$ dans leurs équations. Nous tirons de la première

$$\frac{\beta}{h} + \frac{x}{a} = 1, \quad x = \text{RL} = a\left(1 - \frac{\beta}{h}\right),$$

et de la seconde

$$\frac{\beta}{h} - \frac{x}{b} = 1, \quad x = \text{RK} = -b\left(1 - \frac{\beta}{h}\right).$$

Des abscisses des points S et F, on déduit (40) celle du point milieu de FS, $x = \frac{a-b}{2}\left(1 - \frac{\beta}{h}\right)$, qui est évidemment l'abscisse du centre du rectangle ; d'ailleurs l'ordonnée de ce centre est $y = \frac{1}{2}\beta$.

Pour trouver la relation qui existe entre cette abscisse et cette ordonnée, quelque soit β, il suffit d'éliminer β entre leurs expressions. En portant, par exemple, dans la première, la valeur $\beta = 2y$, tirée de la seconde, on trouve

$$2x = (a - b)\left(1 - \frac{2y}{h}\right),$$

ou

$$\frac{2x}{a - b} + \frac{2y}{h} = 1,$$

pour l'équation du lieu cherché. C'est une droite qui joint le milieu de la hauteur au milieu de la base.

II. On mène une parallèle FS à la base d'un triangle, et l'on joint, par des droites transversales, les points S et F où elles coupent les côtés BC, AC, aux extrémités A et B de la base ; trouver le lieu du point d'intersection.

Prenons AB et AC pour axes, faisons AB $= a$, AC $= b$, et AF $= \beta$; l'équation de FS est

$$y = \beta\,;$$

celle de BC sera

$$\frac{y}{b} + \frac{x}{a} = 1.$$

En combinant ces deux équations, on trouve pour l'abscisse du point S

$$x = \frac{a\,(b - \beta)}{b}\,;$$

par suite, l'équation de SA sera :

$$y = \frac{b\beta}{a\,(b - \beta)}\,x,$$

nous aurons pour celle de FB

$$\frac{y}{\beta} + \frac{x}{a} = 1.$$

Puisque le point dont on demande le lieu, se trouve sur les deux lignes SA et FB, chacune des équations précédentes exprime une relation à laquelle doivent satisfaire ses coordonnées : et, comme ces équations renferment β, elles ne sont vraies que pour le point particulier du lieu correspondant au cas où l'on a mené la parallèle FS à une distance β de la base. Si donc on élimine entre ces équations l'indéterminée β, on trouvera une relation ne renfermant que les coordonnées du point et des quantités connues, et qui, étant satisfaite quelle que soit la position de la parallèle FS, sera l'équation du lieu. L'élimination de β conduit à l'équation

$$\frac{aby}{ay+bx} = \frac{ay}{a-x}.$$

Cette équation est satisfaite par $y = 0$. En rejetant cette solution étrangère et qui n'a lieu que lorsque la parallèle mobile FS se confond avec le côté AB, il vient

$$\frac{ab}{ay+bx} = \frac{a}{a-x}$$

ou

$$y = -\frac{2b}{a}x + b.$$

C'est la médiane de la base du triangle.

III. On donne un point et deux droites fixes ; par le point, on mène deux droites quelconques, et on joint transversalement les points où elles coupent les droites fixes : trouver le lieu du point d'intersection des transversales.

Prenons les droites fixes pour axes ; soient

$$\frac{x}{\alpha} + \frac{y}{\beta} = 1, \quad \frac{x}{\alpha'} + \frac{y}{\beta'} = 1$$

les équations des droites passant par le point fixe (x', y') ; nous avons les conditions

$$\frac{x'}{\alpha} + \frac{y'}{\beta} = 1, \quad \frac{x'}{\alpha'} + \frac{y'}{\beta'} = 1,$$

par suite

$$x'\left(\frac{1}{\alpha} - \frac{1}{\alpha'}\right) + y'\left(\frac{1}{\beta} - \frac{1}{\beta'}\right) = 0.$$

Les équations des transversales sont :

$$\frac{x}{\alpha} + \frac{y}{\beta'} = 1, \quad \frac{x}{\alpha'} + \frac{y}{\beta} = 1.$$

d'où

$$x\left(\frac{1}{\alpha} - \frac{1}{\alpha'}\right) - y\left(\frac{1}{\beta} - \frac{1}{\beta'}\right) = 0.$$

Éliminant $\frac{1}{\alpha} - \frac{1}{\alpha'}$ et $\frac{1}{\beta} - \frac{1}{\beta'}$ entre cette équation et celle que l'on a obtenue plus haut, il vient

$$x'y + y'x = 0$$

pour l'équation du lieu. C'est une droite passant par l'origine.

96. Toutes les fois qu'un point est assujetti à une condition géométrique déterminée, ses coordonnées doivent satisfaire à une équation correspondante ; c'est là l'idée fondamentale de la géométrie analytique. Il est important, pour celui qui en entreprend l'étude, de se pénétrer de cette idée, et de faire tous ses efforts pour arriver à trouver facilement l'équation correspondant à une condition géométrique. Nous ajouterons ici, comme exercices, quelques problèmes touchant les lieux géométriques, et conduisant à des équations d'un degré supérieur au premier. L'interprétation de ces équations sera donnée plus tard ; mais la méthode à employer, la seule chose que nous ayons actuellement en vue, est exactement la même que celle que l'on emploie lorsque le lieu est une ligne droite, et, en réalité, le degré de l'équation du lieu est inconnu jusqu'au moment où l'on arrive à cette équation.

Exercices.

I. On donne la base d'un triangle et la somme ou la différence des carrés des côtés ; trouver le lieu du sommet.

Réponse. Dans le premier cas $x^2 + y^2 = \frac{1}{2} m^2 - a^2$.

Dans le second $2axy = m^2$.

II. On donne la base d'un triangle et la somme ou la différence des côtés ; trouver le lieu du sommet.

Réponse. $m^2 y^2 + (m^2 - a^2) x^2 = m^2 (m^2 - a^2)$,

ou $m^2 y^2 + (a^2 - m^2) x^2 = m^2 (a^2 - m^2)$.

III. On donne la base, et le produit des tangentes des angles à la base.

Réponse. $y^2 + m^2 x^2 = m^2 c^2$.

IV. On donne la base et l'angle C au sommet.

Réponse. $x^2 + y^2 - 2xy \operatorname{cotg} C = c^2$.

V. On donne la base et la différence des angles à la base.

Réponse.

$$x^2 - y^2 + 2xy \operatorname{cotg} d = c^2.$$

VI. On donne la base : un des angles à la base est double de l'autre.

Réponse. $3x^2 - y^2 + 2cx = c^2$.

VII. On donne l'angle θ au sommet d'un triangle ; trouver le lieu du point M où la base est coupée dans un rapport donné $m : n$, lorsque l'aire est constante.

Réponse. $xy = \text{const.}$

VIII. Trouver le lieu du point M lorsque la base b est constante.

Réponse. $$\frac{x^2}{m^2} + \frac{y^2}{n^2} - \frac{2xy \cos \theta}{mn} = \frac{b^2}{(m+n)^2}.$$

IX. D'un point P on abaisse des perpendiculaires PM, PN sur les deux côtés OM, ON d'un angle donné ; trouver le lieu du point P, lorsque MN est constant.

Réponse. $$x^2 + y^2 + 2xy \cos \theta = \text{const.}$$

X. Trouver le lieu du point P lorsque MN passe par un point fixe (x', y').

Réponse. $$\frac{x'}{x + y \cos \theta} + \frac{y'}{y + x \cos \theta} = 1.$$

XI. Par un point (x', y') du plan d'un angle, on mène des transversales qui rencontrent les côtés de cet angle ; par les points de rencontre on mène des parallèles à deux directions données ; trouver le lieu du point de rencontre de ces couples de parallèles.

Réponse. $$\frac{ax - y - y'}{x'} = \frac{by'}{y - bx + bx'}.$$

XII. Par les points de rencontre, on mène des parallèles aux côtés de l'angle ; trouver le lieu du point d'intersection de ces couples de de parallèles.

Réponse. $$\frac{x'}{x} + \frac{y'}{y} = 1.$$

CHAPITRE VI.

THÉORIE DU CERCLE.

97. Avant de discuter l'équation générale du second degré, nous croyons utile d'étudier d'abord le cercle, afin de faire voir par ce cas assez simple, comment on peut déduire de l'équation d'une courbe toutes ses propriétés, sans en avoir fait une étude préalable par la géométrie.

DIVERSES FORMES DE L'ÉQUATION DU CERCLE.

98. Soient α et β les coordonnées du centre, θ l'angle des axes, x et y les coordonnées d'un point quelconque M du lieu ; l'équation de la circonférence sera :

$$\overline{MA}^2 = \overline{R}^2.$$

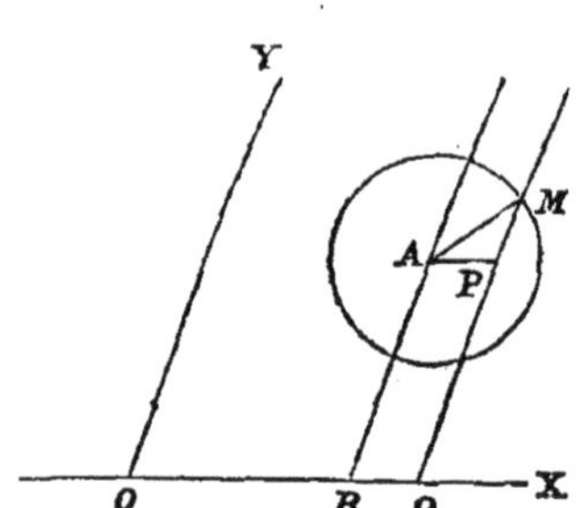

Elle est la traduction algébrique de cette propriété qui caractérise le cercle, à savoir que la distance d'un point quelconque de la circonférence au centre est une quantité constante.

Or, le triangle MAP donne

$$\overline{MA}^2 = \overline{MP}^2 + \overline{AP}^2 + 2MP.\,AP \cos\theta.$$

Donc l'équation du cercle sous sa forme la plus générale, les axes étant quelconques, sera

$$(1)\qquad (y-\beta)^2 + (x-\alpha)^2 + 2\,(y-\beta)\,(x-\alpha)\cos\theta = R^2.$$

Si l'origine est au centre, α et β sont nuls, et il vient

$$(2)\qquad y^2 + x^2 + 2xy\cos\theta = R^2.$$

Si les axes sont rectangulaires, $\theta = 90°$, $\cos\theta = 0$, et l'équation (1) devient

$$(3)\qquad (y-\beta)^2 + (x-\alpha)^2 = R^2.$$

Telle est la forme la plus générale de l'équation du cercle rapportée à des axes rectangulaires.

Si l'axe des X passait par le centre, β serait zéro, et l'on aurait

$$(4)\qquad y^2 + (x-\alpha)^2 = R^2\ ;$$

il viendrait

$$(5)\qquad (y-\beta)^2 + x^2 = R^2\ ;$$

si c'était l'axe des Y qui passât par le centre.

Si l'origine était à l'extrémité d'un diamètre pris pour axe des X ou pour axe des Y, ou aurait $\alpha = R$ dans le premier cas, et $\beta = R$ dans le second, et les équations (4) et (5) deviendraient :

$$(6) \quad y^2 + x^2 - 2\,Rx = 0$$

$$(7) \quad y^2 + x^2 - 2\,Ry = 0.$$

Enfin si les axes sont rectangulaires et que l'origine soit au centre, α et β sont nuls, et l'équation (5) devient :

$$(8) \quad y^2 + x^2 = R^2.$$

C'est l'équation du cercle sous la forme la plus simple.

Toutes ces diverses formes de l'équation du cercle ne sont, comme on voit, que des cas particuliers de l'équation (1). Il serait du reste facile d'obtenir directement chacune de ces formules.

99. Si on développe l'équation (3),

$$(y - \beta)^2 + (x - \alpha)^2 = R^2$$

il vient : $$y^2 + x^2 + by + ax + c = 0.$$

Ainsi, en coordonnées rectangulaires,

le cercle est représenté par une équation du second degré qui ne renferme pas le rectangle des variables, et dans laquelle les coefficients de x^2 et de y^2 sont l'unité ou égaux.

100. Réciproquement, si une équation de cette forme représente un lieu géométrique, ce lieu ne peut être qu'un cercle.

En effet, l'équation dont il s'agit, en complétant les carrés des binômes $y^2 + by$ et $x^2 + ax$, peut s'écrire sous la forme

$$\left(y + \frac{b}{2}\right)^2 + \left(x + \frac{a}{2}\right)^2 = \frac{b^2}{4} + \frac{a^2}{4} - c,$$

qui représente un cercle dont les coordonnées du centre sont $-\frac{b}{2}$ et $-\frac{a}{2}$ et le rayon $\sqrt{\frac{b^2}{4} + \frac{a^2}{4} - c}$, pourvu toutefois que $\frac{b^2}{4} + \frac{a^2}{4} - c$ soit une quantité positive.

Si $\frac{b^2}{4} + \frac{a^2}{4} - c = 0$, l'équation se réduit à

$$\left(y + \frac{b}{2}\right)^2 + \left(x + \frac{a}{2}\right)^2 = 0.$$

Or, pour que la somme de deux carrés soit nulle, il faut que chacun des deux carrés soit séparément nul, donc

$$y + \frac{b}{2} = 0,\ x + \frac{a}{2} = 0,\ \text{ou}\ y = -\frac{b}{2},\ x = -\frac{a}{2},$$

c'est-à-dire que le cercle se réduit à son centre.

Et si $\frac{b^2}{4} + \frac{a^2}{4} - c < 0$, le rayon est imaginaire, et l'équation

$$y^2 + x^2 + by + ax + c = 0$$

n'a pas de représentation géométrique ; on peut dire aussi qu'elle représente un cercle imaginaire.

101. L'équation

$$(y - \beta)^2 + (x - \alpha)^2 + 2(y - \beta)(x - \alpha)\cos\theta = R^2$$

étant développée donne

$$(a)\quad y^2 + x^2 + 2yx\cos\theta - 2(\beta + \alpha\cos\theta)y - 2(\alpha + \beta\cos\theta)x$$
$$+ \beta^2 + \alpha^2 + 2\alpha\beta\cos\theta - R^2 = 0,$$

équation de la forme

$$(b)\quad y^2 + x^2 + 2xy\cos\theta + by + ax + c = 0.$$

Ainsi en coordonnées obliques,

le cercle est représenté par une équation du second degré dans laquelle les coefficients de x^2 et de y^2 sont l'unité, et celui de xy le double du cosinus de l'angle des axes.

102. Réciproquement, si une équation de la forme (b) en coordonnées obliques représente un lieu géométrique, ce lieu sera une circonférence de cercle. Pour démontrer cette proposition, cherchons à identifier les équations (b) et (a) ; nous aurons les trois équations de condition

$$-2(\beta + \alpha\cos\theta) = b,$$
$$-2(\alpha + \beta\cos\theta) = a,$$
$$\beta^2 + \alpha^2 + 2\alpha\beta\cos\theta - R^2 = c.$$

α, β et R sont les trois inconnues. Les deux premières relations donnent :

$$\alpha = \frac{-a + b\cos\theta}{2(1 - \cos^2\theta)},\qquad \beta = \frac{-b + a\cos\theta}{2(1 - \cos^2\theta)}.$$

Le dénominateur égale $2\sin^2\theta$, quantité essentiellement positive; donc les deux valeurs de α et de β sont déterminées et finies, et par suite on peut déterminer le centre. Au moyen de ces valeurs de α et de β la troisième équation de condition donne

$$R = \sqrt{\frac{a^2 + b^2 - 2\,ab\cos\theta}{4\sin^2\theta} - c}.$$

En portant ces valeurs de α, de β et de R dans l'équation (a), elle devient identique avec l'équation (b). Donc cette dernière représente un cercle, si toutefois la quantité $\sqrt{\frac{a^2 + b^2 - 2\,ab\cos\theta}{4\sin^2\theta} - c}$ est réelle.

Si donc le radical est réel, R sera réel, et l'on aura une circonférence de cercle dont le centre et le rayon sont connus. Si le radical est zéro, le cercle se réduit à son centre. Enfin si $R^2 < 0$, R est imaginaire, et l'équation représente un cercle imaginaire.

103. Quand l'équation (b) représente un cercle, il n'est pas nécessaire, pour déterminer le centre, de résoudre les équations en α et β.

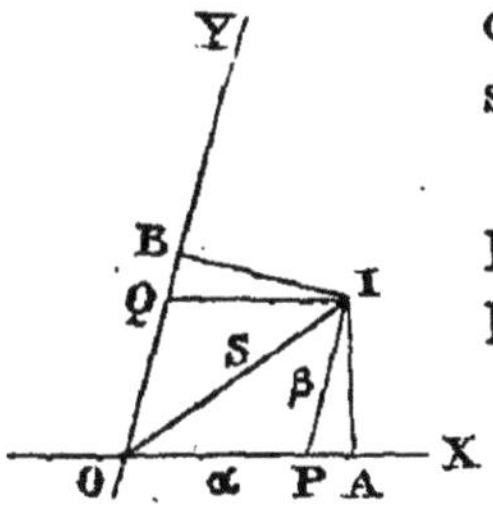

En effet supposons le centre en I. Menons IA perpendiculaire sur OX et IB perpendiculaire sur OY, nous aurons :

$$OA = OP + PA = \alpha + \beta\cos\theta = -\tfrac{1}{2}a$$
$$OB = OQ + QB = \beta + \alpha\cos\theta = -\tfrac{1}{2}b.$$

Donc en prenant avec des signes contraires dans l'équation (b) la moitié des coefficients des termes du premier degré, on aura les longueurs OA et OB, et. par suite, en élevant des perpendiculaires aux axes par les points A et B, on aura le centre I.

THÉORÈMES RELATIFS AU CERCLE.

104. L'équation du cercle rapporté à deux axes rectangulaires passant par le centre est, comme on l'a vu,

$$y^2 + x^2 = R^2.$$

On en tire

$$y = \pm\sqrt{R^2 - x^2}.$$

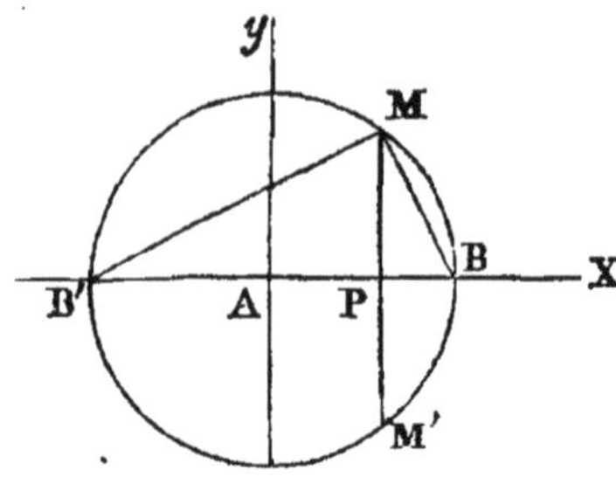

Donc à chaque valeur de x correspondent deux valeurs de y, MP et M'P, égales et de signes contraires, et puisque M'M est perpendiculaire sur AP, il en résulte que, si l'on fait tourner la partie de la circonférence BM'B' autour de BB' comme charnière pour l'appliquer sur BMB', ces deux parties coïncideront exactement.

Donc 1°
le diamètre divise le cercle et sa circonférence en deux parties égales, et 2° le diamètre perpendiculaire à une corde, divise la corde et l'arc sous-tendu en deux parties égales.

En second lieu, l'équation $y^2 = R^2 - x^2$ donne encore

$$y^2 = (R + x)(R - x).$$

Si x représente l'abcisse AP, y représentera l'ordonnée MP et l'on aura

$$\overline{MP}^2 = B'P.BP.$$

Donc,
l'ordonnée perpendiculaire au diamètre est moyenne proportionnelle entre les deux segments du diamètre.

105. Tirons la corde B'M, et désignons toujours par x et y les coordonnées du point M, on aura

$$\overline{B'M}^2 = \overline{MP}^2 + \overline{B'P}^2,$$

ou

$$\overline{B'M}^2 = y^2 + (R + x)^2 = y^2 + R^2 + 2Rx + x^2.$$

Mais le point M étant sur la circonférence, on a $y^2 + x^2 = R^2$, portant dans l'équation précédente R^2 à la place de $y^2 + x^2$, il vient :

$$\overline{B'M}^2 = 2R^2 + 2Rx = 2R(R + x)$$

ou

$$\overline{B'M}^2 = B'B.\ B'P.$$

Donc
la corde est moyenne proportionnelle entre le diamètre entier et le segment adjacent à cette corde.

106. Tout angle inscrit dans une demi-circonférence est un angle droit :

En effet l'équation de BM est $y = a(x - R)$,
celle de B'M est $y = a'(x + R)$;

De ces deux équations l'on tire

$$a = \frac{y}{x - R}, \quad a' = \frac{y}{x + R}$$

En multipliant l'une par l'autre ces deux valeurs, on a

$$aa' = \frac{y^2}{x^2 - R^2}$$

mais entre les coordonnées x et y du point M, qui est à la courbe, on a :

$$y^2 = R^2 - x^2 = -(x^2 - R^2),$$

et par suite, $$aa' = \frac{-(x^2 - R^2)}{x^2 - R^2} = -1$$

ce qui démontre le théorème.

107. Tous les angles inscrits dans un même segment sont égaux entre eux.

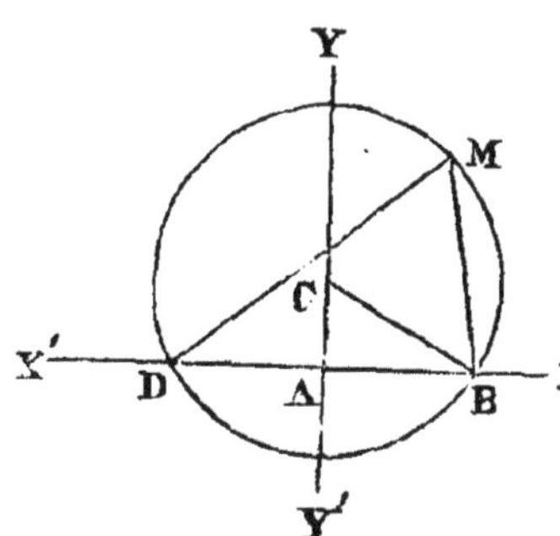

Soit DMB le segment quelconque que l'on considère. Prenons pour axe des X la corde du segment, et pour axe des Y le diamètre perpendiculaire à cette corde.

Si nous appelons β l'ordonnée CA du centre, l'équation du cercle rapporté à ce système d'axes sera

$$x^2 + (y - \beta)^2 = R^2$$

$$\text{ou } x^2 + y^2 - 2\beta y + \beta^2 = R^2.$$

Soit la corde BD $= 2c$, le triangle rectangle CAB donnera $\beta^2 + c^2 = R^2$, ce qui réduira l'équation du cercle à la suivante.

$$y^2 + x^2 - 2\beta y - c^2 = 0$$

Tirons les droites BM et DM. Leurs équations sont respectivement :

$$y = a(x - c), \text{ et } y = a'(x + c) ;$$

on déduit de là

$$a = \frac{y}{x - c}, \quad a' = \frac{y}{x + c}$$

Mais on sait que tg DMB $= \dfrac{a - a'}{1 + aa'}$.

Remplaçant a et a' par les valeurs précédentes, on a

$$\text{tg DMB} = \frac{\dfrac{y}{x-c} - \dfrac{y}{x+c}}{1 + \dfrac{y^2}{x^2 - c^2}} = \frac{2cy}{x^2 + y^2 - c^2}.$$

Or, le point M est sur la circonférence, donc entre ses coordonnées x et y, on a la relation

$$y^2 + x^2 - 2\beta y - c^2 = 0,$$

de laquelle on tire, $y^2 + x^2 - c^2 = 2\beta y$.

En portant cette valeur de $y^2 + x^2 - c^2$ dans tg DMB, il vient :

$$\text{tg DMB} = \frac{2cy}{2\beta y} = \frac{c}{\beta}.$$

Donc la tangente de l'angle quelconque DMB inscrit dans le segment DMB, est une quantité constante, donc cet angle lui-même est constant, donc tous les angles inscrits dans un même segment sont égaux entre eux. Le triangle rectangle ABC donne tg ACB $= \dfrac{c}{\beta}$. Par suite l'angle ACB, moitié de l'angle au centre DCB, est égal à l'angle inscrit DMB, ce qui donne l'énoncé d'un autre théorème connu de géométrie.

108. Le rectangle de la sécante par la partie extérieure est constant.

Prenons pour axes les deux sécantes OB et OD. Soit θ l'angle qu'elles font entre elles ; l'équation de la circonférence sera de la forme :

(1) $$y^2 + x^2 + 2yx \cos\theta + ax + by + c = 0.$$

Si dans cette équation on fait $y = 0$, l'équation résultante

(2) $$x^2 + ax + c = 0$$

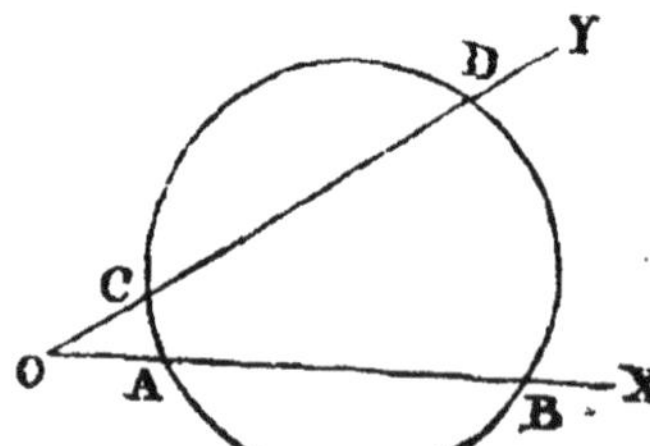

donnera les abcisses OA et OB des points A et B. Mais on sait que dans une équation du second degré de la forme (2), le produit des racines égale le terme indépendant de x, donc on aura :

$$\text{OA} . \text{OB} = c.$$

En faisant dans (1) $x = 0$, l'équation

$$y^2 + by + c = 0$$

donnera également $$OC.\,OD = c.$$

Donc $$OA.\,OB = OC.\,OD$$

c'est-à-dire que les sécantes entières sont réciproquement proportionnelles à leurs parties extérieures.

On démontrerait absolument de la même manière que deux cordes qui se rencontrent dans un cercle, se coupent en parties inversement proportionnelles.

x 109. Conditions d'intersection d'une droite avec un cercle.

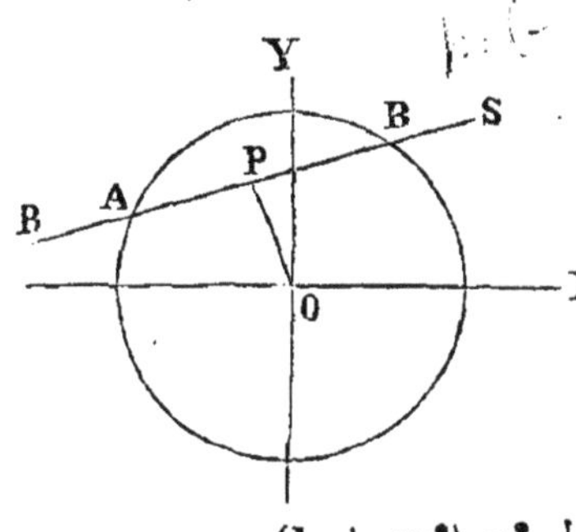

Soient $y = mx + p$ et $y^2 + x^2 = R^2$ les équations de la droite RS et du cercle O.

Pour avoir les abcisses des points où la droite rencontre le cercle, regardons les deux équations comme simultanées, nous aurons :

$$(mx + p)^2 + x^2 = R^2,$$

ou $$(1 + m^2)\, x^2 + 2mpx + p^2 - R^2 = 0.$$

Equation dont les racines seront les abcisses des points A et B.

Cette équation étant du second degré peut avoir ses deux racines réelles et inégales, réelles et égales, ou imaginaires.

Les racines seront réelles et inégales si l'on a :

$$m^2p^2 - (1 + m^2)(p^2 - R^2) > 0$$

ou ce qui revient au même

$$R > \frac{p}{\pm\sqrt{1 + m^2}}$$

Or $\frac{p}{\sqrt{1 + m^2}}$ est la distance du centre à la droite RS, c'est-à-dire la perpendiculaire OP, donc R doit être plus grand que cette distance, donc la droite ne peut rencontrer le cercle qu'autant que sa distance au centre est moindre que le rayon.

Les racines seront réelles et égales si l'on a

$$R = \pm\frac{p}{\sqrt{1 + m^2}}$$

ou $$R = OP.$$

Alors les deux points d'intersection se confondent en un seul et la droite est tangente.

Enfin, les racines seront imaginaires si l'on a

$$R < \pm \frac{p}{\sqrt{1+m^2}}$$

c'est-à-dire

$$R < OP$$

Dans ce cas, la droite est extérieure au cercle, ou plutôt rencontre le cercle en deux points imaginaires.

Nous avons trouvé pour la condition de tangence de la droite et du cercle,

$$R = \pm \frac{p}{\sqrt{1+m^2}};$$

on en tire

$$p = \pm R\sqrt{1+m^2}.$$

En portant cette valeur dans l'équation de la droite, on obtient

$$y = mx \pm R\sqrt{1+m^2}.$$

C'est

l'équation de la tangente au cercle en fonction du coefficient angulaire, ou parallèle à une droite donnée $y = mx$.

On voit qu'il y a toujours deux tangentes au cercle faisant avec l'axe des x le même angle, et coupant l'axe des y en des points symétriquement placés par rapport à l'origine.

110. **Exercices.**

I. Trouver les coordonnées de l'intersection de $x^2 + y^2 = 65$, $3x + y = 25$.

Réponse (7, 4), (8, 1).

II. Trouver l'intersection de $(x - a)^2 + (y - 2a)^2 = 25\,a^2$, $4x + 3y = 35\,a$.

Réponse. La droite tangente au point $(5a, 5a)$.

III. Dans quel cas la droite $y = mx$, menée par l'origine touche-t-elle

$$(x^2 + 2xy\cos\omega + y^2) + ax + by + c = 0?$$

Réponse. Les points d'intersection sont donnés par l'équation

$$(1 + 2m\cos\omega + m^2)\,x^2 + (a + mb)\,x + c = 0,$$

qui a ses racines égales lorsque

$$(a + mb)^2 - 4c\,(1 + 2m\cos\omega + m^2) = 0.$$

On en déduit une équation du second degré pour déterminer m.

IV. Trouver les tangentes menées par l'origine à

$$x^2 + y^2 - 6x - 2y + 8 = 0.$$

Réponse. $x - y = 0, \quad x + 7y = 0.$

× 111. Conditions du contact ou de l'intersection de deux cercles.

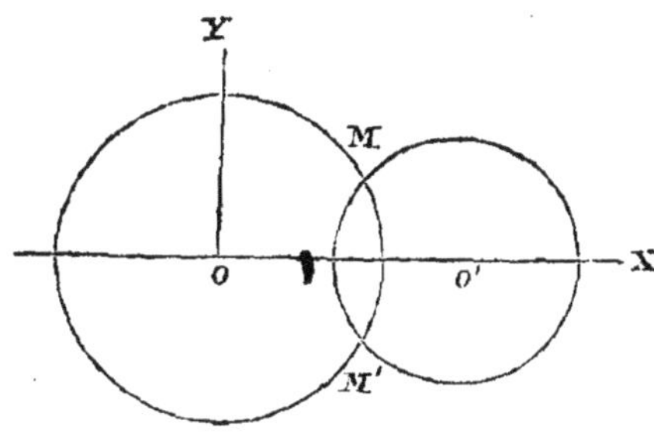

Prenons pour origine le centre O du premier cercle, et faisons passer l'axe des abcisses par le second centre O'. En appelant R, R' les rayons, et d la distance des centres, nous aurons pour les équations des deux circonférences :

$$(1) \quad x^2 + y^2 = R^2$$

$$(2) \quad (x - d)^2 + y^2 = R'^2.$$

Les coordonnées des points d'intersection sont les valeurs réelles de x et de y qui vérifient en même temps les deux équations.

Retranchant membre à membre, on a

$$(3) \quad 2\,dx - d^2 = R^2 - R'^2,$$

équation qui peut remplacer l'une des deux premières. Cette équation (3) étant du premier degré, représente une droite qui passe par les points M et M' communs aux deux circonférences. Et comme cette équation est indépendante de y, il s'ensuit qu'elle représente une droite perpendiculaire à l'axe des X. Donc, quand deux circonférences *se coupent*,

la corde commune est perpendiculaire à la ligne des centres.

De l'équation (3) on tire

$$x = \frac{d^2 + R^2 - R'^2}{2d},$$

portant cette valeur dans l'équation (1), il vient

$$y = \pm \frac{1}{2d} \sqrt{4d^2R^2 - (d^2 + R^2 - R'^2)^2}$$

qui donne seulement deux valeurs égales et de signes contraires ; on en conclut que

1° deux circonférences de cercles ne peuvent avoir plus de

deux points communs, à moins qu'elles ne se confondent;

et que la ligne des centres est perpendiculaire sur le milieu de la corde qui joint les points d'intersection.

Pour que les deux circonférences se coupent réellement, il faut que la quantité sous le radical soit positive. Cette quantité étant une différence de carrés, on aura

$$y = \pm \frac{1}{2d} \sqrt{(2Rd + d^2 + R^2 - R'^2)(2Rd - d^2 - R^2 + R'^2)}$$

et comme chaque facteur est lui-même une différence de carrés, on pourra écrire

$$y = \pm \frac{1}{2d} \sqrt{(d + R + R')(d + R - R')(R' + R - d)(R' + d - R)}.$$

Il est toujours permis de placer l'origine au centre du plus grand cercle et de compter les abcisses positives dans le sens OO'; alors $d > 0$ et $R > R'$; donc les deux premiers facteurs sont positifs. Il n'y a donc qu'à s'occuper des deux derniers facteurs qui devront être ou tous deux positifs ou tous deux négatifs, c'est-à-dire qu'on aura:

$$R' + R - d > 0, \quad \text{ou} \quad R' + R - d < 0,$$
$$R' + d - R > 0, \quad \text{»} \quad R' + d - R < 0.$$

Ces deux dernières conditions doivent être rejetées, car en les ajoutant on aurait $2R' < 0$, résultat absurde.

Des deux premières on tire $d > R - R'$, $d < R + R'$, c'est-à-dire que

la distance des centres doit être plus petite que la somme des rayons et plus grande que leur différence.

Pour qu'il y ait contact, il faut que les valeurs de y se réduisent à une seule, ce qui exige que la quantité sous le radical soit nulle; cette dernière condition sera remplie quand on aura

$$R + R' - d = 0, \quad \text{ou} \quad R' + d - R = 0,$$

ce qui revient à

$$d = R + R', \quad \text{ou} \quad d = R - R'.$$

Donc, pour que deux circonférences se touchent, il faut que la distance des centres soit égale à la somme des rayons, ou bien à leur différence.

Dans les deux cas, le point de contact est sur la ligne des centres.

Les valeurs de y sont imaginaires lorsqu'on a

$$R' + R - d < 0, \quad \text{ou} \quad R' + d - R < 0,$$

ou ce qui est la même chose

$$d > R + R' \quad \text{ou} \quad d < R - R'.$$

Donc, quand la distance des centres des deux cercles est plus grande que la somme ou plus petite que la différence des rayons, ces deux cercles n'ont aucun point de commun.

Si l'on suppose en même temps $R = R'$ et $d = 0$, les valeurs de x et de y se présentent sous la forme $\frac{0}{0}$; en effet, les deux circonférences ayant alors même centre et même rayon, doivent nécessairement coïncider.

DE LA TANGENTE ET DE LA NORMALE AU CERCLE.

112. On appelle tangente à une courbe en un point donné M, la limite MT des positions d'une sécante MS qui tourne autour d'un de ses points d'intersection M avec la courbe, jusqu'à ce qu'un second point M' d'intersection, se rapprochant indéfiniment du premier, vienne se confondre avec lui.

Supposons le cercle rapporté à deux axes rectangulaires qui passent par le centre, et proposons-nous de mener à la courbe une tangente en un point donné.

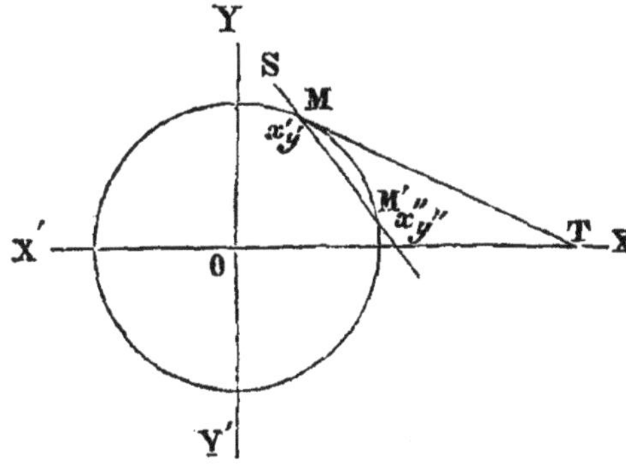

Soit M le point de contact, x', y' ses coordonnées ; menons par ce point une sécante SMM', et soient x'', y'' les coordonnées du point M'. L'équation de la sécante sera de la forme

$$y - y' = \frac{y' - y''}{x' - x''}(x - x').$$

Les points M et M' étant sur la circonférence dont l'équation est

$$x^2 + y^2 = R^2,$$

on aura $x'^2 + y'^2 = R^2$, $x''^2 + y''^2 = R^2$.

Au moyen de ces deux relations, déterminons la valeur du rapport $\frac{y'-y''}{x'-x''}$. Pour cela retranchons membre à membre ces deux dernières équations, nous aurons:

$$x'^2 - x''^2 + y'^2 - y''^2 = 0$$

ou

$$(x'+x'')(x'-x'') + (y'-y'')(y'+y'') = 0,$$

ce qui donne
$$\frac{y'-y''}{x'-x''} = -\frac{x'+x''}{y'+y''}.$$

Portant cette valeur dans l'équation de la sécante, elle deviendra

$$y - y' = -\frac{x'+x''}{y'+y''}(x-x').$$

Lorsque le point M' se confond avec le point M, on a $x''=x'$, $y''=y'$, la sécante devient tangente, et l'on a pour l'équation de la tangente au point M du cercle

$$y - y' = -\frac{x'}{y'}(x-x').$$

Faisant disparaître le dénominateur y', et effectuant la multiplication par x', il vient

$$yy' + xx' = y'^2 + x'^2.$$

Remplaçant $y'^2 + x'^2$ par R^2, on a pour l'équation de la tangente sous une forme plus simple :

$$(1) \qquad yy' + xx' = R^2,$$

avec la condition (2) $y'^2 + x'^2 = R^2$.

On peut vérifier que tous les points de la droite représentée par les équations (1) et (2) sont en dehors de la circonférence.

Observons d'abord que si un point M dont les coordonnées sont x et y est en dehors de la circonférence, on a $y^2 + x^2 - R^2 > 0$. En effet en menant OM qui rencontre la circonférence au point M', dont nous représenterons les coordonnées par x', y', on aura toujours en valeur absolue $y > y'$, $x > x'$. Mais $x'^2 + y'^2 - R^2 = 0$; donc $x^2 + y^2 - R^2 > 0$.

Il s'agit maintenant de démontrer que pour tout point de la tangente, autre que le point de contact, on a

$$x^2 + y^2 - R^2 > 0.$$

Pour cela, de l'équation (2) retranchons membre à membre le double de l'équation (1), il viendra

$$y'^2 - 2yy' + x'^2 - 2xx' = - R^2.$$

En complétant les carrés on a

$$y'^2 - 2yy' + y^2 + x'^2 - 2xx' + x^2 = y^2 + x^2 - R^2,$$

ce qui revient à

$$(y - y')^2 + (x - x')^2 = y^2 + x^2 - R^2.$$

Le premier membre étant la somme de deux carrés, est essentiellement positif ; donc il en est de même du second membre, donc pour toute valeur de x et de y on a $x^2 + y^2 - R^2 > 0$, à moins que l'on ne prenne $y = y'$ et $x = x'$, auquel cas $y^2 + x^2 - R^2 = 0$. Or $y^2 + x^2$ représente la distance à l'origine d'un point quelconque de la droite, donc $y^2 + x^2 - R^2 > 0$ signifie que tous les points de cette droite sont en dehors de la circonférence, à l'exception de celui pour lequel $x = x'$, $y = y'$.

113. La méthode que l'on vient d'employer peut être appliquée au cas où le cercle est rapporté à des axes obliques.

Soit l'équation du cercle

$$(1)\ (y - \beta)^2 + (x - \alpha)^2 + 2(y - \beta)(x - \alpha)\cos\theta - R^2 = 0.$$

Désignons toujours par x', y' les coordonnées du point de contact, et soient y'', x'' les coordonnées d'un point de la circonférence: l'équation de la droite passant par ces deux points sera de la forme

$$y - y' = \frac{y' - y''}{x' - x''}(x - x').$$

La condition que les points (x', y'), (x'', y'') sont sur le cercle, donne

$$(y' - \beta)^2 + (x' - \alpha)^2 + 2(y' - \beta)(x' - \alpha)\cos\theta - R^2 = 0,$$
$$(y'' - \beta)^2 + (x'' - \alpha)^2 + 2(y'' - \beta)(x'' - \alpha)\cos\theta - R^2 = 0.$$

Retranchant ces deux équations membre à membre, il vient:

$$(A)\ y'^2 - y''^2 - 2\beta(y' - y'') + x'^2 - x''^2 - 2\alpha(x' - x'')$$
$$-2\alpha\cos\theta(y' - y'') - 2\beta\cos\theta(x' - x'') + 2(x'y' - x''y'')\cos\theta = 0.$$

Le dernier terme $2\cos\theta(x'y' - x''y'')$ peut s'écrire:

$2\cos\theta(x'y' - x'y'' + x'y'' - x''y'')$ ou, ce qui est la même chose,

$$2\cos\theta\,[x'(y' - y'') + y''(x' - x'')].$$

Au moyen de cette expression, l'équation (A) devient

$$(y' - y'')\,[y' + y'' - 2\beta - 2\,\alpha \cos\theta + 2\,x' \cos\theta] + (x' - x'')\,[x' + x'' - 2\,\alpha - 2\,\beta \cos\theta + 2\,y'' \cos\theta] = 0,$$

d'où l'on tire

$$\frac{y' - y''}{x' - x''} = -\frac{x' + x'' - 2\,\alpha - 2\,\beta \cos\theta + 2\,y'' \cos\theta}{y' + y'' - 2\beta - 2\,\alpha \cos\theta + 2\,x' \cos\theta}.$$

L'équation de la sécante passant par les points (x', y'), (x'', y'') devient alors

$$y - y' = -\frac{x' + x'' - 2\,\alpha - 2\,\beta \cos\theta + 2y'' \cos\theta}{y' + y'' - 2\beta - 2\,\alpha \cos\theta + 2\,x' \cos\theta}\,(x - x').$$

Si maintenant on suppose que le point (x'', y'') coïncide avec le point (x', y') on aura $y'' = y'$, $x'' = x'$, la sécante deviendra tangente, et l'on aura pour l'équation de la tangente au point (x', y') de la circonférence:

$$\text{(B)}\ y - y' = -\frac{x' - \alpha + (y' - \beta)\cos\theta}{y' - \beta + (x' - \alpha)\cos\theta}\,(x - x'),$$

avec la condition que

$$(y' - \beta)^2 + (x' - \alpha)^2 + 2\,(y' - \beta)\,(x' - \alpha)\cos\theta - R^2 = 0.$$

Si les axes sont rectangulaires $\cos\theta = 0$, et l'équation (B) devient

$$y - y' = -\frac{x' - \alpha}{y' - \beta}\,(x - x'),$$

en même temps l'équation de condition se réduit à

$$(y' - \beta)^2 + (x' - \alpha)^2 = R^2.$$

La première de ces équations peut se mettre sous la forme

$$(y - y')\,(y' - \beta) + (x' - \alpha)\,(x - x') = 0.$$

La seconde peut s'écrire

$$(y' - \beta)\,(y' - \beta) + (x' - \alpha)\,(x' - \alpha) = R^2.$$

En les ajoutant membre à membre, il vient:

$$(y' - \beta)\,(y - \beta) + (x' - \alpha)\,(x - \alpha) = R^2,$$

pour l'équation de la tangente au cercle rapporté à des axes rectangulaires, le centre étant un point quelconque du plan des axes.

Lorsque le centre du cercle est sur l'axe des X, $\beta = 0$ et l'équation de la tangente devient

$$y\,y' + (x' - \alpha)\,(x - \alpha) = R^2.$$

Si le centre était sur l'axe des y on aurait

$$(y' - \beta)\,(y - \beta) + xx' = R^2.$$

114. Remarque. En appelant α l'angle que le rayon mené au point de contact fait avec l'axe des x, l'équation de la tangente est

$$x \cos \alpha + y \sin \alpha = r;$$

car sous cette forme elle représente une droite dont la distance à l'origine est égale au rayon.

On peut aussi écrire directement l'équation d'une corde qui passe par deux points donnés de la circonférence où les rayons font avec l'axe des x des angles α et β.

Soient A et B ces deux points, et D le milieu de la corde. Si l'angle $AOX = \alpha$ et $BOX = \beta$, $DOX = \frac{1}{2}(\alpha + \beta)$, $DO = r \cos\left(\frac{\alpha - \beta}{2}\right)$.

Donc l'équation de la ligne AB doit être

$$x \cos \frac{\alpha + \beta}{2} + y \sin \frac{\alpha + \beta}{2} = r \cos \frac{\alpha - \beta}{2}.$$

Quand le point B se rapproche indéfiniment de A, la corde AB devient la tangente en A, β est égal à α, et l'équation devient

$$x \cos \alpha + y \sin \alpha = r.$$

C'est celle qui vient d'être trouvée pour la tangente.

Exercices.

I. Trouver la tangente au point (5,4) de $(x - 2)^2 + (y - 3)^2 = 10$.
Réponse. $3x + y = 19$.

II. Que représente l'équation $(x' + x'')\,x + (y' + y'')\,y = r^2 + x'x'' + y'y''$, par rapport au cercle $x^2 + y^2 = r^2$?
Réponse. La droite joignant (x', y'), (x'', y'').

III. Trouver la condition pour que $Ax + By + C = 0$ touche

$$(x - \alpha)^2 + (y - \beta)^2 = r^2.$$

TANGENTE AU CERCLE PAR UN POINT EXTÉRIEUR.

115. Proposons-nous maintenant de mener une tangente au cercle par un point extérieur A, (α, β).

Soient x', y' les coordonnées inconnues du point de contact, l'équation de la tangente sera :

$$yy' + xx' = R^2.$$

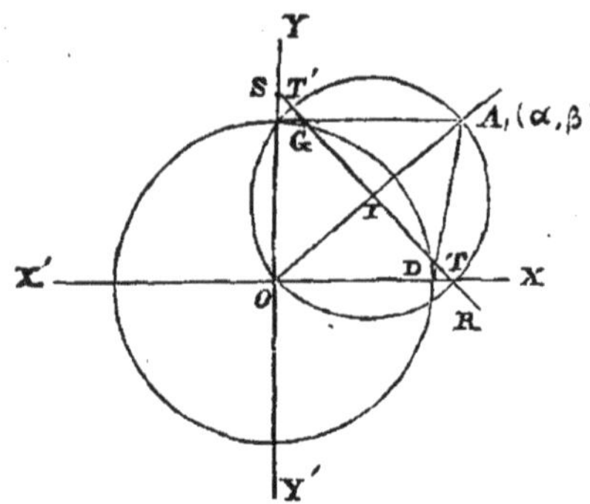

Cette droite passe par le point A (α, β), donc son équation doit être satisfaite si on y remplace x et y par α et β. Il vient alors :

$$(1)\ \beta y' + \alpha x' = R^2.$$

Mais le point (x', y') est à la circonférence, donc on a en outre,

$$(2)\ x'^2 + y'^2 = R^2.$$

Les valeurs de x', y' qui satisfont à la fois à ces deux équations sont les coordonnés des points de contact G et D.

Tirant de (1) la valeur de y' pour la porter dans (2), il vient :

$$\frac{(R^2 - \alpha x')^2}{\beta^2} + x'^2 = R^2,$$

d'où

$$(\alpha^2 + \beta^2)x'^2 - 2R^2\alpha x' + R^2(R^2 - \beta^2) = 0$$

puis

$$x' = \frac{R^2\alpha \pm \sqrt{R^4\alpha^2 - R^2(\alpha^2 + \beta^2)(R^2 - \beta^2)}}{\alpha^2 + \beta^2}$$

ou

$$x' = \frac{R^2\alpha \pm R\beta\sqrt{\alpha^2 + \beta^2 - R^2}}{\alpha^2 + \beta^2}$$

On trouverait de même

$$y' = \frac{R^2\beta \pm R\alpha\sqrt{\alpha^2 + \beta^2 - R^2}}{\alpha^2 + \beta^2}.$$

Pour que ces valeurs de x' et de y' soient réelles, il faut que $\alpha^2 + \beta^2 - R^2$ soit une quantité positive, c'est-à-dire que le point A soit hors du cercle. D'ailleurs à une valeur réelle de x' correspond une valeur réelle de y' ; donc si la condition $\alpha^2 + \beta^2 - R^2 > 0$ est satisfaite, on pourra par le point A mener deux tangentes à la circonférence. Si $\alpha^2 + \beta^2 - R^2 = 0$, c'est-à-dire si le point A est sur la circonférence, x' et y' n'ont qu'une seule valeur, donc il n'y a plus qu'une tangente, et comme on trouve $x' = \alpha$ et $y' = \beta$, le point de contact est précisément le point donné.

Enfin si $\alpha^2 + \beta^2 - R^2 < 0$, les valeurs de x' et de y' sont imaginaires, on ne peut mener aucune tangente, et en effet le point A est alors dans l'intérieur de la circonférence.

Il est facile de retrouver la construction que donne la géométrie élémentaire pour mener une tangente au cercle par un point extérieur. Pour cela, reprenons les équations (1) et (2).

$$(1)\ \beta y' + \alpha x' = R^2,$$
$$(2)\ y'^2 + x'^2 = R^2,$$

et retranchons, membre à membre, l'équation (1) de l'équation (2); il viendra :

$$y'^2 - \beta y' + x'^2 - \alpha x' = 0.$$

En complétant les carrés nous aurons :

$$(3)\ (y' - \tfrac{1}{2}\beta)^2 + (x' - \tfrac{1}{2}\alpha)^2 = \frac{\alpha^2}{4} + \frac{\beta^2}{4}.$$

Cette dernière équation représente un lieu géométrique qui passe évidemment par les deux points de contact. Ce lieu est une circonférence dans laquelle $\frac{1}{2}\alpha$, $\frac{1}{2}\beta$ sont les coordonnées du centre. et dont le rayon est $\sqrt{\frac{\alpha^2}{4} + \frac{\beta^2}{4}}$.

Or, les coordonnées du point A sont α et β, donc celles du point I, milieu de OA sont $\frac{\alpha}{2}$, $\frac{\beta}{2}$: donc I est le centre du cercle représenté par l'équation (3) ; d'ailleurs $OI = \sqrt{\frac{\alpha^2}{4} + \frac{\beta^2}{4}}$, donc les points de contact sont sur une seconde circonférence qui a pour diamètre la distance du centre de la première au point donné.

Il est facile de voir que si le point donné est extérieur, la seconde circonférence *coupera* la première ; que si le point est sur la première circonférence la seconde *sera tangente*, et qu'enfin si le point donné est dans le cercle proposé, les deux circonférences sont intérieures l'une à l'autre.

116. On peut résoudre la question d'une autre manière. Dans les équations

$$(1)\ \beta y' + \alpha x' = R^2,$$
$$(2)\ y'^2 + x'^2 = R^2,$$

regardons x', y' comme des coordonnées courantes. L'équation (2) représente évidemment la circonférence donnée. Quant à l'équation (1), elle est du premier degré et représente une ligne droite, laquelle est précisément la corde de contact GD. En effet cette équation est vérifiée quand on remplace x' et y' par les coordonnées des points G et D ; donc la droite qu'elle représente passe par ces deux points. Pour la construire, cherchons les points R et S où elle coupe les axes.

Or, $y = 0$ donne $x = \frac{R^2}{\alpha} = OR$; de même si $x = 0$, $y = \frac{R^2}{\beta} = OS$.

Ces valeurs se construisent aisément par des troisièmes proportionnelles, et la droite RS viendra couper la circonférence aux points de contact cherchés

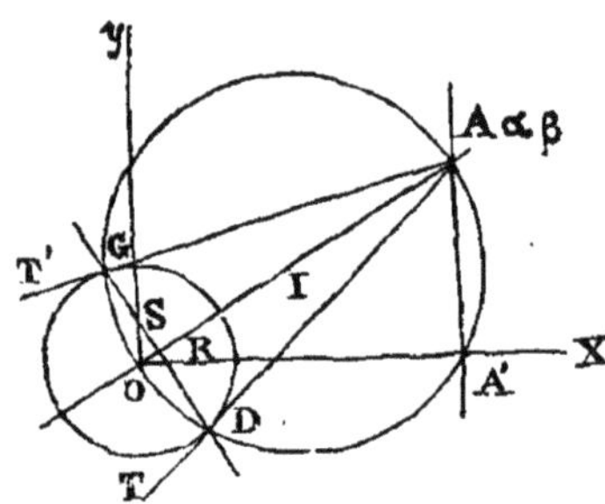

La valeur OR étant indépendante de β, il en résulte que le point R ne doit pas changer si l'abcisse α reste la même. Or, l'abcisse α sera constante pour tout point A pris sur la droite AA' perpendiculaire à l'axe des x.

Cette droite AA' peut être regardée comme située d'une manière quelconque dans le plan du cercle, car on peut toujours prendre pour axe des x la perpendiculaire abaissée du centre sur cette droite. On est donc conduit au théorème suivant, qui a son analogue dans les trois courbes du second degré.

Si de chacun des points d'une droite donnée dans le plan d'une circonférence, on mène à cette courbe des couples de tangentes, toutes les cordes de contact se coupent au même point.

Il est évident que si la distance OR ne change pas, α restera constant ; on en conclut cette proposition réciproque :

Si, par un point R pris sur le plan d'un cercle, on tire différentes sécantes à ce cercle, et que par tous les points où ces sécantes coupent la circonférence, on mène deux tangentes, le lieu des points de rencontre de ces couples de tangentes sera une ligne droite perpendiculaire au diamètre passant par le point donné.

Corde de contact. — En comparant l'équation de la ligne de

contact qui est $\beta y + \alpha x = R^2$ à l'équation de la tangente $xx' + yy' = R^2$, on en conclut que

L'équation de la droite qui joint les points de contact des deux tangentes issues d'un point donné, s'obtient en cherchant l'équation de la tangente en ce point, comme s'il était sur la circonférence.

On voit donc que, quelles que soient les tangentes menées par (α, β), réelles ou imaginaires, la droite qui joint leurs points de contact sera la droite réelle $\alpha x + \beta y = r^2$, que nous appellerons la polaire de (α, β) par rapport au cercle. Cette polaire est évidemment perpendiculaire à la droite $\alpha y - \beta x = 0$ qui joint le point (α, β) au centre, et passe à une distance $\frac{r^2}{\sqrt{\alpha^2 + \beta^2}}$ de ce centre.

On peut donc construire la polaire d'un point P, (α, β), en joignant ce point au centre C, prenant sur CP un point M tel que CM. CP $= r^2$, et élevant à PC une perpendiculaire en M.

Si le point (α, β) se trouvait sur le cercle, l'équation de la polaire serait identique à celle de la tangente : la polaire d'un point du cercle est donc la tangente menée au cercle en ce point.

Le point (α, β) s'appelle le pôle de la droite.

$$\alpha x + \beta y = r^2$$

117. Equations des tangentes passant par un point extérieur.

Reprenons les équations

$$(1)\ \beta y' + \alpha x' = R^2,$$
$$(2)\ y'^2 + x'^2 = R^2.$$

Elles donnent

$$x' = \frac{R^2 \alpha \pm R\beta \sqrt{\alpha^2 + \beta^2 - R^2}}{\alpha^2 + \beta^2}$$

$$y' = \frac{R^2 \beta \mp R\alpha \sqrt{\alpha^2 + \beta^2 - R^2}}{\alpha^2 + \beta^2}$$

Dans ces valeurs on doit prendre les signes supérieurs ensemble et les signes inférieurs ensemble, afin que l'équation (1) puisse être satisfaite.

Actuellement, si dans l'équation

$$yy' + xx' = R^2$$

nous remplaçons successivement x' et y' par chacun des systèmes (3), nous obtiendrons évidemment les équations des deux tangentes passant par les points (x', y'). Pour représenter ces deux tangentes par une seule équation, il suffira de prendre

$$y.\frac{R^2\beta \pm R\alpha\sqrt{\alpha^2+\beta^2-R^2}}{\alpha^2+\beta^2} + x.\frac{R^2\alpha \mp R\beta\sqrt{\alpha^2+\beta^2-R^2}}{\alpha^2+\beta^2}$$
$$= R^2.$$

En chassant les dénominateurs et divisant par R, isolant le radical et élevant au carré, on trouve :

$$R^2\,(\beta y + \alpha x - \beta^2 - \alpha^2)^2 = (\alpha y - \beta x)^2\,(\alpha^2 + \beta^2 - R^2)$$

ou ce qui est la même chose

$$R^2\,[\,\beta\,(y - \beta) + \alpha\,(x - \alpha)\,] = (\,\alpha y - \beta x)^2\,(\alpha^2 + \beta^2 - R^2)$$

118. Dans une courbe quelconque on nomme *sous tangente* la partie de l'axe des x comprise entre le pied de l'ordonnée du point de contact et le point où la tangente rencontre ce même axe.

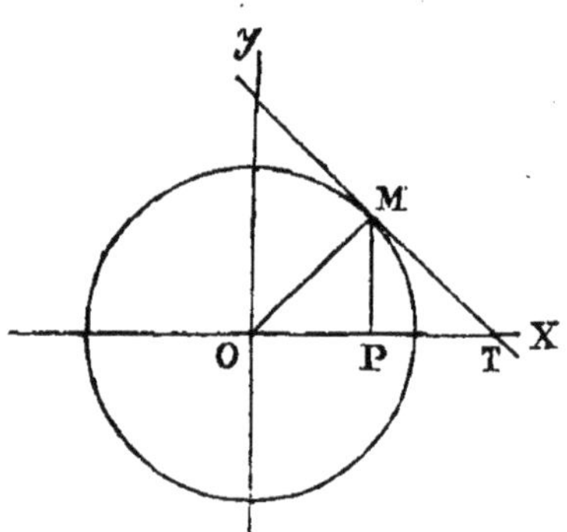

D'après cette définition, MT étant la tangente au point M, et MP l'ordonnée du point de contact, la sous-tangente est PT = OT — OP. Pour avoir OT, ou l'abcisse du point où la tangente rencontre l'axe des x, il faut faire $y = 0$, dans l'équation

$$yy' + xx' = R^2,$$

Il vient $x = OT = \frac{R^2}{x'}$. on trouve ensuite :

$$PT = OT - OP = \frac{R^2}{x'} - x' = \frac{R^2 - x'^2}{x'}$$

119. On appelle *Normale* à une courbe la droite menée par le point de contact perpendiculairement à la tangente.

La *sous-normale* est la partie de l'axe des x comprise entre le pied de l'ordonnée du point de contact et le point où la normale rencontre ce même axe.

Soient toujours x', y', les coordonnées du point de contact, l'équation de la normale sera de la forme

$$y - y' = m\ (x - x').$$

Comme cette droite est perpendiculaire à la tangente, son coefficient angulaire doit être réciproque et de signe contraire à celui de cette dernière droite, donc

$$m = \frac{y'}{x'}.$$

Ce qui donne pour l'équation de la normale

$$y - y' = \frac{y'}{x'}\ (x - x').$$

En chassant le dénominateur et effectuant les réductions, il vient :

$$y = \frac{y'}{x'}\ x.$$

La normale passe donc par l'origine qui est ici le centre du cercle, et l'on retrouve ce théorème connu :

Le rayon mené au point de contact est perpendiculaire à la tangente.

120. PROBLÈMES SUR LE CERCLE.

I. Menez par un point pris dans le plan d'un cercle, une sécante telle que la partie comprise dans le cercle soit égale à une ligne donnée.

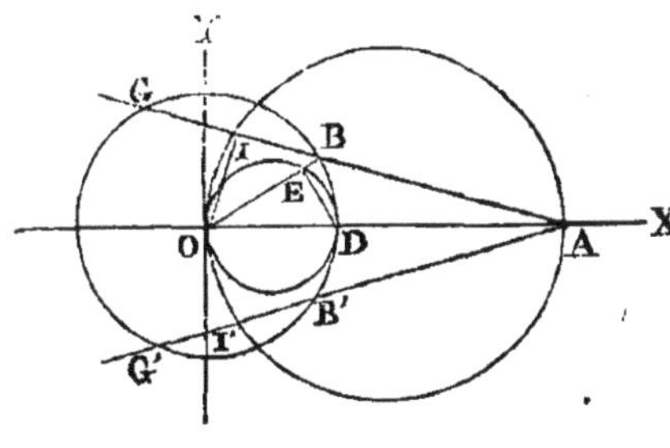

Soit A le point donné, et $2l$ la longueur de la corde. On peut toujours, sans nuire à la généralité de la question, supposer que l'axe des x passe par le point donné.

Soit donc α l'abcisse du point donné, l'équation de la droite cherchée sera de la forme :

$$(1)\quad y = m\ (x - \alpha).$$

Le cercle étant rapporté à des axes rectangulaires passant par son centre, son équation sera :

$$(2)\quad y^2 + x^2 = R^2.$$

Si l'on désigne par x et y les coordonnées de l'un des points de rencontre B ou G de la droite avec la circonférence, et si l'on représente par z la distance de ce point au point A, on aura :

$$(3) \quad z^2 = y^2 + (x - \alpha)^2;$$

les valeurs de y et de x qui entrent dans l'équation (3) sont celles qui satisfont à la fois aux équations (1) et (2).

Si, dans l'équation (3), on remplace y par sa valeur tirée de (1), il vient :

$$z^2 = m^2 (x - \alpha)^2 + (x - \alpha)^2,$$

ou

$$z^2 = (m^2 + 1)(x - \alpha)^2$$

De cette dernière équation on tire :

$$(x - \alpha) = \frac{z}{\sqrt{1+m^2}}$$

et par suite,

$$y = \frac{mz}{\sqrt{1+m^2}},$$

portant ces valeurs de y et de x dans l'équation (2) on a

$$\alpha^2 + \frac{2\alpha z}{\sqrt{1+m^2}} + \frac{z^2}{1+m^2} + \frac{m^2 z^2}{1+m^2} - R^2 = 0,$$

ou

$$(4) \qquad z^2 + \frac{2\alpha z}{\sqrt{1+m^2}} + \alpha^2 - R^2 = 0.$$

Si l'on connaissait la valeur de m qui convient à la droite cherchée, la différence des racines de cette équation serait justement la longueur de cette droite comprise dans le cercle. D'après cela, nous allons égaler à $2\,l$ la différence des racines de l'équation (4); en la résolvant on a :

$$z = \frac{-\alpha \pm \sqrt{\alpha^2 + (R^2 - \alpha^2)(1+m^2)}}{\sqrt{1+m^2}};$$

La demi-différence des racines est

$$\frac{\sqrt{\alpha^2 + (R^2 - \alpha^2)(1+m^2)}}{\sqrt{1+m^2}};$$

On a donc, d'après l'énoncé, l'équation

$$\frac{\sqrt{\alpha^2 + (R^2 - \alpha^2)(1+m^2)}}{\sqrt{1+m^2}} = l;$$

d'où l'on déduit

$$\alpha^2 + (R^2 - \alpha^2)(1 + m^2) = l^2 (1 + m^2).$$

Effectuant les calculs indiqués et réduisant, on obtient :

$$m^2 (\alpha^2 + l^2 - R^2) = R^2 - l^2$$

qui donne

$$m = \pm \frac{\sqrt{R^2 - l^2}}{\sqrt{\alpha^2 - (R^2 - l^2)}}.$$

Discussion. — Pour que m soit réel, il faut d'abord que le numérateur $\sqrt{R^2 - l^2}$ soit réel, ce qui exige que la corde donnée ne soit pas plus grande que le diamètre.

En supposant $l < R$, et le point donné extérieur au cercle, ce qui donnera $\alpha^2 > R^2$, et à fortiori $\alpha^2 > R^2 - l^2$, les valeurs de m seront réelles.

Pour les construire, décrivons une circonférence sur le rayon OD comme diamètre, et prenons la corde Df égale à l, nous aurons

$$OF = \sqrt{R^2 - l^2}.$$

Traçons ensuite une circonférence ayant pour diamètre $OA = \alpha$, et prenons $OI = OF$; le second radical aura pour valeur AI. Or, la tangente de l'angle OAI a pour expression

$$\text{tg OAI} = \frac{OI}{AI} = \frac{\sqrt{R^2 - l^2}}{\sqrt{\alpha^2 - (R^2 - l^2)}},$$

donc

$$m = \text{tg IAX} = -\frac{\sqrt{R^2 - l^2}}{\sqrt{\alpha^2 - (R^2 - l^2)}}.$$

En menant au-dessous du diamètre la sécante A'B'G' de manière que l'angle OAI' soit égal à l'angle OAI, on aura pour réponse à la question les deux droites ABI, AB'I'.

Supposons que le point donné soit intérieur, le second radical peut s'écrire $\sqrt{l^2 - (R^2 - \alpha^2)}$, ce qui montre que l doit être au moins égal à $\sqrt{R^2 - \alpha^2}$; or $\sqrt{R^2 - \alpha^2}$ est la longueur de la demi-corde menée par le point A perpendiculairement au diamètre passant par ce même point, donc

la corde minimum que l'on puisse mener par un point donné dans un cercle, est celle qui est perpendiculaire au diamètre passant par ce point.

Dans ce dernier cas, en imitant la construction qui vient d'être effectuée, on aura encore deux cordes pour solution de la question.

Lorsque la corde l est nulle, les valeurs de m se réduisent à

$$m = \pm \frac{R}{\sqrt{\alpha^2 - R^2}}$$

et chaque sécante devient tangente. Si en même temps le point A était intérieur au cercle, on aurait $\alpha < R$, et les valeurs de m seraient imaginaires.

Enfin si le point A est sur le cercle, $\alpha = R$ et $m = \infty$, et en effet la tangente est alors perpendiculaire à l'axe des x.

II. TANGENTE COMMUNE A DEUX CIRCONFÉRENCES.

121. Prenons pour origine le centre du plus grand des deux cercles, et pour axe des x la ligne des centres. En représentant la distance des centres OO′ par d, nous aurons pour équations des deux cercles :

$$(1) \qquad x^2 + y^2 = R^2,$$

$$(2) \qquad (x - d)^2 + y^2 = R'^2.$$

Si nous appelons α l'abcisse à l'origine de la tangente commune, l'équation de cette dernière droite pourra être mise sous la forme $y = m(x - \alpha)$. On exprimera que cette droite est tangente au cercle (1) en remplaçant l'y du cercle par l'y de la droite, et écrivant que l'équation du second degré qui en résulte a ses deux racines égales et de même signe, ou en d'autres termes que le premier membre de l'équation

$$x^2 (1 + m^2) - 2m^2\alpha x + m^2\alpha^2 - R^2 = 0$$

est un carré parfait, ce qui exige que l'on ait

$$4m^4\alpha^2 = 4(1 + m^2)(m^2\alpha^2 - R^2),$$

d'où l'on tire

$$(3) \qquad R = \frac{m\alpha}{\pm\sqrt{1 + m^2}}.$$

Pareillement, la condition du contact de la droite avec le cercle (2) sera exprimée par l'équation

$$(d + m^2\alpha)^2 = (1 + m^2)(d^2 + m^2\alpha^2 - R'^2),$$

ce qui donne

$$(4) \qquad R' = \frac{m(d - \alpha)}{\pm\sqrt{1 + m^2}}.$$

En divisant R par R′, nous éliminerons m, et il viendra

$$\frac{R}{R'} = \pm \frac{\alpha}{d - \alpha}$$

d'où $$\alpha = d.\frac{R}{R \mp R'}.$$

L'équation (3) donne ensuite,

$$m = \pm \frac{R}{\sqrt{\alpha^2 - R^2}}$$

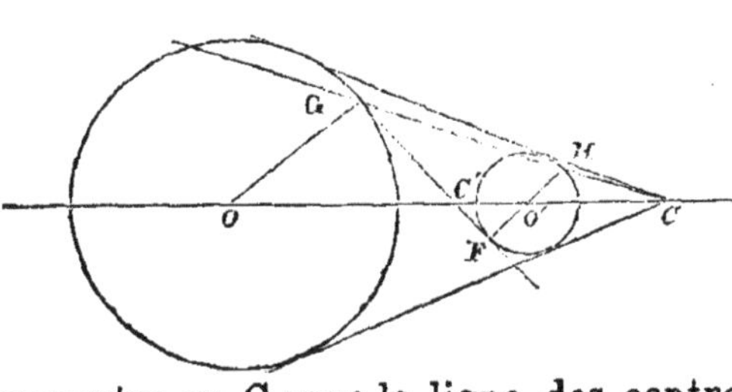

Pour construire la première valeur de α, menons arbitrairement les rayons parallèles OG et O′H ; joignons les points G et H, et prolongeons la ligne GH jusqu'à sa rencontre en C avec la ligne des centres ; les triangles semblables COG et CO′H donnent :

$$\frac{OC}{O'C} = \frac{OG}{O'H}, \text{ ou } \frac{OC}{OC - O'C} = \frac{OG}{OG - O'H},$$

or, $OC - O'C = d$, et $OG - O'H = R - R'$; donc

$$\frac{OC}{d} = \frac{R}{R - R'}, \text{ d'où } OC = d.\frac{R}{R - R'} = \alpha.$$

Si l'on prolonge le rayon O′H jusqu'à sa rencontre en F avec la circonférence, et qu'on joigne G et F, les triangles semblables C′ O G et C′ O′ F donneront

$$\frac{OC'}{O'C'} = \frac{OG}{O'F}, \text{ ou } \frac{OC'}{OC' + O'C'} = \frac{OG}{OG + O'F};$$

mais $OC' + O'C' = d$, et $OG + O'F = R + R'$, on a donc

$$\frac{OC'}{d} = \frac{R}{R + R'}, \text{ d'où } OC' = d.\frac{R}{R + R'} = \alpha.$$

Discussion. — Lorsque les cercles sont extérieurs, $d > R + R'$, et à fortiori $d > R - R'$, donc les deux valeurs de α sont plus grandes que R, il en résulte que les valeurs de m sont réelles, et comme à chaque valeur de α correspondent deux valeurs de m, le problème admet quatre solutions.

Si les cercles se touchent extérieurement, $d = R + R'$ et par conséquent $d > R - R'$. La première valeur $\alpha = d. \frac{R}{R-R'}$ est $> R$, la seconde $\alpha = d \frac{R}{R+R'} = R$. Par suite, les deux valeurs de m correspondantes à la première valeur de α sont réelles ; l'autre valeur de α donne m infini ; la question a donc trois solutions.

Lorsque les cercles se coupent, on a à la fois $d < R + R'$, et $d > R - R'$. Donc l'une des valeurs de α est plus grande que R, et l'autre est plus petite.

Par suite, deux des valeurs de m sont réelles, et les deux autres imaginaires.

Le problème a deux solutions.

Lorsque les cercles se touchent intérieurement, on a $d = R - R'$, et par suite $d < R + R'$; la première valeur de α est égale à R, la seconde est plus petite que R. Celle-ci donne pour m deux valeurs imaginaires, l'autre rend m infini, et donne une seule tangente commune extérieure, perpendiculaire à l'axe des x. Le problème n'a qu'une solution.

Enfin si les cercles sont intérieurs, on a $d < R - R'$ et à plus forte raison, $d < R + R'$; par suite α est toujours inférieur à R, et toutes les valeurs de m sont imaginaires. Le problème n'a pas de solution.

122. Trouver le lieu des points M du plan, desquels on voit la droite AB sous un angle donné.

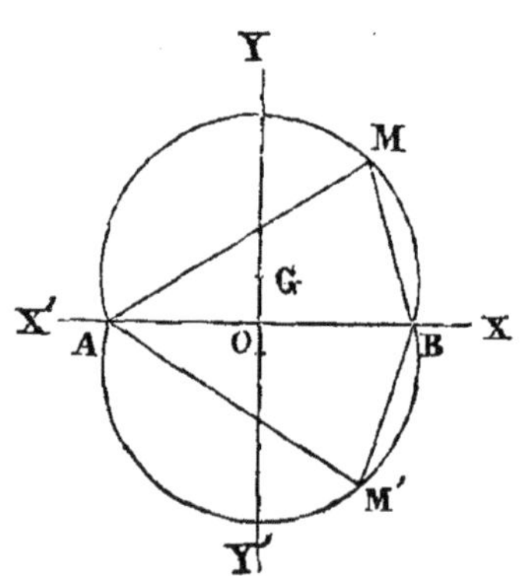

Je prends pour origine le point O milieu de AB, pour axe des x la droite OB, pour axe des y une perpendiculaire en O ; j'appelle $2a$, la droite AB, V l'angle donné, x et y les coordonnées d'un point quelconque M du lieu.

Les équations des droites MA, MB seront :

$$y = m(x + a), \quad y = m'(x - a)$$

par conséquent si nous nommons α et α' les angles que font avec ox les parties des droites MA, MB, situées au-dessus de l'axe XX', nous aurons

$$\text{tg}\,\alpha = m = \frac{y}{x+a}, \quad \text{tg}\,\alpha' = m' = \frac{y}{x-a}.$$

Lorsque le point M est au-dessus de l'axe des x, on a

$$V = \alpha' - \alpha$$

d'où
$$\operatorname{tg} V = \frac{\operatorname{tg} \alpha' - \operatorname{tg} \alpha}{1 + \operatorname{tg} \alpha' \operatorname{tg} \alpha}.$$

En mettant à la place de tg α' et de tg α leur valeur $\frac{y}{x+a}$, $\frac{y}{x-a}$, on arrive à l'équation

$$x^2 + y^2 - 2ay \operatorname{cotg} V - a^2 = 0$$

ou
$$x^2 + (y - a \operatorname{cotg} V)^2 = a^2 \operatorname{coséc}^2 V.$$

Cette équation représente un cercle qui a son centre en G sur l'axe des y et qui passe par les points A et B ; mais il ne faut prendre que l'arc supérieur AMB.

Lorsque le point M est au-dessous de l'axe X'X on a $V = \alpha - \alpha'$; il suffit donc, dans le résultat précédent, de changer le signe de V, ce qui donne un second cercle

$$x^2 + (y + a \operatorname{cotg} V)^2 = a^2 \operatorname{coséc}^2 V$$

égal au premier ; mais il ne faut prendre que l'arc inférieur.

Le lieu se compose donc de deux arcs de cercle.

123. — Décrire une circonférence passant par trois points donnés.

Soient (x', y'), (x'', y''), (x''', y''') les coordonnées des trois points donnés rapportés à des axes rectangulaires ; (α, β) les coordonnées du centre ; R le rayon de la circonférence demandée ; son équation sera de la forme :

$$(1)\ (y - \beta)^2 + (x - \alpha)^2 = R^2.$$

Nous exprimerons qu'elle passe par les trois points en écrivant que leurs coordonnées satisfont à son équation, ce qui nous donnera entre α, β et R les trois équations de condition

$$(2)\ (y' - \beta)^2 + (x' - \alpha)^2 = R^2$$
$$(3)\ (y'' - \beta)^2 + (x'' - \alpha)^2 = R^2$$
$$(4)\ (y''' - \beta)^2 + (x''' - \alpha)^2 = R^2.$$

Si l'on voulait avoir l'équation de la circonférence demandée, il faudrait résoudre ces trois équations, et substituer dans l'équation (1) les valeurs qu'on en aurait tirées pour α, β et R ; mais comme notre objet est seulement d'arriver à un procédé géométrique pour tracer cette circonférence, nous voyons que la seule inconnue de la question est le centre, et qu'ainsi il nous faut tâcher de déterminer les coordonnées α et β de ce centre. Pour cela, éliminons R entre les équations (2) et (3) ; en les retranchant membre à membre, il vient :

$$(y'-y'')(y'+y''-2\beta)+(x'-x'')(x'+x''-2\alpha)=0,$$

équation que l'on peut écrire

$$(5)\quad \beta-\frac{y'+y''}{2}=-\frac{x'-x''}{y'-y''}\left(\alpha-\frac{(x'+x'')}{2}\right).$$

Si l'on regarde α et β comme des coordonnées courantes, cette équation, qui est du premier degré par rapport à ces quantités, représentera une droite qui passe par le centre de la circonférence. Mais il est évident que cette équation est satisfaite quand on y fait

$$\beta=\frac{y'+y''}{2},\ \alpha=\frac{x'+x''}{2},$$

de sorte que son lieu passe par le milieu de la droite qui joint les deux points (x',y') et (x'',y''). Le coefficient angulaire de la droite (5) est $-\frac{x'-x''}{y'-y''}$, et celui de la droite qui joint les deux points (x',y') (x'',y''), $\frac{y'-y''}{x'-x''}$; ils sont donc réciproques et de signes contraires, et par conséquent les droites correspondantes se coupent à angle droit. Ainsi l'équation (5) nous indique que le centre de la circonférence qui passe par les trois points donnés, est situé sur la perpendiculaire élevée sur le milieu de la droite qui joint les deux premiers. Par la même raison, il se trouvera sur la perpendiculaire élevée sur le milieu de la droite qui va du premier au troisième, et de celui-ci au second, d'où il semble résulter que le problème est susceptible de trois solutions.

Mais si, pour abréger, on représente par $A=0, A'=0, A''=0$, les équations (2), (3) et (4), l'équation (5) sera exprimée par

$$(5)\quad A-A'=0.$$

et les perpendiculaires élevées sur les milieux des droites qui vont du point (x', y') au point (x''', y''') et de celui-ci au point (x'', y''), sont représentées par

$$(6)\quad A-A''=0$$

et

$$(7)\quad A'-A''=0.$$

Or, l'une quelconque de ces trois équations est une conséquence des deux autres, donc les trois droites qu'elles représentent concourent au même point. Ainsi le problème n'a qu'une solution.

Pour que le problème soit possible, il faut que les droites représentées par les équations (5) et (6), par exemple, se coupent. Il faut donc que leurs coefficients angulaires soient inégaux, ce qui exige que l'on ait

$$-\frac{x'-x''}{y'-y''} \gtrless -\frac{x'-x'''}{y'-y'''},$$

ou $$(y'-y''')(x'-x'')-(y'-y'')(x'-x''') \gtrless 0.$$

Cette dernière condition exprime que les trois points (x', y') (x'', y'') (x''', y'''), ne sont pas en ligne droite (70).

124. Trouver l'équation de la corde d'intersection de deux cercles.

Soient $$S=(x-\alpha)^2+(y-\beta)^2-r^2=0.$$
$$S'=(x-\alpha')^2+(y-\beta')^2-r'^2=0$$

les équations des deux cercles. L'équation $S-KS'=0$ représente un lieu passant par les points d'intersection des deux cercles S et S' (55); elle est du deuxième degré, ne renferme pas de terme en xy, ses termes en x^2 et en y^2 ont même coefficient ; elle représente donc en général un cercle.

Dans le cas particulier où $K=1$, les termes du second degré disparaissent, et l'équation prend la forme

$$S-S'=2(\alpha'-\alpha)x+2(\beta'-\beta)y+r'^2-r^2+\alpha^2-\alpha'^2+\beta^2-\beta'^2$$

elle représente alors une droite passant par les points d'intersection des deux cercles.

125. Ces points d'intersection s'obtiendront en cherchant les points où la droite $S-S'=0$ rencontre l'un ou l'autre des cercles donnés. Ils pourront coïncider, être réels ou imaginaires, suivant la nature des racines de l'équation servant à les déterminer; mais l'équation de la corde d'intersection $S-S'=0$ représentera toujours une droite réelle, dont les propriétés subsistent lors même que les deux points qui la définissent deviennent imaginaires.

Cette droite porte le nom d'*axe radical* des deux cercles.

126. Il est facile de démontrer que le carré de la tangente menée à un cercle $S = 0$ par un point (x, y) s'obtient en substituant ses coordonnées x et y aux coordonnées courantes dans l'équation de ce cercle ; l'équation de la droite $S - S' = 0$, axe radical des cercles $S = 0$, $S' = 0$, exprime donc que

Les tangentes menées à deux cercles par un point de leur axe radical, sont égales.

Cette propriété de la droite $S - S'$, indépendante de la nature des points d'intersection des deux cercles, permet de la construire géométriquement lorsque ces points sont imaginaires ; car on en conclut facilement que cette droite est perpendiculaire à la ligne des centres, qu'elle divise en deux segments tels, que la différence de leurs carrés est égale à la différence des carrés des rayons des cercles.

127. Les axes radicaux de trois cercles $S = 0$, $S' = 0$, $S'' = 0$, considérés deux à deux, concourent en un même point, qu'on appelle « centre radical des trois cercles ».

Ces axes radicaux ont respectivement pour équation

$$S - S' = 0, \qquad S' - S'' = 0, \qquad S'' - S = 0,$$

dont la somme est nulle ; ils se coupent donc en un même point.

128. Delà on déduit :

que si trois circonférences sont tangentes deux à deux, les trois tangentes communes concourent en un même point ;

que si trois circonférences se coupent deux à deux, les trois cordes communes se coupent au même point.

Construction de l'axe radical de deux circonférences. — Pour construire l'axe radical de deux circonférences extérieures ou intérieures, lequel est, comme on l'a démontré, perpendiculaire à la ligne des centres, on décrit arbitrairement une troisième circonférence qui coupe les deux autres, on mène les cordes communes à ces circonférences, enfin du point de rencontre de ces droites, on abaisse une perpendiculaire sur la ligne des centres, cette perpendiculaire est l'axe radical des deux cercles donnés.

—

Exercices.

I. Trouver l'axe radical de

$$x^2 + y^2 - 4x - 5y + 7 = 0, \quad x^2 + y^2 + 6x + 8y - 9 = 0.$$

Réponse $\qquad 10x + 13y = 16.$

II. Trouver le centre radical de

$$(x-1)^2 + (y-2)^2 = 7, (x-3)^2 + y^2 = 5, (x+4)^2 + (y+1)^2 = 9.$$

Réponse. $\qquad \left(-\frac{1}{16}, -\frac{25}{16}\right)$

THÉORÈMES ET PROBLÈMES SUR LE CERCLE.

1. L'équation $x^2 - xy + y^2 - ax - ay$, représente un cercle, chercher l'angle des axes, et le rayon du cercle.

2. Trouver le diamètre du cercle représenté par l'équation

$$x^2 + 2xy \cos \omega + y^2 - bx - cy = 0.$$

3. Exprimer la relation qui doit exister entre les paramètres a, b, c, pour que la droite représentée par l'équation $\frac{x}{a} + \frac{y}{b} = 1$ soit tangente au cercle $x^2 + y^2 - c^2 = 0$.

4. Trouver l'équation d'un cercle dont le centre est à l'origine, et qui soit tangent à la droite $y - 3x - 2 = 0$.

5. $\frac{x}{a} + \frac{y}{b} = 1$ est l'équation d'une corde du cercle $x^2 + y^2 - c^2 = 0$; chercher la longueur de cette corde.

6. Si $y = mx$ est l'équation d'une corde du cercle de rayon R, prouver que l'équation du cercle dont cette corde est le diamètre, est $(1 + m^2)(x^2 + y^2) - 2r(x + my) = 0$

7. Trouver l'équation du cercle dont le diamètre est la corde commune aux deux cercles $x^2 + y^2 = c^2$, $(x - a)^2 + y^2 = c^2$.

8. Trouver l'équation de la droite qui passe par les centres des cercles $x^2 + 4x + y^2 + 6y = 3$, $x^2 + y^2 + 2y = 0$.

9. Trouver l'équation d'une droite qui passe par l'origine, et qui soit tangente au cercle $x^2 + y^2 - 3x + 4y = 0$.

10. On donne la base d'un triangle et l'angle opposé, trouver le lieu du sommet.

11. Trouver le lieu décrit par le sommet d'un angle invariable qui se meut dans un plan, de manière que ces côtés passent toujours par deux points fixes donnés.

12. Trouver le lieu décrit par le sommet d'un angle invariable qui se meut de manière que ses côtés soient toujours tangents à une circonférence donnée.

13. Trouver le lieu décrit par le sommet d'un angle droit qui se meut de manière que ses côtés soient toujours tangents à deux circonférences concentriques données.

14. Etant données deux circonférences concentriques, on mène des tangentes à la circonférence intérieure, et par les points d'intersection de chacune de ces tangentes avec la circonférence extérieure, on mène des tangentes à cette dernière ; ces couples de tangentes se rencontrent en des points dont on demande le lieu.

15. Trouver le lieu des points tels qu'en abaissant des perpendiculaires sur trois droites données, les pieds de ces perpendiculaires soient en ligne droite.

16. Trouver le lieu du sommet d'un triangle dont la base est donnée de grandeur, et dans lequel le rectangle des côtés est égal au rectangle de la hauteur par une droite donnée de longueur.

17. Trouver sur une droite donnée de position le point tel que ses distances à une droite et à un point fixes soient en raison donnée $> 1, = 1, < 1$.

18. Une circonférence est donnée ainsi qu'un point fixe A. De ce point on mène deux droites AD, AE, dont l'une est assujettie à couper la circonférence et à faire avec l'autre un angle constant dont la tangente k est connue ; enfin le rapport des deux longueurs $\frac{AE}{AD}$ est constant aussi et égal à $\frac{p}{q}$.

L'extrémité D du premier rayon vecteur donné décrivant la circonférence, on demande le lieu que décrit l'extrémité E du second rayon vecteur.

19. Une droite de grandeur constante se meut dans un cercle, on demande le lieu décrit par un point marqué à volonté sur cette droite.

20. Dans tout quadrilatère circonscrit la droite qui joint les milieux des diagonales, passe par le centre du cercle.

21. Etant donnés un cercle C, un point extérieur O, et la tangente OT ; on mène par un point quelconque m de la circonférence, une parallèle mP au diamètre CO ; du point P, où cette parallèle rencontre OT, on élève PM perpendiculaire à OT ; enfin on prend $OM = Om$, quel est le lieu du point M.

22. Par un point quelconque O, pris sur l'hypothénuse d'un triangle rectangle en C, on mène une sécante B′ OA′, qui coupe les côtés CB et BA, respectivement en B′ et en A′ ; on fait passer une première circonférence par les trois points B′, B, O ; une seconde circonférence par les trois points A′, A, O ; trouver le lieu des points d'intersection de ces

circonférences. Vérifier les résultats de l'analyse par des considérations géométriques.

CHAPITRE VII.

NOTIONS SUR LES PROJECTIONS.

129. Définitions. — *Projection orthogonale d'un point.* Soient dans un même plan différents points A, B, C, D..., et une droite fixe X'X ; des points A, B, C, ... abaissons des perpendiculaires sur la droite X'X ; les pieds A', B', C', ... s'appellent les projections orthogonales des points A, B, C, ... sur l'axe X'X.

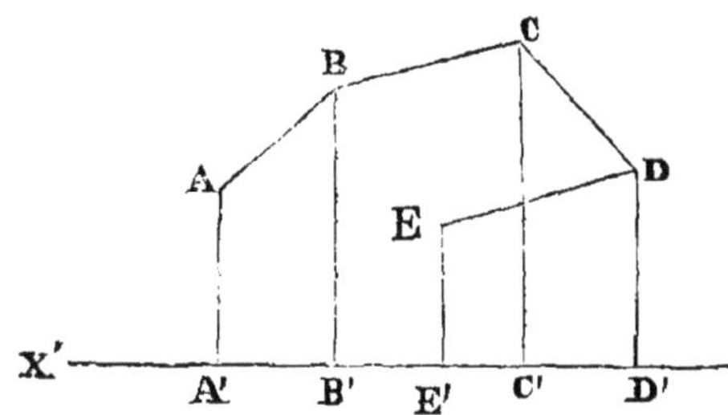

130. *Projection orthogonale d'une droite.* — La projection orthogonale d'une droite de longueur donnée AB, sur un axe indéfini et situé dans le même plan, est, à un point de vue purement géométrique, la distance absolue A'B' des projections de ses extrémités.

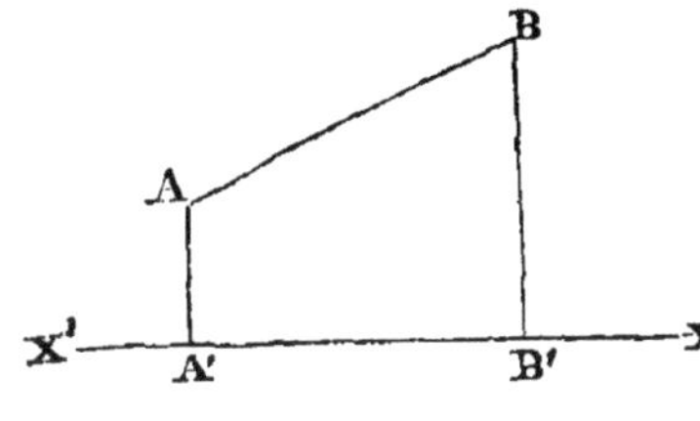

Toutefois, afin de généraliser les formules, on convient de regarder la projection d'une droite comme une quantité algébrique. Ainsi pour déterminer le signe de la projection d'une droite AB, on imagine que cette droite est parcourue par un point mobile, partant de l'une de ses extrémités, en même temps que la projection du mobile parcourt la projection A' B' de cette droite. Alors, si la projection du mobile se meut dans le sens de la partie positive de l'axe X'X, pour décrire A'B', on regarde cette dernière projection comme *positive*, mais on la regarde comme *négative* dans le cas contraire.

Il résulte de cette convention que si le mouvement du mobile fictif change de sens, la projection de la droite change de signe. Nous désignerons d'ailleurs le sens du mouvement par l'ordre des lettres de la droite que l'on projette.

Ainsi, d'après ces conventions, on a :

$$\text{proj AB} = - \text{proj BA}.$$

THÉORÈME.

131. La projection d'une droite limitée AB sur un axe indéfini X'X, est égale algébriquement, c'est-à-dire en grandeur et en signe, au produit de la longueur absolue de AB multipliée par le cosinus de l'angle que la direction AB fait avec la partie positive de l'axe X'X, cet angle pouvant varier de 0 à π.

Soit X'X l'axe de projection, AB la droite, et convenons de compter les longueurs positives de X' vers X. Supposons d'abord que la droite AB fasse un angle aigu α avec l'axe X'X, la projection A'B' sera positive. Par le point A menons AD parallèle à l'axe, le triangle rectangle ABD donne

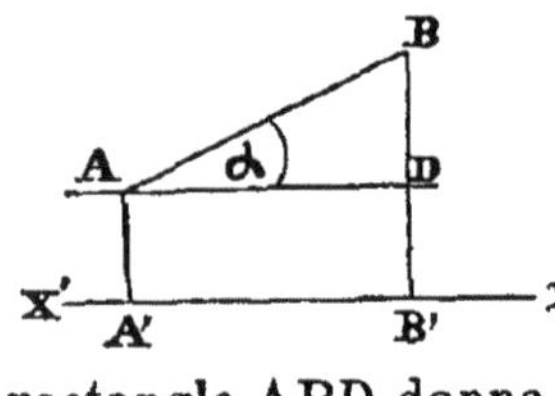

$$\text{AD} = \text{AB} \cos \alpha.$$

Mais A'B' = AD, donc

$$\text{project de AB} = \text{AB} \cos \alpha.$$

Supposons maintenant que AB fasse un angle obtus α avec l'axe X'X, la projection de AB sera négative et égale à — A'B'. Menons encore AD parallèle à l'axe, le triangle rectangle ABD donnera

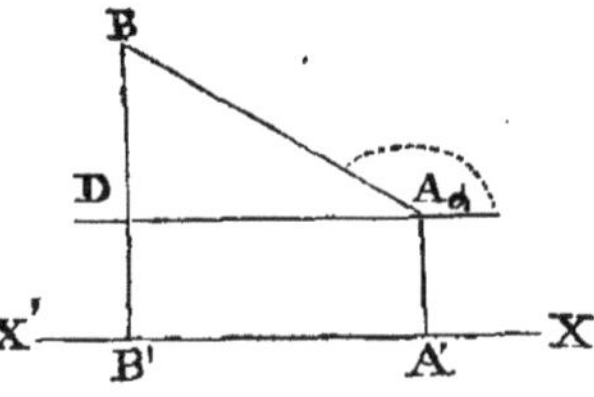

$$\text{AD} = \text{AB} \cos \text{BAD}.$$

Or, cos BAD = — cos α, donc

$$\text{AD} = \text{A'B'} = - \text{AB} \cos \alpha,$$

ou

$$- \text{A'B'} = \text{AB} \cos \alpha,$$

donc on a encore proj AB $=$ AB cos α.

Ce théorème est donc vrai, quelle que soit la position de la droite AB par rapport à l'axe X'X.

THÉORÈME.

132. La somme algébrique des projections des côtés d'un polygone fermé sur un axe quelconque est égale à zéro. En d'autres termes, la somme des projections des côtés qui sont dirigés dans un sens est égale à la somme des projections des côtés qui sont dirigés en sens contraire.

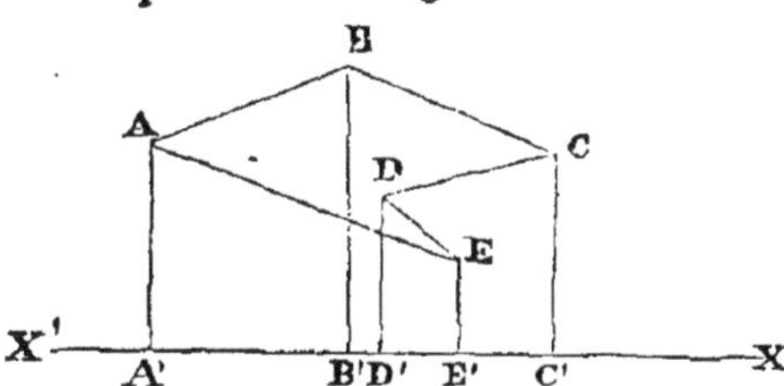

Soit ABCDEA un polygone fermé quelconque et X'X la droite sur laquelle on projette son contour. Concevons qu'un point matériel parte de A, et se meuve sur le contour sans jamais revenir sur un côté déjà décrit ; menons maintenant par les différents sommets du polygone des perpendiculaires à X'X, et soient ainsi A'B', B'C', C'D', D'E', E'A', les projections des côtés du polygone sur cette droite. Pendant que le point mobile parcourt les côtés du polygone, sa projection sur l'axe X'X parcourt elle-même les projections des côtés du contour. Or, elle part du point A', projection du point de départ A du mobile, et revient à ce même point A'. Donc la somme algébrique de toutes les projections des côtés du contour est nulle, ce qu'il fallait démontrer.

133. *Expression analytique de ce théorème.* Si nous appelons a, b, c, d.... l, les longueurs absolues des côtés du contour polygonal, α, β, γ, δ... λ les angles que les directions de ces côtés font avec la partie positive de l'axe X'X, nous aurons, en vertu de ce qui précède,

$$a \cos \alpha + b \cos \beta + c \cos \gamma + \ldots. + l \cos \lambda = 0.$$

134. *Résultante.* Lorsque le contour polygonal n'est pas fermé, on nomme *résultante* du contour la droite qui joint le point de départ du mobile fictif au point d'arrivée.

THÉORÈME.

135. La projection de la résultante d'un contour polygonal est égale à la somme algébrique des projections de ses côtés.

Soit ABCDE un contour polygonal non fermé, et soit AE la résultante. Le polygone ABCDE étant fermé, on a (131)

$$\text{proj. AB} + \text{proj. BC} + \text{proj. CD} + \text{proj. DE} + \text{proj. EA} = 0.$$

Mais on a

$$\text{proj. EA} = -\text{proj. AE},$$

donc

$$\text{proj. AE} = \text{proj. AB} + \text{proj. BC} + \text{proj. CD} + \text{proj. DE},$$

ce qui démontre le théorème.

CHAPITRE VIII.

TRANSFORMATION DES COORDONNÉES.

136. L'équation d'une ligne dépend non-seulement de sa forme, mais encore de sa position relativement aux axes des coordonnées. Il en résulte que son équation doit renfermer des termes de deux espèces, les uns qui tiennent de la nature de la ligne qu'elle représente, les autres de la position de cette ligne par rapport aux axes des coordonnées. Ainsi, dans les différentes formes qu'elle peut prendre, l'équation de la circonférence rapportée à des coordonnées rectilignes renferme toujours le carré des variables x et y ; mais tous les autres termes peuvent en disparaître successivement, On conçoit donc qu'en changeant convenablement l'origine et la direction des axes, on puisse faire disparaître de l'équation d'une ligne un ou plusieurs termes de la seconde espèce, et ramener ainsi cette équation à une forme plus simple, qui permettra de reconnaître plus facilement la nature de cette ligne, son cours et ses différentes propriétés.

L'opération par laquelle on passe d'un système de coordonnées à un autre, se nomme *la Transformation des coordonnées.*

Pour l'effectuer, on cherche la valeur des anciennes coordonnées d'un point quelconque du plan en fonction des nouvelles, et on substitue ces valeurs dans l'équation proposée. De cette manière, l'équation que l'on obtient, appartient toujours à la même ligne, mais cette ligne est rapportée aux nouveaux axes.

137. La transformation la plus générale consiste à changer à la fois l'origine et la direction des axes. Mais au lieu d'appliquer le problème de la transformation des coordonnées rectilignes en d'autres coordonnées rectilignes dans toute sa généralité, nous supposerons d'abord que l'on déplace seulement l'origine, en laissant aux axes leur direction primitive ; ensuite que l'on change la direction des axes sans déplacer l'origine, et de ces deux cas particuliers, nous déduirons immédiatement le cas général, c'est-à-dire où l'on change à la fois l'origine et la direction des axes.

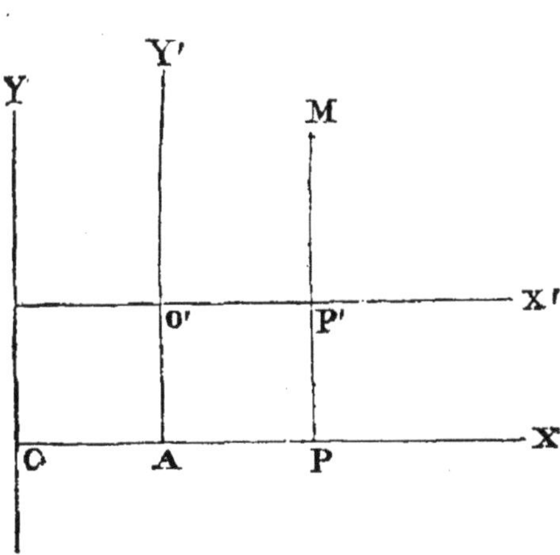

138. CHANGEMENT D'ORIGINE. — Supposons donc que les nouveaux axes soient parallèles aux premiers ; soient OX, OY les anciens axes, O'X', O'Y' les nouveaux; a et b les coordonnées de la nouvelle origine, de sorte que OA $= a$, AO' $= b$; soit M un point du plan, OP $= x$, MP $= y$ ses anciennes coordonnées, O'P' $= x'$, MP' $= y'$ ses nouvelles. On a évidemment :

$$(1) \left\{ \begin{array}{l} \text{OP} = \text{OA} + \text{AP, ou } x = a + x', \\ \text{MP} = \text{O'A} + \text{MP', ou } y = b + y'. \end{array} \right.$$

Telles sont les formules demandées. Pour que la nouvelle origine puisse prendre toutes les positions par rapport à l'ancienne, il faut que a et b puissent varier entre $-\infty$ et $+\infty$.

139. Bien que ces formules aient été obtenues en supposant que les coordonnées des points O' et M sont positives, on peut dé-

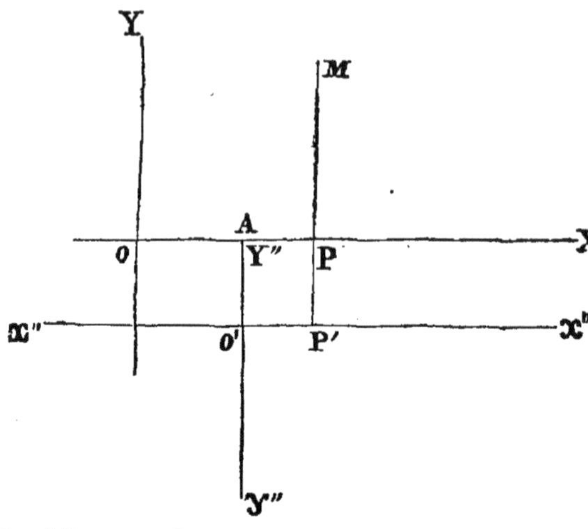

montrer qu'elles sont générales, pourvu que l'on ait égard aux variations de signes que peuvent éprouver ces quantités.

Supposons que les nouveaux axes soient O′X″ et O′Y″, auquel cas l'ordonnée de la nouvelle origine est négative, et considérons toujours un point M dont les coordonnées soient positives. On a évidemment,

$$MP = MP' - AO'.$$

Or, $MP = y$, $MP' = y'$ et $AO' = -b$, donc on a encore

$$y = y' + b.$$

Le même raisonnement s'appliquerait à toute autre position du point O′ et du point M ; donc les formules (1) sont générales.

140. — Changement de la direction des axes. — Soient OX et OY les anciens axes faisant entre eux l'angle θ, OX′ et OY′ les

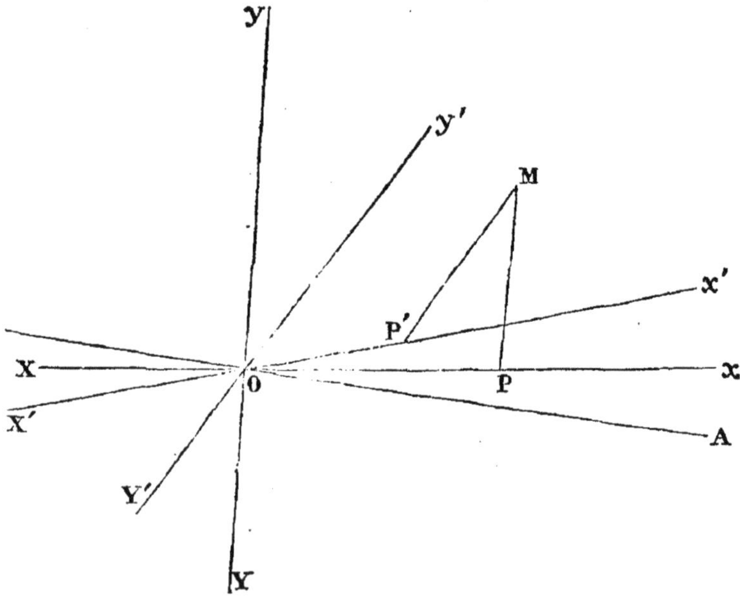

nouveaux axes faisant respectivement avec OX les angles α et α' ; soit M un point quelconque du plan ; menons MP parallèle à OY et MP' parallèles à OY'. Il s'agit d'exprimer les coordonnées anciennes du point M, OP et MP, en fonction de ses coordonnées nouvelles OP', MP'.

Soient x et y les coordonnées OP et PM du point M par rapport aux anciens axes, et x', y' les coordonnées OP' et MP' du même point par rapport aux nouveaux; menons la droite quelconque OA, faisant avec OX un angle λ, et projetons sur cette droite les deux lignes brisées OPM. OP'M, on aura (134),

$$x \cos \lambda + y \cos (\theta + \lambda) = x' \cos (\lambda + \alpha) + y' \cos (\lambda + \alpha').$$

Si, dans cette équation, on donne à λ successivement les valeurs $\frac{\pi}{2} - \theta$, et $\frac{\pi}{2}$ ce qui revient à placer la droite OA, sur laquelle on projette, perpendiculairement à l'axe OY, puis à l'axe OX, on trouve :

$$(1) \quad \left\{ \begin{aligned} x &= \frac{x' \sin (\theta - \alpha) + y' \sin (\theta - \alpha')}{\sin \theta}, \\ y &= \frac{x' \sin \alpha + y' \sin \alpha'}{\sin \theta}. \end{aligned} \right.$$

Ces deux formules sont générales, car le principe d'où elles ont été déduites, est général.

Cas particuliers. 1° Passer d'un système d'axes rectangulaires à un système d'axes obliques.

Il suffit de faire dans les formules précédentes $\theta = \frac{\pi}{2}$; et l'on a :

$$(2) \quad \left\{ \begin{aligned} x &= x' \cos \alpha + y' \cos \alpha', \\ y &= x' \sin \alpha + y' \sin \alpha'. \end{aligned} \right.$$

2° Passer d'un système d'axes obliques à un système d'axes rectangulaires.

On fera $\alpha' - \alpha = \frac{\pi}{2}$, d'où $\alpha' = \frac{\pi}{2} + \alpha$, et les formules (1) deviennent

$$(3) \quad \left\{ \begin{aligned} x &= \frac{x' \sin (\theta - \alpha) - y' \cos (\theta - \alpha)}{\sin \theta}, \\ y &= \frac{x' \sin \alpha + y' \cos \alpha}{\sin \theta}. \end{aligned} \right.$$

3° Passer d'un système d'axes rectangulaires à un autre système d'axes rectangulaires.

On fera, dans les formules (2), $\alpha' = \frac{\pi}{2} + \alpha$, et l'on obtiendra :

$$(4) \quad \begin{cases} x = x' \cos \alpha - y' \sin \alpha, \\ y = x' \sin \alpha + y' \cos \alpha. \end{cases}$$

141. Transformation générale. On change à la fois l'origine et la direction des axes. On déterminera le nouveau système par les coordonnées a et b de la nouvelle origine, relativement aux anciens axes, et par les angles α et α' que font les nouveaux axes $O'x'$, $O'y'$ avec l'axe OX. Par le point O' menons deux axes $O'x_1$ et $O'y_1$ respectivement parallèles à OX et à OY. On a d'une part, entre le premier système et le système auxiliaire,

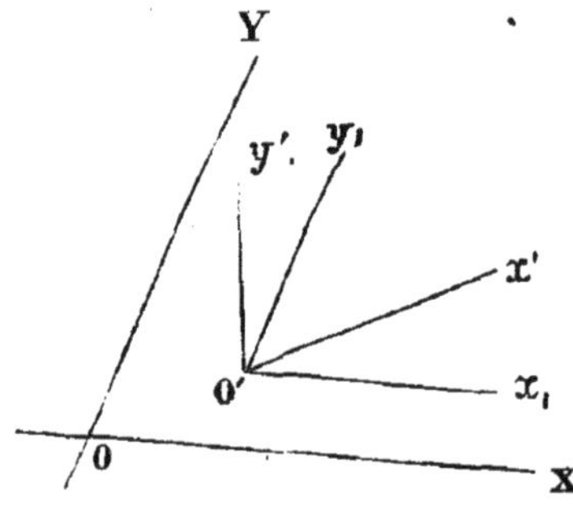

$$x = a + x_1,$$
$$y = b + y_1;$$

d'autre part, entre le système auxiliaire et le second, on a, en vertu des formules (1)

$$x_1 = \frac{x' \sin(\theta - \alpha) + y' \sin(\theta - \alpha')}{\sin \theta},$$

$$y_1 = \frac{x' \sin \alpha + y' \sin \alpha'}{\sin \theta};$$

on en déduit les formules générales de transformation

$$(5) \quad \begin{cases} x = a + \dfrac{x' \sin(\theta - \alpha) + y' \sin(\theta - \alpha')}{\sin \theta}, \\ y = b + \dfrac{x' \sin \alpha + y' \sin \alpha'}{\sin \theta}. \end{cases}$$

142. Il est important de remarquer que la transformation des coordonnées ne peut pas altérer la nature de l'équation que l'on considère, c'est-à-dire rendre cette équation transcendante ou algébrique, si elle était primitivement algébrique ou transcendante.

En effet, les valeurs de x et de y étant de la forme

$$x = a + mx' + ny',$$
$$y = b + px' + qy',$$

sont des fonctions linéaires, c'est-à-dire du premier degré de x' et de y'; par conséquent leur substitution dans une équation algébrique en x et en y ne pourra pas conduire à une équation transcendante, et réciproquement.

143. Si l'équation proposée est algébrique, il est évident que son degré ne pourra pas s'élever par cette substitution; je dis qu'il ne pourra pas non plus s'abaisser. En effet, s'il était possible que le degré de l'équation pût s'abaisser par la substitution des valeurs de x et de y en fonction de x' et de y', il faudrait qu'en remplaçant dans cette seconde équation x' et y' par leurs valeurs en x et y tirées des formules trouvées précédemment, on obtînt une équation d'un degré plus élevé ; car on doit ainsi revenir à l'équation primitive. Or, ce degré ne peut pas s'élever, puisque les valeurs de x' et de y' sont du premier degré en x et y ; donc le degré d'une équation algébrique ne peut être altéré par aucune transformation de coordonnées.

144. Les expressions les plus générales de x et de y en fonction de x' et de y', renferment quatre indéterminées a, b, α, α', et par conséquent l'équation d'une courbe rapportée à ces nouveaux axes, contiendra aussi ces quatre indéterminées. On pourra donc, en général, faire évanouir quatre termes de cette équation en égalant leurs coefficients à zéro, ce qui donnera autant d'équations de condition que nous avons d'inconnues a, b, α, α'. Mais on ne pourra pas en faire disparaître davantage, car on aurait plus d'équations que d'indéterminées.

On voit par là que la transformation des coordonnées sera d'autant moins utile pour simplifier l'équation d'une courbe, que le degré de cette équation sera plus élevé, puisque le nombre des termes d'une équation augmente rapidement avec son degré; aussi ne l'emploie-t-on guère dans ce but, que pour simplifier les équations des courbes du second degré.

145. Le degré d'une courbe indique en combien de points au plus elle peut être coupée par une droite. En effet, soit m le degré de la courbe, et $f(x, y) = 0$ l'équation qui la représente, lorsqu'on prend la droite sécante pour axe des x ; si dans cette équation on fait $y = 0$, l'équation en x ainsi obtenue donnera les abscisses des points de la courbe qui ont une ordonnée nulle, c'est-à-dire les points où la courbe coupe l'axe des x ; or, l'équation en x est au plus du degré m, donc la droite rencontre la courbe au plus en m points.

CHAPITRE IX.

COURBES DU SECOND DEGRÉ.

CONSTRUCTION DE L'ÉQUATION DU SECOND DEGRÉ.

146. Nous nous proposons actuellement de rechercher quels sont les lieux géométriques représentés par l'équation générale du second degré à deux variables.

L'équation la plus générale du second degré est de la forme

$$(1) \qquad Ay^2 + Bxy + Cx^2 + Dy + Ex + F = 0 ;$$

elle renferme cinq paramètres ou coefficients arbitraires, les rapports de cinq coefficients au sixième. Supposons que l'un des coefficients de x^2 et y^2, A par exemple, ne soit pas nul, et résolvons l'équation par rapport à y, ce qui donne

$$y = -\frac{B}{2A}x - \frac{D}{2A} \pm \frac{1}{2A}\sqrt{(B^2-4AC)x^2+2(BD-2AE)x+D^2-4AF.}$$

ou bien, en posant

$$-\frac{B}{2A} = a,\ -\frac{D}{2A} = b,\ B^2-4AC = n,\ BD-2AE = p,\ D^2-4AF = q,$$

$$(2) \qquad y = ax + b \pm \frac{1}{2A}\sqrt{nx^2+2px+q.}$$

Construisons d'abord la droite représentée par l'équation

$$y_1 = ax + b,$$

Car, cette droite étant construite, il suffira, pour avoir y, d'aug-

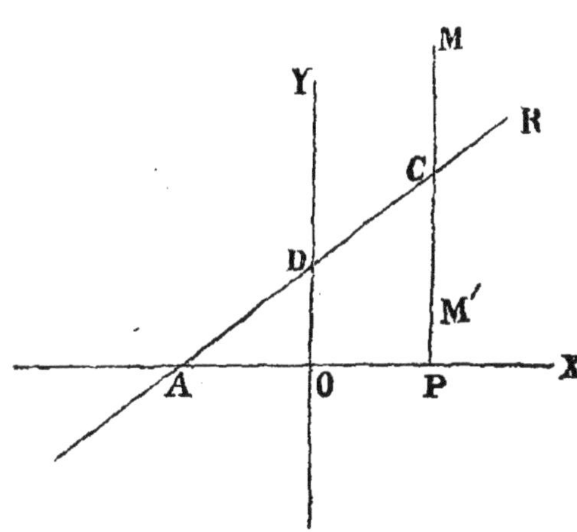

menter ou de diminuer l'ordonnée de chaque point de la droite, de la valeur du radical. De sorte que RA étant la droite donnée par l'équation $y_1 = ax + b$, et MC la valeur du radical correspondant à l'abscisse OP du point C, M et M′ seront deux points du lieu représenté par l'équation (2). Il résulte de là que la droite AR divise en deux parties égales toutes les cordes telles que MM′ de la courbe, qui sont parallèles à l'axe des y; pour cette raison, on la désigne sous le nom de *Diamètre*.

Représentons par Y la fonction $\frac{1}{2A}\sqrt{nx^2 + 2px + q}$; Y sera ce qu'on appelle *l'ordonnée comptée à* partir du *diamètre*; l'équation (2) pourra s'écrire

$$y = ax + b \pm Y,$$

et l'on voit que tout revient à l'étude de la fonction Y, c'est-à-dire à celle du trinôme du second degré

$$nx^2 + 2px + q.$$

147. Suivant que le coefficient n sera positif, négatif ou nul, le lieu géométrique représenté par l'équation (1) aura des formes très-différentes. En effet, pour des valeurs de x positives ou négatives, suffisamment grandes, le trinôme sous le radical prendra le signe de son premier terme. Si donc n est *positif*, les valeurs de Y, pour de très-grandes valeurs de x, resteront *réelles*, et le lieu sera illimité. Si, au contraire, n est *négatif*, les valeurs de Y ne seront réelles que pour un nombre limité de valeurs de x, on a donc trois cas à distinguer :

1° $n < 0$, ou $B^2 - 4\,AC < 0$, genre ellipse ;

2° $n > 0$, ou $B^2 - 4\,AC > 0$, genre hyperbole ;

3° $n = 0$, ou $B^2 - 4\,AC = 0$, genre parabole.

148. 1er CAS. — Genre ellipse, $n = B^2 - 4AC < 0$.

Ce cas se subdivise lui-même en trois autres qui sont :

$$p^2 - nq > 0, \quad p^2 - nq = 0, \quad p^2 - nq < 0.$$

1° $p^2 - nq > 0$.

Les racines de l'équation

$$nx^2 + 2px + q = 0,$$

sont réelles et inégales. Si l'on désigne par x' la plus petite et par x'' la plus grande, le trinôme s'écrit

$$n(x - x')(x - x''),$$

et l'on a

$$Y = \frac{1}{2A} \sqrt{n(x - x')(x - x'')},$$

ou ce qui revient au même

$$Y = \frac{1}{2A} \sqrt{-n(x - x')(x'' - x)}.$$

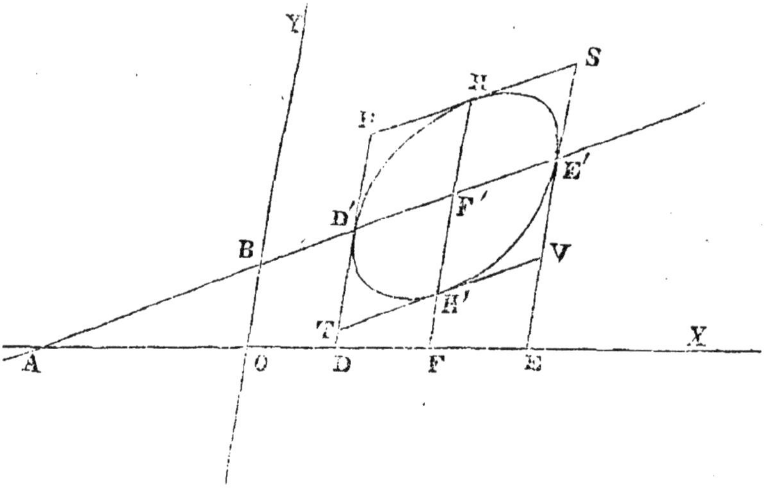

De $x = 0$ à $x = x'$, le facteur $x - x'$ est négatif, et $x'' - x$ est positif, et comme $-n$ est positif, il s'ensuit que les valeurs de Y sont imaginaires. Donc si l'on prend $OD = x'$ et que l'on élève l'ordonnée DD' parallèle à l'axe des y, il n'existe aucun point de la courbe entre cette parallèle et l'axe des y.

Pour $x = x'$, $Y = 0$, l'ordonnée de la courbe devient égale à l'ordonnée du diamètre $y = ax' + b$, et l'on obtient le point D' où la courbe rencontre le diamètre.

De $x = x'$ à $x = x''$, le trinôme sous le radical est positif, et par conséquent les valeurs de Y sont réelles. Chaque valeur attribuée à x entre ces deux limites donne deux points de la courbe.

Quand $x = x''$, Y devient de nouveau zéro, et l'on a le point E' où la courbe rencontre une seconde fois son diamètre.

Pour $x > x''$, les facteurs $x - x'$ et $x'' - x$ sont de signes contraires, et Y est constamment imaginaire. La courbe n'a donc aucun point au-delà de la parallèle EE' à l'axe des y.

Toute valeur négative de x rend les facteurs $x - x'$, $x'' - x$, l'un positif, l'autre négatif, donc Y est toujours imaginaire, et par suite, la courbe n'a aucun point du côté des abcisses négatives.

La courbe est donc comprise tout entière entre les parallèles DD' et EE' à l'axe des y, et comme les valeurs de x pour lesquelles l'ordonnée à partir du diamètre est réelle, ne sauraient rendre cette ordonnée infinie, il en résulte que la courbe est aussi limitée de part et d'autre du diamètre.

Pour déterminer les limites de la courbe parallèlement au diamètre, nous ferons remarquer que dans le produit variable et positif $(x - x')(x'' - x)$ placé sous le radical, la somme des facteurs est constante et égale à $x'' - x'$. Ce produit et, par suite, la valeur de Y sera maximum quand les deux facteurs seront égaux, c'est-à-dire quand on aura :

$$x - x' = x'' - x, \text{ d'où } x = \frac{x' + x''}{2}.$$

Le produit maximum est alors $\left(\frac{x'' - x'}{2}\right)^2$, ce qui donne :

$$\frac{1}{2A} \frac{x'' - x'}{2} \sqrt{-n}$$

pour le maximum de Y.

La valeur $x = \frac{x' + x''}{2}$ montre que le maximum de Y répond au point F milieu de DE. Après avoir mené par ce point une parallèle indéfinie à l'axe des y, on prendra, à partir du point F' de rencontre de cette parallèle avec le diamètre des longueurs F'H = F'H' égales à $\frac{1}{2A} \frac{x'' - x'}{2} \sqrt{-n}$, on aura ainsi en H et en H' les points de la courbe les plus éloignés du diamètre, et si, par ces points, on conduit à cette dernière ligne les deux parallèles RS et TV, la courbe sera tout entière renfermée dans le parallélogramme RSTV.

Si l'on détermine d'abord le diamètre, et si l'on donne des valeurs numériques aux quantités n, A, x'. x'', en calculant des points suffisamment rapprochés, et en les joignant par un trait continu, on reconnaîtra que la courbe a la forme indiquée dans la figure ci-contre.

On peut voir que la courbe est concave vers le diamètre : car s'il en était autrement, une droite pourrait la rencontrer en plus de deux points, ce qui est impossible puisqu'elle est du second degré.

Cette courbe fermée, convexe, a reçu le nom d'*Ellipse*.

2° $p^2 - nq = 0$. Dans ce cas les deux racines de l'équation

$$nx^2 + 2px + q = o$$

sont réelles et égales ; on a $x' = x'' = -\frac{p}{n}$, et

$$Y = \frac{1}{2A}\sqrt{n(x-x')(x-x'')} = \frac{1}{2A}\sqrt{n(x-x')^2},$$

ou

$$Y = \frac{1}{2A}(x-x')\sqrt{n}.$$

Donc Y est toujours imaginaire, excepté pour $x = x'$, et alors $Y = 0$. De sorte que l'équation (1) ne peut être vérifiée que par le seul couple de valeurs $x = x'$ et $y = ax' + b$, et par conséquent le lieu de cette équation est le seul point dont ce sont là les coordonnées.

Quand l'équation (1) représente un point, son premier membre est la somme de deux carrés.

En effet, nous avons trouvé :

$$y = -\frac{Bx + D}{2A} \pm \frac{1}{2A}\sqrt{nx^2 + 2px + q}.$$

Multiplions par 2A, faisons passer dans le premier membre les termes indépendants du radical, et élevons au carré, nous aurons :

$$(2Ay + Bx + D)^2 = nx^2 + 2px + q = n\left(x^2 + \frac{2p}{n}x + \frac{q}{n}\right).$$

Mais de $p^2 = nq$, on tire $\frac{q}{n} = \frac{p^2}{n^2}$; en substituant dans l'équation précédente, on a :

$$(2Ay + Bx + D)^2 = n\left(x^2 + \frac{2p}{n}x + \frac{p^2}{n^2}\right) = n\left(x + \frac{p}{n}\right)^2,$$

ou bien : $(2Ay + Bx + D)^2 - n\left(x + \frac{p}{n}\right)^2 = 0.$

Puisque n est une quantité négative, le premier membre est la somme de deux carrés, et ne peut être nul qu'autant que chacun d'eux l'est séparément, ce qui donne le point F', intersection du diamètre et de la droite $x + \frac{p}{n} = 0$.

3° $p^2 - nq < 0$. Les valeurs de x données par l'équation :

$$nx^2 + 2px + q = 0$$

sont imaginaires.

Posons $nq - p^2 = k^2$, d'où $\frac{q}{n} = \frac{p^2}{n^2} + \frac{k^2}{n^2}$; on a

$$nx^2 + 2px + q = n\left(x^2 + \frac{2p}{n}x + \frac{q}{n}\right) =$$

$$n\left(x^2 + \frac{2p}{n}x + \frac{p^2}{n^2} + \frac{k^2}{n^2}\right).$$

ou bien encore :

$$nx^2 + 2px + q = n\left\{\left(x + \frac{p}{n}\right)^2 + \frac{k^2}{n^2}\right\}.$$

Le trinôme est donc négatif, puisque la quantité entre parenthèses est la somme de deux carrés, et que n est une quantité négative, donc y est toujours imaginaire, quelle que soit la valeur de x, et, par suite, l'équation (1) n'est susceptible d'aucune représentation géométrique.

Dans ce cas, si dans la valeur de y

$$y = -\frac{Bx + D}{2A} \pm \frac{1}{2A}\sqrt{nx^2 + 2px + q}$$

on remplace la quantité sous le radical par sa valeur

$$n\left\{\left(x + \frac{p}{n}\right)^2 + \frac{k^2}{n^2}\right\}, \text{ on a :}$$

$$(2Ay + Bx + D)^2 - n\left\{\left(x + \frac{p}{n}\right)^2 + \frac{k^2}{n^2}\right\} = 0.$$

On voit que le premier membre de l'équation (1) est la somme de trois carrés dont l'un est constant, et ne peut être annulé par aucun système de valeurs de x et de y.

149. Il résulte de cette discussion que, dans l'hypothèse où $n = B^2 - 4AC < 0$, l'équation (1) ne représentera une ellipse que si

$p^2 - nq > 0$, c'est-à-dire que si les racines du trinôme $nx^2 + 2px + q$ sont réelles et inégales. En développant cette expression, on trouvera que

les caractères analytiques de l'ellipse sont :

$$B^2 - 4AC < 0, \text{ et } AE^2 - BDE + CD^2 + F(B^2 - 4AC) > 0.$$

Comme le second et le troisième cas correspondent à l'hypothèse $B^2 - 4AC < 0$, qui est un des caractères de l'ellipse, on a coutume de dire que le *point* et la *courbe imaginaire* sont des variétés de l'ellipse.

+ 150. SECOND CAS. — *Genre hyperbole.* $n = B^2 - 4AC > 0$. Ce cas se subdivise également en trois autres :

1° $p^2 - nq > 0$, les racines de l'équation

$$nx^2 + 2px + q = 0$$

sont réelles et inégales. En représentant la première par x' et la seconde par x'', et $x'' > x'$, le trinôme s'écrit :

$$n(x - x')(x - x''),$$

et l'ordonnée Y comptée à partir du diamètre, est

$$Y = \frac{1}{2A}\sqrt{n(x - x')(x - x'')}.$$

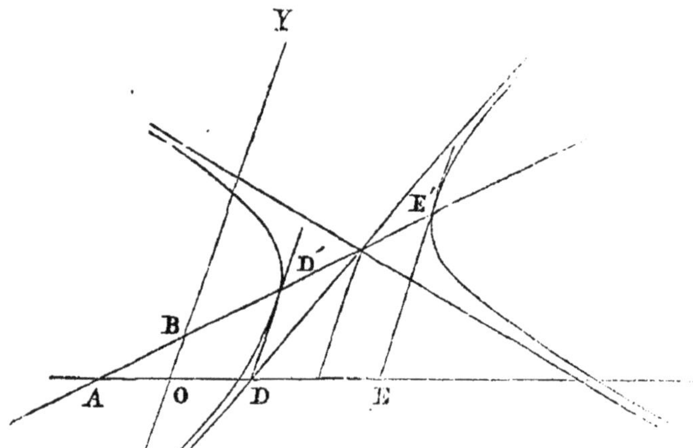

Si $x = x'$, $Y = 0$, on a un point D' situé sur le diamètre. De même $x = x''$ donne un point E' situé sur le diamètre. Pour toute valeur de x, comprise entre x' et x'', le trinôme sous le radical est négatif, et Y est imaginaire. Donc si on mène les parallèles DD' et EE' à l'axe des y, la courbe n'aura aucun point entre ces deux parallèles. Si l'on fait $x > x''$, $x - x''$ croît ainsi que $x - x'$, et pour x croissant jusqu'à l'infini, Y croît également jusqu'à l'infini. Par suite, à droite de EE', la courbe a une branche qui s'étend indéfiniment du côté des abscisses positives, et qui s'écarte indéfiniment du diamètre.

Si l'on fait $x < x'$, chacun des facteurs $(x - x')$, $(x - x'')$, est négatif, leur produit est positif, et chacun d'eux augmentant avec x, Y croît depuis zéro jusqu'à l'infini. On aura donc à gauche de DD' une autre branche infinie, s'étendant indéfiniment dans le sens des x négatifs, et s'éloignant indéfiniment du diamètre. D'ailleurs la courbe est convexe, et par conséquent elle présente sa concavité au diamètre. Donc elle a la forme indiquée dans la figure.

Cette courbe composée de deux doubles branches, a reçu le nom *d'hyperbole*.

2° $p^2 - nq < 0$. Si l'on pose $\frac{q}{n} = \frac{p^2}{n^2} + \frac{k^2}{n^2}$, le trinôme sous le radical pourra s'écrire :

$$n\left(x^2 + \frac{2p}{n}x + \frac{p^2}{n^2} + \frac{k^2}{n^2}\right) = n\left\{\left(x + \frac{p}{n}\right)^2 + \frac{k^2}{n^2}\right\},$$

et l'ordonnée Y deviendra :

$$Y = \frac{1}{2A}\sqrt{n\left\{\left(x + \frac{p}{n}\right)^2 + \frac{k^2}{n^2}\right\}}$$

La quantité Y est donc toujours réelle, quel que soit x, et ne s'annule jamais. Le lieu géométrique ne rencontre pas son diamètre.

Pour $x = -\frac{p}{n}$, Y acquiert une valeur minimum.

$$Y = \frac{1}{2A} \cdot \frac{k}{\sqrt{n}} = \frac{1}{2A}\sqrt{\frac{nq - p^2}{n}}.$$

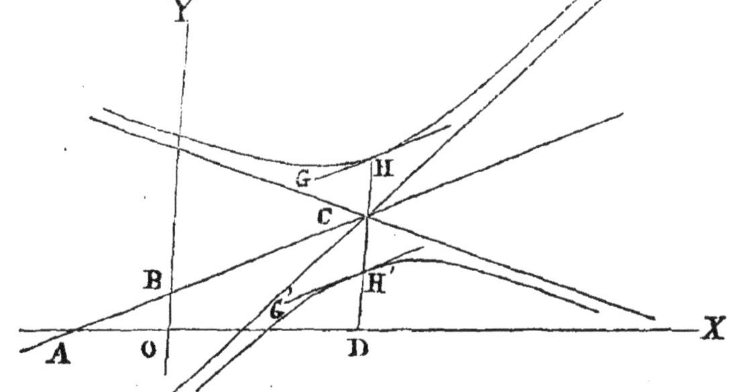

Prenons OD $= -\frac{p}{n}$, menons par le point D une parallèle à l'axe des y, qui rencontre le diamètre au point C ; puis faisons $CH = CH' = \frac{1}{2A}\sqrt{\frac{nq - p^2}{n}}$, les points H et H' seront les points de la courbe les plus rapprochés du diamètre. Si par ces deux points on mène deux parallèles au diamètre, la courbe se composera de deux branches infinies situées l'une au-dessus de la parallèle supérieure, l'autre au-dessous de la parallèle inférieure. La courbe est encore une hyperbole.

3° $p^2 - nq = 0$. Les racines de l'équation

$$nx^2 + 2px + q = 0.$$

sont réelles et égales. On a :

$$Y = \frac{1}{2A}\left(x + \frac{p}{n}\right)\sqrt{n},$$

$$y = ax + b \pm \frac{1}{2A}\left(x + \frac{p}{n}\right)\sqrt{n}.$$

Ce qui donne deux équations du premier degré qui représentent chacune une ligne droite. Le lieu se compose donc de deux droites dont les équations sont :

$$y = ax + b + \frac{1}{2A}\left(x + \frac{p}{n}\right)\sqrt{n},$$

$$y = ax + b - \frac{1}{2A}\left(x + \frac{p}{n}\right)\sqrt{n}.$$

Ces deux droites se coupent sur le diamètre, car si on ajoute leurs équations, on obtient l'équation du diamètre.

D'ailleurs, dans ce cas, l'équation (1) se décompose en deux équations du premier degré. En effet, la valeur de y est :

$$y = -\frac{Bx + D}{2A} \pm \frac{1}{2A}\sqrt{n\left(x + \frac{p}{n}\right)^2},$$

ce qui donne :

$$(2Ay + Bx + D)^2 - n\left(x + \frac{p}{n}\right)^2 = 0,$$

ou bien :

$$\left(2Ay + Bx + D + \left(x + \frac{p}{n}\right)\sqrt{n}\right)$$
$$\left(2Ay + Bx + D - \left(x + \frac{p}{n}\right)\sqrt{n}\right) = 0.$$

151. On voit qu'il ne suffit pas que $B^2 - 4AC$ soit positif pour que l'équation (1) représente une hyperbole, il faut encore que $p^2 - nq$ ne soit pas zéro, c'est-à-dire que les racines du trinôme $nx^2 + 2px + q$ ne soient pas égales.

Les caractères de l'hyperbole sont donc :

$$B^2 - 4AC > 0 \text{ et } AE^2 - BDE + CD^2 + F(B^2 - 4AC) \gtrless 0.$$

152. Lorsque $A = 0$, et que C n'est pas nul, en résolvant l'équation par rapport à x, on a :

$$x = -\frac{B}{2C} - \frac{E}{2C} \pm \frac{1}{2C}\sqrt{B^2y^2 + 2(BE - 2CD)y + E^2 - 4CF}.$$

En supposant B différent de zéro, le premier terme B^2y^2 du trinôme sous le radical est toujours positif, et raisonnant comme nous l'avons fait pour le trinôme $nx^2 + 2px + q$, on reconnaîtra que la courbe est illimitée dans tous les sens. Cette courbe est donc du genre de l'hyperbole. Toutefois, nous allons examiner le cas où $A = 0$, parce qu'on peut discuter l'équation

$$Bxy + Cx^2 + Dy + Ex + F = 0,$$

en la résolvant à la manière des équations du premier degré, on en tire

$$y = -\frac{Cx^2 + Ex + F}{Bx + D}.$$

En effectuant la division du numérateur, et en posant, pour abréger,

$$-\frac{C}{B} = a, \quad \frac{CD - BE}{B^2} = b, \quad \frac{BDE - CD^2 + FB^2}{B^2} = r,$$

on obtient
$$y = ax + b + \frac{r}{Bx + D}.$$

Observons que si l'on avait construit la droite dont l'équation est

$$y_1 = ax + b,$$

il suffirait, pour obtenir les points de la courbe, d'ajouter à l'ordonnée de chaque point de cette droite une quantité déterminée par la valeur que prend la fraction $\frac{r}{Bx + D}$, lorsqu'on y remplace x par l'abscisse du point que l'on considère. Construisons donc la droite $y_1 = ax + b$, et supposons que AB soit cette droite. Appelons z l'ordonnée de la courbe, comptée à partir de la droite AB, et la discussion de l'équation proposée se trouve ramenée à celle de l'équation plus simple

$$z = \frac{r}{Bx + D}.$$

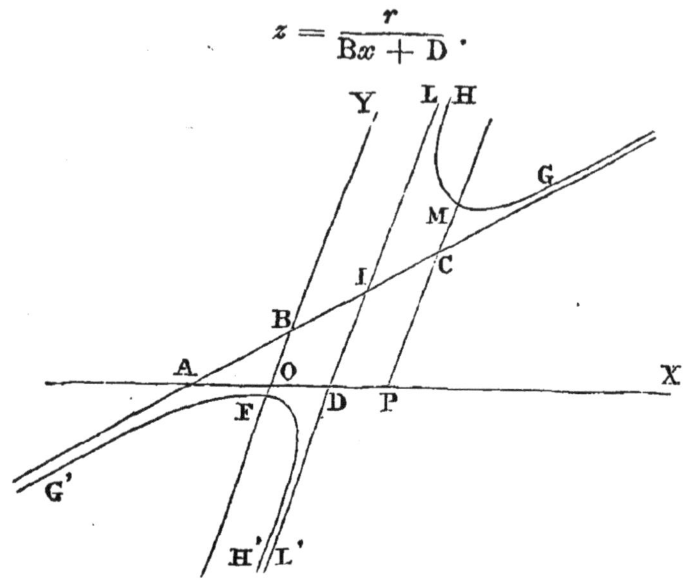

Admettons, pour fixer les idées, que r et B soient positifs, et que D soit négatif : posons $Bx + D = 0$, et appelons x' la racine de cette équation, racine qui sera positive ; nous aurons :

$$B\left(x + \frac{D}{B}\right) = B(x - x'),$$

et

$$z = \frac{r}{B(x - x')}.$$

Faisons $x = x' + \alpha$, α étant une quantité positive, on aura :

$$z = \frac{r}{B\alpha}.$$

Prenons $OP = x' + \alpha$, tirons l'ordonnée indéfinie PC parallèle à l'axe des y, puis prenons $CM = \frac{r}{B\alpha}$, M sera un point de la courbe. Si maintenant nous faisons croître x indéfiniment à partir de $x' + \alpha$, z diminuera de plus en plus, en restant toujours positif, et tendre vers zéro, valeur qu'elle n'atteindra que pour x infini. A partir du point M, la courbe se rapprochera donc indéfiniment de la droite AB sans jamais la rencontrer. On obtient ainsi un arc MG qui s'étend à l'infini.

X diminuant de $x' + \alpha$ à x', les valeurs de z, toujours positives, vont en augmentant, et pour $x = x'$, on aura $z = \infty$. Donc du point M part un autre arc de courbe, MH, qui s'éloigne de plus en plus de la droite AB et qui va en se rapprochant indéfiniment de la droite LL', qui a pour équation $x = x'$, sans jamais pouvoir l'atteindre.

Pour $x = 0$, on a $z = -\frac{r}{Bx'}$, valeur négative.

On prendra donc sur l'axe des y une distance $BF = -\frac{r}{Bx'}$, et le point F appartiendra à la courbe.

De $x = 0$ à $x = x'$, les valeurs de z augmentent numériquement, en restant toujours négatives, et pour $x = x'$, on a $z = -\infty$. Donc du point F part un arc de courbe qui se prolonge à l'infini, en se rapprochant indéfiniment de la droite LL'.

x croissant négativement depuis zéro jusqu'à l'infini, z diminue négativement depuis $-\frac{r}{Bx'}$ jusqu'à zéro, ce qui détermine un arc FG' qui s'étend à l'infini, en se rapprochant indéfiniment de la droite ABC sans jamais la rencontrer.

On voit par là que la courbe se compose encore de deux branches infinies séparées l'une de l'autre, qui s'opposent leur convexité, l'une située tout entière dans l'angle LIC, l'autre dans son opposé BIL'.

Les droites AB et LL', à cause de la propriété dont elles jouissent de se rapprocher de plus en plus de la courbe sans jamais la rencontrer, ont été nommées *Asymptotes*.

153. La discussion précédente suppose $r >< 0$, si le reste r est zéro, comme on a alors

$$-Cx^2 - Ex - F = (ax + b)(Bx + D),$$

on a :

$$y = \frac{(ax + b)(Bx + D)}{Bx + D}$$

ou

$$(Bx + D)(y - ax - b) = 0 ;$$

c'est-à-dire que l'équation (1) représente alors le système de deux droites concourantes, dont l'une est parallèle à l'axe des y.

154. Soient $A = 0$ et $C = 0$, l'équation (1) prend la forme

$$Bxy + Dy + Ex + F = 0.$$

On en tire

$$y = -\frac{Ex + F}{Bx + D},$$

et, en effectuant la division et désignant par r le reste,

$$y = -\frac{E}{B} + \frac{r}{Bx + D}.$$

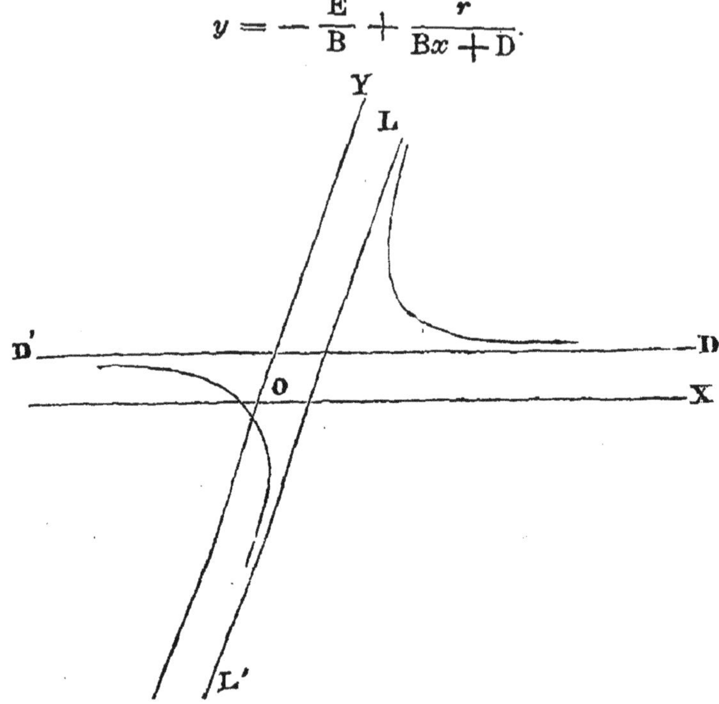

Par une discussion tout à fait analogue à celle du n° 152, on reconnaît que l'équation représente une hyperbole ayant pour asymptotes : la parallèle D'D à l'axe des x, dont l'équation est $y = -\frac{E}{B}$, et la parallèle L'L à l'axe des y, dont l'équation est $x = -\frac{D}{B}$.

Si r était zéro, l'équation représenterait les deux asymptotes D'D et L'L.

Au reste, dans ce cas particulier, comme dans le précédent, les coefficients de l'équation satisfont au caractère spécial des hyperboles,

$$B^2 - 4\,AC > 0.$$

155. 3ᵉ CAS. — *Genre Parabole.* $n = B^2 - 4\,AC = 0$.

La valeur générale de y se réduit à

$$y = ax + b \pm \frac{1}{2A}\sqrt{2\,px + q},$$

et l'ordonnée à partir du diamètre, devient

$$Y = \frac{1}{2A}\sqrt{2px + q.}$$

On peut faire les trois hypothèses $p > 0$, $p < 0$, $p = 0$.

1° $p > 0$. Cherchons d'abord le point de rencontre de la courbe avec le diamètre. Pour ce point $Y = 0$, donc $2px + q = 0$. Soit x' la racine de cette équation, on aura

$$x' = -\frac{q}{2p},$$

puis

$$Y = \frac{1}{2A}\sqrt{2p(x - x')},$$

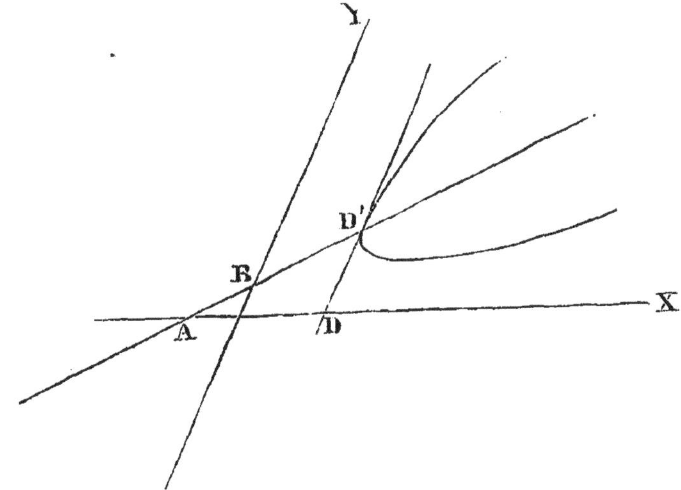

Pour $x < x'$, Y est imaginaire ; $x = x'$ donne $Y = 0$, c'est le point D' où la courbe rencontre le diamètre ; x variant de x' jusqu'à l'infini, les valeurs de Y sont toujours réelles et croissent jusqu'à l'infini. Par conséquent la courbe, située tout entière à la droite de la parallèle DD', à laquelle elle est tangente au point D', s'étend indéfiniment à partir du point D', au-dessus et en-dessous de son diamètre.

Cette courbe indéfinie dans un sens, et limitée dans le sens opposé, porte le nom de *Parabole*.

2° $p < 0$. La quantité Y est réelle pour les valeurs de x plus petites que x', et la courbe se compose encore d'une double branche infinie comme la précédente, mais située à gauche de la parallèle DD'. La courbe est encore *une parabole*.

3° $p = 0$. L'équation (1) se réduit à

$$y = ax + b \pm \frac{1}{2A}\sqrt{q}.$$

Si $q > 0$, cette équation représente deux droites parallèles au diamètre, et situées à égale distance de celui-ci.

Si $q = 0$, ces deux parallèles se confondent en une seule. Le premier membre de l'équation, dans ce cas, est un carré

$$(2\,Ay + Bx + D)^2 = 0.$$

Enfin si $q < 0$, y est imaginaire, et l'équation n'a aucune signification géométrique.

Ainsi la Parabole admet comme variétés le système de deux droites parallèles, ou une droite, ou bien un lieu imaginaire.

Les caractères de la parabole sont :

$$B^2 - 4\,AC = 0, \quad AE^2 - BDE + CD^2 >< 0.$$

Car cette dernière condition exprime que p est différent de zéro, puisqu'elle vient de

$$p^2 - nq = AE^2 - BDE + CD^2 + F\,(B^2 - 4\,AC) >< 0.$$

156. Supposons que l'on ait à la fois $A = 0$, $B = 0$; mais que ni C ni D ne soient nuls, auquel cas les conditions qui forment le caractère analytique de la parabole sont satisfaites. Si l'on résout l'équation

$$Cx^2 + Dy + Ex + F = 0$$

par rapport à y, et que l'on pose $-\frac{C}{D} = a, -\frac{E}{D} = b$, et $-\frac{F}{D} = c$, on aura

$$y = ax^2 + bx + c.$$

Il y a trois cas à examiner, suivant que $b^2 - 4ac > 0$, $= 0$, < 0. Nous supposons d'ailleurs $a > 0$; car si a était négatif, il n'y aurait qu'à changer les signes du second membre, et à porter les valeurs positives de y dans le sens des ordonnées négatives, et vice-versâ.

1er Cas. $b^2 - 4ac > 0$. Les racines de l'équation

$$ax^2 + bx + c = 0$$

sont réelles et inégales. En représentant la première par x' et la seconde par x'', et $x' < x''$, on a

$$y = a\,(x - x')\,(x - x'').$$

x croissant de x'' à l'infini, ou x diminuant de x' jusque $-\infty$, y croîtra depuis zéro jusqu'à l'infini positif, car les facteurs $x - x'$, $x - x''$ seront constamment de même signe. Si donc on prend sur l'axe des x des distances $OA = x'$, $OB = x''$, on aura les points où la courbe coupe l'axe des abscisses, et des points A et B partent deux arcs de courbe qui s'étendront à l'infini, l'un du côté des x positifs, et l'autre du côté des x négatifs, en s'élevant indéfiniment au-dessus de l'axe des abscisses.

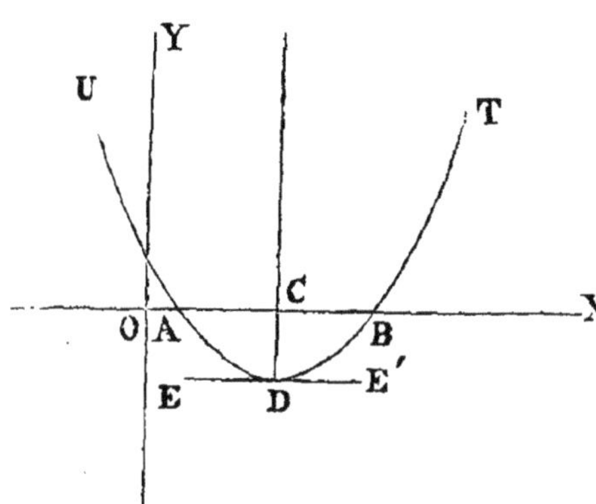

Pour toute valeur de x comprise entre x' et x'', les deux facteurs $x - x'$ et $x - x''$ sont de signes contraires, et y sera constamment négatif, de sorte que les deux branches AU et BT se prolongeront au-dessous de l'axe des x pour ne former qu'une seule courbe continue.

Si l'on écrit la valeur de y sous cette forme

$$y = -a(x - x')(x'' - x),$$

on reconnaîtra que la somme des facteurs $x - x'$ et $x'' - x$ étant constante, leur produit sera maximum lorsqu'on aura

$$x - x' = x'' - x, \text{ d'où } x = \frac{x' + x''}{2}$$

et le produit maximum sera $\left(\frac{x'' - x'}{2}\right)^2$. On prendra donc le point C milieu de AB, on élèvera par ce point une parallèle à l'axe des y, et en prenant $CD = a\left(\frac{x'' - x'}{2}\right)^2$, le point D sera le point de la courbe le plus éloigné de l'axe des x du côté des y négatifs. De sorte que si, par ce point, on mène EE' parallèle à l'axe des abscisses, la courbe sera tout entière au-dessus de cette parallèle à laquelle elle sera tangente au point D.

2e Cas. $b^2 - 4ac = 0$. Les racines de l'équation

$$ax^2 + bx + c = 0$$

sont réelles et égales, $x'' = x'$, et l'on a

$$y = a(x - x')^2.$$

Il n'y a de différence entre ce cas et le précédent, qu'en ce que la courbe est tangente à l'axe des x au point qui a pour abscisse $x = x' = -\frac{b}{2a}$.

3e Cas. $b^2 - 4ac < 0$. Les racines de l'équation

$$ax^2 + bx + c = 0$$

sont imaginaires.

Puisque $b^2 - 4ac < 0$, on peut poser $4ac = b^2 + k^2$, d'où $\frac{c}{a} = \frac{b^2}{4a^2} + \frac{k^2}{4a^2}$; en substituant dans la valeur de y, on a

$$y = a \left\{ x^2 + \frac{b}{a} + \frac{b^2}{4a^2} + \frac{k^2}{4a^2} \right\} = a \left\{ \left(x + \frac{b}{2a} \right)^2 + \frac{k^2}{4a^2} \right\}.$$

On voit par là que la courbe est située tout entière au-dessus de l'axe des x, puisque son second membre ne peut jamais devenir nul; qu'elle s'étend indéfiniment à droite et à gauche de l'axe des y, en présentant sa convexité à l'axe des x; et que celui de ses points qui est le plus rapproché de cet axe, a pour coordonnées

$$x = -\frac{b}{2a}, \quad y = \frac{k^2}{4a} = \frac{4ac - b^2}{4a}.$$

157. Il importe de remarquer que si de la condition $B^2 - 4AC = 0$, qui est le caractère analytique des paraboles, on tire la valeur de C qui est $\frac{B^2}{4A}$, et qu'on la porte dans l'équation générale

$$Ay^2 + Bxy + Cx^2 + Dy + Ex + F = 0,$$

celle-ci deviendra

$$Ay^2 + Bxy + \frac{B^2}{4A} x^2 + Dy + Ex + F = 0.$$

et l'on voit que les trois termes du second degré forment un carré.

Donc,

lorsque l'équation du second degré représente une parabole, les termes de seconde dimension forment un carré.

158. Ainsi l'équation générale du second degré représente en définitive trois genres de courbes: 1° *le genre ellipse*, qui comprend comme cas particuliers le point et le lieu imaginaire ; 2° *le genre hyperbole*, qui comprend comme cas particulier deux droites qui se coupent ; 3° *le genre parabole*, qui comprend deux droites parallèles, une seule droite, ou un lieu imaginaire.

Exercices.

I. Construire les courbes suivantes et en déterminer l'espèce.

$$y^2 - 2xy + 2x^2 - 2y - 3x + 7 = 0.$$

$$y^2 - 2xy + 2x^2 + 2y - 3x - 5 = 0.$$

$$y^2 + 2xy + 10x^2 - 9x = 0.$$

$$y^2 - 2xy + 4x^2 + 2y - 14x + 13 = 0.$$

$$y^2 - 2xy + 2x^2 - 2y - 2x + 6 = 0.$$

$$y^2 - 2xy - 2y + 3x + 3 = 0.$$

$$y^2 - 2xy + 2y - 4x - 2 = 0.$$

$$y^2 - 2xy + 4y - 2x + 3 = 0.$$

$$x^2 - 2xy + 2y + 2x + 1 = 0.$$

$$4x^2 + 2xy - 3y - 4x - 3 = 0.$$

$$y^2 - 4xy + 4x^2 + 2y - 6x - 2 = 0.$$

$$y^2 + 2xy + x^2 - 2y + x + 1 = 0.$$

$$x^2 - y - 3x + 2 = 0.$$

$$y^2 - 2xy + x^2 + 3y - 3x + 2 = 0.$$

$$y^2 - 4xy + 4x^2 + 2y - 4x + 1 = 0.$$

II. Quelle est la courbe représentée par l'équation générale, lorsque $B = 0$?

III. Quelle est la courbe représentée par l'équation générale, si $A = 0$ ou si $C = 0$?

IV. Quelle est la courbe représentée par l'équation

$$\frac{x^2}{a^2} - \frac{2xy}{ab} + \frac{y^2}{b^2} - \frac{2x}{a} - \frac{2y}{b} + 1 = 0\ ?$$

159. Théorème. — Par cinq points donnés, dont trois ne sont pas en ligne droite, on peut faire passer une courbe du second degré, et on n'en peut faire passer qu'une.

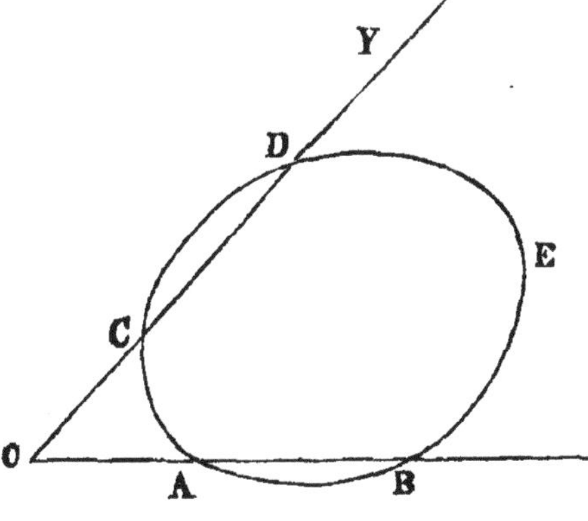

Soient A, B, C, D, E, les cinq points donnés. Traçons les droites AB, CD qui se rencontrent en O, et prenons OB comme axe des x et OD comme axe des y. Appelons x' et x'' les abscisses des points A et B, y' et y'' les ordonnées des points C et D, x_1 et y_1, les coordonnées du point E. Soit

$$(1)\qquad Ay^2 + Bxy + Cx^2 + Dy + Ex + F = 0$$

l'équation d'une courbe du second degré. Cette courbe passera par les points A et B, si l'équation

$$Cx^2 + Ex + F = 0,$$

à laquelle se réduit l'équation proposée, quand on y fait $y = 0$, admet pour racines x' et x''. Pour cela il faut et il suffit que les coefficients de l'équation satisfassent aux relations

$$-\frac{E}{C} = x' + x'', \quad \frac{F}{C} = x'x'',$$

ou

$$C = \frac{F}{x'x''}, \quad E = -F\left(\frac{1}{x'} + \frac{1}{x''}\right).$$

De même la courbe passera par les points C et D, si l'équation

$$Ay^2 + Dy + F = 0,$$

que l'on obtient en faisant $x = 0$, admet pour racines y' et y''. Pour cela il est nécessaire et il suffit que les coefficients satisfassent aux relations

$$-\frac{D}{A} = y' + y'', \quad \frac{F}{A} = y'y'',$$

ou

$$A = \frac{F}{y'y''}, \quad D = -F\left(\frac{1}{y'} + \frac{1}{y''}\right).$$

Si on remplace les coefficients A, B, C, D par les valeurs que l'on vient de trouver, et si l'on divise tous les termes par F, l'équation de la courbe devient :

$$\frac{1}{y'y''}y^2 + \frac{B}{F}xy + \frac{1}{x'x''}x^2 - \left(\frac{1}{y'} + \frac{1}{y''}\right)y - \left(\frac{1}{x'} + \frac{1}{x''}\right)x + 1 = 0.$$

Si, pour plus de simplicité, on représente $\frac{B}{F}$ par B' on aura

$$(2)\quad \frac{1}{y'y''}y^2 + B'xy + \frac{1}{x'x''}x^2 - \left(\frac{1}{y'} + \frac{1}{y''}\right)y - \left(\frac{1}{x'} + \frac{1}{x''}\right)x + 1 = 0.$$

Quelle que soit la valeur de B', cette équation représente une courbe du second degré qui passe par les quatre points A, B, C, D.

La courbe passera par le cinquième point E, si les coordonnées x_1, y_1 de ce point satisfont à l'équation (2), ce qui donne une relation d'où l'on tire la valeur de B'. En remplaçant B' par sa valeur ainsi trouvée, l'équation (2) représentera une courbe qui passe par les cinq points donnés A, B, C, D et E.

Puisque toutes les conditions exprimées sont nécessaires, aucune autre courbe du second degré ne pourra passer par les cinq points donnés.

Corollaire. — Deux équations du second degré qui représentent la même courbe, sont identiques, c'est-à-dire que leurs coefficients sont proportionnels.

En effet, prenons à volonté cinq points sur cette courbe. Par rapport aux axes des coordonnées employés dans la démonstration précédente, la courbe proposée qui passe par les cinq points, ne peut être représentée que par une seule équation (2), sauf le facteur commun arbitraire F qui a été supprimé ; et la même chose aura lieu avec des axes quelconques, puisqu'il a été démontré que la transformation des coordonnées ne change pas l'équation.

155. Si l'on pose $\quad B' - \frac{1}{x'y''} - \frac{1}{y'x''} = \lambda,$

l'équation (2) peut se mettre sous la forme

$$(3) \qquad \left(\frac{x}{x'} + \frac{y}{y'} - 1\right)\left(\frac{x}{x''} + \frac{y}{y''} - 1\right) + \lambda\, xy = 0.$$

Cette équation, dans laquelle λ représente une constante arbitraire, représente toutes les courbes du second degré circonscrites au quadrilatère ABCD. En effet, en égalant à 0 les deux facteurs $\frac{x}{x'} + \frac{y}{y'} - 1$, $\frac{x}{x''} + \frac{y}{y''} - 1$ du premier terme de l'équation, on obtient les équations des côtés opposés BD, AC, du quadrilatère ; en égalant à 0 les deux facteurs x et y du second terme, on obtient les équations des deux côtés opposés CD et AB.

Si donc on prend des axes quelconques, et que l'on représente par

$$A = 0,$$
$$B = 0,$$

les équations de deux côtés opposés BD, AC, par

$$C = 0,$$
$$D = 0,$$

les équations des deux autres côtés opposés CD, AB. l'équation

$$(4) \qquad AB + \lambda\, CD = 0,$$

représentera toutes les courbes du second degré circonscrites au quadrilatère ABCD.

Il est, du reste, facile de s'assurer qu'une courbe représentée par l'équation (4) passe par les quatre points A, B, C et D. En effet, les coordonnées du point A satisfont aux deux équations

$$A = 0,$$
$$C = 0,$$

donc elles satisfont à l'équation (4). On prouverait de même que les coordonnées des autres sommets rendent nuls les deux facteurs qui correspondent aux côtés adjacents du quadrilatère, et, par conséquent, satisfont à l'équation (4).

CHAPITRE X.

THÉORIE DES TANGENTES.

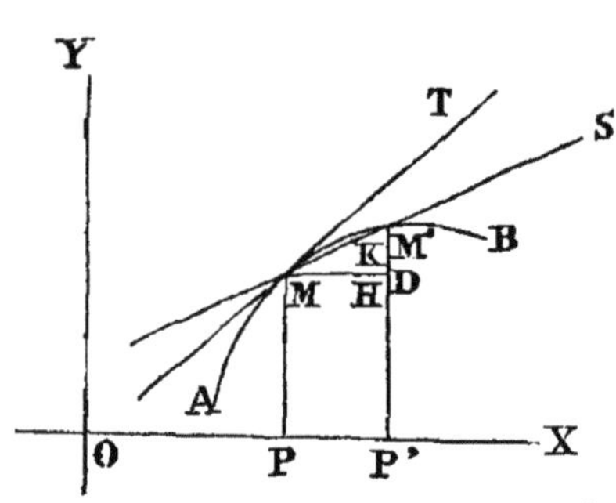

160. On appelle tangente à une courbe AB, la limite MT des positions d'une sécante MS qui tourne autour de l'un M de ses deux points d'intersection avec la courbe, ce point étant supposé fixe, jusqu'à ce que le second point M' d'intersection vienne se confondre avec le premier.

Cela posé, soient x', y' les coordonnées du point M, x'', y'' ou $x' + h$, $y' + k$ celles du point M', la sécante MM' a pour équation

$$y - y' = \frac{y' - y''}{x' - x''}(x - x') = \frac{k}{h}(x - x'),$$

x et y désignant les coordonnées courantes. Quand le point M' se rapproche du point M, k et h diminuent simultanément jusqu'à zéro, et le rapport $\frac{k}{h}$ qui est le coefficient angulaire de la sécante MS, converge vers une certaine limite qui est le coefficient angulaire de la tangente au point M. En posant $I = \lim \frac{k}{h}$, l'équation de la tangente au point (x', y') sera donc

$$y - y' = I\,(x - x'),$$

à laquelle il faudra joindre la relation entre les coordonnées du point de contact, c'est-à-dire

$$y' = f(x'), \quad \text{ou} \quad f(x', y') = 0,$$

suivant que l'équation de la courbe aura la forme

$$y = f(x), \quad \text{ou} \quad f(x, y) = 0.$$

Le problème des tangentes revient donc à la recherche de la limite du rapport $\frac{k}{h}$ ou $\frac{y' - y''}{x' - y''}$.

161. Supposons la courbe algébrique, et considérons d'abord le cas simple où l'équation de la courbe peut être mise sous la forme $y = f(x)$, $f(x)$ représentant un polynome entier par rapport à x.

Les deux points M et M' étant situés sur la courbe, il en résulte

$$y' = f(x'),\ y'' = f(x'') \text{ ou } y' + k = f(x' + h),$$

d'où

$$y' - y'' = f(x') - f(x'') \text{ ou } k = f(x' + h) - f(x').$$

Il s'agit, comme nous l'avons dit, de déterminer

$$\lim \frac{y' - y''}{x' - x''} \quad \text{ou} \lim \frac{k}{h}.$$

Le polynome $f(x)$ se compose de termes tels que Ax^p ; en désignant par Σ la somme des termes, ce polynome sera représenté par la notation $\Sigma\, Ax^p$; il en résulte

$$y' - y'' = \Sigma\ A\,(x'^p - x''^p),$$

et si l'on remarque que

$$x'^p - x''^p = (x' - x'')\left\{x'^{p-1} + x'^{p-2}x'' + \ldots + x''^{p-1}\right\},$$

on aura :

$$\frac{y' - y''}{x' - x''} = \Sigma\ A\left\{x'^{p-1} + x'^{p-2}x'' + \ldots + x''^{p-1}\right\}$$

En passant à la limite, x'' devient x', tous les termes de la parenthèse deviennent égaux, et ils sont au nombre de p, donc

$$\lim \frac{y' - y''}{x' - x''} = \Sigma p A x'^{p-1},$$

et l'on a pour l'équation de la tangente

$$y - y' = \Sigma p \, A \, x'^{p-1} \cdot (x - x'),$$

à laquelle il faut joindre la relation

$$y' = f(x')$$

On doit remarquer que $\Sigma \, pA \, x'^{p-1}$ est le polynome dérivé de $f(x)$. On le représente par $f'(x)$.

162. *Généralisation.* Une courbe algébrique quelconque peut être ramenée à la forme $f(x, y) = 0$, $f(x, y)$ représentant un polynome entier en x et y. On a comme précédemment

$$f(x', y') - f(x'', y'') = 0 ;$$

c'est de cette équation que nous déduirons $\lim \dfrac{y' - y''}{x' - x''}$.

Le polynome $f(x, y)$ se compose de termes de la forme $Ax^p y^q$; en désignant par Σ la somme des termes, on a

$$f(x', y') = \Sigma \, Ax'^p y'^q, \quad f(x'', y'') = \Sigma \, A \, x''^p y''^q,$$

et l'équation $f(x', y') - f(x'', y'') = 0$ devient

$$\Sigma \, A(x'^p y'^q - x''^p y''^q) = 0,$$

ou, en observant que $x'^p y'^q - x''^p y''^q$ revient à

$$x'^p (y'^q - y''^q) + y''^q (x'^p - x''^p),$$

$$\Sigma \, A \left\{ x'^p \left(y'^q - y''^q \right) + y''^q \left(x'^p - x''^p \right) \right\} = 0.$$

En développant chacune des parenthèses, on a

$$(y' - y'') \, \Sigma \, Ax'^p \left(y'^{q-1} + y'^{q-2} y'' + \dots + y''^{q-1} \right)$$

$$+ (x' - x'') \, \Sigma \, Ay''^q \left(x'^{p-1} + x'^{p-2} x'' + \dots + x''^{p-1} \right) = 0$$

d'où l'on tire

$$\frac{y' - y''}{y' - x''} = - \frac{\Sigma \, A \, y''^q (x'^{p-1} + x'^{p-2} x'' + \dots + x''^{p-1})}{\Sigma \, A \, x'^p (y'^{q-1} + y'^{q-2} y'' + \dots + y''^{q-1})}.$$

En passant à la limite, x'' devient égal à x', y'' à y', et l'on trouve $\lim \frac{y' - y''}{x' - x''} = - \frac{\Sigma \mathrm{A} p x'^{p-1} y'^{q}}{\Sigma \mathrm{A} q x'^{p} y'^{q-1}}$

Appliquons cette méthode à l'équation générale des courbes du second ordre

$$\mathrm{A}y^2 + \mathrm{B}xy + \mathrm{C}x^2 + \mathrm{D}y + \mathrm{E}x + \mathrm{F} = 0.$$

Nous avons dans ce cas

$$f(x', y') = \mathrm{A}y'^2 + \mathrm{B}x'y' + \mathrm{C}x'^2 + \mathrm{D}y' + \mathrm{E}x' + \mathrm{F},$$

$$f(x'', y'') = \mathrm{A}y''^2 + \mathrm{B}x''y'' + \mathrm{C}x''^2 + \mathrm{D}y'' + \mathrm{E}x'' + \mathrm{F},$$

et l'équation $f(x', y') - f(x'', y'') = 0$ devient

$$\mathrm{A}(y'^2 - y''^2) + \mathrm{B}(x'y' - x''y'') + \mathrm{C}(x'^2 - x''^2) + \mathrm{D}(y' - y'') + \mathrm{E}(x' - x'') = 0.$$

C'est de cette équation que nous déduirons $\lim \frac{y' - y''}{x' - x''}$.

Observant que le terme $x'y' - x''y''$ revient à

$$x'(y' - y'') + y''(x' - x''),$$

cette équation peut s'écrire :

$$(y' - y'')\{\mathrm{A}(y' + y'') + \mathrm{B}x' + \mathrm{D}\} + (x' - x'')\{\mathrm{B}y'' + \mathrm{C}(x' + x'') + \mathrm{E}\} = 0.$$

d'où l'on tire :

$$\frac{y' - y''}{x' - x''} = - \frac{\mathrm{B}y'' + \mathrm{C}(x' + x'') + \mathrm{E}}{\mathrm{A}(y' + y'') + \mathrm{B}x' + \mathrm{D}},$$

$$\lim \frac{y' - y''}{x' - x''} = - \frac{\mathrm{B}y' + 2\mathrm{C}x' + \mathrm{E}}{2\mathrm{A}y' + \mathrm{B}x' + \mathrm{D}}.$$

Par suite, l'équation générale de la tangente aux courbes du second ordre est :

$$y - y' = - \frac{\mathrm{B}y' + 2\mathrm{C}x' + \mathrm{E}}{2\mathrm{A}y' + \mathrm{B}x' + \mathrm{D}} (x - x'), \quad (\mathrm{A})$$

avec la condition

$$\mathrm{A}y'^2 + \mathrm{B}x'y' + \mathrm{C}x'^2 + \mathrm{D}y' + \mathrm{E}x' + \mathrm{F} = 0.$$

163. On retrouve facilement l'équation (A), si l'on remarque que le coefficient angulaire de la tangente n'est autre chose qu'une fraction dont les deux termes sont les dérivées respectives de l'équation du second degré prises par rapport à x et par rapport à y, et dans lesquelles on a remplacé les variables par les coordonnées du point de contact, cette fraction étant prise avec le signe $-$.

164. En représentant les fonctions $By + 2Cx + E$ et $2Ay + Bx + D$ respectivement par $F'_x(x, y)$, et $F'_y(x, y)$, ou plus simplement par F'_x et F'_y, et par conséquent les fonctions $By' + 2Cx' + E$ et $2Ay' + Bx' + D$ par $F'_{x'}$ et $F'_{y'}$, l'équation générale de la tangente aux courbes du second degré prendra la forme très-simple

$$y - y' = -\frac{F'_{x'}}{F'_{y'}}(x - x'),$$

ou (B). $(y - y')F'_{y'} + (x - x')F'_{x'} = 0.$

165. Au moyen de l'équation (B) il sera facile de mener une tangente à la courbe proposée ; car si l'on suppose $y = 0$ dans cette équation, on en tirera la valeur de l'abscisse du point où la tangente rencontre l'axe des x ; on construira donc ce point, et en le joignant au point de contact la tangente sera menée.

166. Si l'on multiplie par 2 l'équation générale

$$Ay^2 + Bxy + Cx^2 + Dy + Ex + F = 0,$$

elle pourra s'écrire

$$(2Ay + Bx + D)y + (By + 2Cx + E)x + Dy + Ex + F = 0.$$

Les coefficients de y et de x sont les fonctions que nous avons représentées par F'_y et par F'_x, et si l'on pose également $Dy + Ex + F = V$, l'équation générale deviendra

$$yF'_y + xF_x + V = 0.$$

Or, le point de contact étant sur la courbe, on a

$$y'F'_{y'} + x'F'_{x'} + V' = 0,$$

V' représentant la fonction $Dy' + Ex' + F$. Si l'on ajoute cette équation à l'équation (B) de la tangente, celle-ci prendra la forme très-simple

$$\text{(E)} \qquad yF'_{y'} + xF'_{x'} + V' = 0.$$

Applications.

167. Problème I. Par un point donné dans le plan d'une courbe du second degré, mener une tangente à cette courbe.

Soient α et β les coordonnées du point donné. x', y' celles du point de contact et

$F(x, y)$, ou simplement $F = Ay^2 + Bxy + Cx^2 + Dy + Ex + F = 0$ l'équation donnée de la courbe du second degré. L'équation de la tangente au point x', y' sera

$$(y - y')\, F'_{y'} + (x - x')\, F'_{x'} = 0.$$

avec la condition

$$F(x', y') = 0.$$

Mais la tangente doit passer par le point donné, donc son équation doit être satisfaite par les cordonnées α et β de ce point, on a donc

$$(\beta - y')\, F'_{y'} + (\alpha - x')\, F'_{x'} = 0,$$

de sorte qu'en résolvant ces deux dernières équations, on obtiendra les coordonnées du point de contact, qui sont les inconnues de la question.

Mais si l'on considère x', y' comme des coordonnées courantes, la dernière équation représente un lieu géométrique qui passe par les points (x', y'), c'est donc l'équation de la ligne de contact. En construisant cette ligne et joignant au point (α, β) les points où elle rencontre la courbe, on aura les tangentes cherchées.

168. Ligne de contact. — La comparaison des deux équations

$$(y - y')\, F'_{y'} + (x - x')\, F'_{x'} = 0,$$

$$(\beta - y')\, F'_{y'} + (\alpha - x')\, F'_{x'} = 0$$

dont la première représente la tangente, et la seconde la ligne de contact quand on y regarde x' et y' comme des coordonnées courantes, montre que

L'équation de la droite qui joint les points de contact des deux tangentes issues d'un point donné, s'obtient en cherchant l'équation de la tangente en ce point, comme s'il était sur la courbe.

Application au cercle représenté par l'équation

$$x^2 + y^2 - r^2 = 0.$$

On a pour l'équation de la tangente au point x', y'

$$yy' + xx' - r^2 = 0,$$

et par conséquent,

$$\beta y + \alpha x - r^2 = 0$$

pour celle de la ligne de contact. On devrait donc construire cette équation pour déterminer les points de contact, ce qui est facile, puisqu'elle est du premier degré. Toutefois on peut arriver à une construction plus simple, en observant que l'on peut substituer au système des deux équations

$$x^2 + y^2 - r^2 = 0,$$
$$\beta y + \alpha x - r^2 = 0,$$

le système formé de la première et de leur différence. Or, cette différence est

$$y^2 - \beta y + x^2 - \alpha x = 0,$$

équation qui représente un cercle passant par les points de contact, par l'origine et par le point donné. Pour le construire on complétera les carrés dont y^2 et $-\beta y$, x^2 et $-\alpha x$ sont les deux premiers termes, ce qui le ramènera à la forme

$$\left(y - \frac{\beta}{2}\right)^2 + \left(x - \frac{\alpha}{2}\right)^2 = \frac{\alpha^2}{4} + \frac{\beta^2}{4}.$$

Les coordonnées du centre sont donc $\frac{\alpha}{2}$ et $\frac{\beta}{2}$, de sorte que ce centre se trouve ainsi au milieu de la droite qui joint le point donné à l'origine. C'est la solution que nous avons trouvée en traitant du cercle, et l'une de celles données dans les Eléments de Géométrie.

169. Problème ii. Mener à la courbe $F(x, y) = 0$ une tangente parallèle à une droite donnée.

Soit

$$y = mx + b$$

l'équation de la droite donnée, x', y' les coordonnées inconnues du point de contact, le coefficient angulaire de la tangente sera $-\frac{F'_{x'}}{F'_{y'}}$, et l'on aura comme première équation

$$-\frac{F'_{x'}}{F'_{y'}} = m,$$

et comme les coordonnées x', y' doivent vérifier l'équation de la courbe proposée, nous aurons encore

$$F(x' y') = 0$$

Voilà donc deux équations entre x', y', lesquelles étant résolues feront connaître les coordonnées x', y' du point de contact.

Mais généralement il est mieux de considérer x', y' comme des coordonnées variables, et de construire le lieu de l'équation

$$-\frac{F'_{x'}}{F'_{y'}} = m,$$

son intersection avec la courbe proposée, donnera les points de contact.

Appliquons au cercle dont l'équation est

$$x^2 + y^2 - r^2 = 0.$$

En ne tenant pas compte des accents qui sont inutiles, l'équation

$$-\frac{F'_{x'}}{F'_{y'}} = m, \text{ devient } -\frac{x}{y} = m, \text{ d'où}$$

$$y = -\frac{1}{m}x.$$

Donc les points de contact se trouveront sur la perpendiculaire abaissée du centre sur la droite donnée, ce qui conduit à la solution connue dans les éléments de géométrie.

NORMALE AUX COURBES DU SECOND DEGRÉ.

170. On appelle Normale à une courbe la perpendiculaire élevée sur la tangente au point de contact.

Il suit de cette définition et de la condition de perpendicularité en coordonnées obliques, que l'équation de la normale au point (x', y') de la courbe $F(x, y) = 0$, sera

$$y - y' = \frac{F'_{x'}.\cos\theta - F'_{y'}}{\cos\theta\, F'_{y'} - F'_{x'}}(x - x'),$$

Si les axes étaient rectangulaires, $\cos\theta$ serait zéro, et l'on aurait

$$y - y' = \frac{F'_{y'}}{F'_{x'}}(x - x'),$$

avec la condition, dans les deux cas,

$$F(x', y') = 0.$$

En suivant la méthode qui vient d'être exposée pour la tangente, il serait facile de mener à une courbe une normale par un point donné, ou parallèle à une droite donnée.

171. Problème III. Mener une tangente commune à deux courbes du second degré.

Soient $F(x, y) = 0$, $\varphi(x, y) = 0$, les deux courbes proposées ; (x', y'), (x'', y'') les coordonnées inconnues des points où la tangente demandée touche respectivement la première et la seconde courbe. Les équations de la tangente au point (x', y') de la première courbe, seront (160):

$$(1). \qquad y - y' = -\frac{F'_{x'}}{F'_{y'}}(x - x')$$

$$(2) \qquad F(x', y') = 0.$$

Celles de la tangente au point (x'', y'') de la seconde courbe seront pareillement

$$(3) \qquad y - y'' = -\frac{\varphi'_{x''}}{\varphi'_{y''}}(x - x'')$$

$$(4) \qquad \varphi(x'', y'') = 0.$$

Mais ces deux tangentes doivent coïncider, donc leurs équations doivent être identiques, ce qui exige que l'on ait

$$(5) \qquad \frac{F'_{x'}}{F'_{y'}} = \frac{\varphi'_{x''}}{\varphi'_{y''}}, \text{ et } (6)\; y' + \frac{F'_{x'}}{F'_{y'}}x' = y'' + \frac{\varphi'_{x''}}{\varphi'_{y''}}x''.$$

En y ajoutant les équations (2) et (4), on a ainsi quatre équations entre les inconnues x', y', x'', y''. De sorte que si entre les équations (4), (5) et (6), on élimine x'', y'', on aura une équation résultante en x', y',

$$(7) \qquad \psi(x', y') = 0,$$

laquelle combinée avec l'équation (2) déterminera les coordonnées x', y' du point où la tangente touche la première courbe. Il ne s'agira plus que de résoudre ces deux équations, ou de construire le lieu de l'équation (7), son intersection avec la courbe $F(x, y) = 0$, donnera les points (x', y'). En menant par ces points des tangentes à la première courbe, le problème sera résolu.

Application.

Mener une tangente commune au Cercle et à la Parabole représentés par les équations.

(1) $$x^2 + y^2 - R^2 = 0,$$

(2) $$y^2 - 2px = 0.$$

La tangente au point (x', y') de la première courbe, a pour équation

(3) $$yy' + xx' - R^2 = 0,$$

(4) $$y'^2 + x'^2 - R^2 = 0.$$

Celles de la tangente au point (x'', y'') de la seconde, seront

(5) $$yy'' - p(x + x'') = 0,$$

(6) $$y''^2 - 2px'' = 0.$$

De sorte que l'on a pour les équations du problème,

(7) $y'^2 + x'^2 - R^2 = 0,$ (9) $y''^2 - 2px'' = 0$

(8) $-\dfrac{x'}{y'} = \dfrac{p}{y''},$ (10) $\dfrac{R^2}{y'} = \dfrac{px''}{y''}.$

On tire des équations (8) et (10,

$$y'' = -\frac{Ry'}{x'},\quad x'' = -\frac{R^2}{x'}.$$

Portant ces valeurs dans l'équation (9), on a

$$y'^2 + \frac{2R^2}{p}x' = 0.$$

Eliminant enfin y' entre cette dernière équation et l'équation (7), on obtient :

$$x'^2 - \frac{2R^2}{p}x' - R^2 = 0,$$

dont les racines se construisent au moyen de la règle et du compas. On devra rejeter la racine positive.

172. Problème IV. Chercher la condition pour que deux courbes soient tangentes.

Deux courbes sont dites tangentes lorsqu'en un point commun elles ont même tangente. Ce problème revient donc au précédent ; il s'agit de mener une tangente commune à deux courbes ; seulement ici les deux points de contact doivent se confondre.

Soient $$F(x, y) = 0, \quad \varphi(x, y) = 0,$$
les équations des deux courbes. Le point de contact x', y', leur étant commun, on aura d'abord

$$(1) \qquad F(x', y') = 0, \quad \varphi(x' y') = 0.$$

et comme en ce point les deux courbes ont même tangente, on aura aussi

$$(2) \qquad \frac{F'_{x'}(x', y')}{F'_{y'}(x', y')} = \frac{\varphi'_{x'}(x', y')}{\varphi'_{y'}(x', y')}.$$

Trois équations pour déterminer deux inconnues x' et y' ; il en résulte que deux courbes données ne sont pas généralement tangentes. Supposons que les équations (1) des deux courbes renferment des paramètres arbitraires a, b, ... ; on éliminera x' et y' entre les équations (1) et (2), et l'équation résultante sera l'équation de condition à laquelle les paramètres devront satisfaire pour que les deux courbes soient tangentes.

Appliquons à la condition de tangence de deux cercles. Soient les équations des cercles

$$x^2 + y^2 - R^2 = 0, \ (x - \alpha)^2 + (y - \beta)^2 - R'^2 = 0.$$

Les conditions du contact seront

$$(1) \quad x'^2 + y'^2 - R^2 = 0, \ (x' - \alpha)^2 + (y' - \beta)^2 - R'^2 = 0,$$

$$(2) \qquad \frac{x'}{y'} = \frac{x' - \alpha}{y' - \beta}.$$

De l'équation (2) on tire par une propriété connue des proportions
$$\frac{y'}{x'} = \frac{\beta}{\alpha},$$

équation d'une ligne droite qui passe par les centres des deux cercles et par le point de contact. Donc

quand deux cercles se touchent, le point de contact est situé sur la ligne des centres.

Cette même équation (2), en élevant tous les termes au carré, et posant $\alpha^2 + \beta^2 = d^2$, donne

$$\frac{x'^2}{\alpha^2} = \frac{y'^2}{\beta^2} = \frac{x'^2 + y'^2}{\alpha^2 + \beta^2} = \frac{R^2}{d^2},$$

ou
$$\frac{x'}{\alpha} = \frac{y'}{\beta} = \frac{\pm R}{d},$$

de ces deux dernières équations on tire

$$x' = \frac{\pm \alpha R}{d}, \quad y' = \frac{\pm \beta R}{d}.$$

Portant ces valeurs dans la seconde des équations (1), on obtient $(\pm R - d)^2 - R'^2 = 0$, $(\pm R - d + R')(\pm R - d - R') = 0$.

Supposons $R' > R$, le second facteur ne peut être nul, on aura donc

$$d = R' \pm R.$$

Donc

lorsque deux cercles se touchent, la distance des centres est égale à la somme ou à la difference des rayons.

CHAPITRE XI.

DES ASYMPTOTES.

173. On appelle *asymptote* d'une courbe une ligne dont cette courbe s'approche indéfiniment à partir d'un certain point, sans jamais la rencontrer à quelque distance qu'on les suppose prolongées l'une et l'autre.

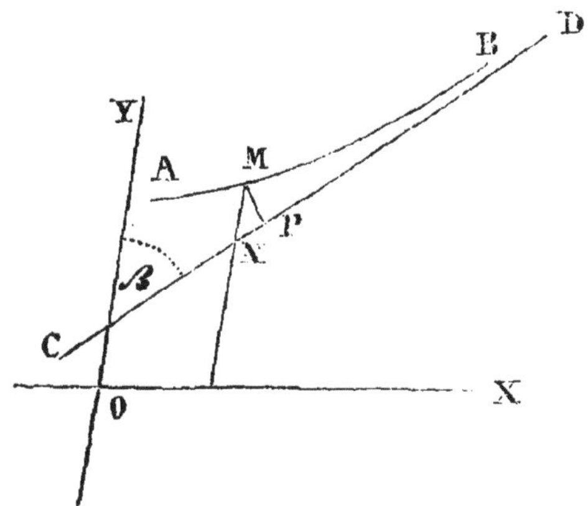

Si donc à partir d'un certain point M d'une branche indéfinie AMB, les perpendiculaires abaissées des différents points de cette courbe sur la droite CD vont sans cesse en diminuant, de manière à devenir plus petites que toute quantité donnée, la droite CD est dite alors *asymptote* de la branche de la courbe.

174. C'est en considérant la limite vers laquelle tend la direction d'une tangente à une branche de courbe infinie que l'on est

arrivé à l'idée d'asymptotisme. On conçoit en effet que si tous les points de cette tangente variable s'approchent continuellement d'une droite fixe, le point de contact doit jouir de la même propriété, et par conséquent que la droite est asymptote de la courbe. La méthode la plus naturelle de chercher les asymptotes d'une courbe F $(x, y) = 0$, est donc de former l'équation générale d'une tangente à cette courbe, et de voir ce que devient cette équation quand on y rend infinies les coordonnées du point de contact. Or, cette équation est

$$y - y' = - \frac{F'_{x'}}{F'_{y'}} (x - x')$$

ou

$$y = - \frac{F'_{x'}}{F'_{y'}} x + y' + \frac{F'_{x'}}{F'_{y'}} x',$$

avec la condition $\qquad F(x', y') = 0.$

Il reste donc à chercher ce que deviennent les deux quantités

$$- \frac{F'_{x'}}{F'_{y'}}, \text{ et } y' + \frac{F'_{x'}}{F'_{y'}} x',$$

pour $x' = \infty$ et $y' = \infty$. Mais il arrivera le plus souvent que ces quantités se présenteront sous la forme de $\frac{\infty}{\infty}$ ou $\frac{0}{0}$. Il faudra donc, avant d'y introduire ces hypothèses, en éliminer x' ou y' au moyen de l'équation, F $(x', y') = 0$, puis chercher les limites des fonctions résultantes en x' ou en y' seulement, ce qui entraînera le plus souvent dans des calculs longs et pénibles. Nous emploierons donc, pour déterminer les asymptotes d'une courbe, la méthode suivante, due à M. Cauchy, et qui est une déduction directe de leur définition.

175. Considérons la différence MN entre les ordonnées de la courbe et de la droite correspondant à une même abscisse, et désignons par β l'angle de l'asymptote avec l'axe des y ; on a

$$MN = \frac{MP}{\sin \beta}.$$

Or, quand MP tend vers zéro, MN tend également vers zéro, et la condition lim MP $= 0$, se transforme ainsi dans la condition équivalente lim MN $= 0$. On peut donc définir l'asymptote une droite telle que la différence des ordonnées de la courbe et de la droite correspondantes à une même abscisse, ait pour limite 0 quand x tend vers $+\infty$ ou $-\infty$.

Toutefois il n'est pas possible de transformer ainsi la définition quand $\beta = 0$, c'est-à-dire quand l'asymptote est parallèle à l'axe des y. Dans ce cas, la différence des abscisses qui correspondent à une même ordonnée a pour limite 0, en d'autres termes, l'x de la courbe converge vers une limite finie, quand y tend vers $+\infty$ ou $-\infty$.

Asymptotes non parallèles à l'axe des y. Une pareille asymptote a pour équation

$$y_1 = cx + d,$$

c et d étant des constantes qu'il s'agit de déterminer. Représentons par y et par y_1 les ordonnées de la courbe et de la droite qui correspondent à une même abscisse, par V la différence $y - y_1$. D'après la définition, V est une fonction de x qui doit devenir zéro quand x tend vers l'infini. La branche de courbe que nous considérons est donc représentée par l'équation

$$(1) \qquad y = y_1 + V = cx + d + V.$$

De cette équation on déduit

$$c = \frac{y}{x} - \frac{d}{x} - \frac{V}{x}.$$

Or, d a une valeur finie et V converge vers 0 à mesure que x augmente, donc en représentant par $\lim \frac{y}{x}$ ce que devient le rapport $\frac{y}{x}$ quand x devient infini, on a

$$c = \lim \frac{y}{x}.$$

Le coefficient angulaire de l'asymptote est donc égal à la limite vers laquelle converge le rapport $\frac{y}{x}$ quand la valeur numérique de x augmente indéfiniment.

Supposons trouvée cette valeur de c et substituons-la dans l'équation (1) ; cette même équation donnera

$$d = y - cx - V,$$

d'où $$d = \lim (y - cx),$$
car pour $x = \pm \infty$, $V = 0$.

L'ordonnée à l'origine de l'asymptote est donc égale à la limite de la différence $y - cx$, quand la valeur numérique de x augmente indéfiniment.

176. Appliquons cette théorie aux courbes représentées par l'équation générale du second degré
$$Ay^2 + Bxy + Cx^2 + Dy + Ex + F = 0.$$

Puisque $\lim \frac{y}{x} = c$, faisons $y = ux$, u devenant c pour x infini, on aura
$$(Au^2 + Bu + C)\, x^2 + (Du + E)\, x + F = 0,$$
divisant par x^2, nous aurons
$$Au^2 + Bu + C + (Du + E)\frac{1}{x} + \frac{F}{x^2} = 0.$$

Quand la valeur de x augmente indéfiniment, et que u, ou le rapport $\frac{y}{x}$, tend vers une limite finie c, tous les termes de l'équation, à partir du second s'annulent, et à la limite, l'équation se réduit à
$$(a) \qquad Ac^2 + Bc + C = 0.$$

Ainsi,
les coefficients angulaires des asymptotes sont données par les racines de l'équation obtenue en égalant à 0 la partie du second degré dans l'équation de la courbe ; et remplaçant x par 1 et y par c.

Nous avons trouvé $d = \lim (y - cx)$; posons $y - cx = k$, k devenant d pour x infini. En portant cette valeur de y dans l'équation générale, on a
$$(Ac^2 + Bc + C)\, x^2 + (2\,Ack + Bk + Dc + E)\, x + Ak^2 + Dk + F = 0.$$

Mais $Ac^2 + Bc + C = 0$, donc on a simplement
$$(2\,Ack + Bk + Dc + E)\, x + Ak^2 + Dk + F = 0,$$
et en divisant par x,
$$(2\,Ack + Bk + Dc + E) + \frac{Ak^2 + Dk + F}{x} = 0.$$

Si l'on fait x infini, le second terme de l'équation s'annule, k doit être remplacé par d, et on obtient

$$2\,Acd + Bd + Dc + E = 0,$$

d'où

$$(b) \qquad d = -\frac{Dc + E}{2\,Ac + B}.$$

Ainsi,

l'ordonnéé, à l'origine de l'asymptote dont le coefficient angulaire est c, est égale et de signe contraire à la partie du premier degré dans l'équation de la courbe, dans laquelle on remplace x par 1 et y par c, divisée par la dérivée par rapport à c de l'équation $Ac^2 + Bc + C = 0$.

Nous avons donc pour l'équation des asymptotes

$$(d) \qquad y = cx - \frac{Dc + E}{2\,Ac + B}.$$

Pour déterminer le coefficient angulaire c nous avons l'équation

$$Ac^2 + Bc + C = 0,$$

d'où

$$c = \frac{-B \pm \sqrt{B^2 - 4\,AC}}{2\,A}.$$

1° Si $B^2 - 4\,AC < 0$, les valeurs de c sont imaginaires, donc l'ellipse n'a pas d'asymptotes, ce qui est d'ailleurs évident.

2° Si $B^2 - 4\,AC = 0$, $c = -\frac{B}{2\,A}$, donc la parabole peut avoir des asymptotes.

3° Si $B^2 - 4\,AC > 0$, les valeurs de c sont réelles et inégales, ce qui indique deux directions pour les asymptotes.

Pour la parabole, $c = -\frac{B}{2\,A}$, ce qui donne $d = -\frac{2AE - BD}{0} = \infty$, pourvu que le numérateur ne soit pas nul : or, si le numérateur était zéro, l'équation proposée représenterait deux droites parallèles, donc la parabole n'a pas d'asymptotes.

Pour le cas de l'hyperbole, nous avons, en remplaçant c par ses deux valeurs

$$d = -\frac{-BD \pm D\sqrt{B^2 - 4\,AC} + 2\,AE}{\pm 2\,A\sqrt{B^2 - 4\,AC}}.$$

Les asymptotes de l'hyperbole sont donc représentées par l'équation

$$y = \frac{-B \pm \sqrt{B^2 - 4AC}}{2A} x + \frac{BD - 2AE \mp D\sqrt{B^2 - 4AC}}{\pm 2A\sqrt{B^2 - 4AC}},$$

ou

$$y = -\frac{B}{2A} x - \frac{D}{2A} \pm \frac{1}{2A} \left\{ x\sqrt{B^2 - 4AC} + \frac{BD - 2AE}{\sqrt{B^2 - 4AC}} \right\}.$$

En se rappelant que dans la résolution de l'équation du second degré nous avons posé $-\frac{B}{2A} = a, -\frac{D}{2A} = b, B^2 - 4AC = n$, $BD - 2AE = p$, cette équation devient

$$y = ax + b \pm \frac{1}{2A} \left\{ x\sqrt{n} + \frac{p}{\sqrt{n}} \right\}.$$

On voit par là que l'ordonnée de l'asymptote se déduit de celle de l'hyperbole, par le changement du radical en un binome tel, que les deux premiers termes de son carré soient les deux premiers termes du trinôme placé sous le radical.

177. Asymptotes parallèles à l'axe des y.

Si $A = 0$, l'une des racines de l'équation

$$Ac^2 + Bc + C = 0$$

est infinie, et l'asymptote qu'elle détermine est parallèle à l'axe des Y.

La détermination des asymptotes parallèles à l'axe des y, revient à la recherche des valeurs finies de x qui rendent y infinie ; de sorte que si $x = k$ est l'équation d'une pareille asymptote, il faudra que y tende vers l'infini à mesure que x s'approchera de k, et réciproquement, si cette condition est satisfaite, la droite dont l'équation est $x = k$ sera une asymptote.

178. Lorsque l'équation est résolue les valeurs de x qui rendent y infini, sont celles qui annulent le dénominateur ; mais si l'équation n'est pas résolue, on divisera les deux membres par la plus haute puissance de y qu'elle renferme, en y faisant ensuite y infini, on aura une

équation en x dont les racines réelles seront les différentes valeurs de k.

Soit donc l'équation

$$Bxy + Cx^2 + Dy + Ex + F = 0.$$

En ordonnant par rapport à y, on a

$$(Bx + D)y + Cx^2 + Ex + F = 0,$$

divisant par y, puis faisant y infini, on obtient

$$Bx + D = 0, \text{ d'où } x = -\frac{D}{B},$$

pour l'équation de l'asymptote parallèle à l'axe de y,

179. Voyons si cette équation n'est pas un cas particulier de l'équation des asymptotes

$$y = cx - \frac{Dc + E}{2Ac + B}.$$

Faisons dans cette équation $A = 0$, et par conséquent $c = \infty$; mais auparavant nous diviserons ses deux membres par c, ce qui donnera

$$x = \frac{y}{c} + \frac{D + \frac{E}{c}}{2Ac + B}$$

Quand on fera $A = 0$, les termes $\frac{y}{c}$ et $\frac{E}{c}$ s'évanouiront ; mais le terme Ac deviendra $0 \times \infty$. Pour en obtenir la vraie valeur, reprenons l'équation $Ac^2 + Bc + C = 0$, divisons-la par c, puis faisons $c = \infty$, nous aurons $Ac + B = 0$ ou $Ac = -B$. L'équation des asymptotes deviendra donc

$$x = -\frac{D}{B}.$$

Il résulte de là que l'équation

$$y = cx - \frac{Dc + E}{2Ac + B}$$

donne toutes les asymptotes que peut avoir la courbe représentée par l'équation du second degré lorsque $B^2 - 4Ac > 0$.

180. Si $D = 0$, l'équation $x = -\frac{D}{B}$ se réduit à

$$x = 0,$$

et représente l'axe des y.

181. Donc,

quand le carré de y manquera dans une équation du second degré, cette équation représentera une hyperbole qui aura une asymptote parallèle à l'axe des y, et qui sera cet axe lui-même si le terme du premier degré manque également.

182. Les mêmes propriétés ont lieu par rapport à l'axe des x ; car si, dans l'équation, on permute x et y, ce qui revient à prendre l'axe des abscisses pour celui des ordonnées, et réciproquement, on a également $B^2 - 4AC > 0$.

Il suit de là que

si l'équation du second degré ne contient que le rectangle des variables et un terme connu, elle représente une hyperbole rapportée à ses asymptotes.

C'est, d'ailleurs, ce que l'on peut reconnaître directement en résolvant l'équation

$$Bxy + F = 0$$

successivement par rapport à chacune des variables, et faisant croître l'autre jusqu'à $\pm \infty$.

Si en outre $F = 0$, la courbe se réduit à deux droites qui se coupent.

183. Enfin si $C = -A$, et que les axes soient rectangulaires, l'équation

$$Ay^2 + Bxy - Ax^2 + Dy + Ex + F = 0,$$

représentera une hyperbole dont les deux asymptotes sont à angles droits; car le produit des racines de l'équation

$$Ac^2 + Bc + C = 0,$$

qui devient alors

$$Ac^2 + Bc - A = 0.$$

est égal à -1.

Ainsi,

quand les coefficients des carrés des variables sont égaux et de signes contraires dans l'équation du second degré en coordonnées rectangulaires, cette équation représente une hyperbole qui a deux asymptotes perpendiculaires entre elles.

L'hyperbole est alors appelée *équilatère*.

184. Autre méthode. Supposons l'équation de l'hyperbole résolue par rapport à y. Nous aurons

$$y = ax + b \pm \frac{1}{2A}\sqrt{nx^2 + 2px + q},$$

n étant positif. Cette formule donne

$$\frac{y}{x} = a + \frac{b}{x} \pm \frac{1}{2A}\sqrt{n + \frac{2p}{x} + \frac{q}{x^2}}.$$

Donc

$$\lim \frac{y}{x} = c = a \pm \frac{1}{2A}\sqrt{n}.$$

Nous aurons ensuite

$$y - cx = ax + b \pm \frac{1}{2A}\sqrt{nx^2 + 2px + q} - \left(a \pm \frac{1}{2A}\sqrt{n}\right)x$$

ou

$$y - cx = b \pm \frac{1}{2A}\left(\sqrt{nx^2 + 2px + q} - x\sqrt{n}\right).$$

Quand on fait x infini, la quantité entre parenthèses devient $\infty - \infty$. Pour éviter l'indétermination, multiplions et divisons par $\sqrt{nx^2 + 2px + q} + x\sqrt{n}$, nous aurons

$$y - cx = b \pm \frac{1}{2A}\cdot\frac{2px + q}{\sqrt{nx^2 + 2px + q} + x\sqrt{n}}.$$

Divisant par x les deux termes de la fraction

$$\frac{2px + q}{\sqrt{nx^2 + 2px + q} + x\sqrt{n}},$$

puis faisant x infini, on obtient

$$\lim (y - cx) = d = b \pm \frac{1}{2A}\cdot\frac{p}{\sqrt{n}}.$$

Les équations des asymptotes sont donc :

$$y = ax + b \pm \frac{1}{2A}\left(x\sqrt{n} + \frac{p}{\sqrt{n}}\right),$$

comme nous l'avons trouvé plus haut.

Exercices.

Rechercher les asymptotes des hyperboles représentées par les équations :

I. $4y^2 - 8xy + 3x^2 + 4y - x + 5 = 0.$

II. $4y^2 - 8xy + 3x^2 - 4y + 6x - 4 = 0.$

III. $2xy + x^2 - 2y - 3x - 1 = 0.$

IV. $2xy + x^2 - 2y - 3x + 2 = 0.$

CHAPITRE XII.

DU CENTRE, DES DIAMÈTRES ET DES AXES DANS LES COURBES DU SECOND DEGRÉ.

DU CENTRE.

185. On appelle *centre* d'une courbe un point tel que toute sécante passant par ce point rencontre la courbe en des points qui sont, deux à deux, équidistants du point dont il s'agit.

Il suit immédiatement de cette définition que, si l'origine des coordonnées est placée au centre d'une courbe, l'équation de cette courbe ne sera pas altérée si on y remplace x et y par $-x$ et $-y$. Considérons, en effet, une sécante menée par le centre O ; en vertu de la définition, elle coupera la courbe en deux points équidistants du point O. Soient M et M′ ces deux points. Tirons les coordonnées MP et M′P′, les deux triangles OMP et OM′P′ seront évidemment égaux, donc MP=M′P′, et OP = OP′, donc les coordonnées du point M′ seront égales et de signes contraires à celles du point M ; et puisque la sécante MOM′ est quelconque, il s'ensuit que les coordonnées de tous les points de la courbe sont deux à deux égales et de signes contraires. Donc l'équation de cette courbe ne devra pas changer si l'on y remplace x et y par $-x$ et $-y$.

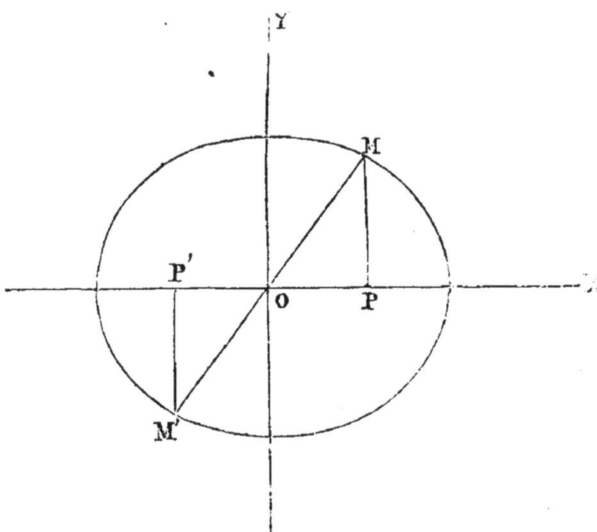

Réciproquement si l'équation d'une courbe n'est pas altérée quand on y remplace $+x$ et $+y$ par $-x$ et $-y$, cette courbe a pour centre l'origine des coordonnées.

En effet, soit M un point de la courbe. Joignons OM et prolongeons cette ligne d'une quantité OM' = OM, il est clair que les coordonnées du point M' sont égales et de signes contraires à celles du point M. Mais l'équation de cette courbe n'est pas altérée quand on y remplace x et y par $-x$ et $-y$, donc le point M' est un point de la courbe, et comme la sécante MOM' est quelconque, il s'ensuit que toute sécante menée par l'origine coupe la courbe en des points qui sont deux à deux à égale distance de l'origine ; donc l'origine est le centre de la courbe.

Il résulte de ce qui précède que, pour que l'origine soit le centre d'une courbe du second degré, il faut que l'équation de celle-ci ne contienne pas la première puissance des variables.

Autre démonstration. Soit

$$(1) \qquad Ay^2 + Bxy + Cx^2 + Dy + Ex + F = 0,$$

l'équation d'une courbe que l'on suppose avoir un centre. Prenons ce centre pour origine des coordonnées ; toute droite MOM' passant par ce point, aura pour équation

$$y = mx.$$

En portant cette valeur de y dans l'équation (1), l'équation du second degré

$$(2) \qquad (Am^2 + Bm + C)\, x^2 + (Dm + E)\, x + F = 0$$

doit avoir pour racines les abscisses des points de rencontre de la droite et de la courbe. Or, en vertu de la définition du centre, on a OM = OM' et, par suite, OP = OP', ce qui apprend que les racines de l'équation doivent être égales et de signes contraires ; on doit donc avoir

$$Dm + E = 0.$$

Comme cette condition doit être remplie pour toute valeur de m, il faut qu'on ait

$$D = 0,$$
$$E = 0 ;$$

donc l'équation ne doit pas contenir les variables x et y au premier degré.

186. Il suit de là que, pour reconnaître si une courbe donnée par son équation a un centre, il faudra représenter par a et b les coordonnées du centre, y transporter l'origine en remplaçant dans

son équation x et y respectivement par $x + a$ et $y + b$, puis égaler à 0 les coefficients des premières puissances de x et de y dans la transformée. La courbe proposée aura un centre, si l'on peut tirer de ces équations un couple de valeurs réelles et finies pour a et b, et elle n'en aura pas si les équations de condition n'admettent pas de semblables valeurs ; si ces équations sont indéterminées, il y aura une infinité de centres.

187. Soit donc l'équation générale du second degré

$$(1) \qquad Ay^2 + Bxy + Cx^2 + Dy + Ex + F = 0.$$

Changeons x et y respectivement en $x + a$, $y + b$, nous aurons

$$Ay^2 + Bxy + Cx^2 + (2Ab + Ba + D)\,y + (Bb + 2Ca + E)\,x$$
$$+ Ab^2 + Bab + Ca^2 + Db + Ea + F = 0,$$

Remarquons que les termes du second degré dans cette transformée sont les mêmes que dans la proposée ; que les coefficients de y et de x sont les dérivées respectives par rapport à y et à x du premier membre de l'équation (1), dans lesquelles on a remplacé x et y par les coordonnées a et b de la nouvelle origine, et que la quantité indépendante de x et y n'est autre chose que le premier membre de l'équation (1) dans lequel on remplace x par a et y par b.

Pour que le lieu de l'équation (1) ait un centre, il faut et il suffit que l'on puisse trouver un couple de valeurs de a et de b qui vérifient les deux équations

$$(2) \qquad \begin{aligned} 2Ab + Ba + D &= 0, \\ Bb + 2Ca + E &= 0. \end{aligned}$$

Or, si l'on regarde a et b comme des coordonnées courantes, ces deux équations représenteront deux droites qui passeront chacune par le centre, et qui le détermineront par leur intersection. Ainsi, pour que ce centre existe, il faut que les droites représentées par les équations (2) se coupent, ce qui aura lieu si les coefficients angulaires de ces droites sont inégaux. Il faut donc que l'on ait

$$-\frac{B}{2A} \gtrless -\frac{2C}{B},$$

ou

$$B^2 - 4AC \gtrless 0.$$

Mais c'est le caractère analytique des ellipses et des hyperboles, donc l'ellipse et l'hyperbole ont un centre, et ce centre est unique.

Si $B^2 - 4AC = 0$, c'est-à-dire si la courbe est une parabole, il en résultera

$$\frac{-B}{2A} = \frac{-2C}{B},$$

et les coefficients angulaires des droites représentées par les équations (2) étant égaux, ces deux droites sont parallèles, donc le centre qui doit être déterminé par leur intersection n'existe pas, donc la parabole n'a pas de centre.

Si les droites représentées par les équations (2) se confondent, ce qui aura lieu quand elles auront même coefficient angulaire et même ordonnée à l'origine, c'est-à-dire quand on aura

$$-\frac{B}{2A} = -\frac{2C}{B}, \quad \text{et} \quad -\frac{D}{2A} = -\frac{E}{B},$$

ou, ce qui est la même chose

$$B^2 - 4AC = 0, \quad \text{et} \quad 2AE - BD = 0,$$

la courbe a une infinité de centres, tous situés sur la droite unique que représentent alors les deux équations (2). C'est d'ailleurs ce que nous enseigne l'Algèbre. Les valeurs de a et b déduites des équations (2) se réduisent alors à $\frac{0}{0}$, et l'on sait que, dans ce cas, l'une des équations (2) est le produit de l'autre par un facteur constant, de sorte qu'elles ne tiennent lieu que d'une seule équation, et ne sauraient suffire pour déterminer a et b. Il y a donc une infinité de couples de valeurs de a et de b au moyen desquelles on pourra faire disparaître de l'équatiou générale les termes du premier degré, et partant, il y a une infinité de centres. L'équation générale ne devra donc plus représenter une courbe, mais bien le système de deux droites parallèles à la droite donnée par l'équation

$$2Ab + Ba + D = 0,$$

et qui en seraient également distantes. En effet, l'équation (1) résolue donne

$$y = -\frac{B}{2A}x - \frac{D}{2A} \pm \frac{1}{2A}\sqrt{(B^2 - 4AC)x^2 + 2(BD - 2AE)x + D^2 - 4AF},$$

et en vertu des hypothèses $B^2 - 4AC = 0$, $BD - 2AE = 0$, elle se réduit à

$$(3) \qquad y = -\frac{B}{2A}x - \frac{D}{2A} \pm \frac{1}{2A}\sqrt{D^2 - 4AF}.$$

Si $D^2 - 4AF > 0$, cette équation représente deux droites parallèles à celle qui a pour équation

$$y = -\frac{B}{2A}x - \frac{D}{2A}, \text{ ou } 2Ay + Bx + D = 0,$$

et qui en sont à égale distance. De manière que cette dernière équation, qui n'est d'ailleurs que la première des équations (2), représente le lieu des centres du système des deux droites parallèles comprises dans l'équation (3).

Si $D^2 - 4AF$ est égal à 0, l'équation (1) ne représente plus qu'une droite unique, se confondant avec la ligne des centres ; elle ne représente rien si $D^2 - 4AF < 0$.

En résumé l'ellipse et l'hyperbole ont un centre, et la parabole n'en a pas.

DES DIAMÈTRES.

188. On appelle *diamètre* une ligne qui divise en deux parties égales un système de cordes parallèles.

Si un diamètre est une ligne droite et qu'il soit perpendiculaire à *ses cordes conjuguées*, c'est-à-dire *aux cordes qu'il divise en deux parties égales*, on lui donne le nom *d'axe*, et les points où il rencontre la courbe sont dits *les sommets* de cette courbe.

189. Les équations des diamètres d'une courbe peuvent se déduire de l'équation de la courbe par plusieurs méthodes ; nous ne ferons connaître que la plus simple.

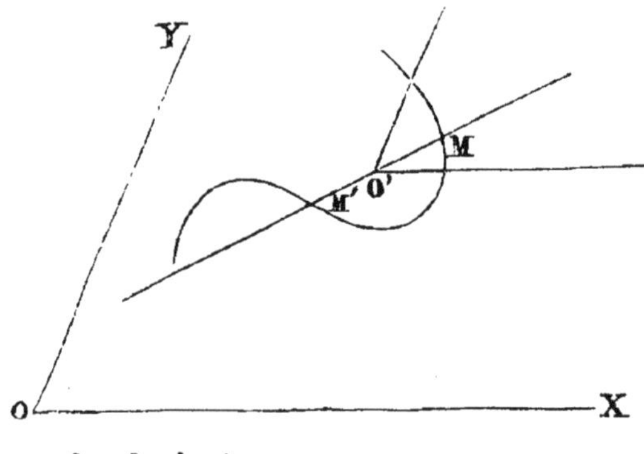

Soit $f(x, y) = 0$ l'équation de la courbe, m le coefficient angulaire des cordes parallèles, x_1 et y_1 les coordonnées du point milieu O' de l'une des cordes M M'. Transportons l'origine des coordonnées au point O', l'équation de la courbe devient,

$$f(x_1 + x', y_1 + y') = 0.$$

La sécante que l'on considère, passant par la nouvelle origine, est représentée par

$$y' = m\,x',$$

et les abscisses des points où cette sécante rencontre la courbe, sont données par l'équation

$$f(x_1 + x', y_1 + mx') = 0. \qquad (1)$$

Or les deux points M et M', situés à égale distance de la nouvelle origine O', ont des abscisses égales et de signes contraires; donc il est nécessaire et il suffit que l'équation (1) en x' ait deux racines égales et de signes contraires. L'équation en x_1, y_1, m par laquelle on exprime cette condition, sera l'équation même du diamètre.

190. Application aux courbes du second degré.

Si nous transportons l'origine au point O', l'équation du second degré

$$Ay^2 + Bxy + Cx^2 + Dy + Ex + F = 0.$$

devient

$$Ay'^2 + Bx'y' + Cx'^2 + (2Ay_1 + Bx_1 + D)y' + (By_1 + 2cx_1 + E)x' + \\ + Ay^2_1 + Bx_1 y_1 + Cx^2_1 + Dy_1 + Ex_1 + F = 0,$$

et la corde que l'on considère, passant par la nouvelle origine, sera représentée par l'équation.

$$y' = mx'.$$

En éliminant y' entre ces deux équations on obtient l'équation du second degré

$$(2) \quad (Am^2 + Bm + C)x'^2 + \{m(2Ay_1 + Bx_1 + D) + (By_1 + 2Cx_1 + E)\}x' \\ + Ay^2_1 + Bx_1 y_1 + Cx^2_1 + Dy_1 + Ex_1 + F = 0,$$

dont les racines sont les abscisses des extrémités de la corde. Or ces abscisses sont égales et de signes contraires, par conséquent il faut que cette équation ait ses deux racines égales et de signes contraires, ce qui exige que le terme du premier degré soit nul. On a donc

$$m(2Ay_1 + Bx_1 + D) + By_1 + 2Cx_1 + E = 0.$$

Telle est l'équation du diamètre cherché, dans laquelle x_1 et y_1 sont des coordonnées courantes. En supprimant les indices, qui sont maintenant inutiles, elle revient à la suivante

$$(3) \qquad m(2Ay + Bx + D) + By + 2Cx + E = 0.$$

ou

$$mF'_y + F'_x = 0,$$

C'est l'équation générale des lignes diamétrales aux courbes du second ordre.

Le multiplicateur de m est la dérivée par rapport à y de l'équation de ces courbes, et les termes indépendants de m forment la dérivée de cette même équation par rapport à x ; on voit donc que pour former l'équation générale des lignes diamétrales aux courbes du second ordre, il faut :

Ajouter à la dérivée du premier membre de l'équation de ces courbes prises par rapport à x, le produit par m de la dérivée de la même équation prise par rapport à y.

En ordonnnant l'équation (3), on a :

$$(2\,Am + B)\,y + (Bm + 2\,C)\,x + Dm + E = 0.$$

Les coefficients de x et de y de cette dernière équation sont les dérivées, par rapport à x et par rapport à y, des termes du second degré de l'équation dela courbe, dans lesquels on remplace x par 1, y par m, et le terme constant est l'ensemble des termes du premier degré, dans lesquels on a opéré les mêmes substitutions.

191. L'équation (3) des lignes diamétrales des courbes du second degré, donne lieu à diverses conséquences que nous allons développer.

On voit :

1° Que les diamètres dans les courbes du second ordre sont des lignes droites,

et que ces courbes ont une infinité de diamètres dont on obtient les équations en donnant à m des valeurs arbitraires dans l'équation (3).

2° Que la tangente à l'extrémité d'un diamètre est parallèle aux cordes conjuguées de ce diamètre.

En effet, soient (x', y') les coordonnées des points où le diamètre représenté par l'équation (3) rencontre la courbe, on aura

$$(2\,Ay' + Bx' + D)\,m + By' + 2\,Cx' + E = 0,$$

d'où $$m = -\frac{By' + 2\,Cx' + E}{2\,Ay' + Bx' + D} = -\frac{F'_{x'}}{F'_{y'}}$$

Or, cette valeur est précisément celle du coefficient d'inclinaison de la tangente en ce point ; donc cette tangente est parallèle aux cordes.

On peut aussi démontrer cette propriété géométriquement. En effet, le diamètre divisant en deux parties égales toutes les cordes parallèles à une même direction, cette même propriété existera lorsque les extrémités de la corde seront confondues, c'est-à-dire lorsqu'elle sera devenue tangente.

3° Dans la parabole tous les diamètres sont parallèles entre eux.

En effet, nous avons pour l'équation des diamètres

$$y = -\frac{Bm + 2C}{2Am + B}x - \frac{Dm + E}{2Am + B}.$$

Soit m' le coefficient angulaire du diamètre, on a

$$m' = -\frac{Bm + 2C}{2Am + B};$$

or, dans la parabole $2C = \frac{B^2}{2A}$, donc

$$m' = -\frac{B(2Am + B)}{2A(2Am + B)} = -\frac{B}{2A}.$$

Il résulte de là que

dans la parabole, les diamètres ont une inclinaison constante dont la valeur est $-\frac{B}{2A}$ quelque soit le coefficient angulaire m des cordes.

192. Dans l'ellipse et dans l'hyperbole tous les diamètres passent par le centre.

En effet, l'équation générale des diamètres est

$$(2Ay + Bx + D)m + By + 2Cx + E = 0,$$

et l'on voit que cette équation sera satisfaite si l'on y remplace x et y par les valeurs de a et de b qui satisfont aux deux équations

$$2Ab + Ba + D = 0,$$
$$Bb + 2Ca + E = 0,$$

c'est-à-dire par les coordonnées du centre.

Il est facile de s'assurer que chacune des droites représentées par les deux équations

$$2Ay + Bx + D = 0,$$
$$By + 2Cx + E = 0,$$

est un diamètre. En effet, si dans l'équation

$$(2Ay + Bx + D) m + By + 2Cx + E = 0,$$

on fait $m = 0$, on obtient :

$$By + 2Cx + E = 0,$$

qui est le diamètre conjugué aux cordes parallèles à l'axe des x.

En divisant les deux membres de l'équation par m, puis faisant $m = \infty$, on trouve :

$$2Ay + Bx + D = 0,$$

qui est le diamètre conjugué aux cordes parallèles à l'axe des y.

193. Réciproquement

Dans l'ellipse et dans l'hyperbole, toute droite passant par le centre est un diamètre, excepté dans l'hyperbole lorsque la droite dont il s'agit coïncide avec l'une des asymptotes.

En effet, le centre de l'ellipse ou celui de l'hyperbole étant déterminé par l'intersection des deux droites

$$2Ay + Bx + D = 0,$$
$$By + 2Cx + E = 0,$$

l'équation générale des droites passant par le centre de ces courbes est :

$$m (2Ay + Bx + D) + By + 2Cx + E = 0$$

équation du diamètre conjugué aux cordes dont le coefficient angulaire serait égal à m; or, si nous nous reportons à l'équation (2), nous voyons que pour qu'une droite $y = mx$ détermine une corde, ou pour qu'elle coupe la courbe en deux points, il faut que l'on ait :

$$Am^2 + Bm + C \gtrless 0.$$

Car si l'on avait :

$$Am^2 + Bm + C = 0,$$

la droite en question ne couperait la courbe qu'en un point et la courbe n'aurait pas de cordes parallèles à cette droite, Cela posé, l'équation

$$Am^2 + Bm + C = 0$$

n'est jamais vérifiée dans le cas de l'ellipse ; donc déjà toutes les cordes passant par le centre de l'ellipse sont des diamètres.

Dans le cas de l'hyperbole, les racines de cette équation sont précisément les coefficients angulaires des asymptotes (176) ; d'où il suit que les parallèles aux asymptotes ne coupent l'hyperbole qu'en un point ; d'ailleurs pour ces valeurs de m, l'équation

$$m\,(2Ay + Bx + D) + By + 2Cx + E = 0$$

représente les asymptotes elles-mêmes, ce qui complète la démonstration.

DIAMÈTRES CONJUGUÉS.

194. Soit $y = m'x + n'$ l'équation du diamètre dont les cordes conjuguées sont comprises dans l'équation $y = mx + p$, nous aurons :

$$m' = -\frac{Bm+2C}{2Am+B},$$

ou, ce qui est la même chose

$$(4)\ 2Amm' + B(m+m') + 2C = 0.$$

Si maintenant on tire un système de cordes parallèles à ce premier diamètre, et que $y = m''x + n''$ soit l'équation du diamètre qui les divisera en deux parties égales, on aura la relation

$$2Am'm'' + B(m'+m'') + 2C = 0.$$

Or, si l'on compare cette équation à la précédente, on en conclura que $m'' = m$, et qu'ainsi ce second diamètre est parallèle aux cordes conjuguées du premier.

Donc les diamètres représentés par les équations

$$y = m'x + n',\ y = m''x + n'',$$

sont tels que chacun d'eux est parallèle aux cordes conjuguées de l'autre. On dit pour cette raison que ces deux diamètres sont conjugués.

L'équation (4) est tout à la fois la relation qui existe entre les coefficients angulaires de deux diamètres conjugués, et entre les coefficients angulaires d'un diamètre et de ses cordes conjuguées.

Observons de plus que la relation (4) étant du premier degré, à toute valeur réelle de m correspondra une valeur réelle de m', donc *à tout diamètre correspond un diamètre conjugué.*

DES AXES.

195. Recherchons si parmi tous les diamètres, il en existe un qui soit perpendiculaire aux cordes qu'il divise en deux parties égales. Comme nous l'avons dit plus haut, ce diamètre prend le nom *d'axe*, et les cordes qu'il divise en deux parties égales se nomment *cordes principales*. Supposons, pour plus de simplicité, les axes rectangulaires, nous devrons avoir entre les coefficients m et m' la relation $m' = -\frac{1}{m}$, donc le coefficient d'inclinaison des cordes devra vérifier l'équation

$$\frac{1}{m} = \frac{Bm+2C}{2Am+B},$$

ou

$$m^2 - 2\frac{A-C}{B}m - 1 = 0. \tag{5}$$

Le dernier terme est négatif, donc il y a deux valeurs réelles de m, et deux directions des cordes principales, par conséquent deux axes.

De plus ces deux directions sont perpendiculaires, car le produit des valeurs de m est égal à -1.

196. Nous avons trouvé pour le diamètre conjugué aux cordes dont le coefficient angulaire est m, l'équation

$$(2Ay+Bx+D)\,m + By + 2Cx + E = 0. \tag{3}$$

Si, dans cette équation, nous remplaçons m successivement par les deux racines de l'équation (5), nous obtiendrons les équations des axes de la courbe ; mais si l'on veut représenter les deux axes par une seule équation, il vaut mieux tirer de (3) la valeur de m et la substituer dans l'équation (5), on trouve ainsi :

$$B\,(By+2Cx+E)^2 + 2\,(A-C)\,(2Ay+Bx+D)\,(By+2Cx+E) - B\,(2Ay+Bx+D)^2 = 0. \tag{6}$$

197. *Equation de l'axe de la parabole.* — L'équation (5) donne :

$$m = \frac{A-C \pm \sqrt{B^2+(A-C)^2}}{B}.$$

Si la courbe donnée est une parabole, on a $B^2 - 4AC = 0$, donc

$$m = \frac{A-C \pm \sqrt{(A-C)^2+4AC}}{B} = \frac{A-C \pm (A+C)}{B},$$

En représentant par m_1 et m_2 les deux valeurs de m, on a :

$$m_1 = \frac{2A}{B}, \quad m_2 = -\frac{2C}{B}.$$

Il semble ainsi que la parabole ait deux axes. Mais si l'on reprend l'équation (3) et qu'on y fasse $m = m_2 = -\frac{2C}{B}$, elle se réduit à $-2CD + BE = 0$. Or, dans la parabole, la fonction $-2CD + BE$ est différente de zéro, conséquemment l'équation (3) ne peut être vérifiée par aucun système de valeurs de x et de y quand on y fait $m = m_2$. La direction de l'axe de la parabole est donc donnée par $m = m_1 = \frac{2A}{B}$, *et l'équation de l'axe de la parabole est :*

$$(7) \qquad y = -\frac{B}{2A}x - \frac{2AD + BE}{4A^2 + B^2}.$$

198. Ce qui précède suppose que l'on a $B \gtrless 0$. Supposons $B = 0$, et $A \gtrless C$, auquel cas l'équation (1) représente une ellipse ou une hyperbole. Les racines de l'équation

$$m^2 - \frac{2(A - C)}{B}m - 1 = 0$$

sont alors $m_1 = 0$, $m_2 = \infty$; elles déterminent deux directions parallèles aux axes coordonnées, et comme elles ne vérifient pas l'équation

$$Am^2 + Bm + C = 0,$$

il en résulte que, dans le cas de l'ellipse et de l'hyperbole, lorsque l'équation ne renferme pas le rectangle xy des variables, les axes de la courbe sont parallèles aux axes coordonnés.

Dans le cas de la parabole, lorsque $B = 0$, comme $B^2 - 4AC = 0$, il faut que l'on ait en même temps $A = 0$ ou $C = 0$; il en résulte que l'axe de la parabole est alors parallèle à l'axe des x lorsque $C = 0$, et parallèle à l'axe des y lorsque $A = 0$, c'est-à-dire parallèle à l'axe de même nom que celui de la variable dont le carré manque.

Enfin si l'on avait $B = 0$ et $A = C$, les racines de l'équation (5) seraient indéterminées, et il y aurait une infinité d'axes, ce qu'on pouvait prévoir, puisque dans ce cas l'équation (1) représente un cercle.

En résumé,

l'ellipse et l'hyperbole ont deux axes perpendiculaires entre eux, et la parabole n'a qu'un seul axe.

Enfin lorsque

le rectangle des variables manque dans l'équation d'une ellipse ou d'une hyperbole les axes de la courbe sont parallèles aux axes coordonnés, et dans le cas de la parabole l'axe de cette courbe est parallèle à l'un des axes coordonnés.

CHAPITRE XIII.

RÉDUCTION DE L'ÉQUATION GÉNÉRALE DU SECOND DEGRÉ.

199. La discussion à laquelle nous venons de nous livrer, ne nous a fait connaître que la forme générale des courbes du second ordre, de sorte qu'il faut encore étudier spécialement les propriétés dont jouit chacune d'elles. Mais on conçoit que cette étude sera d'autant plus facile, que l'équation de la courbe que nous aurons à considérer sera plus simple. Nous allons donc tâcher de faire disparaître de l'équation générale du second degré les termes qui ne tiennent pas essentiellement à la nature de la courbe qu'elle représente. Tel est le but de la réduction de l'équation générale du second degré.

200. *Disparition des termes du premier degré.* Soit

$$Ay^2 + Bxy + Cx^2 + Dy + Ex + F = 0$$

l'équation de la courbe donnée. Supposons d'abord que cette équation représente une ellipse ou une hyperbole. En transportant les axes parallèlement à eux-mêmes, de manière à prendre le centre pour nouvelle origine, on aura une équation transformée qui ne contiendra plus de termes du premier degré.

Soient a et b les coordonnées du centre, en remplaçant x et y par $x + a$ et $y + b$, l'équation générale devient

$$\left.\begin{array}{l|l|l} Ay^2 + Bxy + Cx^2 + 2\,Ab & y + Bb & x + Ab^2 \\ + Ba & + 2Ca & + Bab \\ + D & + E & + Ca^2 \\ & & + Db \\ & & + Ea \\ & & + F \end{array}\right\} = 0.$$

Et pour exprimer que le point (a, b) est le centre de la courbe, on égalera à 0 les coefficients des premières puissances de x et de y, ce qui donnera deux équations de condition :

$$2\,Ab + Ba + D = 0,$$
$$Bb + 2\,Ca + E = 0,$$

desquelles on tirera :

$$a = \frac{2\,AE - BD}{B^2 - 4\,AC}, \quad b = \frac{2\,CD - BE}{B^2 - 4AC}.$$

En substituant ces valeurs dans la transformée, elle se réduit à

$$Ay^2 + Bxy + Cx^2 + F' = 0,$$

en posant, pour abréger, $F' = Ab^2 + Bab + Ca^2 + Db + Ea + F$.

On peut présenter cette expression de F' sous une forme plus simple. En effet, si on multiplie la première des équations du centre par b et la seconde par a, puis qu'on ajoute les deux résultats, on a :

$$2\,Ab^2 + 2\,Bab + 2\,Ca^2 + Db + Ea = 0,$$

ou

$$Ab^2 + Bab + Ca^2 + \frac{Db}{2} + \frac{Ea}{2}, = 0.$$

Ce qui réduit la valeur de F' à

$$F' = \frac{Db}{2} + \frac{Ea}{2} + F.$$

Il en résulte que

le terme indépendant des variables dans l'équation transformée, se compose du terme indépendant primitif augmenté de la demi-somme des termes du premier degré, dans lesquels x et y sont remplacés par les coordonnées du centre.

La forme

$$Ay^2 + Bxy + Cx^2 + F' = 0,$$

ne convient qu'aux ellipses et aux hyperboles. La parabole n'ayant pas de centre, les premières puissances des variables ne peuvent disparaître en même temps de son équation.

ÉVANOUISSEMENT DU RECTANGLE DES AXES.

201. Supposons maintenant les axes rectangulaires; s'ils ne l'étaient pas, on commencerait par faire tourner l'axe des y, ce qui ne ramènerait pas des termes du premier degré.

Soient donc les axes OX et OY rectangulaires, et rapportons l'équation à deux nouveaux axes rectangulaires OX', OY' que l'on obtient en faisant tourner les premiers de l'angle α. Les formules de transformation pour passer d'un système de coordonnées rectangulaires à un autre système de coordonnées aussi rectangulaires de même origine, sont :

$$x = x' \cos \alpha - y' \sin \alpha,$$

$$y = x' \sin \alpha + y' \cos \alpha\ ;$$

en les portant à la place de x et de y dans l'équation

$$Ay^2 + Bxy + Cx^2 + F' = 0,$$

on a

$$\left.\begin{array}{l} A\cos^2\alpha \\ -B\sin\alpha\cos\alpha \\ +C\sin^2\alpha \end{array}\right| y'^2 \left.\begin{array}{l} +2A\sin\alpha\cos\alpha \\ +B\cos^2\alpha \\ -B\sin^2\alpha \\ -2C\sin\alpha\cos\alpha \end{array}\right| x'y' \left.\begin{array}{l} +A\sin^2\alpha \\ +B\sin\alpha\cos\alpha \\ +C\cos^2\alpha \end{array}\right| x'^2 + F' = 0.$$

Or, on peut disposer de α de manière à annuler le terme en $x'y'$; pour cela on pose

$$(A-C)\, 2 \sin \alpha \cos\alpha + B\,(\cos^2 \alpha - \sin^2 \alpha) = 0,$$

ou

$$(A-C) \sin 2\alpha + B \cos 2\alpha = 0,$$

d'où

$$\operatorname{tg} 2\alpha = -\frac{B}{A-C}.$$

202. Une tangente pouvant passer par tous les états de grandeur, cette formule donne toujours pour 2α une valeur réelle; donc la transformation est toujours possible.

Il n'y a qu'une manière de l'effectuer. En effet, l'angle α doit être $<360°$, donc $2\alpha<720°$. Si nous représentons par $2\alpha'$ le plus petit angle positif dont la tangente $= -\dfrac{B}{A-C}$, les valeurs de 2α seront

$$2\alpha = 2\alpha',\quad 2\alpha' + 180^\circ,\quad 2\alpha' + 2.180^\circ,\quad 2\alpha' + 3.180^\circ,$$

et, par suite,

$$\alpha = \alpha',\quad \alpha' + 90^\circ,\quad \alpha' + 2.90^\circ,\quad \alpha' + 3.90^\circ.$$

Ces quatre valeurs de α ne donnent évidemment que deux droites perpendiculaires entre elles, et les prolongements de ces deux droites, c'est-à-dire un seul système d'axes.

203. *Remarque.* Si l'on divise par $\cos^2 \alpha$ tous les termes de l'équation

$$(A-C)\, 2 \sin \alpha \cos \alpha + B (\cos^2 \alpha - \sin^2 \alpha) = 0,$$

on aura :

$$\operatorname{tg}^2 \alpha - 2\, \frac{A-C}{B} \operatorname{tg} \alpha - 1 = 0,$$

équation qui ne diffère pas de

$$m^2 - 2\, \frac{A-C}{B}\, m - 1 = 0,$$

laquelle, comme nous l'avons vu, donne la direction des axes. Ce résultat était évident à priori.

204. Au moyen de la transformation précédente, l'équation de la courbe prend la forme

$$My'^2 + Nx'^2 = P,$$

dans laquelle $P = -F'$, ou, en supprimant les accents qui sont maintenant inutiles,

$$My^2 + Nx^2 = P.$$

La courbe est maintenant rapportée à son centre et à ses axes.

205. Pour calculer M et N nous avons les relations

$$M = A \cos^2 \alpha - B \sin \alpha \cos \alpha + C \cos^2 \alpha,$$
$$N = A \sin^2 \alpha + B \sin \alpha \cos \alpha + C \sin^2 \alpha.$$

On en tire

(1) $$M + N = A + C.$$

(2) $$M - N = (A - C) \cos 2\alpha - B \sin 2\alpha\ ;$$

on a d'ailleurs

(3) $$0 = (A-C) \sin 2\alpha + B \cos 2\alpha.$$

On conclut de l'équation (1)

que si l'on change la direction des axes rectangulaires, la somme des coefficients des carrés des variables reste constante.

Ajoutons membre à membre les carrés des deux dernières équations, nous aurons

$$(M-N)^2 = (A-C)^2 + B^2,$$

d'où

$$M - N = \pm \sqrt{(A-C)^2 + B^2}.$$

Si, comme nous l'avons dit (202), on convient de prendre pour 2α le plus petit arc positif qui correspond à la tangente $-\frac{B}{A-C}$, le radical devra être pris avec un signe contraire à celui de B. En effet, si l'on élimine $\cos 2\alpha$ entre les équations (2) et (3), on obtient

$$M - N = \frac{\sin 2\alpha \left\{ (A-C)^2 + B^2 \right\}}{-B}.$$

Or, $\sin 2\alpha$ est toujours positif ; donc $M-N$ et B sont de signes contraires.

Connaissant la somme et la différence des valeurs de M et de N, on aura facilement chacune d'elles :

$$M = \tfrac{1}{2}(A+C) \pm \tfrac{1}{2}\sqrt{B^2 + (A-C)^2},$$
$$N = \tfrac{1}{2}(A+C) \mp \tfrac{1}{2}\sqrt{B^2 + (A-C)^2}.$$

On peut remarquer que M et N sont les racines de l'équation du second degré

$$U^2 - (A+C)\,U + \frac{4AC-B^2}{4} = 0.$$

En joignant à ces valeurs celle de $P = -F'$, on connaît tous les coefficients de l'équation

$$My^2 + Nx^2 = P,$$

qui représente des ellipses et des hyperboles rapportées à leur centre et à leurs axes.

206. Dans le cas de l'ellipse, M et N sont de même signe ; ils sont de signes contraires pour l'hyperbole ; car la condition

$$B^2 - 4AC >< 0$$

se réduit ici à

$$-4MN >< 0.$$

De plus la fonction $B^2 - 4AC$ est identiquement égale à $-4MN$; car

$$(M+N)^2 - (M-N)^2 = 4MN = 4AC - B^2.$$

Donc si l'on fait tourner les axes autour du centre, la fonction $B^2 - 4AC$ reste constante.

207. Si l'équation proposée représente une parabole, on ne peut plus faire disparaître les termes du premier degré, mais alors le calcul précédent appliqué à l'équation

$$Ay^2 + Bxy + Cx^2 + Dy + Ex + F = 0$$

donne une équation de la forme

$$My^2 + Nx^2 + Ry + Sx + F = 0$$

dans laquelle un des coefficients M ou N devra être nul. En effet, on doit avoir $-4MN = 0$, donc $M = 0$ ou $N = 0$. Du reste, les formules précédentes, en y introduisant la condition $B^2 - 4AC = 0$, donnent

$$M + N = A + C,$$

$$M - N = \pm \sqrt{(A-C)^2 + B^2} = \pm \sqrt{(A+C)^2} = \pm (A+C),$$

d'où l'on déduit $M = 0$ ou $N = 0$.

On voit donc que dans le cas de la parabole, si l'on fait disparaître le rectangle des variables, l'un des carrés disparaît en même temps.

Cette circonstance avait déjà été remarquée n° 198.

Supposons $B < 0$, alors $M - N$ est positif ; il faut prendre le signe $+$ devant le radical ; on a

$$N = 0, \quad \text{et} \quad M = A + C.$$

208. Il reste à calculer les valeurs de

$$R = D \cos \alpha - E \sin \alpha,$$
$$S = D \sin \alpha + E \cos \alpha.$$

Or, on a

$$\cos 2\alpha = \frac{A-C}{\sqrt{B^2 + (A-C)^2}} = \frac{A-C}{A+C}.$$

D'un autre côté les formules

$$\sin \alpha = \sqrt{\frac{1-\cos 2\alpha}{2}}, \quad \cos \alpha = \sqrt{\frac{1+\cos 2\alpha}{2}},$$

donnent, en remplaçant cos 2α par la valeur trouvée ci-dessus :

$$\sin\alpha = \sqrt{\frac{C}{A+C}}, \quad \cos\alpha = \sqrt{\frac{A}{A+C}},$$

d'où l'on déduit:

$$R = \frac{D\sqrt{A} - E\sqrt{C}}{\sqrt{A+C}},$$

$$S = \frac{D\sqrt{C} + E\sqrt{A}}{\sqrt{A+C}}.$$

209. Changeons maintenant l'origine des coordonnées; pour cela, nous poserons

$$x = x' + a, \quad y = y' + b$$

et l'équation

$$My^2 + Ry + Sx + F = 0,$$

deviendra

$$\left.\begin{array}{l|l} My'^2 + 2Mb & y' + Sx' + Mb^2 \\ \quad\; + R & \qquad\qquad\; + Rb \\ & \qquad\qquad\; + Sa \\ & \qquad\qquad\; + F \end{array}\right\} = 0.$$

Les quantités a, b étant indéterminées, nous poserons:

$$2Mb + R = 0, \qquad Mb^2 + Rb + Sa + F = 0.$$

On tire de là

$$b = -\frac{R}{2M}, \qquad a = -\frac{Mb^2 + Rb + F}{S}.$$

La valeur de b est finie, puisque M est différent de 0. Celle de a est finie aussi, pourvu que S ne soit pas nulle. Cette condition sera remplie lorsque l'équation

$$My^2 + Ry + Sx + F = 0$$

représentera une parabole. Car si l'on avait $S = 0$, cette équation se réduirait à

$$My^2 + Ry + F = 0,$$

et ne représenterait plus qu'un système de droites parallèles à l'axe des x, une seule droite, ou deux droites imaginaires.

210. Il est donc toujours possible de faire disparaître le terme en y' et le terme indépendant, et de ramener l'équation d'une parabole à la forme

$$My'^2 + Sx' = 0.$$

L'axe des x' est précisément l'*axe* de la parabole ; car les axes des coordonnées sont rectangulaires, et pour chaque valeur de x, on a deux valeurs de y' égales et de signes contraires. L'origine située sur la courbe est le *sommet* ; enfin l'axe des y' est *la tangente au sommet*.

211. En résumant ce qui précède, on conclut :

1° Dans le cas de l'*ellipse* ou de l'*hyperbole*, l'équation de la courbe peut être ramenée à la forme

$$My^2 + Nx^2 = P;$$

2° L'équation d'une *parabole* peut toujours être ramenée à la forme

$$My^2 + Sx = 0.$$

APPLICATIONS DES RÉDUCTIONS PRÉCÉDENTES A DES EXEMPLES NUMÉRIQUES.

212. Premier exemple.

$$y^2 - 2xy + 3x^2 + 2y - 4x - 3 = 0.$$

La courbe est une Ellipse.

Comme B est négatif on prend le signe + devant le radical $\sqrt{(A-C)^2 + B^2}$.

On a

$$a = \frac{1}{2}, \quad b = -\frac{1}{2}, \quad F' = -\frac{9}{2},$$

et pour première transformée

$$y^2 - 2xy + 3x^2 = \frac{9}{2}.$$

On trouve ensuite

$$\operatorname{tg} 2\alpha = -1, \quad M = 2 + \sqrt{2}, \quad N = 2 - \sqrt{2}, \quad P = \frac{9}{2}$$

et

$$(2 + \sqrt{2})\, y^2 + (2 - \sqrt{2})\, x^2 = \frac{9}{2},$$

pour l'équation de la courbe rapportée à son centre et à ses axes.

Deuxième exemple.

$$y^2 + 2xy - 2x^2 - 4y - x + 10 = 0.$$

La courbe est une hyperbole.

On déduit de cette équation

$$a = \frac{1}{2}, \qquad b = \frac{3}{2}, \qquad F' = \frac{27}{4},$$

et

$$y^2 + 2xy - 2x^2 + \frac{27}{4} = 0.$$

On trouve ensuite

$$\operatorname{tg} 2\alpha = -\frac{2}{3}, \quad M = \frac{-1-\sqrt{13}}{2}, \quad N = \frac{-1+\sqrt{13}}{2}, \quad P = -\frac{27}{4}.$$

Ce qui donne pour nouvelle transformée

$$\frac{\sqrt{13}+1}{2}y^2 - \frac{\sqrt{13}-1}{2}x^2 = \frac{27}{4}.$$

Comme ici B est positif, on a pris le radical $\sqrt{(A-C)^2+B^2}$ avec le signe $-$.

TROISIÈME EXEMPLE.

$$y^2 - 4xy + 4x^2 + 2y - 7x - 1 = 0.$$

La courbe est une Parabole. B étant négatif, on prendra le radical avec le signe $+$.

On trouve :

$$\operatorname{tg} 2\alpha = -\frac{4}{3}, \; M = 5, \; R = \frac{16}{5}\sqrt{5}, \; S = \frac{3}{5}\sqrt{5}$$

et, pour première transformée,

$$5y^2 + \frac{16}{5}\sqrt{5}.\, y - \frac{3}{5}\sqrt{5}.\, x - 1 = 0.$$

On obtient ensuite

$$b = -\frac{8}{25}\sqrt{5}.\; a = -\frac{89}{75}\sqrt{5},$$

puis

$$5y^2 - \frac{3}{5}\sqrt{5}.\; x = 0,$$

ou

$$y^2 = \frac{3}{25}\sqrt{5}.\, x.$$

QUATRIÈME EXEMPLE.

$$y^2 + 2xy + x^2 - 6y + 9 = 0.$$

Parabole. B étant positif, on prendra le radical avec le signe $-$.

On trouve d'abord

$$\operatorname{tg} 2\alpha = -\frac{2}{0} = \infty, \; M = 0, \; N = 2, \; R = -3\sqrt{2}, \; S = -3\sqrt{2},$$

et l'on a pour la première transformée

$$2x^2 - 3\sqrt{2}.\,y - 3\sqrt{2}.\,x + 9 = 0.$$

On trouve ensuite

$$a = \frac{3}{4}\sqrt{2},\quad b = \frac{9}{8}\sqrt{2},$$

et

$$x^2 = \frac{3}{2}\sqrt{2}.\,y.$$

REMARQUE. Dans le cas de la parabole, quand c'est M qui s'annule, les formules pour calculer a et b sont :

$$a = -\frac{S}{2N},\quad b = -\frac{Na^2 + Sa + F}{R}.$$

C'est-à-dire que dans les formules du n° 209, il faut changer M, R et b, respectivement en N, S et a, et réciproquement.

Nous engageons les élèves à répéter les mêmes calculs sur les exemples à la suite du n° 158.

CHAPITRE XIV.

THÉORIE DE L'ELLIPSE.

213. Conditions nécessaires pour que l'équation

$$My^2 + Nx^2 = P$$

représente une ellipse.

Il faut d'abord que M et N soient de même signe, et cela étant, on peut les supposer positifs. Il faut ensuite que P soit positif; car si P est négatif, l'équation ne représentera rien, et si P est nul, l'équation représentera un point.

Cherchons les points où la courbe rencontre les axes des coordonnées.

$y = 0$ donne $x = \pm\sqrt{\frac{P}{N}} = \pm\, a$. Les points A et A' ainsi déterminés sont deux sommets ; $AA' = 2a$ est l'un des axes.

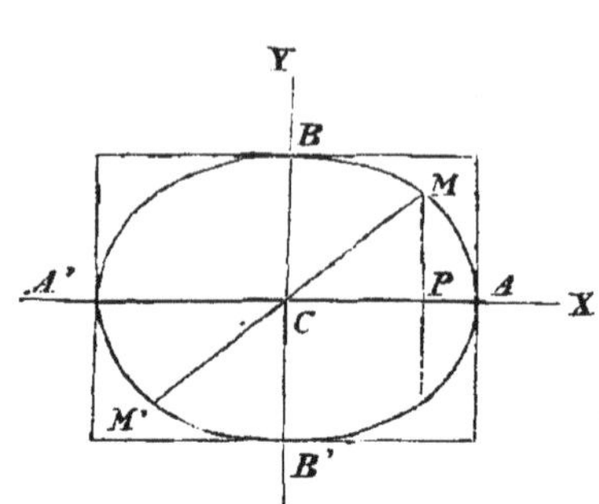

$x = 0$ donne $y = \pm\sqrt{\frac{P}{M}} = \pm b$. B et B' sont les deux autres sommets ; BB' $= 2b$ est le second axe de la courbe. Il est permis de supposer $a > b$, alors $2a$ est le grand axe et $2b$ est le petit axe.

Des relations

$$\pm\sqrt{\frac{P}{N}} = a,\ \pm\sqrt{\frac{P}{M}} = b, \text{ on tire}$$

$N = \frac{P}{a^2}$, $M = \frac{P}{b^2}$, si on porte ces valeurs de M et de N dans l'équation

$$My^2 + Nx^2 = P,$$

on trouve

$$(1) \qquad \frac{y^2}{b^2} + \frac{x^2}{a^2} = 1.$$

C'est là l'équation de l'ellipse sous la forme la plus simple ; elle a de l'analogie avec l'équation de la ligne droite

$$\frac{y}{b} + \frac{x}{a} = 1.$$

Si l'on fait disparaître les dénominateurs, l'équation de l'ellipse devient

$$(2) \qquad a^2y^2 + b^2x^2 = a^2b^2.$$

Si $a = b$, on a

$$y^2 + x^2 = a^2$$

équation d'un cercle. Donc le cercle est un cas particulier de l'ellipse, c'est une ellipse dont les deux axes sont égaux.

214. Déterminons la forme de l'ellipse au moyen de l'équation (1). On en tire

$$y = \pm \frac{b}{a}\sqrt{a^2 - x^2}.$$

x croissant de 0 jusque a, y diminue depuis b jusque 0, en restant réel dans cet intervalle. Pour $x > a$, les valeurs de y sont imaginaires. On a ainsi du côté CA un arc de courbe BMA. Si on change le signe de x les valeurs de y restent les mêmes, ce qui donne du côté CA' un autre arc BA' exactement semblable au premier. On reconnait sans peine qu'en tous ses points la courbe tourne sa concavité vers le centre, car s'il en était autrement, une ligne droite pourrait la rencontrer en plus de deux points.

A chaque abscisse correspondent deux valeurs de y égales et de signes contraires, donc si l'on fait tourner la partie AB'A' autour de AA', on pourra l'appliquer sur la partie ABA', d'où il résulte que l'axe AA' divise la courbe en deux parties égales. La même propriété existe pour l'axe BB'.

215. Rayon mené du centre à un point de la courbe, rayon maximum, rayon minimum.

Soit M un point pris sur la courbe, x, y ses coordonnées, tirons le rayon CM, nous aurons :

$$\text{CM} = \sqrt{x^2+y^2} = \sqrt{x^2+\frac{b^2}{a^2}(a^2-x^2)} = \sqrt{\frac{a^2-b^2}{a^2}x^2+b^2}.$$

Il est toujours permis de supposer que les abscisses sont comptées sur le plus grand axe, et alors $a > b$, et la quantité sous le radical se compose d'un binome dont les deux termes sont essentiellement positifs. Donc au minimum de x correspondra le minimum de CM, et au maximum de x correspondra le maximum de CM. Or, le minimum de x est 0, et alors $\text{CM} = b$; le maximum de x est a, et alors $\text{CM} = a$, donc le plus grand rayon que l'on puisse mener dans l'ellipse est la moitié du premier axe, et le plus petit est la moitié du second axe.

THÉORÈME I.

216. Les carrés des ordonnées perpendiculaires à l'un des axes de l'ellipse sont entre eux comme les produits des segments correspondants formés sur cet axe.

Soit M un point pris sur la courbe, x et y ses coordonnées, on a, en vertu de l'équation (2)

$$\frac{y^2}{a^2-x^2} = \frac{b^2}{a^2},$$

ou

$$\frac{y^2}{(a+x)(a-x)} = \frac{b^2}{a^2}.$$

Mais les deux segments A′P, AP de l'axe sont égaux respectivement à $a + x$ et $a - x$, donc on a :

$$\frac{\overline{\mathrm{MP}}^2}{\mathrm{A'P.AP}} = \frac{b^2}{a^2}.$$

Ainsi le carré de l'ordonnée est au produit des segments correspondants formés sur l'axe dans un rapport constant.

THÉORÈME II.

217. Suivant qu'un point est sur l'ellipse, extérieur à l'ellipse, ou intérieur à l'ellipse, la fonction $a^2y^2 + b^2x^2 - a^2b^2$ est nulle, positive, ou négative.

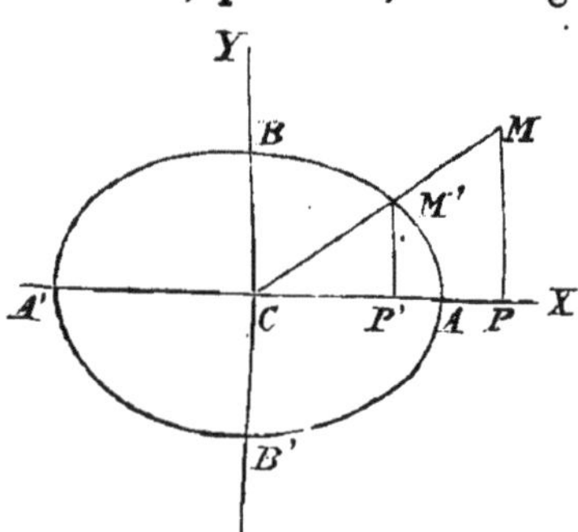

Soit M un point extérieur à l'ellipse ; tirons CM, et soit M′ le point où cette droite rencontre la courbe. Appelons x et y les coordonnées de M, x' y' celles du point M′ ; le point M′ étant sur la courbe, on a :

$$a^2y'^2 + b^2x'^2 - a^2b^2 = 0.$$

Mais on a évidemment $y' < y$, et $x' < x$, donc

$$a^2y^2 + b^2x^2 - a^2b^2 > 0.$$

Si le point M était dans l'intérieur de l'ellipse, on aurait $y' > y$, et $x' > x$, et, par suite

$$a^2y^2 + b^2x^2 - a^2b^2 < 0.$$

Donc on a :

$$a^2y^2 + b^2x^2 - a^2b^2 = 0, \text{ pour un point de l'ellipse ;}$$
$$a^2y^2 + b^2x^2 - a^2b^2 > 0, \text{ pour un point extérieur ;}$$
$$a^2y^2 + b^2x^2 - a^2b^2 < 0, \text{ pour un point intérieur.}$$

THÉORÈME III.

218. Les ordonnées perpendiculaires au grand axe de l'ellipse sont aux ordonnées correspondantes du cercle décrit sur cet axe comme diamètre, dans le rapport constant du petit axe au grand.

Soit AA′ le grand axe de l'ellipse ; sur ce grand axe comme diamètre décrivons un cercle ; à l'ordonnée MP de l'ellipse correspond l'ordonnée M'P du cercle.

On a pour l'équation de l'ellipse :

$$y = \pm \frac{b}{a}\sqrt{a^2 - x^2},$$

et pour celle du cercle

$$Y = \pm \sqrt{a^2 - x^2}:$$

Divisant les deux équations membre à membre, on trouve :

$$\frac{y}{Y} = \frac{b}{a},$$

ce qui démontre le théorème.

Remarque. Le petit axe jouit de la même propriété ; l'ordonnée perpendiculaire au petit axe est à l'ordonnée correspondante du cercle décrit sur cet axe comme diamètre, dans le rapport constant du grand axe au petit axe.

219. *Construction de l'ellipse par points, les axes étant donnés.*

Première méthode. Du théorème qui précède résulte le moyen suivant de décrire l'ellipse.

Sur les deux axes comme diamètres on trace deux circonférences: On mène un rayon quelconque; par le point M' où il coupe la grande circonférence, on mène une parallèle au petit axe, et par le point D où il rencontre la petite circonférence on mène une parallèle au grand axe. Le point M intersection de ces deux lignes appartient à l'ellipse. En effet :

$$\frac{MP}{M'P} = \frac{OD}{OM'}, \text{ ou } \frac{y}{Y} = \frac{b}{a}.$$

Deuxième méthode. D'un point quelconque F pris sur le second axe, et avec un rayon égal à $a + b$, décrivons un arc de cercle qui rencontre le premier axe en C. Joignons FC, prenons $FM = a$, le point M sera un point de la courbe.

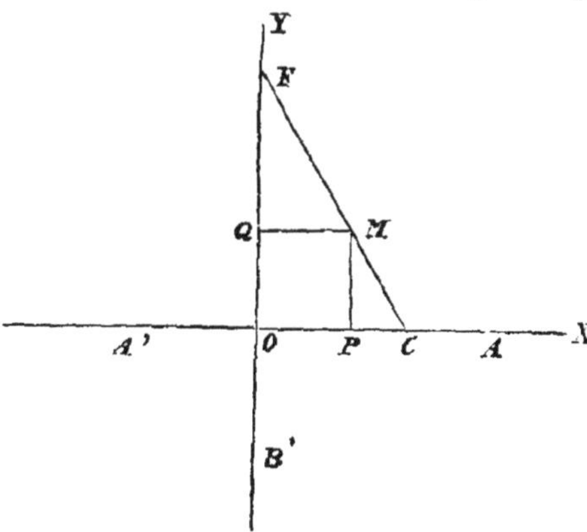

En effet, traçons les coordonnées MP, MQ du point M, le triangle rectangle MFQ donne

$$FQ = \sqrt{a^2 - x^2}.$$

Puis des triangles semblables MFQ, MPC, on tire :

$$\frac{\text{MP}}{\text{FQ}} = \frac{\text{MC}}{\text{MF}}, \text{ ou } \frac{y}{\sqrt{a^2-x^2}} = \frac{b}{a},$$

donc

$$y = \frac{b}{a}\sqrt{a^2-x^2}.$$

Par conséquent le point M est à l'ellipse.

La droite FC pourrait être une règle sur laquelle on aurait pris FM $= a$, en faisant mouvoir cette règle dans l'angle YOX, le point M décrira un quart de l'ellipse. On aura les autres parties de la courbe en faisant mouvoir la règle dans les autres angles formés par les axes.

Troisième méthode. Prenons un point quelconque G sur le second axe BB'. De ce point comme centre, avec un rayon égal à $a-b$, décrivons un arc de cercle qui coupe AA' en F; joignons GF et prenons GM $= a$, le point M appartiendra à l'ellipse. En effet, soient MP et OP les coordonnées du point M ; prolongeons MP jusqu'à sa rencontre avec GQ menée par le point G parallèlement à AA',

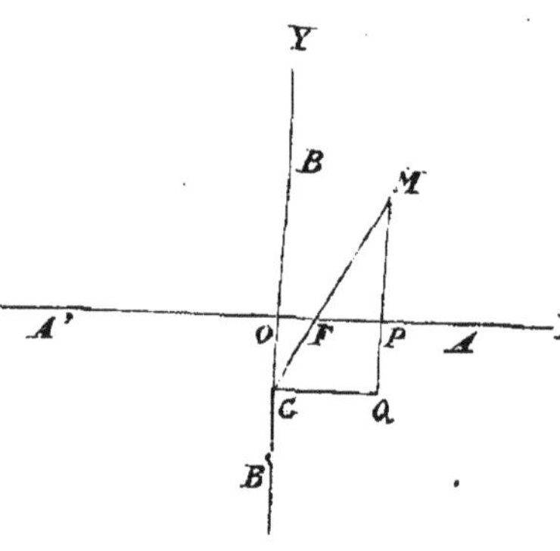

le triangle rectangle MGQ donnera :

$$\text{MQ} = \sqrt{a^2 - x^2}.$$

On tire ensuite des triangles semblables MFP et MGQ

$$\frac{\text{MP}}{\text{MQ}} = \frac{\text{MF}}{\text{MG}}, \text{ ou } \frac{y}{\sqrt{a^2 - x^2}} = \frac{b}{a},$$

d'où

$$y = \frac{b}{a}\sqrt{a^2-x^2}.$$

Donc le point M appartient à l'ellipse.

On peut regarder GM comme une règle d'une longueur égale à a, et sur laquelle on aurait pris MF $= b$. En faisant mouvoir la partie MF de cette règle dans l'angle YOX, le point M décrira un quart de l'ellipse. On aurait de la même manière les autres parties de la courbe.

DES FOYERS ET DES DIRECTRICES.

220. On appelle foyer d'une courbe un point tel que sa distance à un point quelconque M de cette courbe, est une fonction rationnelle, entière et du premier degré des coordonnées du point M.

Il résulte de cette définition le théorème suivant :

THÉORÈME IV.

Si une courbe a un foyer, il existe dans le plan de la courbe une droite telle que le rapport des distances de chacun des points de la courbe au foyer et à cette droite, est une quantité constante.

En effet, soit M (x, y) un point quelconque de la courbe, désignons par F le foyer. En vertu de la définition, MF devant être une fonction rationnelle, entière et du premier degré des coordonnées du point M, on a :

$$\mathrm{MF} = mx + ny + t.$$

D'un autre côté, on a pour la grandeur MP de la perpendiculaire abaissée du point M sur la droite qui a pour équation

$$mx + ny + t = 0,$$

$$\mathrm{MP} = \frac{mx + ny + t}{\sqrt{m^2 + n^2}},$$

donc

$$\frac{\mathrm{MF}}{\mathrm{MP}} = \sqrt{m^2 + n^2},$$

ce qu'il fallait démontrer.

Cette droite dont l'existence tient intimement au foyer se nomme *Directrice*. On voit que son équation s'obtient en égalant à 0 l'expression de la distance du foyer à un point quelconque M de la courbe, et que le rapport des distances de ce point au foyer et à la directrice est égale à la racine carrée de la somme des carrés des coefficients de x et de y dans l'équation de la droite.

THÉORÈME V.

221. Réciproquement, si une courbe jouit de cette propriété que le rapport des dis-

tances de chacun de ses points à un point et à une droite fixes est constant, ce point sera un foyer, et, par conséquent, la droite sera la directrice correspondante.

Soit en effet

$$mx + ny + t = 0$$

l'équation de la droite donnée, et désignons par x et y les coordonnées d'un point M de la courbe. La distance MP du point à la droite sera donnée par la formule

$$\mathrm{MP} = \frac{mx + ny + t}{\sqrt{m^2 + n^2}}.$$

D'un autre côté, MF représentant la distance du point M au point F, on a en vertu de l'hypothèse :

$$\frac{\mathrm{MF}}{\mathrm{MP}} = \mathrm{K}.$$

donc

$$\mathrm{MF} = \mathrm{K}\frac{mx + ny + t}{\sqrt{m^2 + n^2}};$$

Donc MF est une fonction rationnelle, entière et du premier degré des coordonnées du point M, par conséquent le point fixe est un foyer, et la droite donnée est la directrice correspondante.

222. Recherchons maintenant quelles sont les courbes qui ont un foyer. Pour cela il faut chercher :
le lieu des points M tels que les distances de chacun d'eux à un point fixe F et à une droite fixe DE soient dans un rapport constant K.

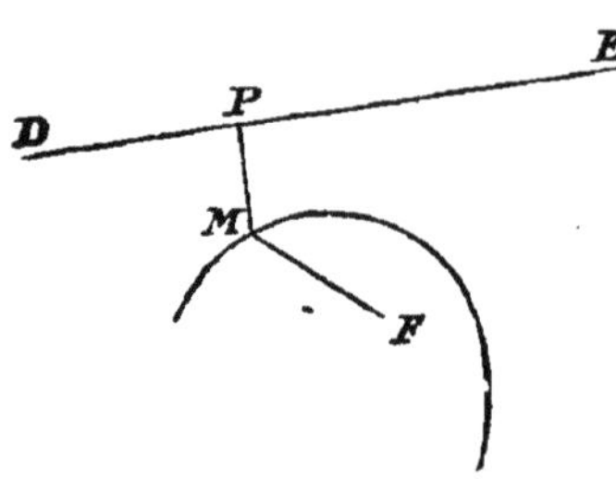

Supposons les axes des coordonnées rectangulaires, et représentons par α et β les coordonnées du point F, par $m'x + n'y + t'$ l'équation de la droite DE. La distance du point M à la droite DE étant donnée par la formule

$$\mathrm{MP} = \pm \frac{m'x + n'y + t'}{\sqrt{m'^2 + n'^2}},$$

le lieu a pour équation

$$(1) \qquad \sqrt{(x - \alpha)^2 + (y - \beta)^2} = \frac{\mathrm{K}\,(m'x + n'y + t')}{\pm\sqrt{m'^2 + n'^2}},$$

ou

$$(x-\alpha)^2+(y-\beta)^2-\frac{K^2(m'x+n'y+t')^2}{m'^2+n'^2}=0.$$

Le lieu est donc une courbe du second degré. La quantité B^2-4AC qui sert à distinguer le genre de la courbe, se réduit à $4(K^2-1)$; donc si $K<1$, la courbe est une ellipse ; si $K=1$, la courbe est une parabole, et si $K>1$, la courbe est une hyperbole.

Donc les courbes qui ont un foyer sont les trois courbes du second degré, et elles en ont toutes.

Remarque I. On a (221) $\frac{MF}{MP}=K$. Dans le cas de l'ellipse, K est plus petit que 1, donc $MF<MP$; chaque point de l'Ellipse est plus rapproché du foyer que de la directrice correspondante.

Pour l'hyperbole, c'est le contraire; à cause de $K>1$, on a $MF>MP$.

Enfin, dans le cas de la parabole, on a $K=1$, $MF=MP$; donc chaque point de la parabole est équidistant du foyer et de la directrice.

Remarque II. L'équation

$$\sqrt{(x-\alpha)^2+(y-\beta)^2}=\frac{K(m'x+n'y+t')}{\pm\sqrt{m'^2+n'^2}}$$

montre que le rayon vecteur mené du point F à un point quelconque M de la courbe est une fonction du premier degré des coordonnées linéaires x, y du point M.

Si l'on pose

$$\frac{m}{m'}=\frac{n}{n'}=\frac{t}{t'}=\frac{K}{\sqrt{m'^2+n'^2}},$$

cette fonction se simplifie, et l'on a

$$\sqrt{(x-\alpha)^2+(y-\beta)^2}=MF=\pm(mx+ny+t).$$

Cette équation est fréquemment employée dans les questions où l'on a à considérer le foyer, la directrice ou les axes. On la nomme l'équation focale des courbes du second ordre.

223. On voit par ce qui précède que la recherche des foyers et des directrices dans les courbes du second degré revient à la détermination d'un point F, tel que sa distance à un point quelconque

M de la courbe s'exprime par une fonction entière et du premier degré des coordonnées x et y du point M. Supposons les axes rectangulaires, et soit :

$$(1) \qquad Ay^2 + Bxy + Cx^2 + Dy + Ex + F = 0,$$

l'équation d'une courbe du second degré donnée. Appelons α et β les coordonnées du foyer cherché, les coordonnées de chacun des points de la courbe devront vérifier l'équation

$$\sqrt{(x-\alpha)^2 + (y-\beta)^2} = \pm (mx + ny + t),$$

ou

$$(x-\alpha)^2 + (y-\beta)^2 = (mx + ny + t)^2.$$

Cette équation développée donne

$$(2)\ (1-n^2)y^2 - 2mnxy + (1-m^2)x^2 - 2(\beta+nt)y - 2(\alpha+mt)x + \alpha^2 + \beta^2 - t^2 = 0;$$

les équations (1) et (2), représentant toutes les deux la même courbe, sont identiques, c'est-à-dire que les coefficients des termes correspondants doivent être proportionnels (154) ; on aura donc pour déterminer les cinq inconnues α, β, m, n, t, les cinq équations

$$(3)\ \frac{1-n^2}{A} = \frac{-2mn}{B} = \frac{1-m^2}{C} = \frac{-2(\beta+nt)}{D} = \frac{-2(\alpha+mt)}{E} = \frac{\alpha^2+\beta^2-t^2}{F}.$$

Nous remarquerons que pour étudier les propriétés des foyers dans les courbes du second ordre, on peut considérer l'équation de chacune de ces courbes dans sa forme la plus simple. Ceci n'altèrera en rien la généralité des résultats auxquels nous parviendrons. Supposons, en effet, que l'on ait déterminé les foyers pour un système d'axes, je dis qu'ils seront en même temps déterminés pour tout autre système ; car si l'on voulait passer du premier système d'axes au second, il suffirait de remplacer dans l'équation focale où α, β, m, n, t sont des quantités constantes, x et y par leurs valeurs données par les formules de transformation des coordonnées, et, comme ces valeurs sont des fonctions linéaires des coordonnées, le second membre ne cessera pas d'être une fonction rationnelle, entière et du premier degré des coordonnées d'un point quelconque de la courbe ; et le premier exprimera encore la distance du point (α, β) à ce même point, de sorte que ce point (α, β) est encore un foyer.

Afin de faciliter les calculs, nous considérerons séparément les trois courbes du second degré rapportées au système d'axes rectangulaires qui ont servi à simplifier leurs équations.

FOYERS ET DIRECTRICES DE L'ELLIPSE.

224. Soit

$$(4) \qquad \frac{y^2}{b^2} + \frac{x^2}{a^2} - 1 = 0.$$

l'équation d'une ellipse donnée rapportée à ses axes. Cette équation ne contenant pas de terme en xy, on a $B = 0$, et, par suite, le coefficient $-2mn$ de ce terme dans l'équation (2) doit être nul, ce qui exige que l'on ait soit $m = 0$, soit $n = 0$. Supposons d'abord $n = 0$, les coefficients des termes du premier degré devant être aussi nuls, on aura $\beta + nt = 0$, par conséquent, $\beta = 0$, et les équations (3) se réduiront à :

$$a^2 (1-m^2) = b^2 = t^2 - \alpha^2.$$

On en déduit :

$$m^2 = \frac{a^2-b^2}{a^2}.$$

On peut toujours supposer m positif, parce que dans le second membre de l'équation :

$$MF = \pm (mx + ny + t),$$

on prend le signe $+$ ou le signe $-$ de manière à ce que le second membre soit positif. On prendra donc :

$$m = \frac{\sqrt{a^2-b^2}}{a}.$$

Si dans l'équation :

$$a^2 (1-m^2) = t^2 - \alpha^2,$$

on remplace t par sa valeur tirée de l'équation

$$\alpha + mt = 0,$$

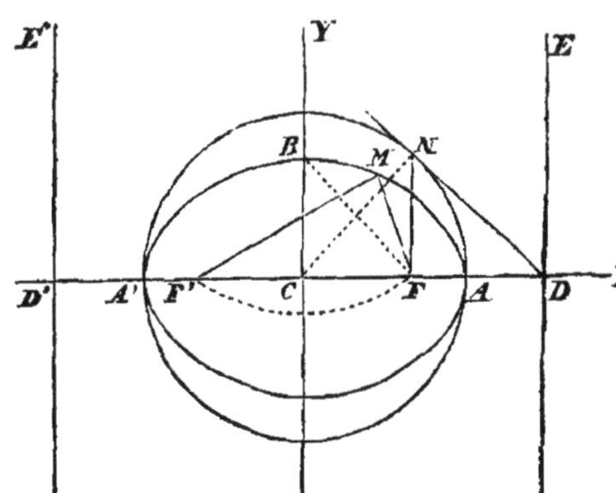

on trouve :

$$\alpha^2 = a^2 - b^2,$$

d'où

$$\alpha = \pm \sqrt{a^2-b^2}, \; t = \mp a.$$

De ce que $\beta = 0$, et que $\alpha = \pm \sqrt{a^2-b^2}$, il résulte que l'ellipse a deux foyers situés sur le grand axe, à égale distance du centre.

Pour les construire, il

suffit de décrire de l'extrémité B du petit axe comme centre avec a comme rayon un arc FF′; les points F et F′ où cet arc rencontre le grand axe, sont les foyers.

La distance $CF = CF' = \sqrt{a^2 - b^2}$ est quelquefois appelée *excentricité*, nous la représenterons dorénavant par c, et nous aurons :

$$\alpha = \pm c, \; m = \frac{c}{a}, \; t = \mp a.$$

On sait que l'on obtient l'équation de la directrice en égalant à zéro le polynome $mx + ny + t$. De ce que $n = 0$, cette équation se réduit à :

$$mx + t = 0, \text{ ou } \frac{c}{a} x \mp a = 0,$$

d'où

$$x = \pm \frac{a^2}{c}.$$

En observant que pour $t = -a$, on a $\alpha = +c$, et que pour $t = +a$, on a $\alpha = -c$, on conclut que l'ellipse a deux directrices DE, D′E′ perpendiculaires sur le grand axe, et à égale distance du centre. La première DE qui a pour équation $x = \frac{a^2}{c}$, correspond au foyer E, la seconde D′E′ qui a pour équation $x = -\frac{a^2}{c}$, correspond au foyer F′.

Les foyers sont dans l'intérieur de l'ellipse, les directrices sont à l'extérieur.

L'équation de la directrice donne

$$CD = \frac{\overline{CA}^2}{CF};$$

on construira le point D par une troisième proportionnelle entre CF et CA.

Le foyer et la directrice divisent harmoniquement le grand axe.

Le rapport constant $K = \sqrt{m^2 + n^2}$ est égal à m ou à $\frac{c}{a}$, donc, les distances d'un point de la courbe au foyer et à la directrice sont entre elles comme l'excentricité est au grand axe.

Puisque $n = 0$, la distance d'un point de la courbe au foyer est une fonction rationnelle, entière et du premier degré de l'x du point. On définit quelquefois de cette manière le foyer de l'ellipse.

Remarque. — Si $B = 0$ dans l'équation (1), le coefficient $-2mn$ du terme correspondant dans l'équation (2) doit être nul, ce qui exige que $m = 0$ ou $n = 0$; donc, dans ce cas, la quantité $mx + ny + t$ se réduit à $mx + t$, ou à $ny + t$. Ainsi, quand la courbe est rapportée à deux axes parallèles aux siens, la distance d'un quelconque de ses points au foyer est une fonction rationnelle de l'abscisse ou de l'ordonnée du point.

Pour construire la première directrice, on décrira du centre C de l'ellipse avec a ponr rayon une circonférence ; au point N où elle rencontre l'ordonnée correspondante au foyer, on lui mènera une tangente, et par le point D où cette tangente rencontre le grand axe, on tirera une parallèle au petit axe, ce sera la première directrice. Il sera bien facile d'obtenir la seconde.

Supposons maintenant $m = 0$; les coefficients des termes du premier degré devant être nuls, on aura $\alpha = 0$, $\beta + nt = 0$, et les équations (3) se réduisent à

$$a^2 = b^2 (1-n^2) = t^2 - \beta^2.$$

On en déduit :

$$n = \frac{\sqrt{b^2-a^2}}{b}, \quad \beta = \pm \sqrt{b^2-a^2}, \quad t = \mp b.$$

Pour obtenir ces nouvelles solutions, il suffit de permuter dans les premières les lettres a et b, m et n, α et β. Comme nous avons supposé a plus grand que b, ces deux solutions sont imaginaires. Ainsi on peut attribuer aux constantes quatre systèmes de valeurs qui rendent identiques les équations (2) et (4) ; mais il n'y a que deux de ces systèmes qui donnent des foyers et des directrices réelles.

THÉORÈME IV.

225. La somme des rayons vecteurs menés des deux foyers à chacun des points de l'ellipse, est constante et égale au grand axe.

En effet, les distances des foyers au point M sont exprimées

par
$$FM = \pm (mx + t).$$

Or, $m = \frac{c}{a}$, et $t = \mp a$, $-a$ pour le foyer F de droite, et $+a$ pour le foyer F' de gauche ; on a donc

$$FM = \pm \left(\frac{c}{a} x - a\right),$$

$$F'M = \pm \left(\frac{c}{a} x + a\right).$$

Quant au double signe mis en avant de chaque parenthèse, on prendra le signe $+$ ou le signe $-$, de manière à ce que ces quantités qui représentent des longueurs, soient positives. Dans l'ellipse la valeur numérique de $\frac{cx}{a}$ est plus petite que a, on doit donc écrire

$$FM = a - \frac{cx}{a},$$

$$F'M = a + \frac{cx}{a},$$

d'où en ajoutant membre à membre
$$FM + F'M = 2a.$$

THÉORÈME VII.

226. Réciproquement,

Le lieu des points tels que la somme des distances de chacun d'eux à deux points fixes F et F' est constante, est une ellipse dont les points F et F' sont les foyers.

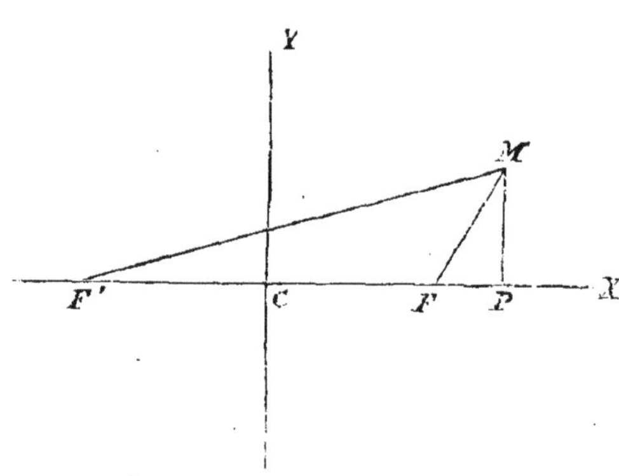

Prenons pour axe des x la droite FF', et pour axe des y la perpendiculaire élevée sur le milieu de FF'; désignons par $2c$ la distance FF', et par $2a$ la somme constante ; le lieu a pour équation

$$FM + F'M = 2a,$$

ou

$$\sqrt{y^2 + (x-c)^2} + \sqrt{y^2 + (c+x)^2} = 2a.$$

Si l'on fait passer le premier radical dans le second membre, et que l'on élève les deux membres au carré, cette équation devient :

$$\sqrt{y^2 + (x-c)^2} = a - \frac{cx}{a}.$$

Sous cette forme, on voit que FM est une fonction du premier degré de l'abscisse. Si l'on élève une seconde fois au carré, et qu'on fasse $b^2 = a^2 - c^2$, l'équation se réduit à

$$a^2y^2 + b^2x^2 = a^2b^2.$$

Donc la courbe est une ellipse dont F et F' sont les foyers.

227. *Construction de l'ellipse à l'aide des foyers.* Les axes étant donnés, les foyers F et F' sont déterminés. Prenons sur le grand axe une distance quelconque AE, puis du foyer F avec AE comme rayon, traçons un arc de cercle ; du foyer F' avec A'E pour rayon, traçons un arc de cercle qui coupe le premier en M, le point M appartiendra à la courbe.

Pour que les deux circonférences se coupent, comme la somme des rayons est plus grande que FF', distance des centres, il suffit que leur différence soit moindre que cette droite. Or,

$$A'E = A'F' + F'E, \quad AE = AF \pm FE,$$

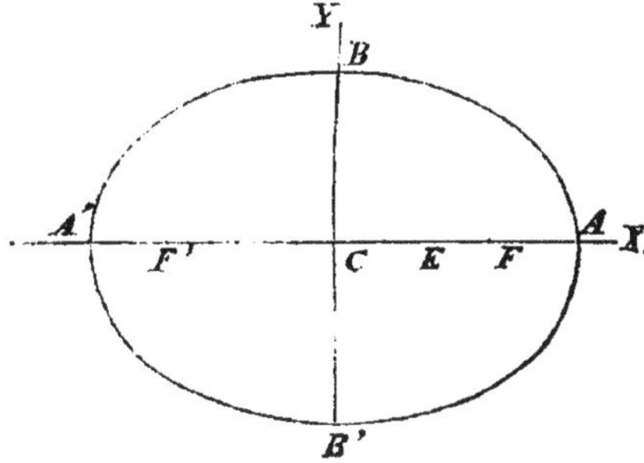

selon que le point E est à gauche ou à droite du foyer F. Donc A'E — AE = F'E ∓ FE ; puis, comme on doit avoir

$$F'E \mp FE < FF',$$

on voit qu'il faut que le point E soit pris entre les deux foyers.

Chaque ouverture de compas fournit quatre points de la courbe.

On peut construire la courbe d'une manière continue. Les extrémités d'une corde lâche sont attachées aux deux points fixes. Si l'on tend cette corde à l'aide d'un style, il décrira évidemment une ellipse.

DE LA TANGENTE ET DE LA NORMALE.

228. L'équation générale de la tangente est

$$y - y' = - \frac{F'_{x'}}{F'_{y'}} (x - x').$$

Or, dans l'ellipse on a

$$F(x', y') = a^2y'^2 + b^2x'^2 - a^2b^2 = 0,$$

$$F'_{x'} = 2b^2x', \quad F'_{y'} = 2a^2y'.$$

Donc l'équation de la tangente à l'ellipse au point (x', y') sera :

$$y - y' = - \frac{b^2x'}{a^2y'}(x - x').$$

Chassant le dénominateur, et réduisant à l'aide de la relation

(1) $$a^2y'^2 + b^2x'^2 = a^2b^2,$$

on a :

(2) $$a^2yy' + b^2xx' = a^2b^2,$$

ou

$$\frac{xx'}{a^2} + \frac{yy'}{b^2} = 1.$$

Cette dernière forme est facile à retenir, à cause de son analogie avec l'équation même de l'ellipse.

229. La tangente n'a qu'un point de commun avec l'ellipse.

En effet, si l'on retranche de l'équation (1) le double de l'équation (2), on trouve :

$$a^2(y'^2 - 2yy') + b^2(x'^2 - 2xx') = -a^2b^2.$$

En complétant les carrés, on a :

$$a^2(y' - y)^2 + b^2(x' - x)^2 = a^2y^2 + b^2x^2 - a^2b^2.$$

Le premier membre étant essentiellement positif, il en résulte que tous les points de la tangente satisfont à la condition $a^2y^2 + b^2x^2 - a^2b^2 > 0$, donc tous ses points sont hors de l'ellipse ; il n'y a d'exception que pour le point (x', y'), lequel est en effet le point de contact.

230. Le coefficient angulaire de la tangente est :

$$- \frac{b^2x'}{a^2y'} = \text{tang}\,\alpha.$$

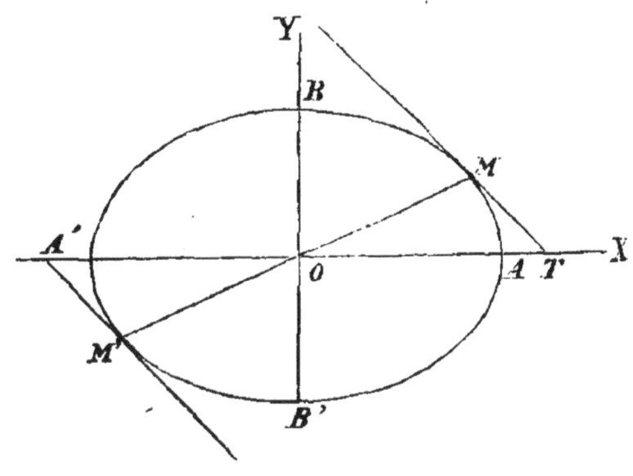

On voit qu'en A et en A' la tangente est perpendiculaire à l'axe AA'; qu'en B et B' elle lui est parallèle. et que, quand le point de contact se meut sur l'ellipse de A en B, la tangente fait avec l'axe AA' un angle obtus qui croît de $\frac{\pi}{2}$ à π.

231. Les tangentes menées aux extrémités d'un même diamètre sont parallèles entre elles.

En effet, l'expression de tg α reste la même quand on y change x' et y' en $-x'$ et $-y'$. On pouvait prévoir ce résultat ; car nous avons prouvé que la tangente à l'extrémité d'un diamètre est parallèle aux cordes que ce diamètre divise en deux parties égales.

232. *Relation entre la tangente et le diamètre qui passe par le point de contact.*

Soit α' l'angle que le rayon OM fait avec l'axe AA', nous aurons

$$\text{tang}\,\alpha' = \frac{y'}{x'}\,;$$

mais α étant l'angle que la tangente en M fait avec le même axe, on a :

$$\text{tg}\,\alpha = -\frac{b^2x'}{a^2y'},$$

donc

$$\text{tang}\,\alpha\,\text{tang}\,\alpha' = -\frac{b^2}{a^2},$$

relation constante.

Appelons V l'angle OMT, nous aurons

$$V = \alpha - \alpha', \text{ puis :}$$

$$\text{tg}\,V = \frac{\text{tg}\,\alpha - \text{tg}\,\alpha'}{1 + \text{tg}\,\alpha\,\text{tg}\,\alpha'} = \frac{-\frac{b^2x'}{a^2y'} - \frac{y'}{x'}}{1 - \frac{b^2}{a^2}} = -\frac{b^2x'^2 + a^2y'^2}{a^2x'y' - b^2x'y'} = -\frac{a^2b^2}{c^2x'y'}.$$

Cette quantité est négative, donc l'angle V est obtus. Il n'y a d'exception que pour les points A et B, pour lesquels $V = \frac{\pi}{2}$. Il résulte de là que l'angle V qui est droit au point A, qui devient obtus quand le point M marche vers B, et qui redevient droit au point B, a dû passer par un maximum quand le point M marche de A vers B.

Les facteurs a^2, b^2, c^2 étant constants, le maximum de V répondra au maximum du produit $x'y'$. Il s'agit donc de chercher pour quelle position du point M le produit $x'\,y'$ est maximum.

Pour cela, résolvons d'abord cette autre question :

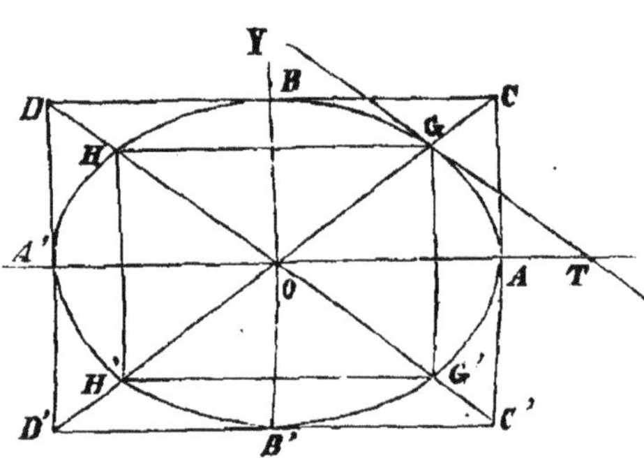

Inscrire dans une ellipse donnée un rectangle d'une surface donnée $4m^2$. Supposons le problème résolu. Soient x, y les coordonnées du sommet G, on aura pour les équations du problème

$$a^2y^2 + b^2x^2 = a^2b^2$$

$$xy = m^2.$$

La dernière donne

$$y = \frac{m^2}{x},$$

substituant dans la précédente, on a:

$$b^2x^4 - a^2b^2x^2 + a^2m^4 = 0.$$

Les valeurs de x^2 seront réelles, si l'on a

$$a^4b^4 - 4a^2b^2m^4 > 0,$$

d'où

$$m^2 < \frac{ab}{2}.$$

Par suite, le maximum de $m^2 = \frac{ab}{2}$; remplaçant m^2 par cette valeur dans l'équation en x^4, on obtient

$$x^2 = \frac{a^2}{2}, \text{ d'où } x = \frac{a}{\sqrt{2}},$$

on trouve de même

$$y = \frac{b}{\sqrt{2}}.$$

On conclut de ces valeurs que pour trouver le rectangle maximum inscrit, il faut circonscrire à l'ellipse le rectangle CC'DD', tirer les diagonales CD', DC', et le rectangle GG' HH' sera le rectangle maximum cherché.

En effet, l'équation de la diagonale OC est

$$y = \frac{b}{a} x,$$

si on la combine avec celle de l'ellipse $a^2y^2 + b^2x^2 = a^2b^2$, on obtient pour les coordonnées du point de rencontre G, $x = \frac{a}{\sqrt{2}}$, $y = \frac{b}{\sqrt{2}}$.

Maintenant si, au sommet G, on mène la tangente GT, cette droite fera avec OG l'angle maximum cherché.

233. *Rencontre de la tangente avec les axes.*

Soit T le point où la tangente rencontre l'axe AA', si dans l'équation

$$a^2yy' + b^2xx' = a^2b^2,$$

on fait $y = 0$, on trouve :

$$OT = \frac{a^2}{x'}.$$

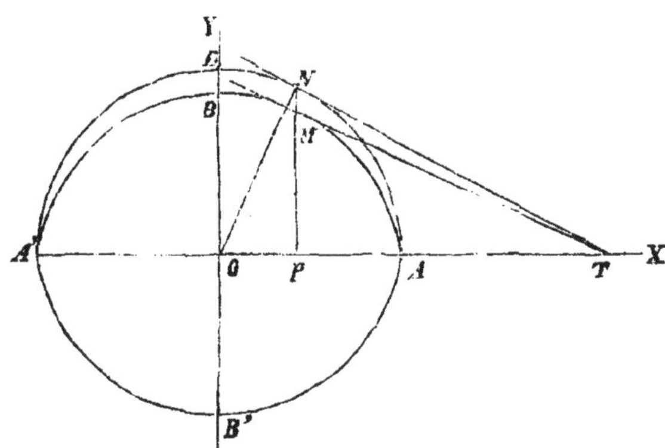

Cette valeur de OT étant indépendante du demi-axe b et de l'ordonnée y' du point de contact, il en résulte que si, sur l'axe AA', on construit une série d'ellipses, les tangentes aux points qui ont même abscisse passent par le même point T situé sur le prolongement de l'axe AA'. Or, parmi ces ellipses se trouve un cercle ADA' ; donc pour mener une tangente à l'ellipse au point M, on décrira un cercle sur le premier axe, on mènera à ce cercle une tangente au point N situé sur le prolongement de l'ordonnée PM, on joindra le point M au point T, où la tangente au cercle rencontre le prolongement de l'axe AA' ; la droite MT ainsi obtenue est la tangente à l'ellipse.

TANGENTE A L'ELLIPSE PAR UN POINT EXTÉRIEUR.

234. Soient α et β, les coordonnées du point extérieur ; x', y' les coordonnées inconnues du point de contact ; l'équation de la tangente

(1) $$a^2yy' + b^2xx' = a^2b^2,$$

devra être vérifiée par $x = \alpha$, et $y = \beta$, on aura donc

(2) $$a^2 \beta y' + b^2 \alpha x' = a^2b^2,$$

on a en outre

(3) $$a^2y'^2 + b^2x'^2 = a^2b^2.$$

Les équations (2) et (3) donnent les valeurs de x', y'. On trouve par un calcul semblable à celui que nous avons fait pour le cercle :

$$x' = \frac{a^2 b^2 \alpha \pm a^2 \beta \sqrt{a^2\beta^2 + b^2\alpha^2 - a^2b^2}}{a^2\beta^2 + b^2\alpha^2},$$

$$y' = \frac{a^2 b^2 \beta \mp b^2 \alpha \sqrt{a^2\beta^2 + b^2\alpha^2 - a^2b^2}}{a^2\beta^2 + b^2\alpha^2}.$$

Pour que ces valeurs soient réelles, c'est-à-dire pour que le problème soit possible, il faut que l'on ait $a^2\beta^2 + b^2\alpha^2 - a^2b^2 > 0$, alors le point (α, β) est hors de l'ellipse, et l'on peut mener à la courbe deux tangentes.

Si l'on a $a^2\beta^2 + b^2\alpha^2 - a^2b^2 = 0$, le point (α, β) est sur l'ellipse, on n'a plus qu'une valeur pour x', y', $x' = \alpha$, $y' = \beta$, et par conséquent qu'une tangente.

Enfin si l'on a $a^2\beta^2 + b^2\alpha^2 - a^2b^2 < 0$, le point (α, β) est intérieur à l'ellipse, les valeurs de x' et de y' sont imaginaires, et il n'y a plus de tangente.

On peut résoudre la question géométriquement. Pour cela, on considèrera les équations (2) et (3) comme représentant chacune un lieu géométrique, l'équation (3) est toute construite, son lieu est l'ellipse proposée. Quant à l'équation (2) qui revient à

$$a^2\beta y + b^2\alpha x = a^2b^2,$$

en supprimant les accents qui sont maintenant inutiles, on voit qu'elle représente une ligne droite. Mais elle est satisfaite par les valeurs de x' et de y', c'est donc l'équation de la corde de contact de l'angle circonscrit à l'ellipse, qui a pour sommet le point (α, β).

Pour construire cette droite, on cherche ses points de rencontre avec les axes.

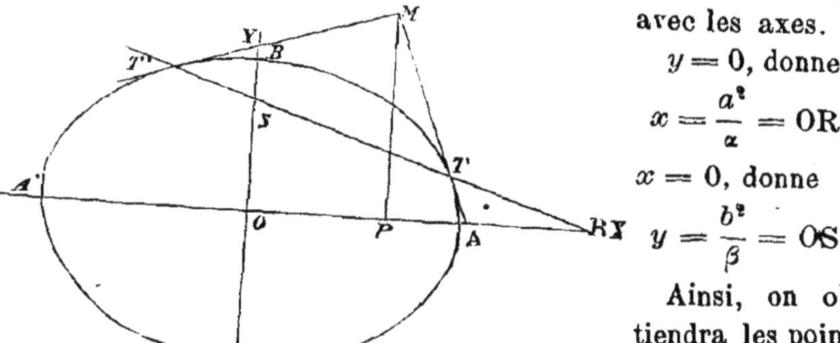

$y = 0$, donne

$$x = \frac{a^2}{\alpha} = \text{OR},$$

$x = 0$, donne

$$y = \frac{b^2}{\beta} = \text{OS}.$$

Ainsi, on obtiendra les points dont il s'agit en cherchant une troisième proportionnelle OR à OP et à OA, et une troisième proportionnelle OS à MP et à OB, on tirera ensuite RS, et en joignant le point M avec les points où cette droite rencontre l'ellipse, on aura les deux tangentes demandées.

La comparaison des équations (1) et (2) montre que l'équation de la ligne de contact de deux tangentes issues d'un point donné, s'obtient en cherchant l'équation de la tangente en ce point, comme s'il était sur la courbe. Nous avons déjà énoncé cette règle d'une manière générale au n° 164.

Si dans l'équation

$$a^2yy' + b^2xx' = a^2b^2,$$

on met pour x', y' leurs valeurs trouvées ci-dessus, on obtiendra une équation qui représentera les deux tangentes issues du point (α, β).

RENCONTRE D'UNE DROITE AVEC L'ELLIPSE.

235. Les équations des deux lignes sont :

$$a^2y^2 + b^2x^2 = a^2b^2,$$

$$y = mx + p.$$

Eliminant y entre ces deux équations, on trouve :

$$(a^2m^2 + b^2)\,x^2 + 2a^2mpx + a^2p^2 - a^2b^2 = 0.$$

Si l'on a : $$a^2m^2p^2 - (p^2 - b^2)\,(a^2m^2 + b^2) > 0$$

ou, en réduisant

$$p^2 < a^2m^2 + b^2,$$

les racines de l'équation sont réelles, et la droite est sécante.

Si l'on a :
$$p^2 > a^2m^2 + b^2,$$
les racines de l'équation sont imaginaires, et la droite n'a aucun point de commun avec la courbe.

Enfin, si l'on a :
$$p^2 = a^2m^2 + b^2,$$
les racines de l'équation sont égales et de même signe, et la droite est tangente à l'ellipse.

Par conséquent
$$y = mx \pm \sqrt{a^2m^2+b^2}$$
est l'équation des deux tangentes dont le coefficient angulaire est m. Ainsi, cette équation détermine la tangente à l'ellipse en fonction de l'angle qu'elle fait avec l'axe des x, et non par les coordonnées du point de contact.

Elle donne également l'équation de la tangente parallèle à une droite dont le coefficient angulaire serait m.

236. Pour donner un exemple de l'usage de cette dernière équation, cherchons

le lieu des projections du foyer d'une ellipse sur toutes ses tangentes.

Soit
$$y = mx \pm \sqrt{a^2m^2+b^2}$$
l'équation de l'une de ces tangentes rapportée aux axes principaux de la courbe. L'équation de la perpendiculaire abaissée du foyer sur cette tangente, sera :
$$y = -\frac{1}{m}(x-c),$$
avec la condition $c = \sqrt{a^2-b^2}$.

L'ensemble de ces deux équations représente le pied de la perpendiculaire, et si l'on élimine m, on aura l'équation du lieu. Cette élimination peut se faire très-simplement, car les deux équations donnent :
$$(y-mx)^2 = a^2m^2 + b^2,$$
$$(my + x)^2 = c^2,$$
en ajoutant membre à membre, et supprimant le facteur commun

$(1 + m^2)$, on trouve :

$$y^2 + x^2 = a^2.$$

Le lieu des projections du foyer sur les tangentes est un cercle décrit sur le grand axe comme diamètre.

THÉORÈME VIII.

237. Les rayons vecteurs menés des foyers à un point de l'ellipse, font avec la tangente en ce point, et d'un même côté de cette ligne, des angles égaux.

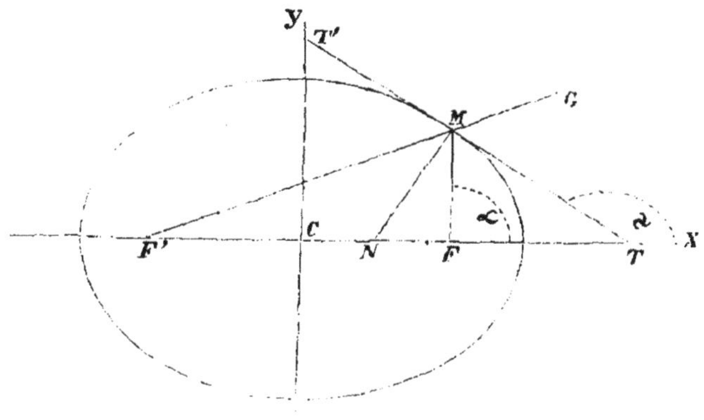

Soit T le point où la tangente rencontre le prolongement du grand axe ; on a vu (n° 233) que

$$CT = \frac{a^2}{x'},$$

il en résulte

$$FT = \frac{a^2}{x'} - c, \quad F'T = \frac{a^2}{x'} + c,$$

d'où

$$\frac{FT}{F'T} = \frac{a^2 - cx'}{a^2 + cx'} = \frac{FM}{F'M}.$$

Donc la tangente est bissectrice de l'angle FMG, extérieur au triangle FMF' et, par conséquent, les deux angles FMT et F'MT' sont égaux.

Corollaire. La normale à l'ellipse est bissectrice de l'angle des rayons vecteurs. Son pied N est l'harmonique conjugué du pied T de la tangente par rapport aux foyers.

238. *Construction à l'aide des foyers de la tangente à l'ellipse.* Supposons d'abord que le point donné M soit sur la courbe.

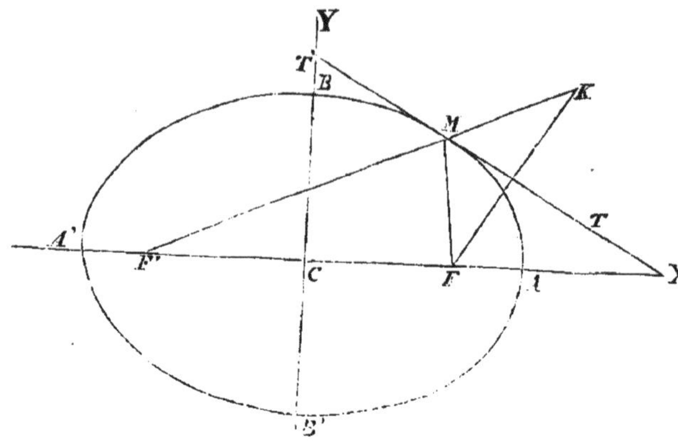

On prolonge F'M d'une longueur MK = MF ; on joindra FK, et du point M, on abaissera une perpendiculaire MT sur FK. Cette perpendiculaire sera bissectrice de l'angle FMK ; donc on aura :

angle FMT = angle F'MT',

donc MT est tangente à l'ellipse au point M.

Supposons maintenant le point donné extérieur à l'ellipse, soit T ce point. Imaginons le problème résolu, et soit MT la tangente.

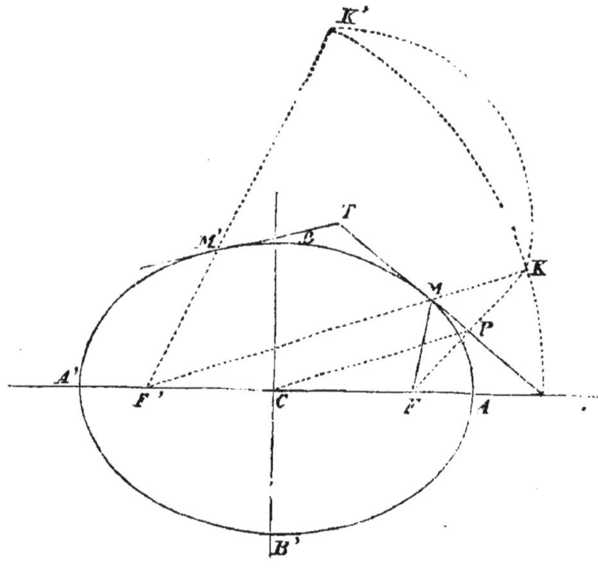

En menant par le foyer F' la ligne F'MK = 2 a, et en joignant KF, la tangente sera perpendiculaire sur le milieu de cette droite, et les distances TK et TF seront égales. Le point K est donc déterminé par la rencontre de deux circonférences décrites, l'une du foyer F' avec un rayon égal à 2a, l'autre du point T avec un rayon égal à TF. Le point K étant obtenu, on le joindra au foyer F, et du point T on abaissera une perpendiculaire sur KF, cette perpendiculaire sera la tangente cherchée, et le point M où elle rencontre F'K sera le point de contact.

Deux circonférences pouvant se couper en deux points, il est possible que le problème admette deux solutions. C'est ce qui arrive quand le point donné T est extérieur. En effet, on a :

$$F'T < FF' + FT,$$

et, à plus forte raison,

$$F'T < 2a + FT.$$

On a aussi :

$$F'T + FT > 2a, \text{ ou } F'T > 2a - FT.$$

La distance des centres F'T est donc plus petite que la somme des rayons, et plus grande que leur différence, par conséquent les cercles se rencontrent en deux points, et le problème a deux solutions.

Lorsque le point T est sur la courbe, les cercles décrits se touchent intérieurement, la distance des centres étant égale à la différence des rayons.

Si le point donné est intérieur on voit facilement que la distance des centres est moindre que la différence des rayons, et le problème n'admet aucune solution.

Le lieu des projections P des foyers sur les tangentes à l'ellipse est le cercle décrit sur le grand axe comme diamètre. Car les triangles semblables F'FK, CFP donnent

$$CP = \frac{F'K}{2} = a.$$

Nous avons déjà trouvé ce résultat par une autre voie.

239. *Equation de la normale.* — Proposons-nous de chercher l'équation de la normale, en supposant connues les coordonnées du point de contact.

En désignant par x' y' ces coordonnées, l'équation de la tangente, les axes étant rectangulaires, est

$$y - y' = -\frac{b^2x'}{a^2y'}(x - x').$$

On a donc pour l'équation de la normale à l'ellipse :

$$y - y' = \frac{a^2y'}{b^2x'}(x - x').$$

Pour avoir le point où la normale rencontre l'axe des x, nous ferons $y = 0$ dans l'équation précédente, ce qui donnera :

$$x \text{ ou } \mathrm{CN} = \frac{a^2-b^2}{a^2} x' = \frac{c^2}{a^2} x'.$$

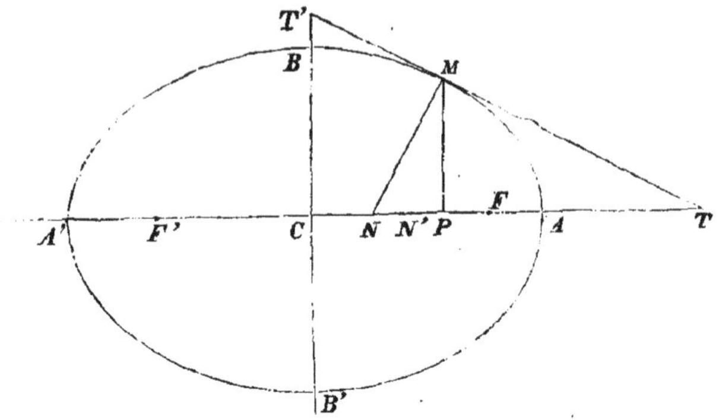

En supposant toujours que AA' représente le grand axe, la distance CN est de même signe que x', ce qui signifie que le point N et le point P sont toujours d'un même côté relativement au centre. Si l'on fait $x' = 0$, on a $\mathrm{CN} = 0$, donc la normale passe par le centre. En effet la normale devant toujours diviser FF' dans le rapport de MF' à MF, doit passer par le point C milieu de FF' quand le point M est en B. Si l'on fait croître x' depuis 0 jusque a qui est son maximum, CN grandira de 0 à $\frac{a^2-b^2}{a}$; si donc on prend

$$\mathrm{CN'} = \frac{c^2}{a},$$

le point N' sera une limite dont le pied de la normale, toujours compris entre C et N', s'approchera indéfiniment à mesure que le point de tangence (x', y') s'approchera lui-même indéfiniment du sommet A.

Sous-normale. Pour avoir la sous-normale NP, il suffit de prendre la valeur de $x' - x$ répondant à $y = 0$. On trouve ainsi :

$$\mathrm{NP} = \frac{b^2 x'}{a^2}.$$

Cette quantité, nulle pour $x' = 0$, c'est-à-dire pour le point B, croit avec x', et pour $x' = a$, elle devient $\frac{b^2}{a}$. Ainsi, à mesure que le point M se rapprochera du sommet A, le pied de la normale se rapprochera d'un point N' distant de ce sommet d'une quantité égale à $\frac{b^2}{a}$.

On trouverait de la même manière que la limite des points de rencontre des normales avec le petit axe, est un point D distant du sommet B d'une quantité égale à $\frac{a^2}{b}$.

DES DIAMÈTRES.

240. Nous avons donné (nº 134 et suivants) l'équation générale des diamètres dans les courbes du second degré, et démontré leurs principales propriétés ; nous traiterons néanmoins cette même question pour chaque courbe en particulier.

Soit $$y = mx + p,$$
l'équation d'une corde quelconque EF parallèle à une droite donnée DD'. Dans cette équation, m est une constante donnée, p une constante arbitraire qui varie d'une corde à l'autre.

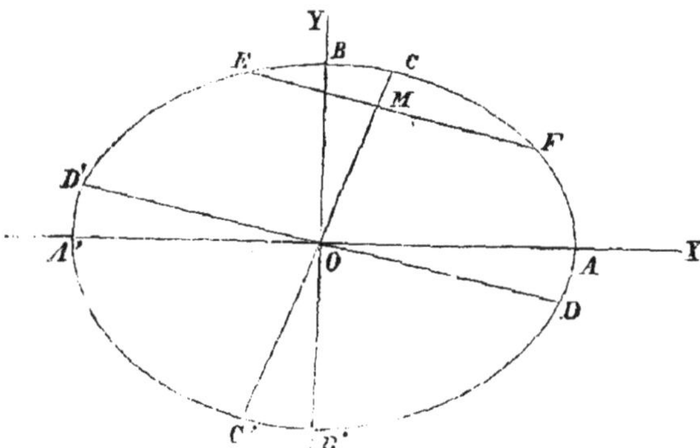

Si entre cette équation et celle de l'ellipse
$$\frac{x^2}{a^2} + \frac{y^2}{b^2} = 1,$$
on élimine y, on aura une équation du second degré
$$(a^2m^2 + b^2)\, x^2 + 2a^2mpx + a^2p^2 - a^2b^2 = 0,$$
dont les racines sont les abscisses des points d'intersection E et F. Désignons par $x_1\, y_1$ les coordonnées du point milieu M : l'abscisse du point milieu M est égale à la demi-somme des abscisses des points extrêmes E et F ; donc
$$x_1 = -\frac{a^2mp}{a^2m^2 + b^2},$$
et, parce que le point M est sur la corde EF, on a également :
$$y_1 = mx_1 + p.$$

Si entre ces deux équations on élimine le paramètre p qui varie d'une corde à l'autre, on obtient :
$$y_1 = -\frac{b^2}{a^2m}\, x_1,$$

ou, en supprimant les accents qui sont maintenant inutiles :

$$y = -\frac{b^2}{a^2m}x.$$

Cette équation est satisfaite par les coordonnées des points milieux de chacune des cordes parallèles ; c'est donc l'équation du lieu des points milieux, c'est-à-dire l'équation du diamètre.

En appliquant à l'ellipse la formule générale des diamètres

$$mF'_y + F'_x = 0,$$

on trouve :

$$F'_y = 2a^2y, \quad F'_x = 2b^2x,$$

d'où

$$a^2my + b^2x = 0, \text{ ou } y = -\frac{b^2}{a^2m}x$$

qui est l'équation que nous venons d'obtenir.

Il résulte de cette équation

que les diamètres de l'ellipse sont des lignes droites qui passent par le centre.

Remarque I. Si l'on appelle m' le coefficient angulaire du diamètre, on a :

$$m' = -\frac{b^2}{a^2m},$$

d'où

$$mm' = -\frac{b^2}{a^2},$$

Cette relation symétrique en m et m' fait connaître l'une de ces quantités quand l'autre est donnée.

Remarque II. Il en résulte que,

réciproquement, toute ligne passant par le centre est un diamètre.

Soit

$$y = m'x$$

l'équation de cette droite ; considérons le système de cordes parallèles dont le coefficient angulaire m satisfait à la relation

$$mm' = -\frac{b^2}{a^2}, \quad \text{d'où } m = -\frac{b^2}{a^2m'}.$$

Le diamètre qui divise en parties égales les cordes parallèles à la direction m a pour équation

$$y_1 = -\frac{b^2}{a^2m}x_1.$$

et en mettant pour m sa valeur,

$$y_1 = m'x_1 ;$$

ce sera donc la droite proposée.

Remarque III. Le produit mm' étant constant et égal à $-\frac{b^2}{a^2}$, ne peut devenir égal à — 1 si ce n'est dans le cas du cercle. Les axes actuels des coordonnées sont donc les seuls axes de la courbe, puisqu'ils sont les seuls diamètres perpendiculaires aux cordes correspondantes.

DIAMÈTRES CONJUGUÉS.

241. Soient

$$y = mx + p$$

l'équation d'un système de cordes parallèles, et

$$y = m'x$$

celle du diamètre qui les divise en parties égales, nous aurons:

$$mm' = -\frac{b^2}{a^2}.$$

Soient maintenant

$$y = m'x + p'$$

l'équation d'un système de cordes parallèles au diamètre $y = m'x$, et

$$y = m''x$$

celle du diamètre qui les divise en parties égales, nous aurons également

$$m'm'' = -\frac{b^2}{a^2},$$

donc $$m'm'' = mm'$$

et, par suite,

$$m'' = m.$$

donc les deux diamètres dont les équations sont

$$y = mx, \qquad y = m'x,$$

et pour lesquels on a la relation $mm' = -\frac{b^2}{a^2}$, sont tels que chacun d'eux divise en parties égales les cordes parallèles à l'autre, ce sont donc (189) des diamètres conjugués.

Il est évident par la formule $m' = -\frac{b^2}{a^2m}$, que

à tout diamètre correspond un autre diamètre, conjugué du premier.

CORDES SUPPLÉMENTAIRES.

242. On nomme cordes supplémentaires, deux droites menées des extrémités d'un diamètre quelconque à un même point de l'ellipse. Ces droites jouissent de plusieurs propriétés remarquables que nous allons exposer.

Soient x', y' les coordonnées de l'une des extrémités du diamètre DD', celles de l'autre extrémité seront $-x'$, $-y'$. Soient x, y les coordonnées d'un point quelconque M de la courbe, et γ, γ' les coefficients angulaires des deux cordes supplémentaires menées du point (x, y) aux extrémités du diamètre considéré, on aura :

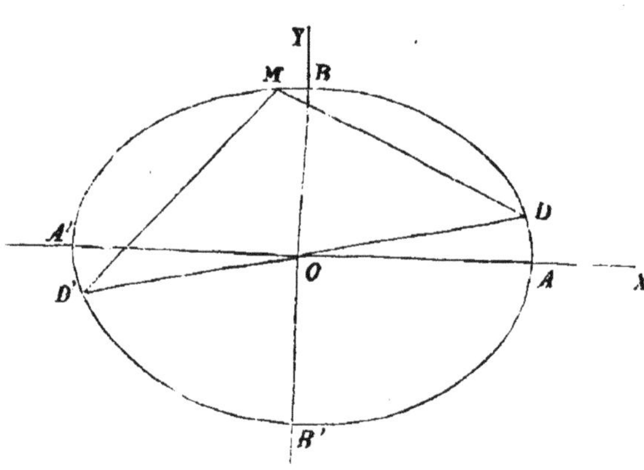

$$\gamma = \frac{y - y'}{x - x'}, \text{ et}$$

$$\gamma' = \frac{y + y'}{x + x'},$$

d'où

$$\gamma\gamma' = \frac{y^2 - y'^2}{x^2 - x'^2}.$$

Mais les points (x, y), (x', y') étant sur l'ellipse, on a

$$\frac{x^2}{a^2} + \frac{y^2}{b^2} = 1,$$

$$\frac{x'^2}{a^2} + \frac{y'^2}{b^2} = 1,$$

d'où, en soustrayant

$$\frac{x^2 - x'^2}{a^2} + \frac{y^2 - y'^2}{b^2} = 0,$$

et par suite

$$\frac{y^2 - y'^2}{x^2 - x'^2} = -\frac{b^2}{a^2};$$

donc enfin, on a la relation

$$\gamma\gamma' = -\frac{b^2}{a^2}.$$

Cette relation est indépendante de la position du point sur la courbe et de celle du diamètre, elle convient aux cordes supplémentaires partant des extrémités d'un diamètre quelconque, et par conséquent à celles qui partent des sommets. Donc

Le produit des tangentes des angles que deux cordes supplémentaires font avec le grand axe de l'ellipse est égal à moins le carré du rapport du petit axe au grand.

Réciproquement si cette condition est remplie par deux cordes qui passent aux extrémités d'un même diamètre, ou par deux cordes menées par un même point de la courbe, ces deux cordes seront supplémentaires, c'est-à-dire que, dans le premier cas, elles iront concourir sur la courbe, et que, dans le second, le centre et les points où elles rencontrent l'ellipse seront en ligne droite. Cette réciproque se démontre facilement par la réduction à l'absurde.

243. *Tangente à l'ellipse par un point sur la courbe ou parallèlement à une droite donnée.* — Menons un diamètre DD' et la tangente à l'extrémité D de ce diamètre. Soient α le coefficient angulaire de la tangente, α' celui du diamètre. Nous avons trouvé (232) entre α et α' la relation

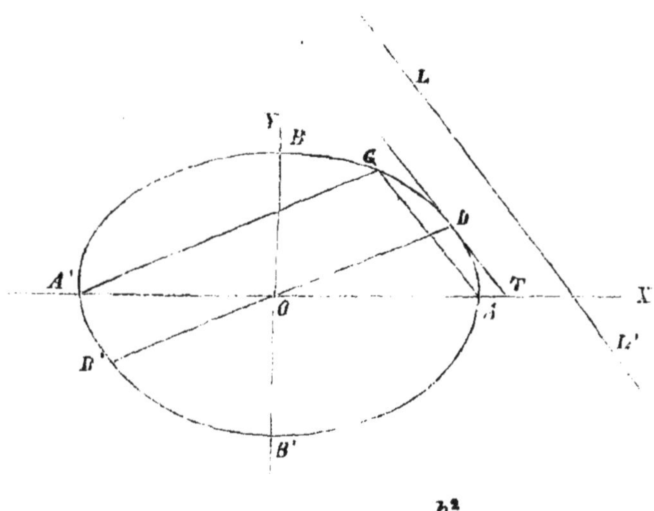

$$\alpha\alpha' = -\frac{b^2}{a^2}.$$

Mais entre deux cordes supplémentaires nous avons aussi (242).

$$\gamma\gamma' = -\frac{b^2}{a^2},$$

donc si l'on fait $\alpha = \gamma$, il en résulte $\alpha' = \gamma'$.

Donc si une corde est parallèle à une tangente, la corde supplémentaire est parallèle au diamètre mené par le point de contact.

De là un nouveau moyen de mener une tangente à l'ellipse, par un point donné sur la courbe, ou parallèlement à une droite donnée.

Soit d'abord le point D donné sur la courbe. On joindra le point D au centre; par l'extrémité A' d'un diamètre quelconque, on mènera une corde parallèle à DD', sa corde supplémentaire GA sera parallèle à la tangente au point D.

En second lieu, soit LL' la droite donnée à laquelle la tangente doit être parallèle. Par le point A, extrémité d'un diamètre quelconque AA', on mènera une corde AG parallèle à LL', la corde supplémentaire de GA sera parallèle au diamètre conjugué de GA. En tirant donc le diamètre D'OD, les tangentes aux points D et D' répondront à la question.

244. Entre deux diamètres conjugués nous avons trouvé la relation

$$mm' = -\frac{b^2}{a^2},$$

mais entre deux cordes supplémentaires, on a aussi :

$$\gamma\gamma' = -\frac{b^2}{a^2};$$

d'où il résulte que si l'on prend $m = \gamma$, on aura $m' = \gamma'$, donc deux diamètres parallèles à deux cordes supplémentaires sont toujours conjugués. Réciproquement deux diamètres conjugués sont toujours parallèles à deux cordes supplémentaires.

245. Par les extrémités d'un diamètre quelconque, on peut toujours mener deux cordes supplémentaires parallèles à celles qui correspondent à tout autre diamètre.

En effet, soient α et α' les angles que forment avec le grand axe deux cordes supplémentaires partant des extrémités d'un diamètre quelconque, β, β' les angles que font aussi avec le grand axe deux cordes supplémentaires partant des extrémités de ce grand axe, par exemple ; on aura :

$$\text{tg}\,\alpha.\,\text{tg}\,\alpha' = \text{tg}\,\beta.\,\text{tg}\,\beta'.$$

Si $\beta = \alpha$, c'est-à-dire si une corde du second système est parallèle à une corde du premier, on aura :

$$\text{tg}\,\beta' = \text{tg}\,\alpha', \quad \text{d'où} \quad \beta' = \alpha',$$

de sorte que les deux autres cordes seront aussi parallèles.

246. *Angle de deux cordes supplémentaires.* Dans l'ellipse, l'angle de deux cordes supplémentaires et par suite, (244) l'angle formé par deux diamètres conjugués, est compris entre certaines limites que nous allons faire connaître.

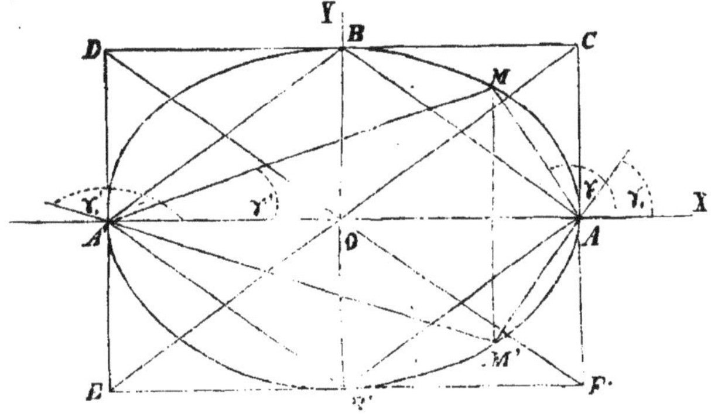

On peut, sans nuire à la généralité des résultats, supposer (n° 245) que les cordes partent des extrémités du grand axe. Désignons par (x, y) les coordonnées du point de concours M des deux cordes supplémentaires, par γ et γ' les angles qu'elles forment avec l'axe AA', nous aurons :

$$\text{tang M} = \text{tang}(\gamma - \gamma') = \frac{\frac{y}{x-a} - \frac{y}{x+a}}{1 + \frac{y^2}{x^2 - a^2}}.$$

ou

$$\text{tang M} = \frac{2\,ay}{y^2 + x^2 - a^2}.$$

Or, le point x, y appartenant à la courbe, on a :

$$\frac{x^2}{a^2} + \frac{y^2}{b^2} = 1, \text{ d'où } x^2 - a^2 = -\frac{a^2 y^2}{b^2}.$$

et par suite

$$\text{tang M} = -\frac{2\,ab^2}{(a^2 - b^2)y}.$$

y étant positif, et $a > b$, tg M est < 0, donc l'angle M est obtus; mais il semble que si y était négatif, tang M serait positive, ce qui évidemment est impossible ; car l'ellipse étant enveloppée par la circonférence décrite sur son grand axe comme diamètre, tout angle inscrit dans la demi ellipse ABA' ou AB'A' est nécessairement obtus. Or, l'angle AM'A' est égal à $(\gamma'_1 - \gamma_1)$, de sorte que le second membre de l'équation précédente déterminant tang $(\gamma - \gamma')$, il faut en changer le signe pour avoir la valeur de tang $(\gamma'_1 - \gamma_1)$; l'angle M est donc toujours obtus, à moins que y ne soit 0, auquel cas il est droit. En effet, le point M descendant vers A, la corde interceptée par l'ellipse sur la sécante MA diminue ; au point A la corde interceptée devient nulle, et la sécante, devenue tangente, est perpendiculaire à AA'.

Le point M s'élevant sur la courbe, son ordonnée augmente, donc la valeur absolue de tang M diminue ; donc la valeur absolue de tang M sera *minimum* quand y sera *maximum*, c'est-à-dire quand $y = b$. Or, un angle obtus est d'autant plus grand que la valeur absolue de sa tangente est plus petite, donc le *maximum* de l'angle de deux cordes supplémentaires est ABA', et, par conséquent, l'angle BAB' supplémentaire de ABA' est la valeur *minimum* de cet angle.

Les angles du parallélogramme formé en joignant les quatre sommets de l'ellipse sont donc les limites de l'angle de deux cordes supplémentaires,

et ces angles sont donnés par la formule

$$\text{tang M} = \pm \frac{2\,ab}{a^2 - b^2}.$$

Remarque I. Les cordes supplémentaires qui forment ces angles limites sont parallèles aux diagonales du rectangle CDEF construit sur les deux axes.

Remarque II. De part et d'autre du petit axe BB' il y a deux points H, H' pour lesquels y a la même valeur ; il y a donc 2 points pour lesquels les angles AHA', AH'A' sont égaux. D'ailleurs au-dessus de AA' il n'existe que deux points qui aient même ordonnée ; donc on ne peut avoir que deux systèmes de cordes supplémentaires formant entre elles un angle donné ; il en est de même de deux diamètres conjugués. Ces deux systèmes de diamètres se réduisent à un seul 1° lorsque les diamètres font entre eux l'angle limite, 2° lorsqu'ils sont les axes de la courbe.

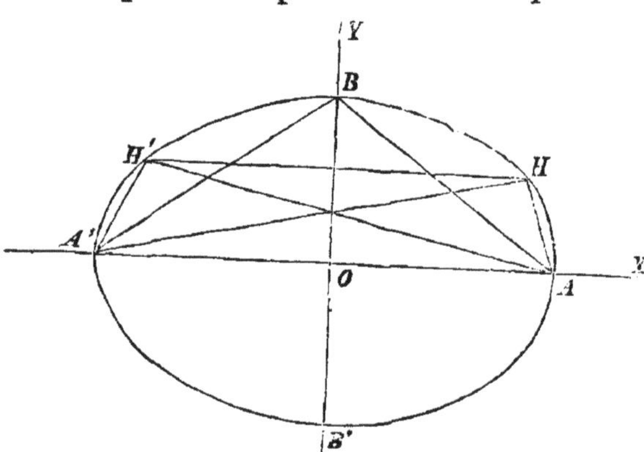

Il résulte de ce qui a été dit qu'il n'y a pas de diamètres conjugués faisant entre eux un angle plus grand que ABA′ ou plus petit que BAB′.

247. *Construction de deux diamètres conjugués faisant entre eux un angle donné.*

Puisque deux diamètres sont conjugués lorsqu'ils sont parallèles à deux cordes supplémentaires, la question revient à trouver deux cordes supplémentaires qui comprennent entre elles l'angle donné, et à mener ensuite deux diamètres parallèles à ces cordes.

Pour cela on tire un diamètre quelconque AOA′, sur lequel on décrit un segment AHA′ capable de l'angle donné, et par le point H où le cercle coupe l'ellipse on mène les cordes supplémentaires AH, A′H. En conduisant par le centre des parallèles DD′, EE′ à ces cordes, on aura deux diamètres conjugués qui répondront à la question.

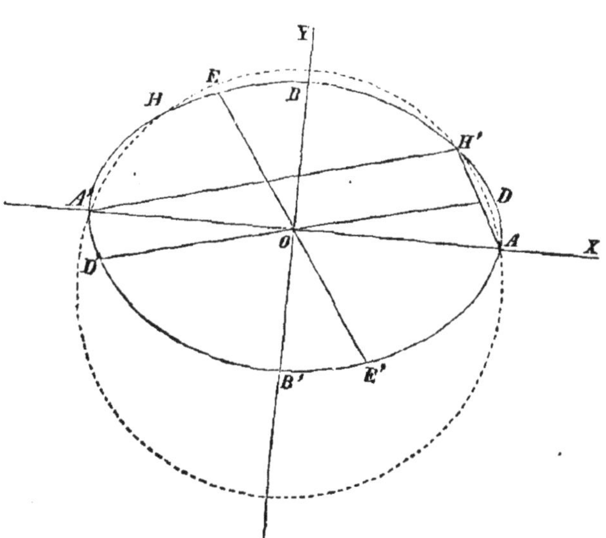

Le cercle décrit coupe l'ellipse en un second point H′ qui détermine une seconde solution du problème.

Appelons L et l l'angle maximum et l'angle minimum de deux cordes supplémentaires, θ l'angle donné, si l'on a

$$L > \theta > l,$$

le problème a généralement deux solutions.

Si l'on a

$$\theta = L \text{ ou } \theta = l,$$

le problème n'a qu'une solution.

Enfin si l'on a

$$\theta > L, \text{ ou } \theta < l,$$

le problème n'a pas de solution.

248. *Construction des axes de l'ellipse.* Puisque les axes de l'ellipse ne sont autre chose que des diamètres conjugués rectangulaires, on les construira quand on connaîtra le centre de la courbe, en décrivant une circonférence sur un diamètre quelconque, en joignant aux extrémités de ce diamètre un des points de rencontre de la circonférence avec l'ellipse, et en menant par le centre des parallèles aux cordes ainsi obtenues.

D'après la symétrie de l'ellipse par rapport aux axes, la circonférence décrite du point O comme centre, avec un rayon quelconque OC, doit couper la courbe en quatre points placés deux à deux symétriquement par rapport aux axes, et par suite la figure CHC'H' doit être un rectangle dont les côtés sont parallèles aux axes. On obtiendra donc les axes en menant, par le centre, des parallèles aux côtés du rectangle.

Construction du centre de l'ellipse. Dans les constructions précédentes nous avons supposé connu le centre de l'ellipse : ce point est facile à déterminer quand l'ellipse est tracée. Il suffit, en effet, de mener deux cordes parallèles

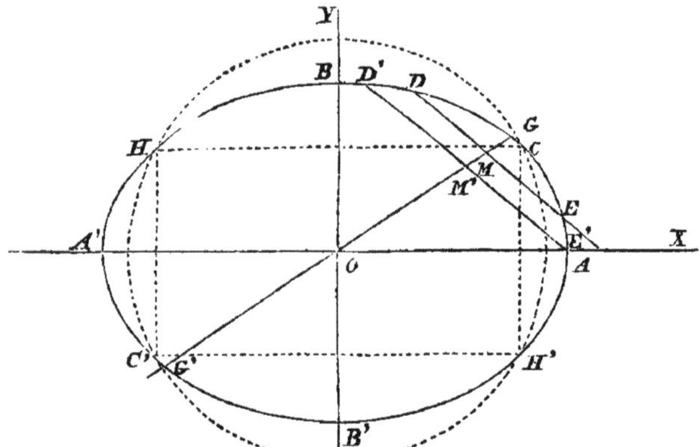

DE, D'E', de joindre leurs milieux M et M' par une droite GG', et de prendre le milieu O de cette ligne.

La droite GG' est un diamètre puisqu'elle divise en parties égales deux cordes parallèles ; on sait d'ailleurs que tous les diamètres passent par le centre, et y sont divisés en deux parties égales.

ELLIPSE RAPPORTÉE A DEUX DIAMÈTRES CONJUGUÉS.

249. Jusqu'à présent nous avons employé l'équation

$$a^2y^2 + b^2x^2 = a^2b^2$$

qui est celle de l'ellipse rapportée à son centre et à ses axes. Il est facile de démontrer à priori, que si l'on prend comme axes deux diamètres conjugués, l'équation de la courbe gardera la même forme. En effet, soient OC et OD deux diamètres conjugués auxquels nous rapportons la courbe. Puisque les diamètres OC et OD sont conjugués, chacun d'eux divise en 2 parties égales les cordes parallèles à l'autre, donc à chaque valeur OP de x' correspondent deux ordonnées MP, M'P, égales et de signes contraires; donc l'équation ne doit contenir que le carré de y'. De même à chaque valeur OQ de y' correspondent deux valeurs de x', égales et de signes contraires, et par conséquent l'équation ne doit contenir que le carré de x', donc elle aura la forme

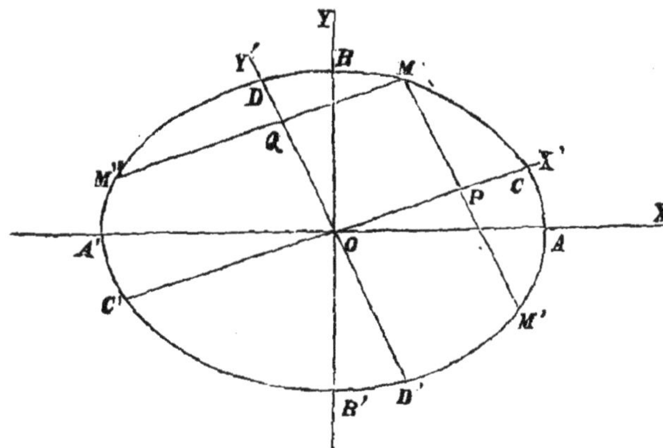

$$Ay'^2 + Bx'^2 = C.$$

On arrive à la même conclusion en partant de l'équation de l'ellipse rapportée à ses axes

$$(1) \qquad a^2y^2 + b^2x^2 = a^2b^2,$$

et cherchant quels sont les systèmes de coordonnées obliques auxquels il faut rapporter la courbe pour que son équation conserve la même forme.

Désignons par α et α' les angles que font avec l'axe OA les diamètres OC et OD, les formules de transformation

$$x = x' \cos \alpha + y' \cos \alpha',$$
$$y = x' \sin \alpha + y' \sin \alpha'$$

substituées à la place de x et y dans l'équation (1) donnent :

$$(2)\quad \left(a^2 \sin^2 \alpha' + b^2\cos^2\alpha'\right) y'^2 + \left(2\, a^2 \sin \alpha \sin \alpha' + 2\, b^2 \cos \alpha \cos \alpha'\right) x'y' + \left(a^2\sin^2\alpha + b^2\cos^2\alpha\right) x'^2 = a^2b^2.$$

Pour que l'équation (2) prenne la forme de l'équation (1), il faut que le terme en $x'y'$ disparaisse, et par conséquent que les angles α et α' satisfasse à la relation

$$(3)\quad a^2 \sin \alpha \sin \alpha' + b^2 \cos \alpha \cos \alpha' = 0, \text{ ou } \operatorname{tg} \alpha \operatorname{tg} \alpha' = -\frac{b^2}{a^2}.$$

Les axes auxquels il faut rapporter la courbe sont donc des diamètres conjugués.

L'équation (3) admet une infinité de valeurs réelles, car une tangente pouvant passer par tous les états de grandeur depuis $-\infty$ jusque $+\infty$, il en résulte que pour chaque valeur arbitraire de tang α, elle donnera une valeur réelle correspondante de tang α'. Au moyen de tang α et de tang α' on trouve $\sin \alpha$, $\cos \alpha$, $\sin \alpha'$, $\cos \alpha'$, ce qui permet de calculer les coefficients des carrés des variables. L'équation est ainsi ramenée à la forme

$$(4)\qquad \mathrm{A}y'^2 + \mathrm{B}x'^2 = a^2b^2$$

dans laquelle

$$\mathrm{A} = a^2 \sin^2 \alpha' + b^2 \cos^2 \alpha', \quad \text{et} \quad \mathrm{B} = a^2 \sin^2 \alpha + b^2 \cos^2 \alpha.$$

L'ellipse a une infinité de systèmes de diamètres conjugués, et en prenant chacun de ces systèmes pour axes des coordonnées l'équation de la courbe conservera la forme (1).

Désignons par $2a'$ et $2b'$ les longueurs des deux diamètres conjugués quelconques OC et OD. En faisant successivement $y' = 0$, $x' = 0$ dans l'équation (4), nous aurons

$$a'^2 = \frac{a^2b^2}{\mathrm{B}} = \frac{a^2b^2}{a^2 \sin^2 \alpha + b^2 \cos^2 \alpha},$$

$$b'^2 = \frac{a^2b^2}{\mathrm{A}} = \frac{a^2b^2}{a^2 \sin^2 \alpha' + b^2 \cos^2 \alpha'}.$$

Remplaçant A et B par leurs valeurs $\frac{a^2b^2}{b'^2}$, $\frac{a^2b^2}{a'^2}$, l'équation (4) devient :

$$\frac{y'^2}{b'^2} + \frac{x'^2}{a'^2} = 1,$$

ou, en chassant les dénominateurs et supprimant les accents sur x et y

$$(5)\qquad a'^2y^2 + b'^2x^2 = a'^2b'^2.$$

250. Les axes de la courbe sont le seul système de diamètres conjugués rectangulaires.

Cherchons s'il existe un système de diamètres conjugués rectangulaires autre que les axes. Il faut pour cela que l'on ait :

$$\alpha' - \alpha = 90^\circ.$$

On en tire :

$$\sin \alpha' = \sin (90^\circ + \alpha) = \sin (90^\circ - \alpha) = \cos \alpha$$
$$\cos \alpha' = \cos (90^\circ + \alpha) = - \cos (90^\circ - \alpha) = - \sin \alpha.$$

Ces valeurs étant portées dans la relation

$$a^2 \sin \alpha \sin \alpha' + b^2 \cos \alpha \cos \alpha' = 0$$

donnent :

(6) $$(a^2 - b^2) \sin \alpha \cos \alpha = 0.$$

Comme a est différent de b, on ne peut satisfaire à cette équation qu'en faisant

$$\sin \alpha = 0, \quad \text{ou} \quad \cos \alpha = 0,$$

hypothèses qui ramènent aux deux axes de l'ellipse.

Si $a = b$ l'équation (6) est satisfaite quel que soit α, donc le cercle n'a que des diamètres conjugués rectangulaires.

La condition $\tan \alpha \tan \alpha' = - \frac{b^2}{a^2}$ conduit aux mêmes conséquences; car il est clair que, si des deux quantités $\tan \alpha$ et $\tan \alpha'$ l'une n'est pas *nulle* et l'autre *infinie*, il est impossible que la condition

$$a^2 \tan \alpha \tan \alpha' + b^2 = 0$$

soit vérifiée en même temps que la condition

$$\tan \alpha \tan \alpha' + 1 = 0$$

qui exprime que les deux diamètres conjugués sont rectangulaires; tandis que si $a = b$, ces deux conditions ont toujours lieu simultanément.

251. *Diamètres conjugués égaux*. Pour que deux diamètres conjugués soient égaux, on doit avoir :

$$a' = b',$$

cette condition entraîne la suivante :

$$a^2 \sin^2 \alpha + b^2 \cos^2 \alpha = a^2 \sin^2 \alpha' + b^2 \cos^2 \alpha'$$

d'où $$a^2 (\sin^2 \alpha - \sin^2 \alpha') = b^2 (\sin^2 \alpha - \sin^2 \alpha')$$

(7) $$(a^2 - b^2) (\sin^2 \alpha - \sin^2 \alpha') = 0.$$

On satisfait à l'équation (7) en faisant $\sin^2\alpha = \sin^2\alpha'$, d'où $\cos^2\alpha = \cos^2\alpha'$, et $tg^2\alpha = tg^2\alpha'$.

De cette dernière égalité on conclut:

$$\text{tang}\,\alpha' = \pm\,\text{tang}\,\alpha.$$

Mais l'équation (3) exige que tang α et tang α' soient de signes contraires, donc

$$\text{tang}\,\alpha' = -\,\text{tang}\,\alpha.$$

Portant cette valeur de tang α' dans l'équation (3), on a

$$\text{tang}^2\alpha = \frac{b^2}{a^2}$$

d'où

$$\text{tang}\,\alpha = \pm\frac{b}{a}.$$

Le signe supérieur correspond à l'un des deux diamètres, et le signe inférieur à son conjugué.

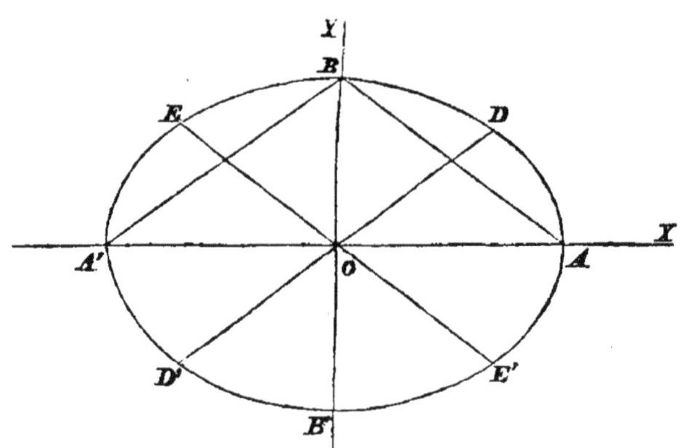

Si l'on mène les cordes AB et A'B, on aura :

$$\text{tg BA'X} = \frac{b}{a},$$

$$\text{tg BAX} = -\frac{b}{a}.$$

Les diamètres menés parallèlement à ces cordes seront donc les diamètres conjugués égaux.

L'équation de l'ellipse rapportée à ce système de diamètres conjugués est

$$y^2 + x^2 = a'^2.$$

Cette équation est analogue à celle du cercle, rapporté à deux axes rectangulaires passant par le centre.

Il résulte de cette discussion que l'ellipse a un seul système de diamètres conjugués égaux, lesquels coïncident avec les diagonales du rectangle construit sur les axes.

Chacun de ces diamètres a pour longueur $\sqrt{2(a^2+b^2)}$.

THÉORÈME IX.

252. L'aire du parallélogramme construit sur deux diamètres conjugués, est constante et égale au rectangle des axes.

Le parallélogramme MNPQ a pour mesure $2a'\,2b'\sin(\alpha'-\alpha)$.

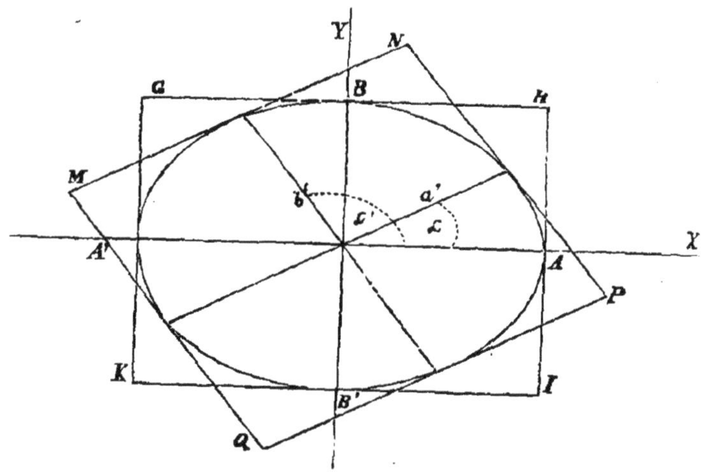

Il suffit donc pour démontrer le théorème de vérifier l'égalité

$$a'b'\sin(\alpha'-\alpha)=ab.$$

Or, nous avons (nº 249)

$$a'^2=\frac{a^2b^2}{a^2\sin^2\alpha+b^2\cos^2\alpha},$$

$$b'^2=\frac{a^2b^2}{a^2\sin^2\alpha'+b^2\cos^2\alpha'}.$$

En multipliant l'une par l'autre les valeurs de a'^2 et de b'^2, il vient

$$a'^2b'^2=\frac{a^4b^4}{a^4\sin^2\alpha\sin^2\alpha'+b^4\cos^2\alpha\cos^2\alpha'+a^2b^2(\sin^2\alpha'\cos^2\alpha+\sin^2\alpha\cos^2\alpha')}.$$

Pour simplifier cette expression, nous ferons usage de la relation

$$a^2\sin\alpha\sin\alpha'+b^2\cos\alpha\cos\alpha'=0.$$

En élevant au carré, on en tire

$$a^4\sin^2\alpha\sin^2\alpha'+b^4\cos^2\alpha\cos^2\alpha'=-2a^2b^2\sin\alpha\sin\alpha'\cos\alpha\cos\alpha';$$

portant cette valeur dans le produit $a'^2\,b'^2$, on trouve

$$a'^2 b'^2 = \frac{a^4 b^4}{a^2 b^2 \{\sin^2\alpha' \cos^2\alpha + \sin^2\alpha \cos^2\alpha' - 2\sin\alpha \sin\alpha' \cos\alpha \cos\alpha'\}} =$$

$$\frac{a^2 b^2}{(\sin\alpha' \cos\alpha - \sin\alpha \cos\alpha')} = \frac{a^2 b^2}{\sin^2(\alpha' - \alpha)}.$$

On conclut de là $a' b' \sin(\alpha' - \alpha) = ab.$

THÉORÈME X.

253. Dans l'ellipse la somme des carrés de deux diamètres conjugués est égale à la somme des carrés des axes.

Reprenons les équations

$$(1) \qquad \operatorname{tang}\alpha \operatorname{tang}\alpha' = -\frac{b^2}{a^2},$$

$$(2) \qquad a'^2 = \frac{a^2 b^2}{a^2 \sin^2\alpha + b^2 \cos^2\alpha},$$

$$(3) \qquad b'^2 = \frac{a^2 b^2}{a^2 \sin^2\alpha' + b^2 \cos^2\alpha'}.$$

Puisqu'elles ne contiennent que deux angles α et α', il est clair que si on élimine ces deux angles, on arrivera à une relation entre les longueurs des diamètres conjugués et celles des axes.

Pour faire cette élimination, chassons les dénominateurs dans l'équation (2), et divisons par $\cos^2\alpha$, nous aurons :

$$a'^2 a^2 \operatorname{tang}^2\alpha + a'^2 b^2 = a^2 b^2 (1 + \operatorname{tang}^2\alpha)$$

d'où
$$\operatorname{tang}^2\alpha = \frac{b^2(a^2 - a'^2)}{a^2(a'^2 - b^2)}.$$

Pour trouver $\operatorname{tang}^2\alpha'$, il suffit de remplacer dans la valeur précédente a' par b', et l'on a :

$$\operatorname{tang}^2\alpha' = \frac{b^2(a^2 - b'^2)}{a^2(b'^2 - b^2)}.$$

Multipliant membre à membre, et égalant le produit à $\frac{b^4}{a^4}$, on obtient successivement :

$$\frac{b^4}{a^4} = \frac{b^4(a^2 - a'^2)(a^2 - b'^2)}{a^4(a'^2 - b^2)(b'^2 - b^2)},$$

$$(a'^2 - b^2)(b'^2 - b^2) = (a^2 - a'^2)(a^2 - b'^2),$$

$$a'^2 b'^2 - b^2 b'^2 - a'^2 b^2 + b^4 = a^4 - a^2 a'^2 - a^2 b'^2 + a'^2 b'^2,$$

$$b'^2 (a^2 - b^2) + a'^2 (a^2 - b^2) = a^4 - b^4,$$

$$a'^2 + b'^2 = a^2 + b^2.$$

Ces deux théorèmes sont attribués à Apollonius.

THÉORÈME XI.

254. Le parallélogramme construit sur deux diamètres non conjugués est plus petit que le rectangle des demi-axes.

Soit ADGC un parallélogramme construit sur deux demi-diamètres AD, AC, non conjugués ; menons le demi-diamètre AD',conjugué de AD, et formons le parallélogramme ADHD'. Ce parallélogramme et le précédent ont même base AD, et si on prolonge GC parallèle à AD et par conséquent parallèle à HD', le point M sera le milieu de la corde CC'. Or, la hauteur du premier parallélogramme est MK, et celle du second D'K', et il est évident que MK est moindre que D'K' ; donc le parallélogramme construit sur deux demi-diamètres quelconques AD, AC est moindre que le parallélogramme construit sur deux demi-diamètres conjugués AD, AD', et par conséquent moindre que ab.

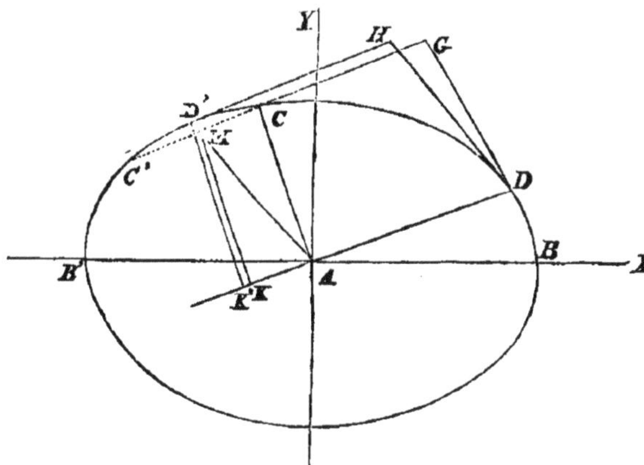

Il résulte de ce dernier théorème que si le parallélogramme construit sur deux demi-diamètres est équivalent au rectangle des demi-axes, ces deux diamètres sont conjugués, car s'ils ne l'étaient pas, le parallélogramme serait moindre que ab.

THÉORÈME XII.

255. La somme des carrés de deux diamètres peut être égale à la somme des carrés des axes, sans que ces diamètres soient conjugués.

En effet, supposons que les diamètres OC, OC′ soient conjugués, nous aurons :

$$\overline{OC}^2 + \overline{OC'}^2 = a^2 + b^2.$$

Du point C′ abaissons la perpendiculaire C′KH sur le petit axe, on aura OH = OC′ et par conséquent

$$\overline{OH}^2 + \overline{OC}^2 = a^2 + b^2,$$

et il est évident que les demi-diamètres OC, OH ne sont pas conjugués.

256. Les trois équations :

$$(1) \quad \text{tang}\ \alpha\ \text{tang}\ \alpha' = -\frac{b^2}{a^2},$$

$$(2) \quad a'b' \sin(\alpha' - \alpha) = ab,$$

$$(3) \quad a'^2 + b'^2 = a^2 + b^2,$$

font connaître trois des six quantités a, b, a', b', α, α' quand les trois autres sont connues.

Comme exemples de l'application de ces formules, nous résoudrons les deux problèmes suivants.

Problème I. Etant donnés de grandeur et de position deux diamètres conjugués de l'ellipse, construire ses axes.

Soient a' et b' les grandeurs des deux diamètres donnés, θ l'angle qu'ils font entre eux, nous aurons pour déterminer les axes les équations :

$$(1) \qquad a^2 + b^2 = a'^2 + b'^2,$$

$$(2) \qquad ab = a'b' \sin\theta.$$

Multipliant la seconde par 2 et ajoutant le résultat à la première, on aura :

$$(a + b)^2 = a'^2 + b'^2 + 2\,a'\,b' \sin\theta.$$

d'où

$$(3) \qquad a + b = \sqrt{a'^2 + b'^2 + 2a'b' \sin\theta}.$$

En retranchant de l'équation (1) le double de l'équation (2), nous aurons également :

$$(a - b)^2 = a'^2 + b'^2 - 2a'b' \sin\theta,$$

ou

$$(4) \qquad a - b = \sqrt{a'^2 + b'^2 - 2a'b' \sin\theta}.$$

Les équations (3) et (4) font connaître les valeurs de a et de b ;

mais il est plus élégant de construire les valeurs de $a+b$ et de $a-b$. En remarquant que $\sin\theta = \cos(90-\theta) = -\cos(90+\theta)$, les valeurs de $a+b$ et de $a-b$ pourront s'écrire :

$$a+b = \sqrt{a'^2 + b'^2 - 2a'b' \cos(90+\theta)}$$
$$a-b = \sqrt{a'^2 + b'^2 - 2a'b' \cos(90-\theta)}.$$

Ainsi $a+b$ est le troisième côté d'un triangle dont a' et b' sont les deux autres côtés et $90+\theta$ l'angle qu'ils comprennent. De même $a-b$ est le troisième côté d'un triangle dont les deux autres côtés sont a' et b' et $90-\theta$ l'angle qu'ils comprennent. De là la construction suivante :

Soient MM', SS' les deux diamètres se coupant sous l'angle θ. Du point M abaissons sur SS' une perpendiculaire indéfinie sur laquelle nous prendrons deux longueurs MF, MF' égales à a', joignons OF, OF', ces deux droites seront égales l'une à $a-b$, l'autre à $a+b$. En effet l'angle OMF $= 90-\theta$, et par suite l'angle OMF' $= 90+\theta$, les triangles OMF, OMF' donneront donc :

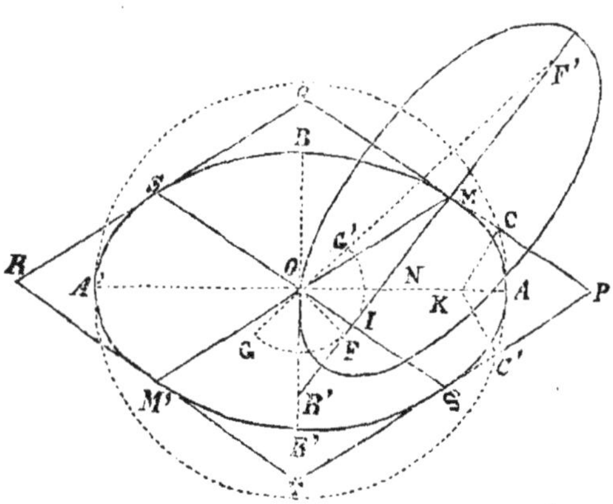

$$OF = \sqrt{a'^2 + b'^2 - 2\,a'b' \cos(90-\theta)},$$
$$OF' = \sqrt{a'^2 + b'^2 - 2\,a'b' \cos(90+\theta)}.$$

Il s'ensuit que OF' $= a+b$, et OF $= a-b$. Si du point O comme centre avec le rayon OF nous décrivons une demi-circonférence qui rencontre la ligne indéfinie OF' en G et G', F'G sera égal à $2a$, et F' G' à $2b$. On connait donc les axes de la courbe, il ne reste plus à trouver que leur direction.

Pour cela, par les points M et M' menons des parallèles à SS', et par les points S et S' des parallèles à MM', nous formerons un parallélogramme, PQRT, dont les côtés seront tangents à la courbe en M, M'. S, S'. Or, on sait que le lieu des pieds des perpendiculaires abaissées des foyers sur les tangentes à l'ellipse est une circonférence de cercle décrite du centre avec a comme rayon. Si donc des points C et C′ où cette circonférence rencontre les tangentes PQ et PS′, on élève à celles-ci des perpendiculaires, le point K où elles se rencontreront sera l'un des foyers de la courbe ; par conséquent OK est la direction du premier axe ; donc AA′ est ce premier axe. Le second axe est facile à déterminer.

Remarque. On démontre facilement le théorème suivant :

Si par un point d'une ellipse, on lui mène une normale, le produit des segments faits sur cette droite par le diamètre qui lui est perpendiculaire et par l'un des axes, est égal au carré de la moitié de l'autre axe.

De sorte que si M est le point de l'ellipse, I le point où la normale en M rencontre le diamètre qui lui est perpendiculaire, et R′ le point où elle rencontre le petit axe, on a

$$\text{MI} \cdot \text{MR}' = a^2.$$

Cela posé, si l'on décrit une ellipse qui passe par le centre O de l'ellipse proposée, et qui ait pour foyers les points F et F′, il est clair que son grand axe sera égal à $2a$, c'est-à-dire à celui de l'ellipse que l'on considère. Or, je dis qu'elle sera tangente au petit axe de cette ellipse. En effet, en vertu du théorème précédent, on a $\text{MI} \cdot \text{MR}' = a^2$, d'où $\text{MR}' = \frac{a^2}{\text{MI}}$; mais MI est l'abscisse du point O de la seconde ellipse comptée sur son grand axe et à partir de son centre M ; donc R′ est le pied de la tangente au point O (233), donc BB′ est cette tangente, donc OA est une normale à la seconde ellipse, donc elle divise l'angle FOF′ en deux parties égales. Ainsi, pour déterminer la direction du grand axe de l'ellipse cherchée, il suffira de tirer la bissectrice de l'angle FOF′.

Problème II. Etant donnés les axes d'une ellipse et l'angle de deux diamètres conjugués, trouver ces diamètres en grandeur et en direction.

Faisons $\alpha' - \alpha = \theta$, les équations du problème seront :

$$(1) \qquad a'^2 + b'^2 = a^2 + b^2,$$

$$(2) \qquad a'b' = \frac{ab}{\sin\theta},$$

$$(3) \qquad \operatorname{tang}\theta = \frac{\operatorname{tang}\alpha' - \operatorname{tang}\alpha}{1 + \operatorname{tang}\alpha \operatorname{tang}\alpha'}.$$

En multipliant par 2 l'équation (2), puis combinant avec l'équation (1) par addition et par soustraction, on trouve, a' étant supposé $> b'$:

$$a' + b' = \sqrt{a^2 + b^2 + \frac{2ab}{\sin\theta}},$$

$$a' - b' = \sqrt{a^2 + b^2 - \frac{2ab}{\sin\theta}},$$

d'où

$$a' = \tfrac{1}{2}\sqrt{a^2+b^2+\frac{2ab}{\sin\theta}} + \tfrac{1}{2}\sqrt{a^2+b^2-\frac{2ab}{\sin\theta}},$$

$$b' = \tfrac{1}{2}\sqrt{a^2+b^2+\frac{2ab}{\sin\theta}} - \tfrac{1}{2}\sqrt{a^2+b^2-\frac{2ab}{\sin\theta}}.$$

La grandeur des deux diamètres conjugués étant connue, cherchons la direction de ceslignes. Pour cela remplaçons dans l'équation (3) tang α' par sa valeur $-\frac{b^2}{a^2 \operatorname{tang}\alpha}$, nous aurons :

$$\operatorname{tang}^2\alpha + \frac{a^2-b^2}{a^2}\operatorname{tang}\theta \operatorname{tang}\alpha + \frac{b^2}{a^2} = 0,$$

qui donne

$$\operatorname{tang}\alpha = \frac{-(a^2-b^2) \pm \sqrt{(a^2-b^2)^2 \operatorname{tang}^2\theta - 4a^2b^2}}{2a^2}.$$

On trouve deux valeurs pour tang α parce que, comme nous l'avons vu (246, remarque II), il y a en général deux systèmes de diamètres conjugués qui forment entre eux un angle donné.

Ces valeurs seront réelles si l'on a :

$$\operatorname{tang}^2\theta > \frac{4a^2b^2}{(a^2-b^2)^2}$$

$$\operatorname{tang}\theta > \pm\frac{2ab}{a^2-b^2}.$$

Donc quand l'angle θ est aigu, il doit être au moins égal à celui dont la tangente est $\frac{2ab}{a^2-b^2}$, et quand il est obtus, il faut au plus qu'il soit égal à celui dont la tangente est $-\frac{2ab}{a^2-b^2}$. Ces tangentes sont celles de l'angle minimum et de l'angle maximum de deux cordes supplémentaires.

Dans ces cas extrêmes le problème n'a qu'une solution, ce sont les diamètres conjugués égaux.

257. Nous avons trouvé pour l'équation de l'ellipse rapportée à des diamètres conjugués

$$a'^2y^2 + b'^2x^2 = a'^2b'^2.$$

Cette équation ayant la même forme que celle de l'ellipse rapportée à ses axes, il s'ensuit que toutes les propriétés qui sont indépendantes de l'inclinaison des coordonnées, doivent être communes aux axes de la courbe et à ses diamètres conjugués. On peut donc regarder comme démontrées, les propositions suivantes :

1° Suivant qu'un point est situé sur l'ellipse, en dehors ou en dedans, on a :

$$a'^2y^2 + b'^2x^2 - a'^2b'^2 = 0,$$
$$a'^2y^2 + b'^2x^2 - a'^2b'^2 > 0,$$
$$a'^2y^2 + b'^2x^2 - a'^2b'^2 < 0.$$

2° Les carrés des ordonnées parallèles à un diamètre sont entre eux comme les rectangles des segments qu'elles déterminent sur son conjugué.

3° En nommant α le coefficient angulaire de la tangente, et x', y', les coordonnées du point de contact, on a encore $\alpha = -\frac{b'^2x'}{a'^2y'}$, et l'équation de la tangente est :

$$\frac{xx'}{a'^2} + \frac{yy'}{b'^2} = 1.$$

La valeur de la sous-tangente sera $\frac{a'^2 - x'^2}{x'}$.

En désignant par α' le coefficient d'inclinaison du diamètre qui passe par le point de contact, et par α celui de la tangente, nous aurons encore entre α et α' la relation $\alpha\alpha' = -\frac{b'^2}{a'^2}$.

L'équation de la tangente en fonction du coefficient angulaire, ou parallèle à une droite donnée sera également :

$$y = mx \pm \sqrt{a'^2m^2 + b'^2}.$$

La ligne de contact des deux tangentes menées par un point extérieur (α, β) aura encore pour équation (n° 234),

$$a'^2\beta y + b'^2\alpha x = a'^2b'^2.$$

4° Si nous représentons par $y = mx + p$ l'équation d'un système de cordes parallèles, celle du diamètre conjugué à ces cordes sera $y = -\frac{b'^2}{a'^2 m} x$, et m' étant le coefficient angulaire du diamètre, nous aurons encore $mm' = -\frac{b'^2}{a'^2}$, relation qui aura lieu entre deux diamètres conjugués aussi bien qu'entre deux cordes supplémentaires ; seulement m et m' ne représenteront plus des tangentes, mais bien des rapports de sinus.

THÉORÈME XIII.

258. Si par les différents points d'une droite LL′ on mène à l'ellipse des couples de tangentes telles que TM, TM′, les cordes de contact, telles que MM′, passeront toutes par un point fixe situé sur le diamètre conjugué de celui qui est parallèle à la droite donnée.

Prenons pour axes des coordonnées le diamètre EE′ parallèle à la droite LL′, et son conjugué DD′. Soient α et β les coordonnées du point T, l'équation de la corde de contact sera (n° 257):

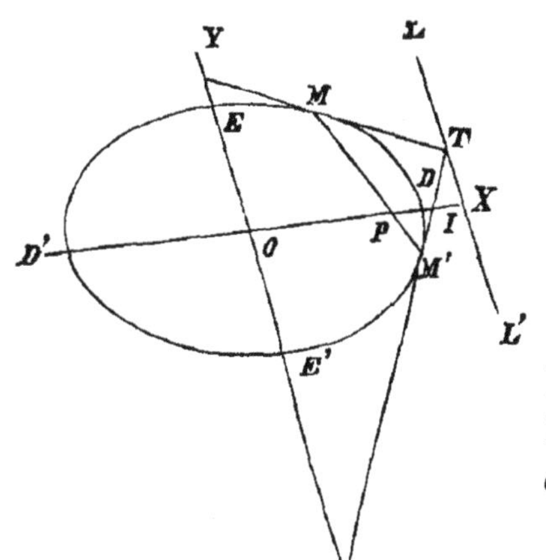

$$a'^2 \beta y + b'^2 \alpha x = a'^2 b'^2,$$

en appelant a' et b' les demi-diamètres OD et OE. Pour trouver le point où cette droite rencontre l'axe des x, on fera $y = 0$, ce qui donnera :

$$(1) \qquad x = \mathrm{OP} = \frac{a'^2}{\alpha}.$$

Or, l'abscisse α du point T ne dépend pas de la position de ce point sur la droite LL′, puisque celle-ci est parallèle à l'axe des y ; α est donc une constante, et le point P est un point fixe par lequel passent toutes les cordes telles que MM′. C'est ce qu'il fallait démontrer.

Remarques. I. Le point P se nomme le *pôle* de la droite LL′, et la droite LL′ est ce qu'on appelle la *Polaire* du point P.

Dans le cercle, la polaire est perpendiculaire au rayon qui passe par le pôle.

II. L'équation (1) montre que le demi-diamètre OD est moyen proportionnel entre OI et OP.

III. Nous avons supposé que la droite LL′ est extérieure à l'ellipse : si elle coupait la courbe, le théorème serait encore vrai. Seulement il est clair que l'on ne pourrait mener de tangentes par les points de la droite situés dans l'intérieur de l'ellipse. En outre, comme α est alors $< a'$, OP $> a'$, et le pôle P est situé hors de l'ellipse.

Si la polaire était tangente en D, on aurait OP $= \frac{a'^2}{a'} = a'$. Le pôle serait en D, c'est-à-dire qu'il serait sur la polaire.

Si la polaire était la directrice, on aurait $\alpha = \frac{a^2}{c}$, et OP $= c$, le pôle de la directrice est le foyer correspondant.

La réciproque de ce théorème est vraie, c'est-à-dire que, si par un point fixe P on mène des sécantes, et que par les points où elles rencontrent la courbe on mène à celles-ci des tangentes, les couples de tangentes correspondantes à une même sécante iront se couper sur une même droite LL′.
Car si OP reste fixe, il résulte de l'équation (1) qu'il en sera de même de α, donc tous les points T de rencontre des couples de tangentes se trouveront sur la droite qui aura pour équation $x = \alpha$.

Si le point fixe P était extérieur à l'ellipse, la droite LL′ couperait la courbe, car OP étant $> a'$, α est $< a'$.

Si le point P est en D, $\alpha = a'$ et la droite LL′ est tangente.

AIRE DE L'ELLIPSE.

259. Nous comparons l'aire de l'ellipse à celle du cercle construit sur le grand axe comme diamètre. Puisque l'ellipse se compose de quatre parties égales, il suffit d'évaluer la portion AOB.

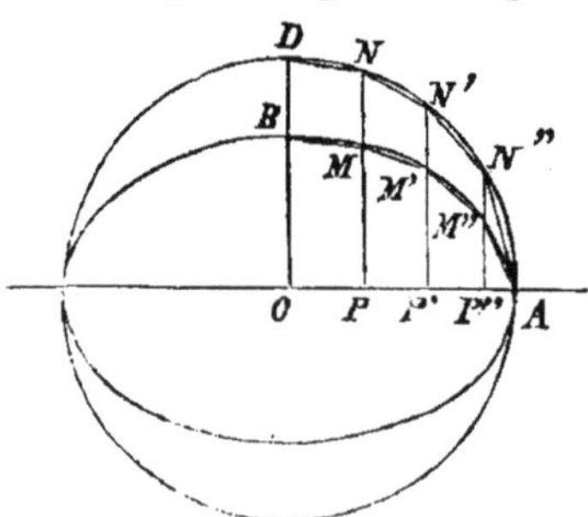

Inscrivons dans le quart de cercle DA, une portion de polygone régulier DNN′N″A. Les perpendiculaires abaissées des sommets du polygone sur le grand axe déterminent sur l'ellipse des points M, M′, M″, que nous joignons deux à deux de manière à former un polygone dans l'ellipse.

Considérons deux trapèzes correspondants MP', NP' ; leurs surfaces ont pour mesure :

$$\frac{PP'}{2}(MP + M'P'),$$

$$\frac{PP'}{2}(NP + N'P').$$

Mais on sait que les ordonnées correspondantes de l'ellipse et du cercle sont entre elles dans le rapport constant $\frac{b}{a}$, donc les surfaces de deux trapèzes correspondants sont aussi entre elles dans le rapport $\frac{b}{a}$. Il en résulte que l'aire du polygone inscrit dans l'ellipse est à l'aire du polygone inscrit dans le cercle dans le même rapport $\frac{b}{a}$. Or, si l'on augmente indéfiniment le nombre des parties égales dans lesquelles on a divisé le quadrant DA, les surfaces des deux polygones ont pour limites, l'une le quart de l'ellipse OAB, l'autre le quart du cercle OAD. Donc l'aire de l'ellipse est à l'aire du cercle comme le petit axe est au grand axe.

Si l'on désigne par $2a$ et $2b$ les axes d'une ellipse, puisque l'aire du cercle $= \pi a^2$, on aura :

$$\frac{\text{surf. ellipse}}{\pi a^2} = \frac{b}{a},$$

d'où

$$\text{Surf. ellipse} = \pi a.b.$$

Remarque. Cette aire est une moyenne proportionnelle entre les surfaces des cercles qui ont le grand axe et le petit axe pour diamètre.

$2a'$ et $2b'$ étant deux diamètres conjugués, et θ l'angle qu'ils font entre eux, nous avons trouvé

$$ab = a'b' \sin\theta,$$

donc

$$\text{Surf. ellipse} = \pi\, a'\, b' \sin\theta.$$

EXERCICES.

255. Théorème. — Deux diamètres conjugués quelconques OE, OF déterminent sur une tangente fixe deux portions CE, CF dont le produit est constant et égal au carré du demi-diamètre OD parallèle à la tangente.

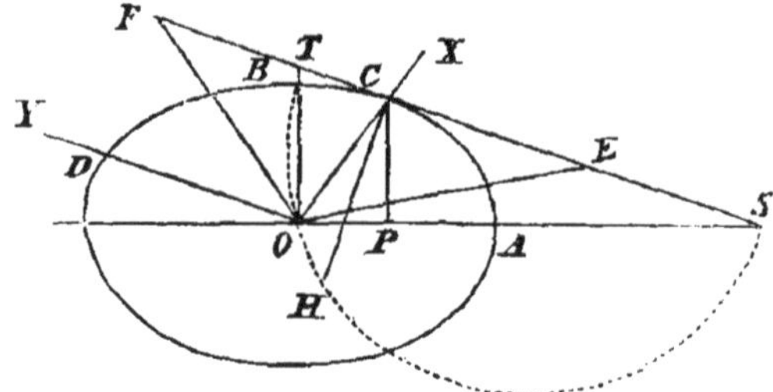

Prenons comme axes le diamètre OC qui passe par le point de contact, et son conjugué OD, appelons a' et b' les longueurs de ces demi-diamètres conjugués, et soient

$$y = mx,\ y = m'x$$

les équations des deux diamètres conjugués OE, OF. Nous aurons entre m et m' la relation

$$mm' = -\frac{b'^2}{a'^2}.$$

Si dans ces équations on fait $x = a'$, on trouve :

$$\text{CE} = -ma',\ \text{CF} = m'a',$$

d'où

$$\text{CE.CF} = -mm'\,a'^2 = b'^2.$$

Puisque les axes OA, OB, de l'ellipse sont des diamètres conjugués, on a :

$$\text{CS.CT} = \overline{\text{OD}}^2.$$

On en déduit un moyen de construire les axes de l'ellipse quand on connaît deux diamètres conjugués OC, OD en grandeur et en direction. Par le point C on mènera une parallèle ST à OD ; on élèvera sur cette droite une perpendiculaire CH = OD ; on décrira un cercle ayant son centre sur ST et passant par les points O et H. On joindra le centre aux points S et T, où ce cercle coupe la tangente, OS et OT seront les directions des axes. Pour avoir leurs longueurs on abaissera du point C une perpendiculaire CP sur OS, et on cherchera une moyenne proportionnelle entre OP et OS. Cette moyenne proportionnelle sera le demi-axe OA. De même pour OB.

261. Théorème. — Le rectangle des perpendiculaires abaissées des deux foyers sur chaque tangente est constant et égal au carré du demi-petit axe.

Soit
$$y = mx \pm \sqrt{a^2m^2+b^2}$$
l'équation de la tangente considérée ; et soient d et d' les longueurs des perpendiculaires abaissées des foyers F et F' sur cette tangente. Le point F ayant pour coordonnées $y = 0$, $x = c$, et celles du point F' étant $y = 0$, $x = -c$, on aura (78), les axes coordonnées étant les axes de la courbe

$$d = \frac{-mc \mp \sqrt{a^2m^2+b^2}}{\pm\sqrt{1+m^2}},\ \text{et}\ d' = \frac{+mc \mp \sqrt{a^2m^2+b^2}}{\pm\sqrt{1+m^2}}.$$

Les deux foyers étant situés du même côté de la tangente, le radical qui forme le dénominateur devra être pris avec le même signe dans les deux expressions.

On obtient donc en les multipliant

$$dd' = \frac{-m^2c^2 + a^2m^2 + b^2}{1+m^2} = \frac{-m^2(a^2-b^2)+a^2m^2+b^2}{1+m^2}$$

ou

$$dd' = b^2.$$

Ce qu'il fallait démontrer.

262. Théorème. — Soient OC et OC' deux diamètres conjugués quelconques, la somme des carrés des abscisses des extrémités de ces diamètres est égale au carré du demi premier axe, et la somme des carrés des ordonnées de ces mêmes points est égale au carré de la moitié du second axe.

Soient $y = mx$ l'équation de OC, et $y = m'x$ celle de OC', avec la condition

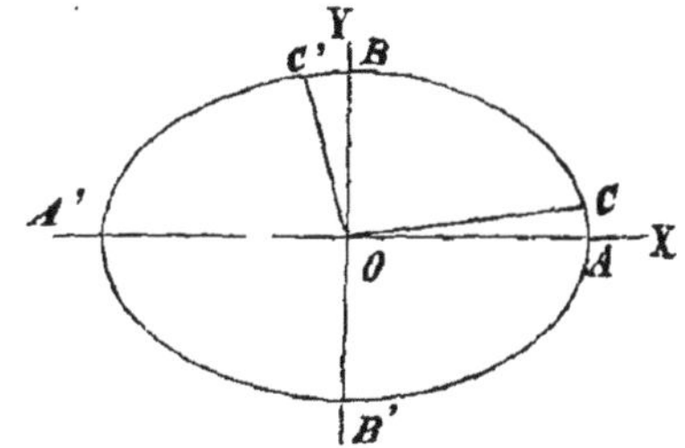

$$mm' = -\frac{b^2}{a^2}.$$

Désignons par x', y' les coordonnées du point C, par x'', y'' celles du point C', nous aurons pour le point C

$$y' = mx'$$

$$a^2y'^2 + b^2x'^2 = a^2b^2.$$

On en tire

(1) $$(a^2m^2 + b^2)\, x'^2 = a^2b^2$$

On aurait de même

$$(a^2\, m'^2 + b^2)\, x''^2 = a^2b^2.$$

Remplaçons dans cette dernière égalité m' par sa valeur $-\frac{b^2}{a^2m}$ nous aurons

(2) $$(a^2m^2 + b^2)\, x''^2 = a^4m^2.$$

Ajoutant membre à membre les équations (1) et (2), on obtient

$$(a^2m^2 + b^2)\,(x'^2 + x''^2) = a^2\,(a^2m^2 + b^2)$$

d'où

(3) $$x'^2 + x''^2 = a^2.$$

Si l'on additionne membre à membre les deux équations

$$a^2y'^2 + b^2x'^2 = a^2b^2,$$

$$a^2y''^2 + b^2x''^2 = a^2b^2,$$

qui expriment que les points C et C′ sont sur la courbe, on aura

$$a^2(y'^2 + y''^2) + b^2(x'^2 + x''^2) = 2a^2b^2\,;$$

mais on a trouvé

$$x'^2 + x''^2 = a^2$$

donc

$$a^2(y'^2 + y''^2) + a^2b^2 = 2a^2b^2$$

ou

$$(4) \qquad y'^2 + y''^2 = b^2.$$

263. Théorème. Si l'on joint un foyer de l'ellipse avec le point où la directrice correspondante rencontre une tangente donnée, la ligne de jonction est perpendiculaire au rayon vecteur du point de contact.

Rapportons l'ellipse à son centre et à ses axes, nous aurons pour l'équation de la directrice

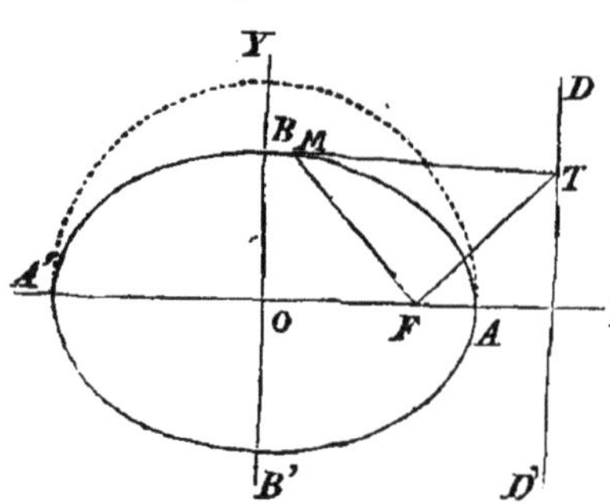

$$x = \frac{a^2}{c}.$$

Désignons par x', y' les coordonnées du point de contact M ; celles du foyer F sont o et C.

Si nous combinons l'équation de la directrice avec celle de la tangente

$$a^2yy' + b^2xx' = a^2b^2,$$

nous aurons pour les coordonnées du point T de rencontre de la tangente avec la directrice

$$y = \frac{b^2(c - x')}{cy'}, \text{ et } x = \frac{a^2}{c}.$$

Le coefficient angulaire de la droite TF a pour expression

$$\frac{c - x'}{y'},$$

d'ailleurs celui de la droite MF est

$$-\frac{y'}{c - x'}\,;$$

ces deux cofficients angulaires étant réciproques et de signes contraires, le théorème est démontré.

Remarque. Cette propriété est commune aux trois courbes du second degré.

264. Problème. Construire une ellipse connaissant deux diamètres conjugués CC', DD' et l'angle qu'ils forment entre eux.

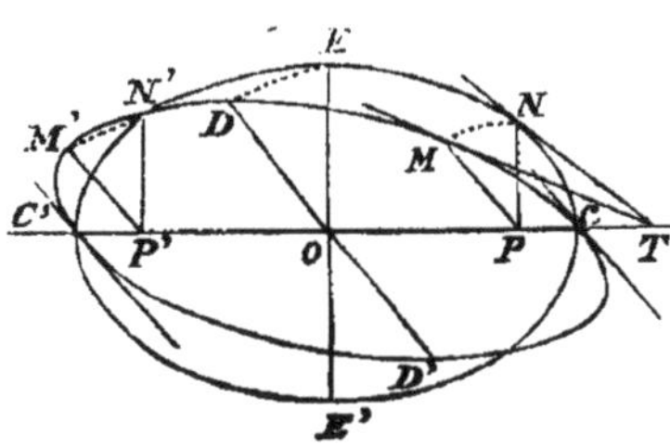

Par le point O, on élève sur OC une perpendiculaire OE égale à OD; sur les deux axes CC', EE' on construit une ellipse; on fait tourner chacune des coordonnées de cette ellipse autour de son pied P de manière à la rendre parallèle à OD; on prend PM = PN; le lieu des points M ainsi obtenus est l'ellipse demandée. En effet, si on appelle a', b' les longueurs des demi-diamètres OC, OD, l'ellipse auxiliaire, rapportée à ses axes OC, OE, a pour équation

$$a'^2y^2 + b'^2x^2 = a'^2b'^2.$$

La seconde courbe, rapportée aux lignes OC, OD, est représentée par la même équation, puisque deux points correspondants M, N ont même abcisse OP, et même ordonnée PM = PN; donc cette courbe est une ellipse rapportée aux diamètres conjugués OC, OD.

Quand on a déterminé de la sorte un nombre de points suffisant, on fait passer par tous ces points un trait continu, et l'ellipse demandée est construite.

Il est même facile de construire la tangente en un point M de l'ellipse. On trace la tangente NT au point correspondant de l'ellipse auxiliaire, et l'on joint TM. En effet les tangentes aux points M et N, sont représentées par la même équation

$$a'^2yy' + b'^2xx' = a'^2b'^2.$$

Si l'on fait dans cette équation $y = 0$, on trouve la même longueur $OT = \frac{a'^2}{x'}$.

265. Problème. Mener à l'ellipse une tangente par un point extérieur.

Nous avons vu que les ordonnées correspondantes de l'ellipse et du cercle sont entre elles dans le rapport de b à a ; il est facile de prouver que les tangentes à l'ellipse et au cercle en deux points correspondants M et N, jouissent de la même propriété. En effet, soient S, R, deux points correspondants de ces tangentes. Les triangles semblables

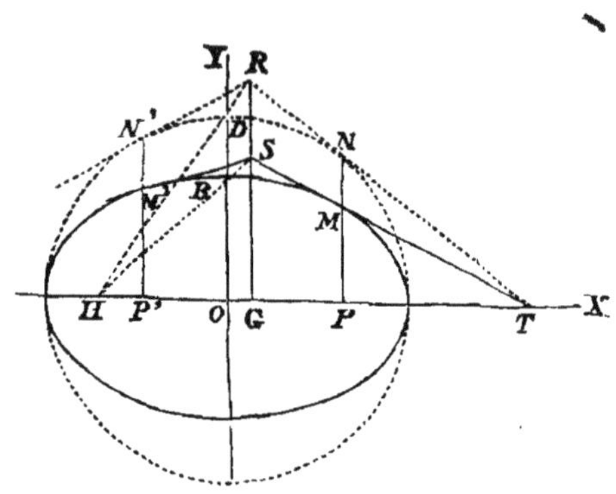

SGT, MPT donnent :

$$\frac{SG}{MP} = \frac{GT}{PT}.$$

On tire également des triangles semblables RGT, NPT

$$\frac{RG}{NP} = \frac{GT}{PT'}$$

d'où

$$\frac{SG}{RG} = \frac{MP}{NT} = \frac{b}{a}.$$

Pour mener des tangentes à l'ellipse par le point extérieur S, on construira donc le point R correspondant du point S. Par ce point R on mènera des tangentes RN, RN' au cercle, puis on joindra le point S aux points M et M' de l'ellipse qui correspondent aux points N et N' du cercle. Les droites SM, SM' ainsi obtenues sont tangentes à l'ellipse.

On construira le point R correspondant du point S, en joignant SB, puis HD, le point R où cette dernière ligne rencontrera le prolongement de SG, sera pour le cercle le point correspondant du point S pour l'ellipse.

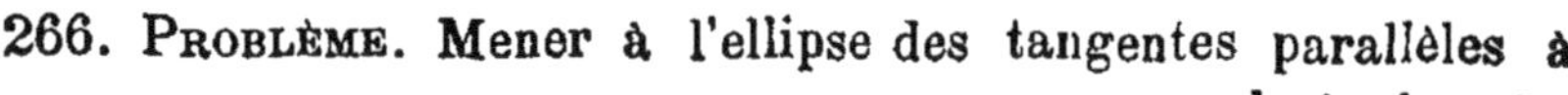

266. Problème. Mener à l'ellipse des tangentes parallèles à une droite donnée.

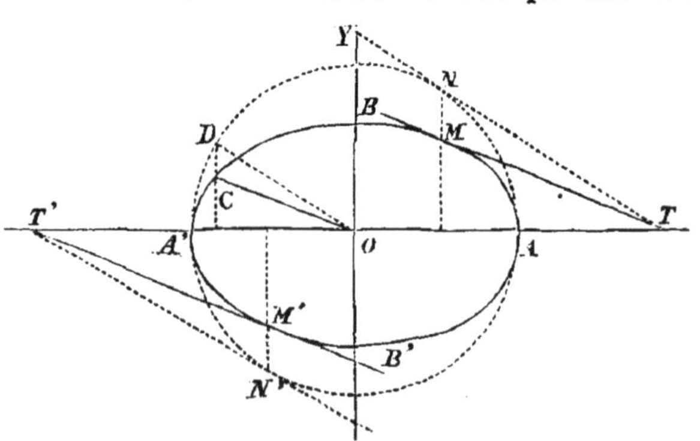

Soit OC la droite donnée. On construira sur le cercle décrit sur le grand axe comme diamètre le point D correspondant du point C. On mènera au cercle des tangentes NT, N'T' parallèles à OD, puis on joindra TM, T'M', ces droites seront tangentes à l'ellipse et parallèles à OC.

267. Problème. Une droite AB de longueur constante se meut, en s'appuyant par deux de ses points, A et B, sur deux axes fixes XX', YY' : on demande le lieu décrit par un point déterminé M de cette droite mobile.

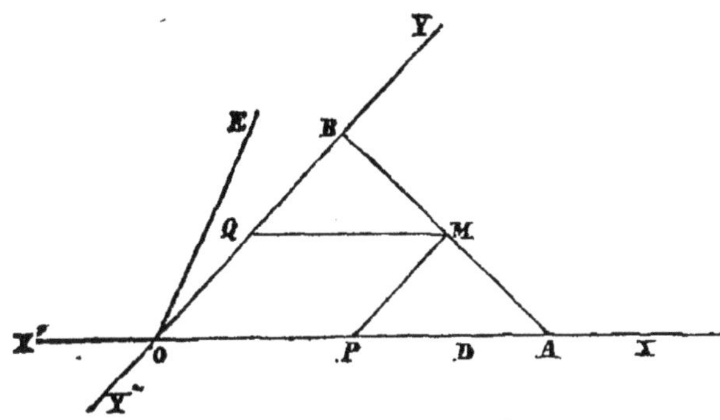

Faisons $AB=l$, $AM=q$, $BM=p$, $OA=\alpha$, $OB=\beta$. Prenons pour axes des coordonnées les droites OX et OY. Soit θ l'angle YOX, et soient x et y les coordonnées du point M.

Le triangle AOB donne

$$(1) \qquad l^2 = \alpha^2 + \beta^2 - 2\alpha\beta\cos\theta;$$

c'est l'équation du lieu quand on en aura éliminé les quantités variables α et β.

Or, on a

$$\frac{OP}{OA} = \frac{BM}{BA}, \quad \text{ou} \quad \frac{x}{\alpha} = \frac{p}{l}, \quad \text{d'où} \quad \alpha = \frac{lx}{p};$$

$$\frac{MP}{OB} = \frac{AM}{AB}, \quad \text{ou} \quad \frac{y}{\beta} = \frac{q}{l}, \quad \text{d'où} \quad \beta = \frac{ly}{q},$$

substituant ces valeurs de α et de β dans l'équation (1), et divisant par l^2, on trouve

$$(1) \qquad 1 = \frac{x^2}{p^2} + \frac{y^2}{q^2} - \frac{2xy\cos\theta}{pq}.$$

Le lieu est une ellipse, puisqu'on a

$$B^2 - 4AC = p^2q^2\cos^2\theta - p^2q^2 = p^2q^2(\cos^2\theta - 1) = -p^2q^2\sin^2\theta < o.$$

De plus l'équation du lieu ne changeant pas quand on y remplace $+x$ et $+y$ par $-x$ et $-y$, la courbe est rapportée à son centre. Mais elle n'est pas rapportée à un système de diamètres conjugués comme axes, parce qu'elle contient le rectangle xy des variables.

Désignons par D le point où la courbe rencontre l'axe OX, et cherchons le diamètre conjugué de OD Soit OE ce diamètre ; la tangente au point E sera parallèle à OD, donc nous trouverons le point E, en cherchant le point du lieu pour lequel à la même abscisse correspondent deux ordonnées égales et de même signe. L'équation (1) résolue par rapport à y donne

$$\frac{y}{q} = \frac{1}{p} x \cos \theta \pm \sqrt{1 - \frac{x^2}{p^2} (1 - \cos^2 \theta)}$$

et la condition pour que les deux racines soient égales, est

$$1 - \frac{x^2}{p^2} \sin^2 \theta = 0,$$

d'où

$$x = \pm \frac{p}{\sin \theta},$$

et les racines égales sont alors

$$\frac{y}{q} = \frac{x \cos \theta}{p}, \qquad \text{d'où } y = \pm \frac{q \cos \theta}{\sin \theta}.$$

On trouve deux valeurs parce qu'il y a généralement deux diamètres conjugués faisant entre eux le même angle θ.

La valeur $y = \pm \dfrac{q \cos \theta}{\sin \theta}$ étant construite, on aura le point E, et connaissant deux diamètres conjugués de grandeur et de direction, on aura facilement les axes.

Si l'angle θ était droit, on aurait pour l'équation du lieu

$$\frac{x^2}{p^2} + \frac{y^2}{q^2} = 1,$$

équation d'une ellipse rapportée à son centre et à ses axes. Les longueurs de ceux-ci seraient alors MB et MA.

268. Problème. Trouver le lieu des points d'où l'on peut mener à l'ellipse des tangentes parallèles à deux diamètres conjugués.

Soit l'ellipse rapportée à son centre et à ses axes ; les deux tangentes auront pour équations

$$(1) \qquad y = mx \pm \sqrt{a^2m^2 + b^2},$$

$$(2) \qquad y = m'x \pm \sqrt{a^2m'^2 + b^2},$$

et puisqu'elles sont parallèles à deux diamètres conjugués, on aura de plus la relation

$$(3) \qquad mm' = -\frac{b^2}{a^2}.$$

Si l'on regarde les équations (1) et (2) comme simultanées, x et y seront les coordonnées du point commun aux deux tangentes, c'est-à-dire les coordonnées d'un point du lieu ; donc si on élimine m et m' entre (1), (2) et (3) on obtiendra une relation constante entre x et y qui sera l'équation du lieu.

Or, l'équation (1) peut-être mise sous la forme

$$(4) \qquad (x^2-a^2)\, m^2 - 2xym + y^2 - b^2 = 0.$$

L'équation (2) donne une relation semblable qui ne diffère de celle-ci qu'en ce que m y est remplacé par m'. Il en résulte que l'on peut regarder m et m' comme les racines de l'équation (4); leur produit a donc pour valeur

$$mm' = \frac{y^2-b^2}{x^2-a^2}.$$

En substituant dans l'équation (3), on obtient

$$\frac{y^2-b^2}{x^2-a^2} = -\frac{b^2}{a^2},$$

ou

$$a^2y^2 + b^2x^2 = 2a^2b^2.$$

équation d'une ellipse rapportée à son centre et à ses axes. Le premier axe a pour valeur $a\sqrt{2}$, et le second $b\sqrt{2}$.

269. Problème.— On a une série d'ellipses ayant même centre, leurs axes proportionnels, et dirigés suivant les mêmes droites ; par un point fixe dans leur plan on leur mène des tangentes ; on demande le lieu des points de contact.

Supposons les ellipses rapportées à leurs centres et à leurs axes. Soient a et b les demi-axes de l'une, les demi-axes de l'une quelconque des autres pourront être représentés par ka et kb, k étant un coefficient variable d'une ellipse à l'autre.

Désignons par x', y' les coordonnées des points de contact de l'une quelconque des ellipses, par α et β les coordonnées du point fixe par lequel on mène les tangentes, l'équation de la ligne de contact sera :

$$a^2\beta y + b^2\alpha x = a^2b^2k^2.$$

Or, le point x', y' est à la fois sur la ligne de contact et sur la courbe, donc on a entre x' et y' les deux relations

$$(1) \qquad a^2\beta y' + b^2\alpha x' = a^2b^2k^2,$$
$$(2) \qquad a^2y'^2 + b^2x'^2 = a^2b^2k^2.$$

Ces deux équations déterminent les coordonnées des points de contact des tangentes issues du point (α, β) à l'ellipse déterminée par la valeur particulière de k ; pour avoir l'équation du lieu des points de contact, c'est-à-dire la relation constante qui lie les coordonnées x', y', il suffit donc d'éliminer k entre les équations (1) et (2). Pour cela, on n'a qu'à égaler les premiers membres, ce qui donne :

$$a^2y'^2 + b^2x'^2 = a^2\beta y' + b^2\alpha x'.$$

Cette équation est celle d'une ellipse qui passe par l'origine et par le point fixe.

Pour simplifier son équation, transportons l'origine au milieu de la droite qui joint l'origine au point fixe. Il suffit pour cela de remplacer x' et y' par $\frac{\alpha}{2} + x$, et $\frac{\beta}{2} + y$. Substituant dans l'équation (3), on obtient :

$$a^2y^2 + b^2x^2 = \frac{a^2\beta^2}{4} + \frac{b^2\alpha^2}{4},$$

ou

$$\frac{y^2}{b^2} + \frac{x^2}{a^2} = \frac{\beta^2}{4b^2} + \frac{\alpha^2}{4a^2}.$$

Si l'on pose $\qquad \frac{\beta^2}{4b^2} + \frac{\alpha^2}{4a^2} = \lambda^2, \qquad$ on aura :

$$\frac{y^2}{b^2\lambda^2} + \frac{x^2}{a^2\lambda^2} = 1.$$

L'ellipse, lieu des points de contact, est alors rapportée à son centre et à ses axes, et l'on voit que ses axes sont proportionnels à ceux des ellipses données.

THÉORÈMES ET PROBLÈMES SUR L'ELLIPSE.

270. 1. Des extrémités du petit axe on mène à un même point de l'ellipse des droites qui rencontrent le grand axe en Q et en R,

prouver que si l'on représente par C le centre et par A l'une des extrémités du grand axe, on aura :

$$CQ.\ CR = \overline{CA}^2.$$

2. Soient P un point quelconque de l'ellipse, PN son ordonnée, AA′ le grand axe ; soit Q un autre point de la courbe ; si l'on mène les droites AQ, A′Q qui coupent PN en R et S, on aura :

$$NR.\ NS = \overline{NP}^2.$$

3. Soit CP un demi-diamètre d'une ellipse. Par le point A, extrémité du grand axe, menons une parallèle à CP, qui rencontre la courbe en Q, et le petit axe prolongé en O ; on aura :

$$2\,\overline{CP}^2 = AO.\ AQ.$$

4. A l'une des extrémités du grand axe on élève une perpendiculaire AR, que l'on prend égale à l'ordonnée du foyer ; puis d'un point quelconque P de la courbe on mène une ordonnée PN qui coupe le diamètre CR au point Q ; prouver que

$$2 \text{ aire } QNAR = \overline{NP}^2$$

5. Démontrer que quand deux points d'un plan mobile glissent sur deux droites fixes, un point du plan décrit une ellipse ou une ligne droite.

6. Construire une ellipse connaissant un foyer, la directrice correspondante et un point.

7. Inscrire dans une ellipse une corde telle que la somme de sa longueur et de la distance de son point milieu au centre soit maximum.

TANGENTES ET NORMALES.

8. Si h et k représentent respectivement l'abscisse et l'ordonnée des points où une tangente quelconque rencontre le grand et le petit axe de l'ellipse $\frac{x^2}{a^2} + \frac{y^2}{b^2} = 1$, on aura $\frac{a^2}{h^2} + \frac{b^2}{k^2} = 1$.

9. Si des extrémités d'une corde focale on mène deux tangentes à l'ellipse, elles se coupent sur la directrice, et la droite qui joint le point d'intersection au foyer, est perpendiculaire sur la corde focale.

10. Trouver l'équation d'une tangente à l'ellipse $2x^2 + y^2 = 2$, et qui fasse avec l'axe des x un angle de 45°.

11. Une tangente à l'ellipse fait avec le premier axe un angle θ.

Démontrer que le rectangle des perpendiculaires abaissées des extrémités du premier axe sur cette tangente égale $b^2 \cos^2 \theta$.

12. Trouver l'aire du triangle formé par les axes prolongés et par une tangente faisant avec le premier axe un angle θ.

13. Trouver l'équation de la normale menée à l'extrémité de l'ordonnée focale dans l'ellipse $3x^2 + 4y^2 = 9$.

14. Si du pied G de la normale en P on mène une perpendiculaire GK sur l'une ou l'autre distance focale, on aura PK égale à l'ordonnée au foyer.

Si PG et PG' sont les parties de la normale comprises entre le point P, et les points où elle rencontre le grand et le petit axe, on aura :

$$\frac{PG}{PG'} = \frac{b^2}{a^2}.$$

16. Si les perpendiculaires abaissées du centre et du foyer sur la tangente en P, la rencontrent en Y et Z, et que T et T' soient les points où cette tangente rencontrent le grand et le petit axe, on aura :

$$\frac{TY}{PY} = \left(\frac{TZ}{PZ}\right)^2.$$

THÉORÈMES RELATIFS AUX FOYERS DE L'ELLIPSE.

17. Une corde étant parallèle à l'axe focal, la somme des rayons vecteurs qui passent par les extrémités de la corde au même foyer, est égale à l'axe focal.

18. La somme des rayons vecteurs qui vont des extrémités d'un diamètre au foyer, est constante.

19. Le carré de la distance d'un point de la courbe à un foyer, divisé par le produit des distances de ce même point aux deux directrices, donne un quotient constant.

20. Toute corde passant par le foyer est égale au carré du demi-diamètre parallèle divisé par l'axe focal.

21. La somme des deux cordes conjuguées passant par un foyer est constante.

22. Si d'un point M de la circonférence d'une ellipse, on mène deux cordes MFN, MF'N' passant par les deux foyers, la somme $\frac{MF}{FN} + \frac{MF'}{F'N'}$ = constante.

23. Une corde coupant une directrice, la droite qui joint le point d'intersection au foyer correspondant est une bissectrice de l'angle des deux rayons vecteurs qui aboutissent aux extrémités de la corde.

24. Le rayon vecteur qui va du foyer au point de rencontre de deux tangentes, est bissecteur de l'angle formé par les rayons vecteurs qui vont aux deux points de contact.

25. La perpendiculaire abaissée du foyer sur la tangente, et le diamètre passant par le point de contact, se coupent sur la directrice.

26. La normale terminée au grand axe, multipliée par la distance du foyer à la tangente, et divisée par le rayon vecteur, est une quantité constante.

27. On mène une normale à l'ellipse : le produit des segments faits sur elle par le diamètre perpendiculaire et par l'un des axes, est égal au carré de la moitié de l'autre axe.

28. Dans une ellipse, 1° la somme des carrés des inverses des distances du centre à deux tangentes conjuguées est constante; 2° le rectangle des distances du foyer.

29. Un demi diamètre d'une ellipse est moyen proportionnel entre les droites qui joignent les foyers à l'extrémité du diamètre conjugué du premier.

30. Trouver, dans le plan d'une ellipse, un cercle tel que les longueurs de la tangente menée au cercle de chacun des points de l'ellipse soit une fonction rationnelle, entière et du premier degré des coordonnées de ce point.

Démontrer que la somme des tangentes menées de chacun des points de l'ellipse à deux cercles jouissant de la propriété précédente, et complètement intérieurs à l'ellipse, est constante.

DIAMÈTRES CONJUGUÉS.

31. CP et CD sont deux demi-diamètres conjugués; les normales en P et D se rencontrent en R : prouver que CR est perpendiculaire sur PD.

32. On prolonge deux diamètres conjugués jusqu'à leur rencontre avec la même directrice, et du point d'intersection de chacun on abaisse une perpendiculaire sur l'autre ; prouver que ces deux perpendiculaires se rencontrent au foyer voisin.

33. La somme des carrés des normales menées par les extrémités de deux demi-diamètres conjugués d'une ellipse est constante.

34. Deux demi-diamètres conjugués d'une ellipse font avec le grand axe des angles α et β, prouver que l'on a :

$$a'^2 \sin 2\alpha + b'^2 \sin 2\beta = 0.$$

35. CP et CD sont deux demi-diamètres conjugués : F le foyer, C le centre, A l'extrémité du grand axe voisin de F ; on a :

$$(FP - AC)^2 + (FD - AC)^2 = \overline{FC}^2.$$

36. Parmi tous les parallélogrammes circonscrits à une même ellipse, les parallélogrammes construits sur deux diamètres conjugués sont minimums.

37. Parmi tous les parallélogrammes inscrits à une même ellipse, ceux dont les diagonales forment un système de diamètres conjugués, sont maximums.

38. Les diagonales de tout parallélogramme circonscrit à une ellipse forment un système de diamètres conjugués.

39. Parmi tous les systèmes de diamètres conjugués de l'ellipse, les axes forment une somme minimum et les diamètres conjugués égaux une somme maximum.

40. Si deux ellipses, tellement situées dans un plan que deux diamètres conjugués de l'une soient respectivement parallèles à deux diamètres conjugués de l'autre, se coupent en quatre points ; ces quatre points seront sur une troisième ellipse dans laquelle les diamètres conjugués égaux seront parallèles à ceux que forment les deux premiers systèmes.

CHAPITRE XIV.

THÉORIE DE L'HYPERBOLE.

271. Conditions nécessaires pour que l'équation

$$My^2 + Nx^2 = P$$

représente une hyperbole.

Il faut d'abord que M et N soient de signes contraires ; c'est ce que l'on conclut du caractère analytique de la courbe, lequel est ici $-4MN > 0$.

Il faut ensuite que P soit différent de zéro ; car l'équation $My^2 - Nx^2 = 0$ représente deux droites qui passent par l'origine. Comme P peut être positif ou négatif, on peut donc avoir pour équation de l'hyperbole

$$(1) \qquad My^2 - Nx^2 = P$$

ou

$$(2) \qquad My^2 - Nx^2 = -P.$$

Mais si, dans la première, on change x en y et y en x, et qu'on change les signes des deux membres, on a

$$Ny^2 - Mx^2 = -P,$$

équation de même forme que l'équation (2) ; il suffira donc de considérer cette dernière, dans laquelle M, N et P sont positifs.

Il résulte de la forme de cette équation que l'origine est au centre de la courbe, et que la direction des axes des coordonnées est aussi celle des axes de la courbe.

272. Si dans l'équation (2) on fait $y = 0$, on trouve

$$x = \pm \sqrt{\frac{P}{N}} = \pm a$$

ce qui détermine les sommets A et A' de la courbe.

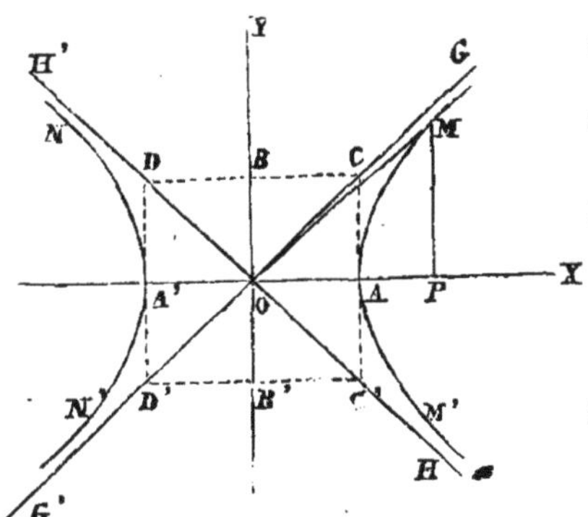

$x = 0$ donne $y^2 = -\frac{P}{M} = -b^2$, d'où

$$y = \pm \sqrt{-\frac{P}{M}} = \pm b \sqrt{-1}.$$

Donc l'hyperbole ne rencontre pas l'axe des y. Si l'on prend $OB = OB' = b = \sqrt{\frac{P}{M}}$, les points B B′ ainsi obtenus sont appelés les *sommets imaginaires de l'hyperbole.*

AA′ est l'axe transverse ou l'axe réel, BB′ est l'axe non transverse ou l'axe imaginaire.

·273. Des relations

$$\pm\sqrt{\frac{P}{N}} = \pm a, \quad \pm\sqrt{\frac{P}{M}} = \pm b\sqrt{-1},$$

on déduit

$$N = \frac{P}{a^2}, \quad M = \frac{P}{b^2}.$$

Portant ces valeurs dans l'équation (2), on a :

$$\frac{y^2}{b^2} - \frac{x^2}{a^2} = -1$$

ou

$$(3) \qquad a^2y^2 - b^2x^2 = -a^2b^2.$$

Cette équation ne diffère de celle de l'ellipse

$$a^2y^2 + b^2x^2 = a^2b^2,$$

qu'en ce que b^2 a été changé en $-b^2$. Cette remarque permet de déduire des propriétés de l'ellipse un certain nombre de propriétés analogues de l'hyperbole.

274. Il est quelquefois avantageux de placer l'origine à l'un des sommets. Supposons qu'on veuille transporter l'origine au sommet A, par exemple : on remplacera dans l'équation (3) x par $a+x$, et l'on trouvera :

$$(4) \qquad y^2 = \frac{b^2}{a^2}(2ax + x^2).$$

· 275. Quand $b = a$ les équations (3) et (4) deviennent:

$$y^2 - x^2 = -a^2,$$
$$y^2 = 2ax + x^2,$$

Alors on dit que l'hyperbole est *équilatère* ; elle est à l'égard des hyperboles ce qu'est le cercle relativement aux ellipses.

276. Discutons maintenant l'équation

$$a^2y^2 - b^2x^2 = -a^2b^2.$$

En la résolvant par rapport à y, on trouve

$$y = \pm \frac{b}{a}\sqrt{x^2 - a^2}.$$

De $x = 0$ à $x = \pm a$ les valeurs de y sont imaginaires. Pour $x = a$, on a $y = 0$; x croissant jusqu'à l'infini, y a deux valeurs réelles, égales et de signes contraires qui croissent jusqu'à l'infini. Les valeurs positives de x déterminent donc un branche de courbe AMM' qui s'étend à l'infini du côté des x positifs, et qui est symétrique par rapport à l'axe des abscisses. Les valeurs négatives de x donnent une seconde branche A'NN', entièrement semblable à la première, de l'autre côté de l'axe des y, puisqu'en changeant le signe de x, les valeurs de y restent les mêmes.

277. Le rayon mené du centre à un point de l'hyperbole augmente indéfiniment avec l'abscisse de ce point.

Soient OM le rayon, x et y les coordonnées du point M; le triangle rectangle OMP donne

$$OM = \sqrt{x^2 + y^2} = \sqrt{\frac{b^2}{a^2}(x^2 - a^2) + x^2} = \sqrt{\frac{a^2 + b^2}{a^2}x^2 - b^2}$$

Comme l'abscisse x peut croître jusqu'à l'infini, le rayon OM peut aussi croître jusqu'à l'infini. La plus petite valeur de x étant a, le minimum de OM est donc OA $= a$. On conclut de là que l'axe transverse est la plus petite des lignes menées du centre à un point de la courbe.

THÉORÈME I.

278. Les carrés des ordonnées perpendiculaires à l'axe transverse sont entre eux comme les produits des segments correspondants formés sur cet axe.

En effet, de l'équation (1) on déduit :

$$\frac{y^2}{x^2 - a^2} = \frac{b^2}{a^2},$$

ou

$$\frac{y^2}{(x + a)(x - a)} = \frac{b^2}{a^2}$$

d'où

$$\frac{\overline{MP}^2}{AP.\ A'P} = \frac{b^2}{a^2},$$

ce qui démontre le théorème.

279. *Asymptotes.* — Si l'on applique à l'équation (1) qui donne

$$y = \pm \frac{b}{a} \sqrt{x^2 - a^2},$$

la règle démontrée (n° 176) pour trouver les asymptotes, on obtient pour équations des droites GG', HH',

$$y = \pm \frac{b}{a} x.$$

Ces droites sont donc les diagonales du rectangle CC'DD' construit sur les axes.

Si $b = a$, le rectangle devient un carré, les asymptotes se confondent avec les bissectrices des angles formés par les axes des coordonnées.

Donc dans l'hyperbole équilatère les asymptotes sont perpendiculaires entre elles.

CONSTRUCTION DE L'HYPERBOLE AU MOYEN DES AXES.

280. *Première méthode.* L'équation de l'hyperbole est

$$y = \pm \frac{b}{a} \sqrt{x^2 - a^2},$$

celle de l'hyperbole équilatère ayant même axe transverse, sera

$$y_1 = \pm \sqrt{x^2 - a^2},$$

donc pour une même abscisse, nous aurons :

$$y = \frac{b}{a} y_1.$$

Si donc nous connaissions y_1, il suffirait de l'augmenter dans le rapport de $\frac{b}{a}$ pour avoir y. Par conséquent tout revient à construire l'ordonnée y_1 de l'hyperbole équilatère. Or l'ordonnée de cette courbe auxiliaire est une moyenne proportionnelle entre $x + a$ et $x - a$. Soit donc $OP = x$, d'où $A'P = x + a$, et $AP = x - a$. Sur OP comme diamètre décrivons une circonférence de cercle qui coupe en D et D' la circonférence décrite sur AA'. La tangente PD sera moyenne proportionnelle entre A'P et AP; par conséquent $PM = PD = y_1$. Quand

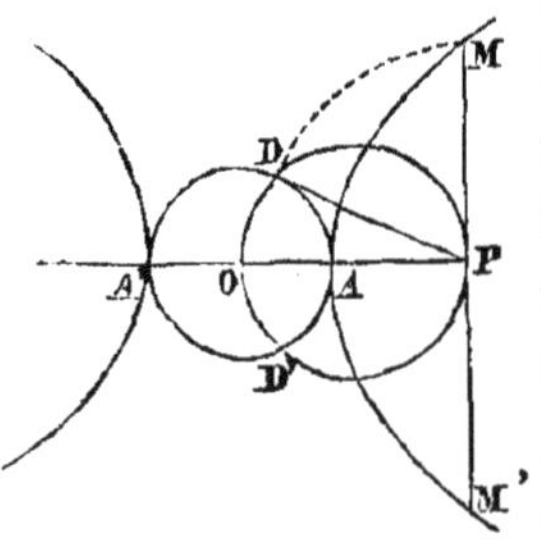

l'hyperbole équilatère sera construite, il suffira, comme nous l'avons dit, d'augmenter ou de diminuer les ordonnées dans le rapport de $\frac{b}{a}$ pour obtenir l'hyperbole cherchée.

281. *Deuxième méthode.* On peut construire l'hyperbole équilatère par un procédé plus simple que le précédent. L'équation de l'hyperbole équilatère

$$y^2 - x^2 = - a^2$$

donne

$$x = \sqrt{a^2 + y^2}.$$

Soit OC une ordonnée quelconque, menons CA, le triangle OCA donnera :

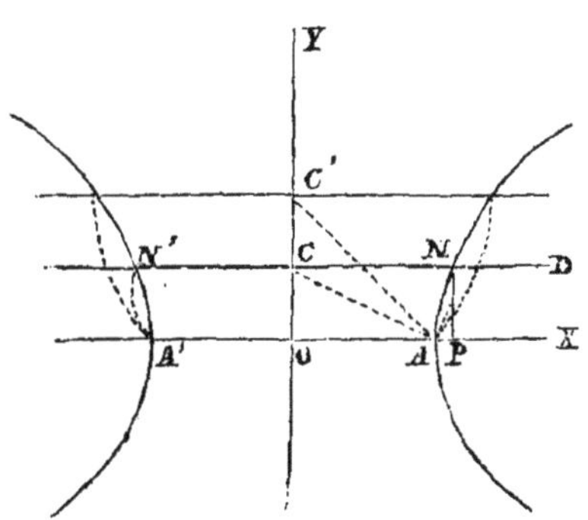

$$AC = \sqrt{a^2 + y^2},$$

donc AC est l'abscisse de l'hyperbole équilatère correspondante à l'ordonnée $y = OC$. Par le point C, menons CD parallèle à l'axe AA', puis de ce même point C avec le rayon CA décrivons une demi-circonférence qui viendra couper la parallèle CD en deux points N et N' qui appartiendront à l'hyperbole équilatère. Il restera comme dans le cas précédent à augmenter ou à diminuer l'ordonnée NP dans le rapport de b à a.

282. *Troisième méthode.* De l'équation

$$a^2y^2 - b^2x^2 = - a^2b^2$$

on tire :

$$x^2 = a^2 + \left(\frac{ay}{b}\right)^2.$$

et si nous appelons x' l'abscisse du point N de l'asymptote, situé avec le point cherché M sur une parallèle DM à l'axe transverse, nous aurons :

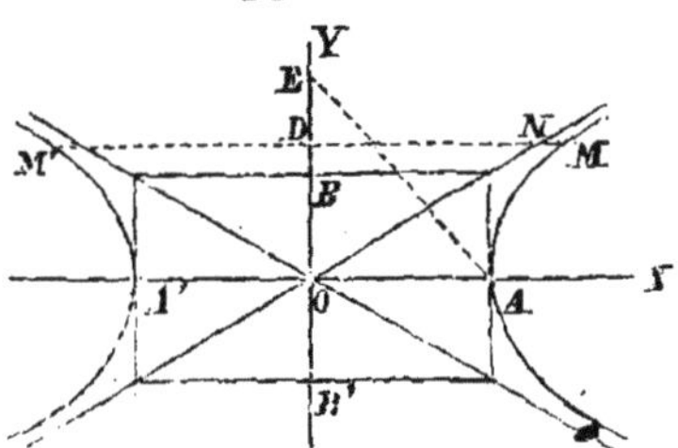

$$x' = \frac{ay}{b}$$

d'où

$$x^2 = a^2 + x'^2$$

Si donc on prend sur l'axe non transverse $OE = x' = DN$, et que l'on porte la distance EA de D en M et de D en M', les points M et M' appartiendront à l'hyperbole.

THÉORÈME II.

283. Selon qu'un point est extérieur à l'hyperbole, sur l'hyperbole ou intérieur à l'hyperbole, la fonction

$$a^2y^2 - b^2x^2 + a^2b^2 \text{ est } > 0, = 0, \text{ ou } < 0.$$

En effet, soit M un point extérieur à l'hyperbole, x et y ses coordonnées.

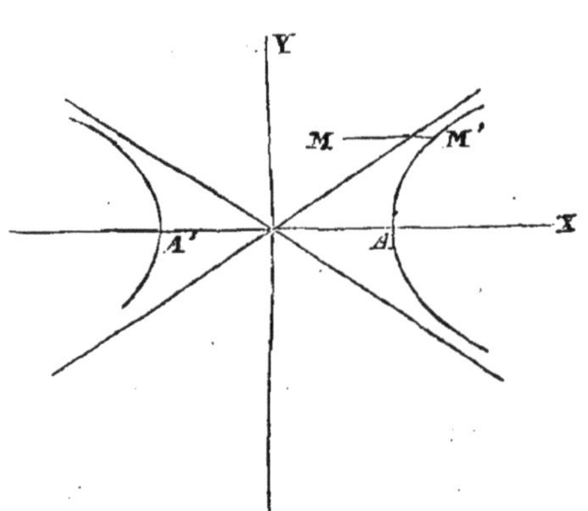

Par ce point M menons une parallèle à l'axe transverse, elle rencontrera l'hyperbole en un point M' (x', y') pour lequel on aura

$$a^2y'^2 - b^2x'^2 + a^2b^2 = 0.$$

Or, l'abscisse du point M est moindre que celle du point M', donc

$$a^2y^2 - b^2x^2 + a^2b^2 > 0.$$

Si le point M était dans l'intérieur, son abscisse x serait plus grande que x', et l'on aurait

$$a^2y^2 - b^2x^2 + a^2b^2 < 0.$$

FOYERS ET DIRECTRICES DE L'HYPERBOLE.

284. Soit

$$\frac{y^2}{b^2} - \frac{x^2}{a^2} + 1 = 0,$$

l'équation d'une hyperbole donnée rapportée à ses axes. Pour l'identifier avec l'équation focale,

$$(1-n^2)y^2 - 2mnxy + (1-m^2)x^2 - 2(\beta+nt)y - 2(\alpha+mt)x + \alpha^2 + \beta^2 - t^2 = 0$$

le calcul est le même que pour l'ellipse ; il suffit de remplacer b^2 par $-b^2$. On a ainsi les deux solutions réelles (N° 224)

$$n = 0, \beta = 0, m = \frac{\sqrt{a^2+b^2}}{a}, \alpha = \pm\sqrt{a^2+b^2}, t = \mp a.$$

et les deux solutions imaginaires

$$m=0,\ \alpha=0,\ \beta=\sqrt{-a^2-b^2},\ n=\frac{\sqrt{a^2+b^2}}{b},\ t=\mp b\sqrt{-1}$$

Discutons les deux premières solutions qui donnent deux foyers réels.

De ce que $\beta=0$ et $\alpha=\pm\sqrt{a^2+b^2}$, on conclut que l'hyperbole a deux foyers, situés sur l'axe transverse, à la même distance du centre.

Construction des foyers. Pour construire les foyers, du sommet A on élève une perpendiculaire AC sur l'axe transverse terminée à l'asymptote, puis du centre O avec le rayon OC, on décrit une demi-circonférence, les points F et F′ où elle coupe l'axe transverse prolongé sont les deux foyers de la courbe.

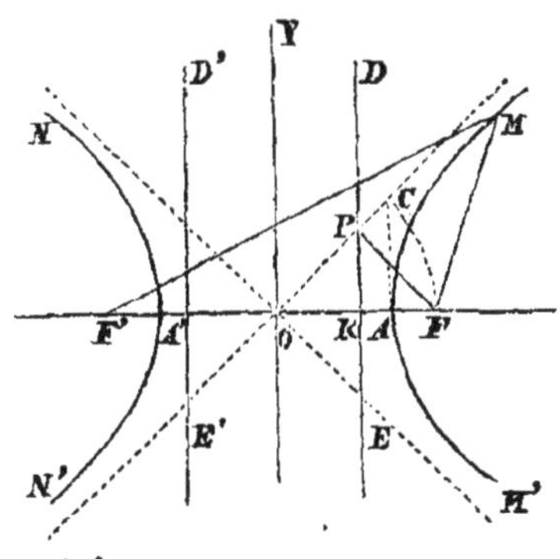

La distance FF′ entre les deux foyers s'appelle quelquefois l'excentricité, on la représente par 2 c. On a donc :

$$\alpha=\pm\sqrt{a^2+b^2}=\pm c.$$

n étant zéro, l'équation de la directrice

$$mx+ny+t=0$$

se réduit à

$$mx+t=0,\quad \text{ou}\ \frac{c}{a}x\pm a=0,$$

d'où

$$x=\pm\frac{a^2}{c}.$$

Donc l'hyperbole a deux directrices DE et D′E′ perpendiculaires sur l'axe transverse et à égale distance du centre; l'une DE qui a pour équation

$$x=\frac{a^2}{c}$$

correspond au foyer F, l'autre D′E′, qui a pour équation

$$x=-\frac{a^2}{c}$$

correspond au foyer F′.

Le rapport constant $K = \sqrt{m^2 + n^2}$ se réduit à m ou $\frac{c}{a}$.

Donc

les distances de chaque point de l'hyperbole au foyer et à la directrice sont entre elles comme l'excentricité est à l'axe transverse.

Puisque $n = 0$, la distance FM du foyer à un point de l'hyperbole, est une fonction du premier degré de l'abscisse du point M, abscisse comptée sur l'axe transverse de l'hyperbole.

THÉORÈME III.

285. La différence des distances de chaque point de l'hyperbole aux deux foyers est constante et égale à l'axe transverse.

Nous avons

$$MF = \pm (mx + t) = \pm \left(\frac{c}{a} x \mp a\right).$$

Le signe — dans la parenthèse, correspond au foyer F de droite, et le signe + au foyer F' de gauche ; on a donc :

$$MF = \pm \left(\frac{cx}{a} - a\right),$$

$$MF' = \pm \left(\frac{cx}{a} + a\right).$$

Si le point M est sur la branche de droite, $\frac{cx}{a}$ est plus grand que a, et l'on doit prendre le signe + devant chacune des parenthèses, on a donc :

$$MF = \frac{cx}{a} - a,$$

$$MF' = \frac{cx}{a} + a,$$

d'où

$$MF' - MF = 2a.$$

Si le point M est sur la branche de gauche, comme alors la quantité $\frac{cx}{a}$ est négative, et plus grande que a en valeur absolue, on doit prendre le signe — devant chacune des parenthèses, et l'on a :

$$MF = a - \frac{cx}{a}$$

$$MF' = -a - \frac{cx}{a}$$

d'où

$$MF - MF' = 2a.$$

REMARQUE. Pour un point N extérieur à l'hyperbole, on a :

$$F'N - NF < 2a,$$

et pour un point N' intérieur à l'hyperbole, on a

$$F'N' - FN' > 2a.$$

THÉORÈME IV.

286. Réciproquement

Le lieu des points tels que la différence des distances de chacun d'eux à deux points fixes F et F' est constante, est une hyperbole dont les points F et F' sont les foyers.

La démonstration de ce théorème est la même que celle du Théorème VII relatif à l'Ellipse.

287. Construction de l'hyperbole à l'aide des foyers. Prenons sur l'axe transverse au delà du foyer F un point quelconque E, du point F' avec le rayon A'E, décrivons un arc de cercle, puis du point F, avec un rayon égal à AE, décrivons un second arc qui coupe le premier en I. le point I appartient à l'hyperbole.

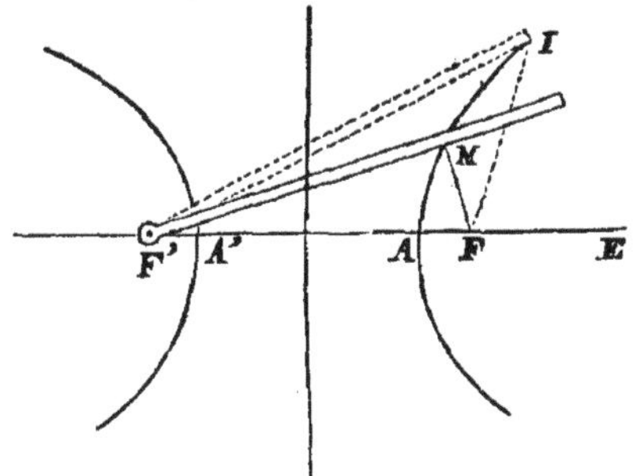

On peut, à l'aide des foyers, décrire la courbe d'un mouvement continu. On fixe au foyer F' une règle de façon qu'elle puisse tourner autour de ce point ; on attache l'une des extrémités d'un fil au point F, et l'autre extrémité en un point I de la règle. Si ensuite on fait glisser une pointe le long de la règle en tendant le fil, cette pointe décrira un arc d'hyperbole.

THÉORÈME V.

288. Le pied de la perpendiculaire abaissée du foyer sur l'asymptote, appartient à la directrice.

En effet (fig. du n° 284), les triangles rectangles OCA, OFP sont égaux. Ils ont l'angle O commun, et l'hypothénuse OC de l'un est égale à l'hypothénuse OF de l'autre ; donc FP $=$ AC $= b$, et OP $=$ OA $= a$. Par suite si l'on abaisse PK perpendiculaire sur l'axe réel, OP sera moyen proportionnel entre OF et OK, et l'on aura :

$$\overline{OP}^2 = OF \cdot OK, \text{ ou } a^2 = c. OK,$$

d'où

$$OK = \frac{a^2}{c};$$

donc le point P appartient à la directrice.

TANGENTE ET NORMALE.

289. Le coefficient angulaire de la tangente au point M (x', y') de l'hyperbole a pour valeur $\frac{b^2x'}{a^2y'}$, et l'équation de la tangente en ce point est déterminée par l'ensemble des deux équations

$$(1) \qquad a^2yy' - b^2xx' = -a^2b^2,$$

$$(2) \qquad a^2y'^2 - b^2x'^2 = -a^2b^2.$$

La tangente a tous ses points en dehors de l'hyperbole, c'est-à-dire que les coordonnées d'un point quelconque de cette droite satisfont à la relation

$$a^2y^2 - b^2x^2 + a^2b^2 > 0.$$

Pour démontrer cette proposition, tirons de l'équation (1) la valeur de a^2y^2, nous aurons

$$a^2y^2 = \frac{b^4(xx' - a^2)^2}{a^2y'^2}.$$

En la portant dans l'expression $a^2y^2 - b^2x^2 + a^2b^2$, il viendra

$$a^2y^2 - b^2x^2 + a^2b^2 = \frac{b^4(xx' - a^2)^2}{a^2y'^2} - b^2x^2 + a^2b^2$$

$$= \frac{b^4(xx' - a^2)^2 + (a^2b^2 - b^2x^2)a^2y'^2}{a^2y'^2}$$

$$= \frac{b^4(xx' - a^2)^2 + (a^2b^2 - b^2x^2)(b^2x'^2 - a^2b^2)}{a^2y'^2}$$

ou

$$a^2y^2 - b^2x^2 + a^2b^2 = \frac{b^4(x - x')^2}{y'^2}.$$

Tant que x est différent de x', ce second membre est positif, par suite le premier l'est aussi, et l'on a :

$$a^2y^2 - b^2x^2 + a^2b^2 > 0.$$

Par conséquent tous les points dont l'abscisse est différente de x', sont hors de l'hyperbole.

Pour $x = x'$, on a :

$$a^2y'^2 - b^2x'^2 + a^2b^2 = 0,$$

ce qui ramène au point de tangence.

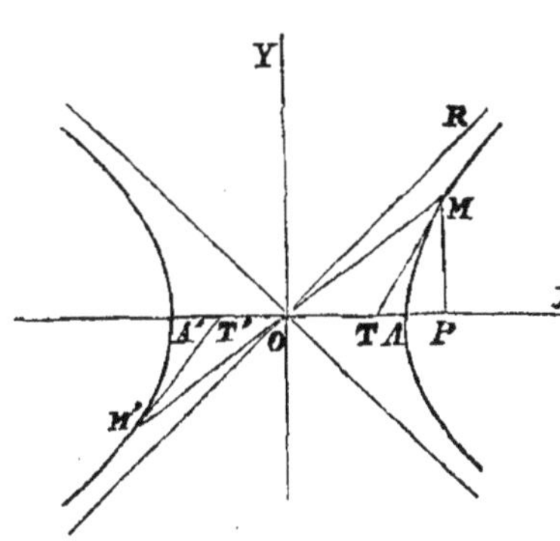

290. Soit T le point où la tangente rencontre l'axe des x, on aura $OT = \frac{a^2}{x'}$; si l'on donne le point de contact M, on construira OT par une troisième proportionnelle entre OA et OP et la tangente MT sera déterminée.

291. Le coefficient angulaire de la tangente est :

$$\alpha = \frac{b^2x'}{a^2y'}.$$

Cette quantité garde la même valeur quand on change seulement les signes des coordonnées ; donc,

si par le centre on mène une droite qui rencontre l'hyperbole en deux points M et M', les tangentes en ces points sont parallèles.

292. Si l'on fait croître x' depuis a jusqu'à l'infini positif, le point de contact M prendra toutes les positions possibles sur l'arc de courbe situé dans l'angle YOX. Comme y' croît en même temps que x', on ne voit pas ce que devient α quand x' devient infini, parce que α prend alors la forme indéterminée $\frac{\infty}{\infty}$. Pour faire disparaître l'indétermination, remplaçons y' par sa valeur $\pm \frac{b}{a}\sqrt{x'^2 - a^2}$, nous aurons :

$$\alpha = \frac{bx'}{\pm a\sqrt{x'^2 - a^2}} = \frac{b}{\pm a\sqrt{1 - \frac{a^2}{x'^2}}}.$$

Si maintenant nous faisons x' infini, nous aurons $\alpha = \pm \frac{b}{a}$, donc la tangente se confond avec l'asymptote.

On voit par là que x' croissant de a à l'infini, OT diminue de a à 0, en même temps le coefficient angulaire α diminue de l'infini à $\frac{b}{a}$. et par conséquent l'angle MTX diminue de $\frac{\pi}{2}$ à ROX.

293. On obtiendra la sous-tangente TP en retranchant OT $= \frac{a^2}{x'}$ de OP $= x'$, et l'on aura :

$$\text{TP} = \frac{x'^2 - a^2}{x'}.$$

294. Lorsqu'on joint le centre au point de contact, le coefficient angulaire de la droite OM est $\alpha' = \frac{y'}{x'}$; or, celui de la tangente au point M est $\alpha = \frac{b^2x'}{a^2y'}$; faisant le produit de ces valeurs on a :

$$\alpha\alpha' = \frac{b^2}{a^2}.$$

Donc, pour l'hyperbole comme pour l'ellipse, le produit des tangentes $\alpha\alpha'$ est constant.

295. Si l'on veut chercher la tangente de l'angle OMT que fait avec la tangente le rayon mené du centre au point de contact, on trouvera facilement

$$\text{tang OMT} = \frac{a^2b^2}{c^2x'y'}.$$

Aux deux extrémités de l'axe transverse, y' est nul, tang OMT est infini, et la tangente, pour ces points, est perpendiculaire sur la droite menée du centre au point de contact. Il ne peut en être ainsi que pour ces points, puisque pour tous les autres aucune valeur des coordonnées x', y' ne peut être nulle.

Quand le point M s'éloigne sur la courbe dans l'angle YOX, x' et y' croissent positivement, et comme elles peuvent augmenter sans limite, la tangente de l'angle OMT et par suite l'angle OMT peut décroître indéfiniment. Donc quand le point de contact est à l'infini, la tangente se confond avec la droite OM menée du centre au point de contact.

TANGENTE A L'HYPERBOLE PAR UN POINT EXTÉRIEUR.

296. Les coordonnées x', y' du point de contact seront déterminées par les deux équations

$$(1)\qquad a^2yy' - b^2xx' = -a^2b^2$$

$$(2)\qquad a^2y'^2 - b^2x'^2 = -a^2b^2.$$

L'élimination de y' donne

$$(3)\qquad (a^2\beta^2 - b^2\alpha^2)x'^2 - 2a^2b^2\alpha x' - a^4(b^2+\beta^2) = 0.$$

Pour que le problème soit possible, il faut que cette équation ait ses racines réelles, c'est-à-dire que l'on ait

$$b^4\alpha^2 + (a^2\beta^2 - b^2\alpha^2)(b^2 + \beta^2) > 0.$$

Cette condition se réduit à

$$a^2\beta^2 - b^2\alpha^2 + a^2b^2 > 0,$$

laquelle exprime, comme on devait s'y attendre, que le point (α, β) est extérieur à l'hyperbole.

297 Lorsque l'équation (3) aura ses racines réelles, elles seront de même signe ou de signes contraires, suivant que le coefficient de x'^2 et le terme indépendant seront ou ne seront pas de même signe ; par conséquent les valeurs de x' seront de même signe, si l'on a

$$a^2\beta^2 - b^2\alpha^2 < 0,$$

ou

$$(4)\qquad \frac{\beta}{\alpha} < \pm\frac{b}{a};$$

elles seront de signes contraires, si l'on a

$$a^2\beta^2 - b^2\alpha^2 > 0,$$

ou

$$(5)\qquad \frac{\beta}{\alpha} > \pm\frac{b}{a}.$$

Le premier membre de chacune de ces inégalités représente le coefficient angulaire de la droite menée du centre au point (α, β).

Le second membre est le coefficient d'inclinaison des asymptotes.

Il suit de là que l'équation (4) montre que les points de contact seront sur la même branche, si le point (α, β) est situé dans l'angle des asymptotes qui comprend l'axe transverse ; et que l'équation (5) enseigne que les points de contact seront l'un sur une branche et l'autre sur l'autre, si le point (α, β) est situé dans l'angle des asymptotes qui comprend l'axe imaginaire.

Si le point (α, β) était sur l'asymptote, on aurait $a^2\beta^2 - b^2\alpha^2 = 0$, et l'une des valeurs de x' serait alors infinie. En effet, l'une des deux tangentes se confondrait dans ce cas avec l'asymptote.

TANGENTE A L'HYPERBOLE PARALLÈLE A UNE DROITE DONNÉE.

298. Soient $y = mx$ l'équation d'une droite menée par le centre parallèlement à la droite donnée, et

$$y = mx + p$$

l'équation d'une sécante à l'hyperbole parallèle à cette droite.

En éliminant y entre cette équation et celle de l'hyperbole

$$a^2y^2 - b^2x^2 = -a^2b^2,$$

on a

$$(a^2m^2 - b^2)x^2 - 2a^2mpx + a^2(p^2 + b^2) = 0,$$

et la condition du contact sera

$$a^2m^2p^2 - (a^2m^2 - b^2)(p^2 + b^2) = 0,$$

qui se réduit

$$p^2 = a^2m^2 - b^2, \text{ ou } p = \pm\sqrt{a^2m^2 - b^2}.$$

Portant cette valeur de p dans l'équation $y = mx + p$, il vient pour l'équation de la tangente parallèle à la droite donnée

$$y = mx \pm \sqrt{a^2m^2 - b^2}.$$

Le problème ne sera possible que si l'on a

$$a^2m^2 - b^2 > 0, \text{ ou } m > \pm\frac{b}{a}.$$

Or, m est le coefficient angulaire de la droite menée par le centre parallèlement à la direction donnée ; donc il faudra que cette droite tombe dans l'angle des asymptotes qui comprend l'axe non transverse. Quand cette condition sera remplie le problème aura deux solutions.

299. L'équation

$$y = mx \pm \sqrt{a^2m^2 - b^2}$$

est l'équation de la tangente en fonction de son coefficient angulaire, elle est indépendante des coordonnées du point de contact.

300. *Normale.* On trouvera pour l'équation de la normale au point dont les coordonnées sont x', y'

$$y - y' = -\frac{a^2y'}{b^2x'}(x - x').$$

Elle ne diffère de l'équation de la normale à l'ellipse qu'en ce que b^2 est changé en $-b^2$.

Pour obtenir le point où la normale coupe l'axe transverse, il faut faire $y = 0$, ce qui donne

$$x = \frac{c^2}{a^2}x'.$$

L'abscisse x du point de rencontre est donc proportionnelle à l'abscisse x'.

Sa plus petite valeur répond au minimum de x' qui est a, on trouve alors :

$$x = \frac{c^2}{a},$$

valeur plus grande que c. Ainsi, une normale infiniment voisine du sommet rencontre le prolongement de l'axe transverse au-delà du foyer, par rapport au centre.

THÉORÈME VI.

301. La tangente à l'hyperbole est bissectrice de l'angle des rayons vecteurs menés par le point de contact aux deux foyers.

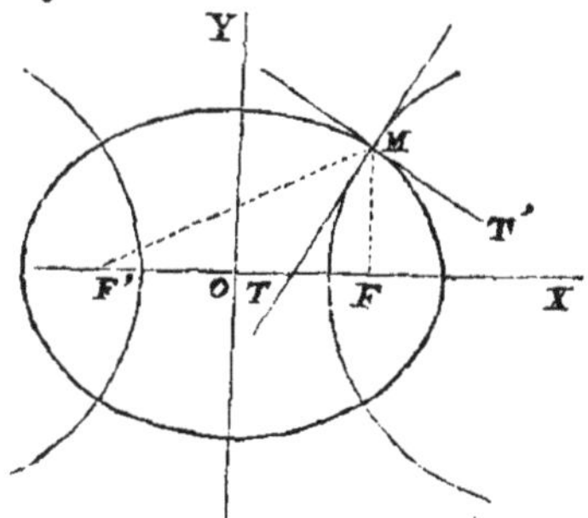

En effet, nous avons :

$$OT = \frac{a^2}{x'},$$

d'où

$$TF = c - \frac{a^2}{x'} = \frac{cx' - a^2}{x'}.$$

$$F'T = \frac{cx' + a^2}{x'}.$$

D'un autre côté, on a :

$$MF = \frac{cx' - a^2}{a},$$

$$MF' = \frac{cx' + a^2}{a},$$

d'où l'on déduit

$$\frac{MF}{MF'} = \frac{TF}{TF'}.$$

Par conséquent l'angle TMF = TMF'.

COROLLAIRE I. Une ellipse et une hyperbole homofocales se coupent à angle droit.

On dit que deux courbes du second degré sont homofocales, lorsque leurs foyers coïncident, et on appelle angle de deux courbes l'angle de leurs tangentes au point d'intersection. Soit M le point d'intersection d'une ellipse et d'une hyperbole qui ont mêmes foyers F et F' ; la bissectrice MT de l'angle F'MF est normale à l'ellipse ; mais elle est aussi tangente à l'hyperbole, donc les tangentes MT et MT' aux deux courbes sont perpendiculaires entre elles.

COROLLAIRE II. Quand on connaît les foyers d'une hyperbole, on peut construire les tangentes de la même manière que l'on a construit les tangentes à l'ellipse.

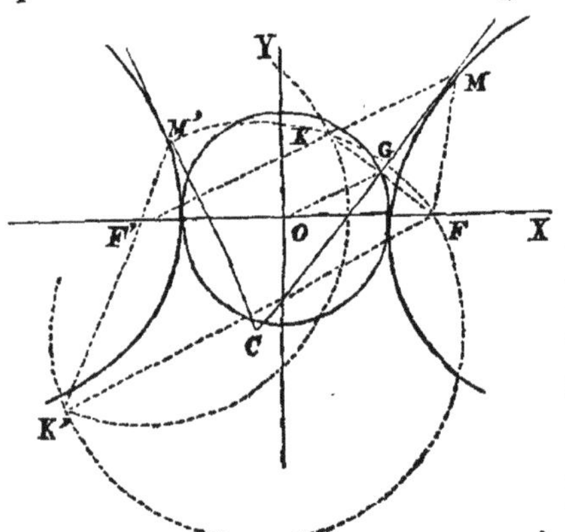

1° Construire la tangente au point M.

On tire les rayons vecteurs FM, F'M ; de F'M on retranche une longueur MK égale à MF, et du point M on abaissera une perpendiculaire MG sur KF. Cette ligne sera bissectrice de l'angle FMF' et par conséquent tangente à l'hyperbole.

2° Par un point extérieur C mener des tangentes à l'hyperbole.

On remarque que si, de chaque rayon vecteur F'M, on retranche une longueur MK égale à l'autre rayon vecteur MF, le lieu du point K est une circonférence de cercle décrite du point F' comme centre avec un rayon égal à $2a$. Du point F' comme centre avec $2a$ pour rayon, on décrira donc un cercle. Mais en supposant la tangente construite, MC est perpendiculaire sur le milieu de KF, donc CF = CK ; donc du point C comme centre avec CF pour rayon, on décrira un second cercle qui coupera le premier en deux points K et K'. On joindra FK, FK' et du point C on abaissera une perpendiculaire sur chacune de ces deux droites.

Lorsque le point C est extérieur à la courbe, on a (285)

(1) $$CF - CF' < 2a.$$

De plus le point C étant supposé plus voisin de F' que de F, on a $CF' < CF$, et à plus forte raison

(2) $$CF' < CF + 2a.$$

D'ailleurs, le triange FCF' donne

$$FF' < CF' + CF$$

et à plus forte raison, puisque $2a < FF'$,

(3) $$2a < CF' + CF.$$

On conclut de l'inégalité (2) que la distance des centres est moindre que la somme des rayons.

Si CF est plus grand que $2a$, on tire de l'inégalité (1)

$$CF' > CF - 2a\ ;$$

et si CF est moindre que $2a$, on tire de l'inégalité (3)

$$CF' > 2a - CF.$$

On voit que, dans l'un et l'autre cas, la distance des centres est plus grande que la différence des rayons ; donc les arcs de cercle se couperont en deux points, et il y aura deux tangentes.

Si le point donné était sur la courbe, la distance des centres étant alors égale à la somme des rayons, les deux cercles se toucheraient extérieurement, et le problème n'aurait qu'une solution.

Enfin si le point donné était intérieur, la distance des centres serait plus grande que la somme des rayons, les circonférences n'auraient aucun point de commun, et le problème n'aurait pas de solution.

Corollaire III. Si l'on joint le point O au point G, la droite OG, qui passe par les points O et G, milieux des droites FF' et FK, est parallèle à F'K et égale à $\frac{1}{2}$ F'K ; donc $OG = a$, donc le lieu des projections G des foyers sur les tangentes à l'hyperbole est le cercle décrit sur l'axe transverse comme diamètre.

DIAMÈTRES DE L'HYPERBOLE.

302. Si nous représentons par $y = mx + p$ l'équation d'un système de cordes parallèles à une direction donnée, celle du diamètre qui divise ces cordes en deux parties égales sera

$$y = \frac{b^2}{a^2m}x.$$

Les diamètres de l'hyperbole sont donc des lignes droites qui passent par le centre.

Comme m peut passer par tous les états de grandeur depuis $-\infty$ jusque $+\infty$, on peut dire que *toute ligne qui passe par le centre est un diamètre.*

Toutefois on doit remarquer que cette réciproque n'est pas vraie quand $m = \pm\frac{b}{a}$; car alors l'équation du diamètre correspondant devient $y = \pm\frac{b}{a}x$, et le diamètre se confond avec l'asymptote.

303. Si l'on représente par m' le coefficient angulaire du diamètre, on a

$$mm' = \frac{b^2}{a^2}$$

Cette relation qui lie le diamètre de l'hyperbole à ses cordes conjuguées, aurait pu se déduire de la relation analogue trouvée dans l'ellipse, par le changement de b^2 en $-b^2$.

Elle donne lieu à plusieurs conséquences.

1° La tangente à l'extrémité d'un diamètre est parallèle aux cordes conjuguées de ce diamètre.

En effet, α représentant le coefficient d'inclinaison de la tangente et m' celui du diamètre passant par le point de contact, on a :

$$\alpha m' = \frac{b^2}{a^2},$$

donc

$$\alpha m' = mm', \quad \text{d'où} \quad \alpha = m.$$

2° Le produit $mm' = \frac{b^2}{a^2}$ ne peut jamais devenir égal à -1; donc

les axes actuels des coordonnées sont les seuls axes de la courbe, puisqu'aucun autre système de diamètres ne peut être perpendiculaire à ses cordes conjuguées.

3° La relation $mm' = \frac{b^2}{a^2}$ étant symétrique par rapport à m et à m', montre que si l'on prend m' pour coefficient angulaire des cordes, on trouvera m pour coefficient angulaire du diamètre, c'est-à-dire que si la droite CC' divise en deux parties égales les cordes parallèles à DD', réciproquement la droite DD' divisera en deux parties égales les cordes parallèles à CC'. Ainsi la condition suffisante pour que deux diamètres soient conjugués est :

$$mm' = \frac{b^2}{a^2}.$$

4° De deux diamètres conjugués il n'y en a qu'un seul qui rencontre l'hyperbole.

Soit $y = mx$ l'équation d'un diamètre ; en la combinant avec celle de l'hyperbole, on obtient pour les coordonnées des points de rencontre

$$x = \pm \frac{ab}{\sqrt{b^2 - a^2m^2}}, \quad \text{et} \quad y = \pm \frac{mab}{\sqrt{b^2 - a^2m^2}}.$$

Les valeurs de x ne seront réelles que si l'on a

$$b^2 - a^2m^2 > 0, \quad \text{ou} \quad m < \frac{b}{a} \text{ en valeur absolue.}$$

Mais la relation $mm' = \frac{b^2}{a^2}$ montre que si l'on prend $m < \frac{b}{a}$, on aura $m' > \frac{b}{a}$; donc le premier diamètre rencontre la courbe ; mais son conjugué ne la rencontre pas. Si l'on avait pris $m > \frac{b}{a}$, alors on aurait $m' < \frac{b}{a}$, et le second diamètre seul rencontrerait la courbe. Donc les diamètres qui rencontrent la courbe, ont leurs conjugués parmi ceux qui ne la rencontrent pas.

La relation $m < \frac{b}{a}$, qui répond aux diamètres réels, montre que ceux-ci sont compris dans l'angle des asymptotes qui comprend l'axe transverse, et la relation $m' > \frac{b}{a}$, qui donne les diamètres imaginaires, fait voir que ces derniers sont compris dans l'angle des asymptotes qui comprend l'axe imaginaire.

DES CORDES SUPPLÉMENTAIRES.

•304. Les cordes menées des extrémités d'un diamètre réel à un même point de la courbe, sont appelées cordes supplémentaires.

En appelant γ et γ' les coefficients angulaires de deux cordes supplémentaires, il y a entre ces coefficients la relation

$$\gamma\gamma' = \frac{b^2}{a^2},$$

qui ne diffère de celle qui lui correspond dans l'ellipse qu'en ce que b^2 est remplacé par $-b^2$.

Réciproquement, quand cette relation existe, soit entre deux cordes qui partent des extrémités d'un diamètre, soit entre deux cordes qui partent d'un même point de la courbe, ces deux cordes sont supplémentaires.

Si l'hyperbole est équilatère, $b = a$, et l'on a

$$\gamma\gamma' = 1.$$

Donc,

dans l'hyperbole équilatère les angles formés par deux cordes supplémentaires, sont complémentaires l'un de l'autre.

305. La relation $\gamma\gamma' = \frac{b^2}{a^2}$ conduit à des conséquences semblables à celles que nous avons déduites de son analogue dans l'ellipse,

1° Si deux cordes sont supplémentaires par rapport à un diamètre, les parallèles à ces cordes menées par les extrémités d'un second diamètre, sont aussi supplémentaires par rapport à ce second diamètre, et les nouvelles cordes feront entre elles le même angle que les premières.

2° α étant le coefficient angulaire de la tangente et m celui du diamètre qui passe par le point de contact, on a

$$\alpha\, m = \frac{b^2}{a^2};$$

donc si l'on prend $\gamma = m$, on aura $\gamma' = \alpha$; donc si l'une des cordes supplémentaires est parallèle au diamètre, l'autre corde sera parallèle à la tangente menée à l'extrémité du diamètre.

Cette dernière propriété permet de mener une tangente à l'hyperbole par un point pris sur la courbe, ou parallèlement à une droite donnée.

Premier cas. Le point donné est sur la courbe.

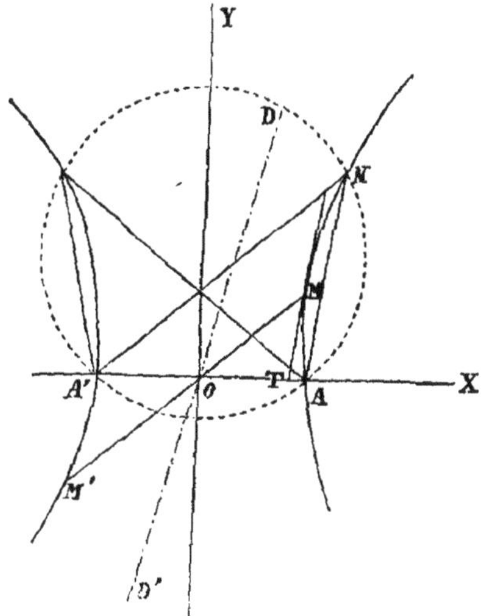

Soit M le point donné sur l'hyperbole. Menons le diamètre MOM' ; par l'extrémité A' du diamètre quelconque AA' menons la corde A'N parallèle à MM' ; sa corde supplémentaire AN sera parallèle à la tangente au point M, donc MT parallèle à NA sera cette tangente.

Second cas. La tangente doit être parallèle à une droite donnée.

Soit DD' la droite donnée. Menons le diamètre quelconque AA', puis traçons la corde AN parallèle à DD', la corde supplémentaire NA' sera parallèle au diamètre conjugué de DD' ; MM' sera donc ce diamètre, M le point de contact, et MT, parallèle à DD' sera la tangente cherchée.

Le problème ne sera possible que pour autant que la droite DD' tombera dans l'angle des asymptotes qui comprend l'axe non transverse.

3° Deux diamètres parallèles à deux cordes supplémentaires, ayant entre eux la relation $mm' = \frac{b^2}{a^2}$, sont toujours conjugués.

Réciproquement, deux diamètres conjugués sont toujours parallèles à deux cordes supplémentaires.

On déduit de là un moyen de construire deux diamètres conjugués faisant entre eux un angle donné.

Sur un diamètre quelconque AA', on construit un segment capable de l'angle donné ; on tire les cordes NA, NA' ; les parallèles DD', MM' à ces cordes menées par le centre seront le système de diamètres cherché.

ANGLE DE DEUX CORDES SUPPLÉMENTAIRES.

4° Dans l'hyperbole, l'angle de deux cordes supplémentaires n'est pas, comme dans l'ellipse, renfermé entre des limites déterminées. Nous avons démontré que si deux cordes sont supplémentaires par rapport à un diamètre, les parallèles à ces cordes menées par les extrémités d'un autre diamètre sont aussi supplémentaires par rapport à ce diamètre. Il suffira donc de considérer l'angle de deux cordes partant des extrémités de l'axe transverse.

Or, en appelant M cet angle, nous avons trouvé pour l'ellipse (n° 246)

$$\text{tang M} = -\frac{2ab^2}{(a^2 - b^2)y},$$

donc, en remplaçant b^2 par $-b^2$, nous aurons pour l'hyperbole

$$\text{tang M} = \frac{2ab^2}{(a^2 + b^2)y}.$$

Il est visible qu'en faisant croître y de 0 jusqu'à l'infini, la tangente de l'angle M décroît de l'infini à 0, c'est-à-dire que l'angle diminue de 90° à 0°.

Puisque l'angle de deux cordes supplémentaires peut être quelconque, il s'ensuit que l'on peut toujours, dans l'hyperbole, construire un système de diamètres conjugués faisant entre eux un angle donné.

5° Comme il existe deux points au-dessus de l'axe transverse qui ont la même ordonnée, il y a également deux systèmes de diamètres conjugués qui forment entre eux les mêmes angles, et il n'y en a pas davantage.

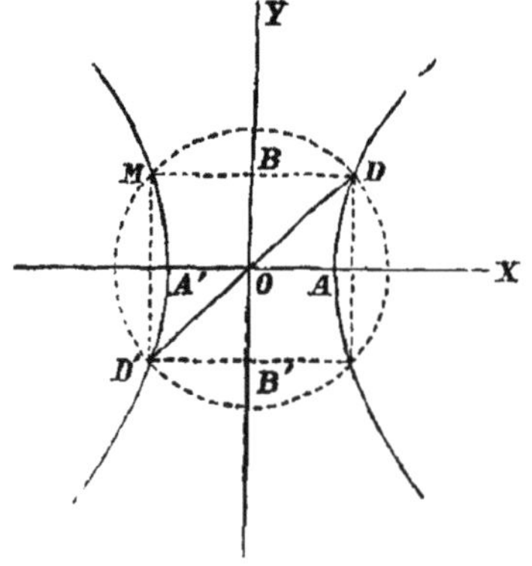

6° Les axes de l'hyperbole étant des diamètres conjugués rectangulaires, on les obtiendra comme ceux de l'ellipse. En décrivant sur un diamètre quelconque DD' une circonférence de cercle, en tirant les cordes MD, MD', et leur menant par le centre O les parallèles OA, OB, on aura les axes de l'hyperbole.

7° Enfin on déterminerait le centre en menant une droite par les milieux de deux cordes parallèles, et en prenant le milieu de la partie interceptée entre les deux branches de la courbe. Si la courbe n'était pas complètement tracée, on construirait un nouveau diamètre dont l'intersection avec le premier déterminerait le centre.

HYPERBOLE RAPPORTÉE A DES DIAMÈTRES CONJUGUÉS.

306. Si l'on veut rapporter l'hyperbole à des diamètres conjugués, il faut, comme pour l'ellipse, passer d'un système de coordonnées rectangulaires à un système de coordonnées obliques de même origine, et déterminer l'inclinaison des nouveaux axes de manière que l'équation ne conserve que les carrés des nouvelles variables et le terme indépendant.

En portant les formules de transformation

$$x = x' \cos\alpha + y' \cos\alpha',$$

$$y = x' \sin\alpha + y' \sin\alpha',$$

dans l'équation

$$a^2y^2 - b^2x^2 + a^2b^2 = 0,$$

on aura

$$\left.\begin{matrix} a^2\sin^2\alpha' \\ -b^2\cos^2\alpha' \end{matrix}\right\} y'^2 + \left.\begin{matrix} 2a^2\sin\alpha\sin\alpha' \\ -2b^2\cos\alpha\cos\alpha' \end{matrix}\right\} x'y' + \left.\begin{matrix} a^2\sin^2\alpha \\ -b^2\cos^2\alpha \end{matrix}\right\} x'^2 = -a^2b^2.$$

Pour que l'équation résultant de la transformation ait la forme demandée, il faut poser

$$(1) \qquad a^2\sin\alpha\sin\alpha' - b^2\cos\alpha\cos\alpha' = 0,$$

et l'équation de la courbe se réduit à

$$(2) \quad (a^2\sin^2\alpha' - b^2\cos^2\alpha')\,y'^2 + (a^2\sin^2\alpha - b^2\cos^2\alpha)\,x'^2 = -a^2b^2.$$

Pour connaître la grandeur des diamètres, on fera successivement $y' = 0, x' = 0$, ce qui donnera

$$x'^2 = \frac{-a^2b^2}{a^2\sin^2\alpha - b^2\cos^2\alpha},$$

$$y'^2 = \frac{-a^2b^2}{a^2\sin^2\alpha' - b^2\cos^2\alpha'}.$$

Ces valeurs sont nécessairement de signes contraires ; car de la relation (1) on tire :

$$a^2\sin\alpha\sin\alpha' = b^2\cos\alpha\cos\alpha'$$

laquelle étant élevée au carré donne

$$a^2 \sin^2\alpha.\, a^2 \sin^2\alpha' = b^2 \cos^2\alpha.\, b^2 \cos^2\alpha'.$$

Et l'on voit que si $a^2 \sin^2\alpha$ est plus petit que $b^2 \cos^2\alpha$, il faut par compensation que $a^2\sin^2\alpha'$ soit plus grand que $b^2 \cos^2\alpha'$, et réciproquement. Donc si x'^2 est positif, y'^2 est négatif ; donc des deux nouveaux axes un seul rencontre la courbe, ce que nous savions déjà.

En prenant pour axe des x' celui qui est rencontré par la courbe, et représentant par $2a'$ la partie de cet axe comprise dans l'hyperbole, nous aurons

$$a'^2 = \frac{-a^2b^2}{a^2\sin^2\alpha - b^2\cos^2\alpha} ;$$

et puisque le carré y'^2 est négatif, nous le désignerons par $-b'^2$, et nous aurons

$$b'^2 = \frac{a^2b^2}{a^2\sin^2\alpha' - b^2\cos^2\alpha'}.$$

Si l'on remplace les coefficients de y'^2 et de x'^2 par leurs valeurs tirées de ces deux dernières relations, et qui sont

$$\frac{a^2b^2}{b'^2}, \text{ et } -\frac{a^2b^2}{a'^2}$$

l'équation (2) devient

$$\frac{y'^2}{b'^2} - \frac{x'^2}{a'^2} = -1$$

ou

$$a'^2y'^2 - b'^2x'^2 = -a'^2b'^2.$$

Le diamètre qui rencontre la courbe et dont la longueur est ici $2a'$ se nomme le *premier diamètre*, ou *diamètre transverse* ; l'autre sur lequel on compte les y' et qui ne rencontre pas la courbe, se nomme *second diamètre*, ou *diamètre imaginaire*, sa grandeur est $2b'$.

307. De l'équation (1)

$$a^2 \sin\alpha \sin\alpha' - b^2 \cos\alpha \cos\alpha' = 0,$$

on tire

$$(3) \qquad \operatorname{tang}\alpha \operatorname{tang}\alpha' = \frac{b^2}{a^2},$$

et l'on voit qu'en donnant à α une valeur quelconque on en tire une valeur correspondante de α', donc tout diamètre a son conjugué. Il faut toutefois remarquer que l'on ne doit pas faire tang α =

$\pm \frac{b}{a}$. Lorsque tang $\alpha = \frac{b}{a}$, on a aussi tang $\alpha' = \frac{b}{a}$. Ainsi quand le diamètre OC se rapproche de l'asymptote OR, le diamètre conjugué OD se rapproche aussi de l'asymptote de l'autre côté, et les deux diamètres finissent par se confondre avec l'asymptote. L'angle COD des diamètres conjugués est aigu et varie de 90° à 0°.

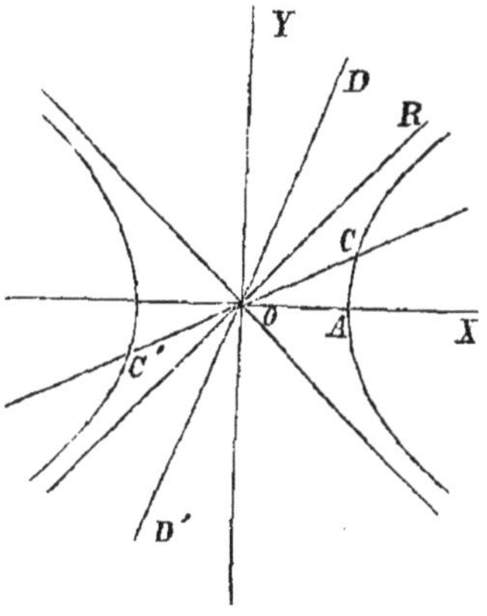

La relation (3) étant semblable à celle qui lie entre elles deux cordes supplémentaires, il en résulte que

si l'une des cordes est parallèle au premier diamètre, l'autre corde sera parallèle au second diamètre.

On retrouve ainsi ces propriétés connues que

deux diamètres conjugués sont parallèles à deux cordes supplémentaires,

et réciproquement que

deux diamètres parallèles à des cordes supplémentaires sont conjugués.

Dans l'hyperbole équilatère, $b = a$, et l'on a

$$\text{tang}\,\alpha.\ \text{tang}\,\alpha' = 1,$$

donc

les angles α et α' sont complémentaires l'un de l'autre, et, par suite, les asymptotes sont bissectrices des angles des diamètres conjugués.

THÉORÈME VII.

308. Le parallélogramme construit sur deux diamètres conjugués de l'hyperbole est constant et équivalent au rectangle des axes.

Nous avons trouvé

$$a^2 \sin^2\alpha - b^2 \cos^2\alpha = -\frac{a^2b^2}{a'^2},$$

$$a^2 \sin^2\alpha' - b^2 \cos^2\alpha' = \frac{a^2b^2}{b'^2},$$

et $$a^2 \sin \alpha \sin \alpha' - b^2 \cos \alpha \cos \alpha' = 0.$$

Multiplions les deux premières équations l'une par l'autre et du produit retranchons le carré de la troisième, nous aurons

$$a^2b^2 \left\{ \sin^2\alpha' \cos^2\alpha + \sin^2\alpha \cos^2\alpha' - 2\sin\alpha \sin\alpha' \cos\alpha \cos\alpha' \right\} = \frac{a^4b^4}{a'^2b'^2},$$

d'où

$$a'b' \sin(\alpha' - \alpha) = ab.$$

THÉORÈME VIII.

309. La différence des carrés de deux diamètres conjugués de l'hyperbole est constant, et équivalent à la différence des carrés des axes.

Pour démontrer ce théorème, il faut entre les équations

$$(1) \qquad a^2 \sin^2\alpha - b^2 \cos^2\alpha = -\frac{a^2b^2}{a'^2},$$

$$(2) \qquad a^2 \sin^2\alpha' - b^2 \cos^2\alpha' = \frac{a^2b^2}{b'^2},$$

$$(3) \qquad a^2 \sin \alpha \sin \alpha' - b^2 \cos \alpha \cos \alpha' = 0,$$

$$(4) \qquad \sin^2\alpha + \cos^2\alpha = 1,$$

$$(5) \qquad \sin^2\alpha' + \cos^2\alpha' = 1,$$

éliminer $\sin \alpha$, $\sin \alpha'$, $\cos \alpha$, $\cos \alpha'$. Pour cela, multiplions (4) par a^2, et de l'équation résultante soustrayons (1), nous aurons

$$\cos^2\alpha = \frac{a^2(a'^2+b^2)}{a'^2(a^2+b^2)}.$$

$\sin^2\alpha$ se déduit de $\cos^2\alpha$ par le changement de $-b^2$ en a^2 et réciproquement, on a

$$\sin^2\alpha = \frac{b^2(a'^2-a^2)}{a'^2(a^2+b^2)}.$$

On obtiendra $\sin^2\alpha'$ et $\cos^2\alpha'$ en changeant dans les deux formules précédentes a'^2 en $-b'^2$; on a ainsi

$$\cos^2 \alpha' = \frac{a^2 (b'^2 - b^2)}{b'^2 (a^2 + b^2)},$$

$$\sin^2 \alpha' = \frac{b^2 (b'^2 + a^2)}{b'^2 (a^2 + b^2)}.$$

Elevons l'équation (3) au carré après avoir fait passer son second terme dans le second membre, et remplaçons $\sin^2\alpha$, $\cos^2 \alpha$, $\sin^2\alpha'$, $\cos^2 \alpha'$ par leurs valeurs; il viendra après réduction

$$(a'^2 - a^2)(b'^2 + a^2) = (a'^2 + b^2)(b'^2 - b^2).$$

En développant et réduisant, on a

$$a'^2 - b'^2 = a^2 - b^2.$$

Remarque. Ces deux théorèmes auraient pu se déduire des théorèmes analogues dans l'ellipse par le changement de b^2 en $-b^2$.

On conclut de ce dernier théorème que dans l'hyperbole deux diamètres conjugués ne sont jamais égaux, et que, dans l'hyperbole équilatère, tous les diamètres conjugués sont égaux.

310. L'équation de l'hyperbole rapportée à ses diamètres conjugués est, en supprimant les accents,

$$a'^2 y^2 - b'^2 x^2 = - a'^2 b'^2.$$

Comme elle est semblable à celle de la courbe rapportée aux axes, les propriétés indépendantes de l'inclinaison des axes des coordonnées, sont communes aux axes de la courbe et à ses diamètres conjugués. Ainsi :

1° Les carrés des ordonnées parallèles à un second diamètre sont entre eux comme les produits des segments que ces ordonnées déterminent sur le premier.

2° Selon qu'un point est situé sur l'hyperbole, en dehors ou en dedans, la fonction $a'^2 y^2 - b'^2 x^2 + a'^2 b'^2$ est nulle, positive ou négative.

3° En désignant par α le coefficient angulaire de la tangente et par x', y' les coordonnées du point de contact, on a

$$\alpha = \frac{b'^2 x'}{a'^2 y'}$$

et pour l'équation de la tangente

$$a'^2 y y' - b'^2 x x' = - a'^2 b'^2.$$

4° Les limites des tangentes ont pour équations

$$y = \pm \frac{b'}{a'} x.$$

5° Si α est le coefficient angulaire de la tangente, et α' celui du diamètre qui passe par le point de contact, on a

$$\alpha\alpha' = \frac{b'^2}{a'^2}.$$

6° L'équation de la tangente parallèle à une droite $y = mx$ est

$$y = mx \pm \sqrt{a'^2m^2 - b'^2}.$$

7° $y = mx + p$ étant l'équation d'un système de cordes parallèles, l'équation du diamètre qui les divise en deux parties égales est

$$y = \frac{b'^2}{a'^2m}\, x,$$

et en faisant $m' = \frac{b'^2}{a'^2m}$, on a

$$mm' = \frac{b'^2}{a'^2},$$

relation qui a lieu également pour deux diamètres conjugués qui auraient pour équations $y = mx$, et $y = m'x$, et pour deux cordes supplémentaires partant des extrémités d'un diamètre quelconque.

311 L'hyperbole étant rapportée à deux diamètres conjugués, si on veut lui mener une tangente par un point extérieur, on opère comme pour l'ellipse, et l'on arrive au théorème suivant.

THÉORÈME IX.

Si de chaque point d'une droite donnée on mène des tangentes à l'hyperbole, toutes les cordes de contact viennent se couper en un même point situé sur le diamètre conjugué de celui qui est parallèle à la droite donnée.

Réciproquement

si par un point pris dans le plan d'une hyperbole, on mène différentes sécantes, et que par les points de rencontre de ces sécantes avec la courbe, on mène deux tangentes, le lieu des points d'intersection de ces couples de tangentes sera une ligne droite parallèle au diamètre conjugué de celui qui passe par le point donné.

ASYMPTOTES.

312. De l'équation

$$a'^2y^2 - b'^2x^2 = - a'^2b'^2.$$

on tire

$$y = \pm \frac{b'}{a'} \sqrt{x^2 - a'^2}.$$

Si, d'après la règle donnée au n° 176 pour trouver les asymptotes, on prend la racine carrée du premier des deux termes placés sous le radical, on aura :

$$y = \pm \frac{b'}{a'} x.$$

On voit par là que les asymptotes coïncident avec la limite des tangentes et qu'elles ne sont autre chose que les diagonales du parallélogramme EE'GG' formé sur deux diamètres conjugués quelconques DD', CC'.

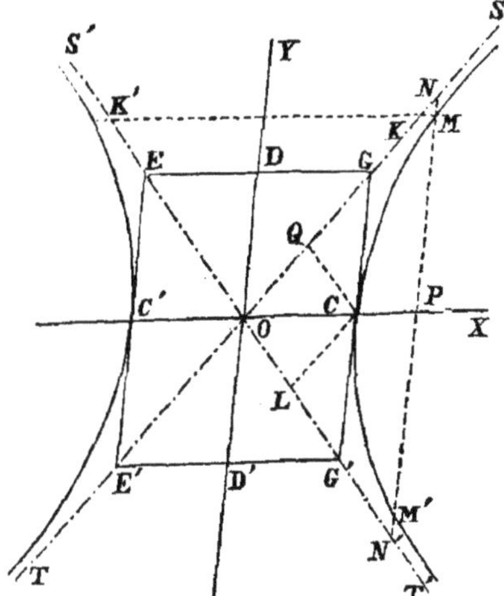

Nous avons trouvé pour leur équation tirée de la courbe rapportée à ses axes

$$y = \pm \frac{b}{a} x,$$

elles sont donc aussi les diagonales du rectangle construit sur les axes.

THÉORÈME X.

312. Les portions d'une sécante comprises entre l'hyperbole et ses asymptotes sont égales entre elles.

Soit MM' la sécante donnée qui rencontre en N et N' les asymptotes. Prenons pour axes des coordonnées la droite OX qui passe par le centre et par le milieu de la sécante, et la droite OY parallèle à cette sécante. La courbe sera rapportée à un système de diamètres conjugués. Si nous représentons par $2a'$ et $2b'$ les longueurs de ces diamètres, les équations des asymptotes seront

$$y = \pm \frac{b'}{a'} x.$$

Si donc, dans ces équations, on fait $x =$ OP, on aura pour y deux valeurs égales, au signe près ;

donc NP = N'P.

Mais, par construction,

MP = M'P ;

donc MN = M'N',

ce qu'il fallait démontrer.

313. Ce théorème fournit un moyen très expéditif de construire une hyperbole quand on connaît les asymptotes et un point.

Soient ST et S'T' les asymptotes, et M le point donné. Par ce point menons une sécante quelconque ; elle coupera les asymptotes en deux points N et N' ; on prendra N'M' = NM, et le point M' ainsi obtenu sera un point de l'hyperbole.

En opérant sur de nouvelles sécantes menées, soit par le point M, soit par quelques uns de ceux qu'on aura obtenus, on aura autant de points de la courbe qu'on voudra. En faisant passer par ces points une courbe continue, on aura l'hyperbole avec le degré d'approximation que comporte le dessin.

Remarque. Le même théorème servirait à tracer l'hyperbole connaissant une seule asymptote et trois points : car on obtiendrait facilement deux points de la seconde asymptote.

314. Corollaire. La portion d'une tangente comprise entre les asymptotes est divisée par le point de contact en deux parties égales.

Soit en effet GG' une tangente au point C. Menons une sécante NN' parallèle à cette tangente, et qui rencontre la courbe aux points M et M'. Le diamètre OC divisera la corde MM' en deux parties égales, et l'on aura PM = PM'. Mais (312), on a MN = M'N', donc PN = PN'. Par suite, à cause du parallélisme, GC = CG'.

De là un moyen très-simple de mener une tangente en un point donné C. On mènera LC parallèle à l'une des asymptotes ; on prendra LG' = OL, et par les points G' et C on mènera la droite GG' qui sera la tangente demandée : car on aura

$$\frac{GC}{CG'} = \frac{OL}{LG'} \text{ ; donc } GC = CG'$$

315. Connaissant les asymptotes et un point, on en déduit immédiatement un système de diamètres conjugués.

Si C est le point donné, on mènera comme ci-dessus la tangente GG' en ce point ; on joint OC, et l'on mène OY parallèle à GG'. Les directions OC et OY sont celles de deux diamètres conjugués (303) ; leurs longueurs sont OC et CG (312).

THÉORÈME XI.

316. Le rectangle des parties d'une sécante comprise entre la courbe et ses asymptotes est égal au carré du demi-diamètre parallèle à la sécante.

Soit MM' (n° 312) la sécante considérée qui rencontre les asymptotes en N et N'. Prenons pour axes des coordonnées la droite OX qui passe par le centre et par le milieu de la sécante, et la droite OY parallèle à la sécante, la courbe sera rapportée à un système de diamètres conjugués, et l'on aura

$$MN = NP - MP$$

$$MN' = N'P + PM = NP + MP;$$

donc

$$MN.MN' = NP^2 - \overline{MP}^2.$$

Mais de l'équation de l'hyperbole rapportée aux diamètres conjugués OX et OY on déduit

$$\overline{MP}^2 = \frac{b'^2}{a'^2}(x^2 - a'^2),$$

et l'on tire de celle des asymptotes rapportée aux mêmes axes

$$\overline{NP}^2 = \frac{b'^2}{a'^2}x^2.$$

Donc

$$MN.MN' = \frac{b'^2}{a'^2}(x^2 - a'^2) - \frac{b'^2}{a'^2}x^2 = b'^2.$$

Il est clair que la sécante étant parallèle au diamètre OX, on aurait de même $MK.MK' = a'^2$.

317. Ce théorème permet de trouver deux diamètres conjugués lorsqu'on connaît la direction de l'un d'eux, les asymptotes et un point de la courbe.

Soit OY (fig. précédente) la direction donnée de l'un des diamètres. Par le point donné M, on mène entre les asymptotes la droite NMN' parallèle à OY et le demi-diamètre OD est moyen proportionnel entre MN et MN'.

Ayant trouvé OD, on mène par le centre et le milieu de NN' une ligne indéfinie OX, puis parallèlement à OX la droite DG coupant l'asymptote au point G ; enfin on mène parallèlement à OD la droite

GC qu'on termine au point C de OX, OC est le demi-diamètre conjugué de OD.

318. La même propriété peut servir à déterminer les axes quand on connaît deux diamètres conjugués.

THÉORÈME XII.

• 319. L'aire du parallélogramme formé par les asymptotes d'une hyperbole et par les parallèles à ces droites menées d'un point quelconque de la courbe est constant, et égal à la huitième partie du parallélogramme construit sur deux diamètres conjugués ou du rectangle des axes.

Soit C (fig. du n° 312) un point de la courbe, OC et OD un système de diamètres conjugués. Par le point C menons des parallèles CL, CQ aux asymptotes. Les deux triangles COL, COQ sont égaux; d'un autre côté, les deux triangles COL, CLG′ sont équivalents, puisque OL = LG′; donc le parallélogramme OLCQ est équivalent au triangle OCG′. Or, ce dernier triangle est la huitième partie du parallélogramme EE′GG′ dont la surface est constante, quelle que soit la position du point C.

HYPERBOLE RAPPORTÉE A SES ASYMPTOTES.

• 320. En prenant pour axe des x l'asymptote inférieure OX, et pour axe des y l'asymptote supérieure OY, si d'un point quelconque M de la courbe on mène les coordonnées MP, MQ, le parallélogramme MPOQ aura pour surface

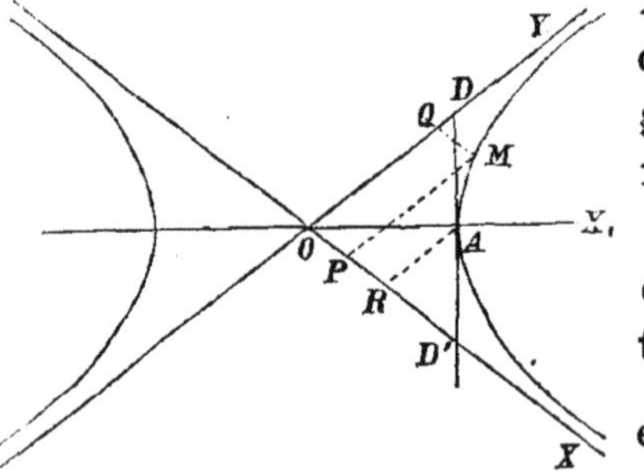

$$xy \sin \theta,$$

en nommant θ l'angle des asymptotes. Or, ce parallélogramme est équivalent à $\frac{ab}{2}$, et il exprime une propriété commune à tous les points de la courbe ; on a donc pour l'équation de l'hyperbole rapportée à ses asymptotes

$$xy \sin \theta = \frac{ab}{2}.$$

On peut exprimer sin θ en fonction des axes. En effet, l'axe transverse divise en deux parties égales l'angle des asymptotes ; si donc à l'extrémité A de cet axe on élève la perpendiculaire AD terminée à l'asymptote, cette perpendiculaire sera égale à b, et le triangle OAD donnera

$$\sin \tfrac{1}{2} \theta = \frac{b}{\sqrt{a^2+b^2}}, \quad \cos \tfrac{1}{2} \theta = \frac{a}{\sqrt{a^2+b^2}},$$

et comme

$$\sin \theta = 2 \sin \tfrac{1}{2} \theta \cos \tfrac{1}{2} \theta,$$

on obtient

$$\sin \theta = \frac{2\,ab}{a^2+b^2}.$$

et, par suite

$$xy = \frac{a^2+b^2}{4} = \frac{c^2}{4}.$$

En représentant

$$\frac{a^2+b^2}{4} \text{ par } m^2, \qquad \text{on a}$$

$$xy = m^2,$$

m^2 est le carré de la moitié de l'excentricité.

On peut voir, par la forme même de cette équation, que les asymptotes sont les axes des coordonnées. En effet, on en tire

$$y = \frac{m^2}{x},$$

et pour x infini, $y = 0$. Il en est de même de la valeur de x déduite de celle de y.

Lorsqu'on veut trouver l'équation de l'hyperbole rapportée à ses asymptotes au moyen de l'équation aux axes

$$a^2y^2 - b^2x^2 = - a^2b^2,$$

il faut employer les formules

$$(2) \qquad \left\{ \begin{array}{l} x = x' \cos \alpha + y' \cos \alpha', \\ y = x' \sin \alpha + y' \sin \alpha', \end{array} \right.$$

qui servent à passer d'un système de coordonnées rectangulaires à un système de coordonnées obliques de même origine, et déterminer les valeurs de sin α, cos α, sin α', cos α' qui conviennent aux nouveaux axes. Or, si l'on prend toujours comme axe des y' l'asymptote supérieure OY, et pour axe des x' l'asymptote inférieure OX, on aura

$$\alpha' = \text{YOX}, \text{ et } \alpha = 360^\circ - \alpha'.$$

En élevant au point A la perpendiculaire AD $= b$, le triangle rectangle AOD donnera

$$\sin \alpha' = \frac{b}{c}, \cos \alpha' = \frac{a}{c};$$

et comme

$$\sin \alpha = -\sin \alpha', \text{ et } \cos \alpha = \cos \alpha',$$

on aura

$$\sin \alpha = -\frac{b}{c}, \cos \alpha = \frac{a}{c}.$$

Portant ces valeurs dans les formules (2), nous aurons

$$x = \frac{a}{c}(x' + y'),$$

$$y = \frac{b}{c}(y' - x').$$

La substitution de ces valeurs dans l'équation (1) donne immédiatement

$$x'y' = \frac{c^2}{4} = m^2.$$

Le carré égal à $\frac{c^2}{4}$ ou à m^2 s'appelle la *puissance* de l'hyperbole.

THÉORÈME XIII.

321. Les coordonnées asymptotiques d'un sommet sont égales entre elles et à la moitié de l'excentricité.

Soit A le sommet de l'hyperbole (n° 320) et DAD′ la tangente en ce point, de sorte que OD $= c$. Si l'on tire par le point A la parallèle AR à l'asymptote OY, il est clair qu'on aura OR $=$ RA $= \frac{1}{2}$ OD.

Mais d'un autre côté, la forme même de l'équation de l'hyperbole rapportée à ses asymptotes

$$xy = m^2,$$

montre que ces coordonnées sont égales à m, de sorte qu'en prenant une moyenne proportionnelle entre les coordonnées asymptotiques d'un point quelconque, on aura celles du sommet, et par suite l'excentricité.

Ces principes fournissent une solution élégante du problème suivant.

322. Problème. — Deux diamètres conjugués étant donnés en grandeur et en direction, construire les axes.

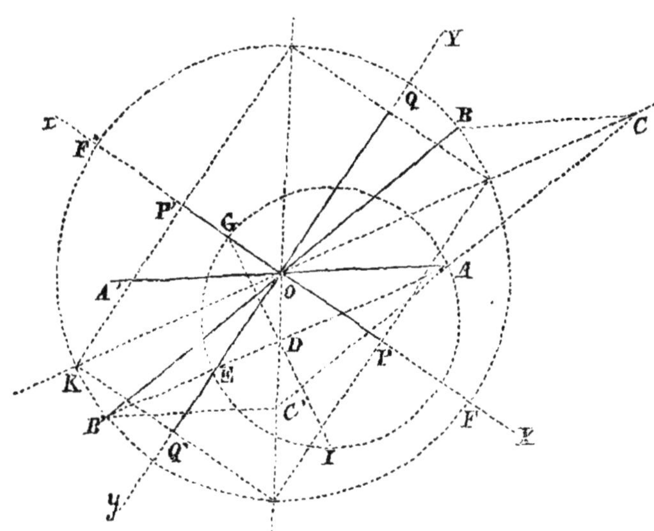

Les axes de l'hyperbole divisent en deux parties égales les angles que font les asymptotes ; en conséquence sur OA et sur OB on construira un parallélogramme OBCA ; on prolongera CA d'une quantité C'A = CA, et l'on joindra le centre aux points C et C' par des droites indéfinies qui seront les asymptotes. En tirant les bissectrices xX, Yy des angles formés par ces droites, on aura les directions des deux axes. Si le diamètre AA' est celui qui rencontre la courbe, xX sera la direction de l'axe réel, et yY celle de l'axe imaginaire.

Pour déterminer les longueurs des axes, je joins AB', de sorte que OD, AD sont les coordonnées asymptotiques du point A de l'hyperbole, puisque AB' est parallèle à OC ; mais DE = OD, car l'angle DEO égal à EOK, l'est par conséquent à DOE. Si donc on décrit une circonférence sur AE comme diamètre, et que l'on mène par le point D une corde GI perpendiculaire sur AE, cette corde sera l'excentricité, parce que sa moitié GD est moyenne proportionnelle entre les coordonnées asymptotiques AD, DE du point A. Il ne reste plus qu'à décrire du centre O avec le rayon GI une circonférence qui déterminera les foyers F et F', et en joignant les points où elle coupera les directions des asymptotes, on formera un rectangle qui déterminera les longueurs des axes de la courbe.

THÉORÈME XIV.

323. Selon qu'un point est sur l'hyperbole, hors de l'hyperbole ou dans l'hyperbole, la fonction $m^2 - xy$ est nulle, positive ou négative. La réciproque est vraie.

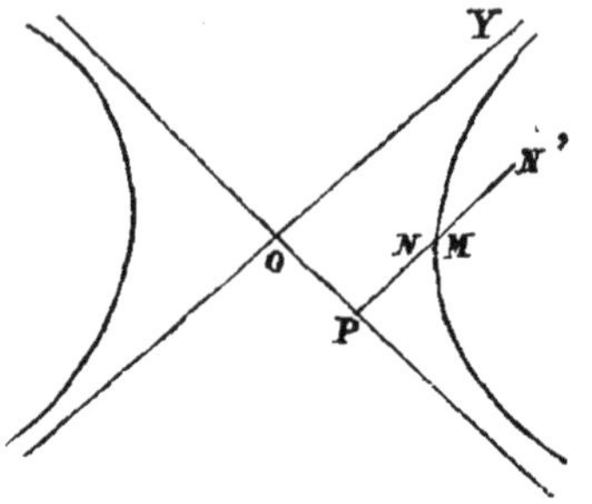

En effet

1° Quand le point est sur la courbe $m^2 - xy = 0$.

2° Quand le point est hors de la courbe, en N, par exemple, l'abscisse OP est égale à celle du point M, mais l'ordonnée NP est moindre que MP, donc $m^2 - xy > 0$.

3° Lorsque le point est en dehors de la courbe, par exemple, en N', l'ordonnée N'P est plus grande que MP, et par suite, $m^2 - xy < 0$.

ÉQUATION DE LA TANGENTE A L'HYPERBOLE RAPPORTÉE A SES ASYMPTOTES.

324. La tangente à l'hyperbole rapportée à ses asymptotes est déterminée par l'ensemble des deux équations

$$y - y' = -\frac{y'}{x'}(x - x'),$$

$$x'y' = m^2.$$

Chassant les dénominateurs et réduisant, on trouve

$$yx' + xy' = 2x'y' = 2m^2,$$

ou

$$\frac{y}{y'} + \frac{x}{x'} = 2\ ;$$

si l'on fait $y = 0$ dans cette équation, on a

$$xy' = 2m^2 = 2x'y',$$

d'où

$$x = 2x'.$$

Donc 1° l'abscisse du pied de la tangente est double de l'abscisse du point de contact ; 2° la portion de tangente comprise entre les asymptotes est divisée en deux parties égales au point de tangence, propriétés que nous connaissons déjà.

TANGENTE PAR UN POINT DONNÉ (α, β) DANS LE PLAN DE L'HYPERBOLE.

325. Nous avons pour déterminer les coordonnées x', y' du point de contact les deux équations

$$\beta x' + \alpha y' = 2m^2$$
$$x'y' = m^2.$$

L'élimination de y' entre ces deux équations conduit à

$$x = \frac{m^2 \pm m\sqrt{m^2 - \alpha\beta}}{\beta}$$

selon que $m^2 - \alpha\beta$ est positif, nul ou négatif, les valeurs de x' seront réelles et inégales, réelles et égales ou imaginaires, et le point (α, β) est hors de l'hyperbole, ou sur la courbe ou en dedans. Dans le premier cas, on peut mener deux tangentes, dans le second une seule, et dans le troisième aucune.

326. On a pour l'équation de la corde de contact

$$\alpha y + \beta x = 2m^2,$$

et on la déterminera en construisant les points

$$\left.\begin{array}{l} y = 0 \\ x = \dfrac{2m^2}{\beta} \end{array}\right\} \qquad \left.\begin{array}{l} x = 0 \\ y = \dfrac{2m^2}{\alpha} \end{array}\right\}$$

où elle coupe les asymptotes.

Ces valeurs de x et de y manifestent une propriété déjà connue, que les deux tangentes issues du point (α, β) sont menées à une seule branche ou à toutes deux, suivant que ce point est ou n'est pas situé dans l'angle des asymptotes qui comprend l'axe transverse. Or, dans le premier cas, α et β sont tous deux positifs ou tous deux négatifs, et il en est de même de x et de y. C'est le contraire dans le second cas.

327. *La tangente est parallèle à une droite donnée.* — Soit $y = kx + p$ l'équation de la droite donnée RS, et x', y' les coordonnées du point de contact. Le coefficient angulaire

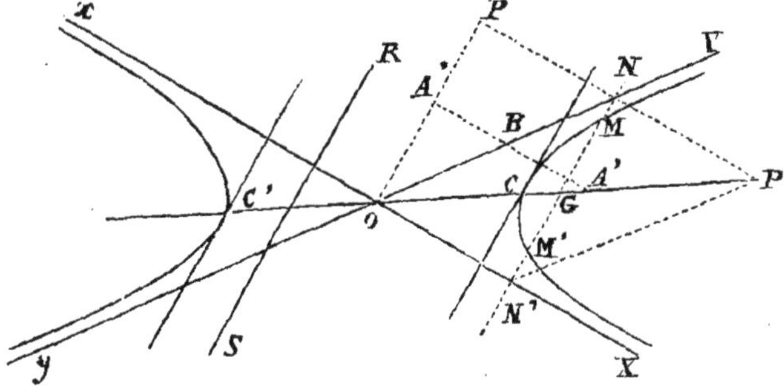

de la tangente en ce point étant $-\frac{y'}{x'}$, les équations du problème seront

$$-\frac{y'}{x'}=\text{K}$$

et

$$x'y'=m^2.$$

De sorte que si l'on regarde x', y' comme des coordonnées courantes, le point de contact sera à l'intersection de la droite

$$y=-kx$$

et de l'hyperbole donnée

$$xy=m^2.$$

Pour construire cette corde de contact, on mènera par le centre une parallèle OP à la droite donnée RS, puis d'un point quelconque A de OP on tirera une parallèle AB à l'axe des x ; on prolongera cette parallèle d'une quantité BA$'$ = BA, et en joignant le centre au point A$'$, on aura la direction de la droite

$$y=-kx\,;$$

car les points A et A$'$ ont la même ordonnée OB, mais leurs abscisses BA et BA$'$ sont égales et de signes contraires. Le problème serait donc impossible si la parallèle OA à la droite RS tombait dans l'angle des asymptotes qui comprend l'axe transverse, ce que l'on savait déjà.

Il est facile de s'assurer que cette droite OA$'$ est le diamètre conjugué de OA. Traçons en effet une parallèle quelconque NN$'$ à OA; puis par le point N où elle coupe l'asymptote yY tirons une parallèle à xX, que nous terminerons aux deux diamètres OA, OA$'$, et joignons P$'$N$'$, nous aurons ON$'$ = PN = NP$'$; donc le quadrilatère ONP$'$N$'$ est un parallélogramme, donc le point G intersection de ses diagonales est le milieu de NN$'$, et par conséquent de MM$'$, donc OA et OA$'$ sont deux diamètres conjugués.

328. Il résulte de là que lorsque l'hyperbole est rapportée à ses asymptotes la condition nécessaire et suffisante pour que deux diamètres soient conjugués, c'est que leurs coefficients angulaires soient égaux et de signes contraires. Telle est donc aussi la relation qui existe entre les coefficients angulaires de deux cordes supplémentaires. C'est du reste ce que l'on peut trouver directement.

Soient $(x' y')$ les coordonnées asymptotiques du point C, (x, y) celles du point M ; K et K' les coefficients d'inclinaison des cordes CM et C'M, on aura les quatre équations

$$K = \frac{y-y'}{x-x'}, \quad K' = \frac{y+y'}{x+x'}$$

$$x'y' = m^2, \ xy = m^2.$$

On tire de ces deux dernières

$$xy = x'y',$$

et par suite

$$\frac{x-x'}{x+x'} = \frac{y'-y}{y'+y}$$

ou, ce qui est la même chose

$$\frac{y'-y}{x-x'} = \frac{y'+y}{x+x'};$$

et, par conséquent,

$$K = -K'.$$

QUADRATURE DE L'HYPERBOLE.

329. Nous considérerons d'abord l'hyperbole équilatère dont la puissance est l'unité. L'équation de la courbe rapportée à ses asymptotes sera

$$xy = 1.$$

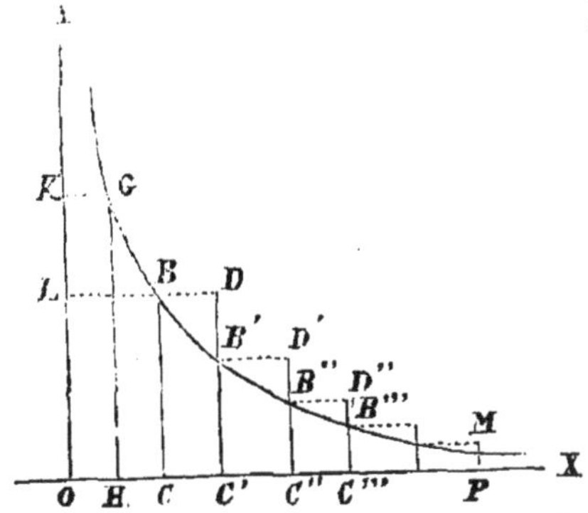

Nous prendrons une abscisse OC = 1, et une abscisse quelconque OP = x, et nous nous proposerons d'évaluer la surface BCMP comprise entre la courbe, l'asymptote OX et les deux ordonnées BC et MP. Après avoir divisé CP en un nombre quelconque de parties égales entre lesquelles nous ne supposerons d'abord aucune relation, élevons aux points de division les ordonnées CB, C'B', C''B'' ... MP, et construisons les rectangles BCC'D, B'C'C''D'' ...

Lorsque les intervalles CC', C'C'' ..... diminuent, la somme des rectangles va en décroissant, et se rapproche de l'aire hyperbolique BCMP. L'aire hyperbolique BCMP est donc la limite de la somme des rectangles, et c'est cette limite qu'il nous faut déterminer.

Si nous désignons les abscisses

$$OC, \quad OC', \quad OC'' \ldots OP,$$

par

$$1, \quad x', \quad x'' \ldots x,$$

les ordonnées correspondantes le seront par

$$1, \quad \frac{1}{x'}, \quad \frac{1}{x''}, \quad \ldots \quad \frac{1}{x},$$

et nous aurons

$$\text{Rectangle } CBDC' = CC'.DC' = (x'-1) \times 1 = x' - 1 ;$$

$$\text{Rectangle } C'B'C''D' = C'C''.C'B' = (x''-x')\frac{1}{x'} = \frac{x''}{x'} - 1 ;$$

$$\text{Rectangle } C''B''D''C''' = C''C'''.C''B'' = (x'''-x'')\frac{1}{x''} = \frac{x'''}{x''} - 1 ;$$

et ainsi de suite

Nous n'avons établi aucune loi particulière entre les abscisses $1, x', x'' x''' \ldots$, et par cela même que leur choix est complètement arbitraire, nous pouvons les prendre en progression géométrique, et comme le premier terme est 1 et le second x', la raison sera x', et nous aurons

$$x'' = x'^2, \; x''' = x'^3 \ldots,$$

de sorte que si l'on suppose que de C en P il y ait n divisions, on aura $x = x'^n$, et tous les rectangles deviendront égaux à

$$x' - 1.$$

Ajoutant d'abord les deux premiers, ensuite les trois premiers, puis les quatre premiers, et procédant toujours de la même manière, les sommes seront

$$2\,(x'-1), \; 3\,(x'-1), \; 4\,(x'-1), \; \ldots, \; n\,(x'-1).$$

Alors les abscisses étant

$$1, \; x', \; x'^2, \; x'^3, \; \ldots \; x'^n \text{ ou } x,$$

les aires rectangulaires comprises entre la première ordonnée CB et chacune des ordonnées CB, C'B', C''B'', ... seront

$$0, \; x'-1, \; 2\,(x'-1), \; 3\,(x'-1), \; \ldots \; n\,(x'-1).$$

On écrit zéro qui représente la surface comprise entre l'ordonnée CB et cette ordonnée elle-même.

On voit que les abscisses forment une progression géométrique commençant par l'unité, et les aires correspondantes, une progression arithmétique commençant par zéro. Il en résulte que les aires rectangulaires comprises entre BC et les ordonnées BC, B'C' ... sont les logarithmes des abscisses auxquelles correspondent ces ordonnées.

Cette proposition est indépendante du nombre des divisions faites sur CP; elle est donc vraie dans le cas où ce nombre est infini, c'est-à-dire dans le cas où, au lieu de passer du point C au point P par un nombre fini d'abscisses, on passerait par toutes les abscisses intermédiaires. Mais alors les aires rectangulaires ne seraient autre chose que les aires hyperboliques comprises entre l'ordonnée CB et les ordonnées correspondantes à ces abscisses; on est donc conduit au théorème suivant.

Les aires hyperboliques telles que BCMP sont les logarithmes des abscisses correspondantes OP.

Il faut maintenant déterminer la base du système dans lequel se prennent ces logarithmes; ce qui revient à chercher un nombre tel qu'en l'élevant à une puissance marquée par l'une de ces aires, on ait pour résultat l'abscisse correspondante.

Si l'on reprend, dans les progressions précédentes, les termes correspondants x et $n\,(x'-1)$, dont le second représente la somme des rectangles compris entre BC et MP, en faisant $n = \infty$, cette somme doit devenir égale à l'espace hyperbolique BCMP; on posera donc

$$\mathrm{E}^{\,n(x'-1)} = x, \text{ ou } \mathrm{E}^{\,n(\sqrt[n]{x}-1)} = x,$$

et l'on cherchera la valeur de E qui répond à n infini.

Cette valeur de E étant indépendante de x, on peut la déterminer en choisissant pour x une valeur quelconque. On choisira donc pour x la valeur qui rend l'exposant égal à l'unité quand n est infini. Or, l'équation

$$n\left\{\sqrt[n]{x} - 1\right\} = 1$$

donne

$$x = \left(1 + \frac{1}{n}\right)^n;$$

en développant cette puissance, on a

$$x = 1 + \frac{n}{1}\left(\frac{1}{n}\right) + \frac{n}{1}\cdot\frac{n-1}{2}\left(\frac{1}{n}\right)^2 + \frac{n}{1}\cdot\frac{n-1}{2}\cdot\frac{n-2}{3}\left(\frac{1}{n}\right)^3 + \ldots$$

$$= 2 + \left(\frac{1}{2}-\frac{1}{2n}\right) + \left(\frac{1}{2}-\frac{1}{2n}\right)\left(\frac{1}{3}-\frac{1}{3n}\right) + \left(\frac{1}{2}-\frac{1}{2n}\right)\left(\frac{1}{3}-\frac{1}{3n}\right)\left(\frac{1}{4}-\frac{1}{4n}\right) + .$$

Si dans cette suite nous supposons n infini, nous aurons

$$x = 2 + \frac{1}{2} + \frac{1}{2.3} + \frac{1}{2.3.4} + \frac{1}{2.3.4.5} + \ldots.$$

Cette suite numérique nous donnera la valeur de x avec autant d'approximation qu'on voudra ; nous désignerons cette valeur par e, et l'on trouve

$$e = 2{,}718281828\ldots..$$

Maintenant remplaçons l'indéterminée x par cette valeur particulière et il viendra

$$\text{(1)} \qquad E^{n\left\{\sqrt[n]{e}-1\right\}} = e.$$

Or, l'équation $n\left\{\sqrt[n]{x}-1\right\} = 1$ doit être satisfaite en remplaçant x par e et faisant n infini. Il faut en conclure que l'exposant de E dans l'équation (1) se réduit à l'unité quand on fait $n = \infty$, et par suite que $E = e$, et que c'est le nombre e qui est la base du système dans lequel il faut prendre les logarithmes des abscisses telles que OP pour avoir les aires hyperboliques telles que BCMP. Ce sont les logarithmes Népériens. Désignons cette aire hyperbolique par S et nous aurons

$$S = l.x.$$

Cette formule donne aussi les aires qui répondent aux abscisses moindres que OC, pourvu que l'on regarde comme négatives les aires qui, comme HGBC sont situées à gauche de BC. En effet, si l'on mène les perpendiculaires BL, GK sur OY, on aura

$$BGLK = l.y,$$

puisque tout est semblable pour chaque asymptote. Or,

$$BGHC = BLOC + BGKL - KGHO.$$

Mais à cause de $xy = 1$, on a

$$BLOC = KGHO,$$

donc

$$BGHC = BGKL \text{ ; or } BGKL = l.y,$$

donc

$$BGHC = l.y = l.\ \frac{1}{x} = -\ l.x.$$

330. Jusqu'à présent nous n'avons considéré que l'hyperbole équilatère représentée par l'équation $XY = 1$. Supposons maintenant que les asymptotes fassent entre elles un angle $YOX = \theta$, et qu'on ait l'équation

$$xy = m^2.$$

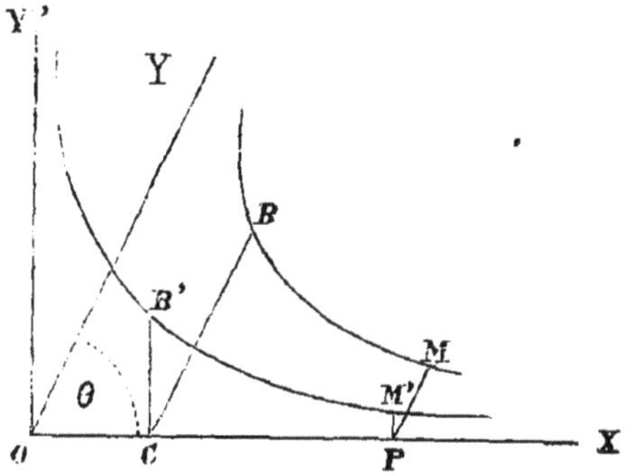

Après avoir mené OY' perpendiculaire sur OX, concevons qu'en prenant OX et OY' comme asymptotes, on ait construit l'hyperbole équilatère ayant pour équation $xy = 1$. Soient $OC = 1$ et $OP = x$; menons les ordonnées correspondantes des deux hyperboles, et représentons par S et S' les surfaces BCPM, B'CPM'. Si nous comparons deux parallélogrammes élémentaires construits sur la même base, l'un appartenant à l'hyperbole dont la puissance est m^2 et l'autre à l'hyperbole équilatère dont la puissance est l'unité ; ces deux parallélogrammes ayant la même base, seront entre eux comme leurs hauteurs Y sin θ et y, en représentant par Y l'ordonnée de l'hyperbole $xy = m^2$, ou comme $\frac{m^2 \sin \theta}{x}$ est à $\frac{1}{x}$; mais les abscisses sont les mêmes ; donc les deux parallélogrammes élémentaires sont entre eux comme $m^2 \sin \theta : 1$. En raisonnant comme pour l'ellipse on prouvera facilement que ce rapport est aussi celui des surfaces S et S' ; on a donc

$$\frac{S}{S'} = \frac{m^2 \sin \theta}{1},$$

d'où

$$S = m^2 \sin \theta.\ S' = m^2 \sin \theta.\ l.\ x.$$

On pourrait regarder la surface S comme le logarithme de x ; mais alors il faudrait prendre les logarithmes dans un système qui aurait pour module $m^2 \sin \theta$.

Exercices.

331. THÉORÈME. Le demi axe non transverse est moyen proportionnel entre les perpendiculaires abaissées des deux foyers sur chaque tangente.

Soit

$$y = mx \pm \sqrt{a^2m^2 - b^2}$$

l'équation de la tangente considérée, et représentons par p et p' les longueurs des perpendiculaires abaissées des foyers F et F' sur cette tangente. Le point F ayant pour coordonnées $y = 0$ et $x = c$, et le point F' ayant pour coordonnées $y = 0$ et $x = -c$, on aura, les axes étant rectangulaires

$$p = \frac{-mc \mp \sqrt{a^2m^2 - b^2}}{\pm\sqrt{1+m^2}} \quad \text{et} \quad p' = \frac{mc \mp \sqrt{a^2m^2 - b^2}}{\mp\sqrt{1+m^2}}.$$

On prend au dénominateur le radical avec des signes contraires dans les expressions de p et de p' parce que les foyers F et F' sont de part et d'autre de la tangente.

Multipliant membre à membre ces deux égalités, on obtient

$$pp' = \frac{m^2c^2 - a^2m^2 + b^2}{1+m^2},$$

ou

$$pp' = b^2,$$

ce qu'il fallait démontrer.

332. THÉORÈME. Si par un point d'une hyperbole on mène à une asymptote une parallèle terminée à une directrice, cette parallèle sera égale à la distance du foyer correspondant au point dont il s'agit.

Soient x', y' les coordonnées du point M, x, y celles du point C où la parallèle menée par le point M rencontre la directrice. La droite MC étant parallèle à l'asymptote aura pour équation

$$y - y' = \frac{b}{a}(x - x'),$$

et par conséquent

$$\overline{MC}^2 = (y-y')^2 + (x-x')^2 = \frac{b^2}{a^2}(x-x')^2 + (x-x')^2;$$

ou

$$\overline{MC}^2 = \frac{(x-x')^2}{a^2}c^2.$$

Le point C étant sur la directrice, on a

$$x = \frac{a^2}{c},$$

et par suite

$$\overline{MC}^2 = \frac{(a^2 - cx')^2}{a^2} = \left(a - \frac{cx'}{a}\right)^2$$

d'où

$$MC = \frac{cx'}{a} - a,$$

parce que $\frac{cx'}{a}$ est plus grand que a. Donc enfin

$$MC = MF.$$

333. Théorème. Si par deux points M et M′ d'une hyperbole on mène des parallèles aux asymptotes, elles se rencontrent sur le diamètre qui divise la corde MM′ en deux parties égales.

Prenons pour axes les asymptotes : soient x', y' les coordonnées du point M, x'', y'' celles du point M′ ; celles du point P de rencontre des droites MP et M′P parallèles aux asymptotes seront y'' et x'. Le coefficient angulaire du diamètre OP est

$$\frac{y''}{x'}$$

et l'on a pour celui de la corde MM′

$$\frac{y'-y''}{x'-x''}.$$

Or, on a

$$x''y'' = x'y', \text{ d'où } y' = \frac{x''y''}{x'}.$$

Substituant dans l'expression précédente, on obtient

$$\frac{y'-y''}{x'-x''} = -\frac{y''}{x'}$$

Donc le diamètre OP et la corde MM′ ont des coefficients angulaires égaux et de signes contraires, donc (328) ces deux lignes sont conjuguées, ce qui démontre le théorème.

334. Problème. D'un point donné on mène des tangentes à toutes les hyperboles qui ont pour asymptotes deux droites données ; on demande le lieu du point de contact.

Je prends pour axes les asymptotes données ; une des hyperboles aura pour équation

$$xy = K.$$

K représentant une constante quelconque positive ou négative, et l'on aura (324) pour l'équation de la tangente au point (x', y')

$$\frac{x}{x'} + \frac{y}{y'} = 2.$$

Soient α et β les coordonnées du point donné, elles devront satisfaire à l'équation de la tangente, et l'on aura

$$\frac{\alpha}{x'} + \frac{\beta}{y'} = 2. \quad (1)$$

C'est l'équation du lieu si l'on considère x', y' comme variables. Faisant disparaître les dénominateurs et supprimant des accents, on obtient

$$2xy - \alpha y - \beta x = 0.$$

C'est l'équation d'une hyperbole qui passe par l'origine et par le point donné. Elle a pour asymptotes les droites représentées par les équations

$$2y - \beta = 0 \quad \text{et} \quad 2x - \alpha = 0,$$

c'est-à-dire deux parallèles aux axes menées par le milieu de la droite qui joint l'origine au point donné.

335. Problème. — Deux droites et un point fixe sont donnés de position sur un plan. Une transversale se meut autour du point. Quel est le lieu du point de la transversale par lequel la partie de cette droite qui est inscrite dans l'angle des deux lignes, est partagée en segments proportionnels à des nombres donnés.

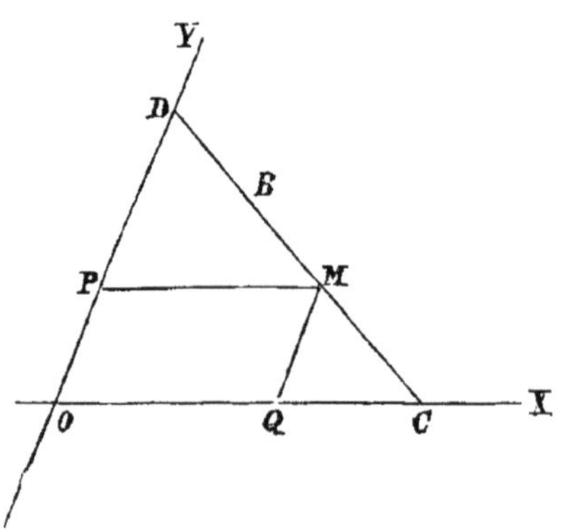

Je prends les deux droites données comme axes des coordonnées. Soient B le point donné, p et q ses coordonnées. Faisons $OC = \alpha$, $OD = \beta$. Une droite quelconque DC passant par les points D et C aura pour équation

$$\frac{x}{\alpha} + \frac{y}{\beta} = 1.$$

Et, comme elle passe par le point B, on aura pour équation de condition commune à toutes les droites DC

(1) $$\frac{p}{\alpha}+\frac{q}{\beta}=1.$$

Soient x et y les coordonnées du point M. D'après les données du problème nous aurons

$$\frac{\mathrm{DM}}{\mathrm{MC}}=\frac{m}{n};$$

Donc aussi

(2) $$\frac{\mathrm{OQ}}{\mathrm{QC}}=\frac{m}{n}, \text{ ou } \frac{x}{\alpha-x}=\frac{m}{n}$$

(3) $$\frac{\mathrm{DP}}{\mathrm{OP}}=\frac{m}{n}, \text{ ou } \frac{\beta-y}{y}=\frac{m}{n}.$$

On tire des relations (2) et (3)

$$\alpha=\frac{(m+n)\,x}{m} \text{ et } \beta=\frac{(m+n)\,y}{n}.$$

Mettant ces valeurs à la place de α et de β dans l'équation (1), on a pour l'équation du lieu

$$\frac{mp}{(m+n)\,x}+\frac{nq}{(m+n)\,y}=1,$$

ou

$$(m+n)\,xy-mpy-nqx=0.$$

C'est l'équation d'une hyperbole qui passe par l'origine et par le point donné.

Les asymptotes de l'hyperbole ont pour équations

$$y=\frac{nq}{m+n} \text{ et } x=\frac{mp}{m+n}.$$

Ce sont deux parallèles aux droites données.

336. Les données étant les mêmes, on demande le lieu du point où la transversale est divisée en moyenne et en extrême raison.

Toutes les transversales devant passer par le point B, on aura toujours comme équation de condition entre les variables α et β

(1) $$\frac{p}{\alpha}+\frac{q}{\beta}=1.$$

D'après les données de la question, on a

$$\frac{\mathrm{DC}}{\mathrm{DM}} = \frac{\mathrm{DM}}{\mathrm{MC}}\,;$$

donc on a aussi

$$(2) \qquad \frac{\mathrm{OC}}{\mathrm{OQ}} = \frac{\mathrm{OQ}}{\mathrm{QC}}, \text{ ou } \frac{\alpha}{x} = \frac{x}{\alpha - x}$$

$$(3) \qquad \frac{\mathrm{DO}}{\mathrm{DP}} = \frac{\mathrm{DP}}{\mathrm{OP}}, \text{ ou } \frac{\beta}{\beta - y} = \frac{\beta - y}{y}.$$

On tire des relations (2) et (3)

$$\alpha = \frac{x}{2}(1 \pm \sqrt{5}),$$

$$\beta = \frac{y}{2}(3 \pm \sqrt{5}).$$

Je porte ces valeurs de α et de β dans l'équation (1), et j'obtiens

$$\frac{2p}{x\,(1 \pm \sqrt{5})} + \frac{2q}{y\,(3 \pm \sqrt{5})} = 1,$$

ou

$$(4) \qquad 2xy + py\,(1 + \sqrt{5}) - qx(3 + \sqrt{5}) = 0.$$

$$(5) \qquad 2xy - py\,(\sqrt{5} - 1) - qx\,(3 - \sqrt{5}) = 0.$$

Et ce sont là les équations de deux hyperboles rapportées à des parallèles aux asymptotes.

Les asymptotes de la première sont données par les équations

$$(6) \qquad x = -\frac{p}{2}(1 + \sqrt{5}), \qquad (7) \quad y = \frac{q}{2}(3 + \sqrt{5})\,;$$

celles de la seconde le sont par les équations

$$(8) \qquad x = \frac{p}{2}(-1 + \sqrt{5}), \quad (9) \quad y = q - \frac{q}{2}(\sqrt{5} - 1).$$

L'équation (6) représente une parallèle à l'axe des y qu'il est facile de construire ; car cette valeur de x est la seconde valeur que l'on obtient en divisant p en moyenne et en extrême raison.

L'équation (7) peut se mettre sous la forme

$$y = q + \frac{q}{2}(1 + \sqrt{5}),$$

et l'on voit que y est égal à la seconde valeur de q divisée en moyenne et en extrême raison et augmentée de q.

Dans les équations (8) et (9) qui représentent les asymptotes de la seconde hyperbole, la valeur de x est égale à la plus grande partie de OP divisée en moyenne et en extrême raison; celle de y est égale à OQ diminuée de la plus grande partie de OP aussi divisée en moyenne et extrême raison.

337. PROBLÈME. — Pendant que l'extrémité M du diamètre réel MM, décrit l'hyperbole, quelle courbe décrit l'extrémité N de son conjugué ?

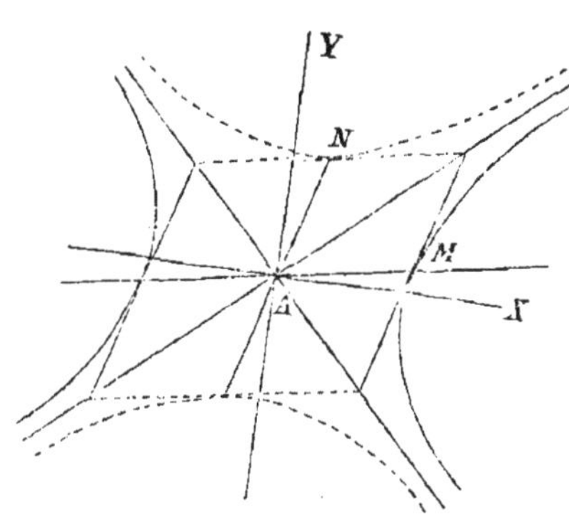

Appelons x et y les coordonnées du point N, nous aurons

$$b'^2 = x^2 + y^2.$$

Or, $\text{tang}^2 \alpha' = \frac{y^2}{x^2}$, et l'on a aussi

$$\text{tang}^2 \alpha' = \frac{\sin^2 \alpha'}{\cos^2 \alpha'} = \frac{b^2 (b'^2 + a^2)}{a^2 (b'^2 - b^2)}$$

(n° 309). On a donc

$$\frac{b^2 (b'^2 + a^2)}{a^2 (b'^2 - b^2)} = \frac{y^2}{x^2}.$$

En remplaçant b'^2 par sa valeur $x^2 + y^2$, on obtient

$$\frac{b^2 (x^2 + y^2 + a^2)}{a^2 (x^2 + y^2 - b^2)} = \frac{y^2}{x^2},$$

ou, toute réduction faite,

$$a^2 y^2 - b^2 x^2 = a^2 b^2.$$

C'est l'équation d'une hyperbole conjuguée à la première.

On dit que deux hyperboles sont conjuguées lorsqu'elles ont le même centre, les mêmes asymptotes, les mêmes premiers axes, et les mêmes diamètres conjugués.

Remarque. On arrive plus promptement à ce résultat en remplaçant dans l'hyperbole proposée x et y par $x\sqrt{-1}$ et $y\sqrt{-1}$.

Je cherche les intersections de cette courbe avec l'axe des x, $y = 0$ donne $x = \pm a\sqrt{-1}$; de même $x = 0$ donne $y = \pm b$. Donc l'axe réel de la première hyperbole devient l'axe imaginaire pour celle-ci et réciproquement.

Il est facile de s'assurer que les deux courbes ont les mêmes asymptotes.

Deux hyperboles conjuguées et le système de leurs asymptotes admettent le même diamètre pour la même série de cordes ; car les équations des trois lieux

$$\frac{x^2}{a^2} - \frac{y^2}{b^2} = \pm 1, \quad \frac{x^2}{a^2} - \frac{y^2}{b^2} = 0,$$

ne diffèrent que par le terme constant qui n'entre pas dans l'équation du diamètre $mF'_y + F'_x = 0$.

Les trois lieux admettent aussi les mêmes systèmes de diamètres conjugués.

On en conclut que si, par le point N, on mène une tangente à l'hyperbole conjuguée, cette tangente sera parallèle à AM. Par suite cette tangente et la tangente au point M sont conjuguées.

338. Trouver le lieu des intersections des tangentes menées à une hyperbole et à sa conjuguée, par les extrémités M et N d'un système de diamètres conjugués.

Soient

$$(1) \qquad y = mx \pm \sqrt{a^2m^2 - b^2}$$

l'équation de la tangente menée par le point M à la première hyperbole, et

$$(2) \qquad y = m'x \pm \sqrt{b^2 - a^2m'^2}$$

celle de la tangente menée au point N de sa conjuguée.

Ces deux tangentes étant conjuguées (n° 337), on a $mm' = \frac{b^2}{a^2}$; tirant de là la valeur de m' et la portant dans l'équation (2), on obtient

$$(3) \qquad a^2my = b^2x \pm ab\sqrt{a^2m^2 - b^2}.$$

Le lieu résultera de l'élimination de m entre les équations (1) et (3).

Pour faire cette élimination, j'écris les deux équations comme suit :

$$y - mx = \pm\sqrt{a^2m^2 - b^2},$$
$$a^2my - b^2x = \pm ab\sqrt{a^2m^2 - b^2}.$$

J'élève au carré après avoir multiplié la première équation par ab, puis je retranche membre à membre, j'obtiens

$$a^2y^2(a^2m^2 - b^2) - b^2x^2(a^2m^2 - b^2) = 0,$$

ou $$a^2y^2 - b^2x^2 = 0, \quad y = \pm \frac{b}{a} x,$$
qui est l'équation de la double asymptote.

On conclut de là que l'un des sommets du parallélogramme construit sur deux demi-diamètres conjugués décrit une asymptote, et que l'autre sommet décrit la seconde.

Exercices.

339. 1. Le demi axe réel CA d'une hyperbole équilatère est rencontrée en T par la tangente à la courbe au point P ; PN est l'ordonnée de P, et on joint CP ; prouver que l'on a
$$CP \times PN = PT \times CN.$$

2. Si l'on prolonge une tangente à l'hyperbole jusqu'à sa rencontre avec les asymptotes, on forme un triangle dont l'aire est constante.

3. Toute corde d'une hyperbole divise en deux parties égales la portion de l'une ou l'autre asymptote comprise entre les tangentes à ses extrémités.

4. Trouver l'ordonnée au foyer et l'excentricité de l'hyperbole conjuguée à celle qui a pour équation
$$y^2 = 4\ (x^2 + a^2).$$

5. CP est un demi-diamètre quelconque d'une hyperbole ; une ligne droite QRr parallèle à PC coupe la courbe en Q et les asymptotes en R, r ; on a :
$$QR \times Qr = \overline{CP}^2.$$

6. La normale à l'ellipse menée par un point donné, coupe la courbe en des points situés sur une hyperbole équilatère qui passe par l'origine et par le point donné.

7. Si, sur une corde d'une hyperbole considérée comme diagonale, on construit un parallélogramme dont les côtés soient parallèles respectivement aux asymptotes, l'autre diagonale passera par le centre.

8. Toute hyperbole équilatère circonscrite à un triangle passe par le point de rencontre des hauteurs.

9. Les sécantes menées de l'un quelconque des points d'une hyperbole à deux points fixes pris sur la courbe interceptent sur l'une ou l'autre asymptote des longueurs constantes.

10. Les droites qui joignent le foyer aux points de rencontre d'une tangente avec les asymptotes, forment un angle constant.

11. Deux hyperboles ont mêmes asymptotes. Une sécante passant

au centre O rencontre la première en A, la seconde en B, démontrer que

$$\frac{OA}{OB} = K.$$

12. Si, dans une hyperbole équilatère, on inscrit un triangle rectangle, l'hypothénuse est parallèle à la normale menée au sommet de l'angle droit.

13. Etant donnée l'équation $Ay^2 + Bxy + Cx^2 + F = 0$, rapporter la courbe à ses asymptotes.

14. Equation des hyperboles qui ont une asymptote et une directrice communes.

15. Equation des hyperboles qui ont une asymptote et un foyer communs.

16. Trouver les propriétés communes aux courbes représentées par l'équation

$$x^2(1-l^2) + 2lxy + 2ly - 2l^2x - l^2 = 0.$$

On identifiera cette équation avec l'équation focale.

17. Trouver les propriétés communes aux hyperboles représentées par l'équation

$$2xy = 2cy - 2cx + c^2,$$

quand on fait varier c.

CHAPITRE XV.

THÉORIE DE LA PARABOLE.

340. *Parabole rapportée à son axe.* En prenant des axes rectangulaires et en exécutant une double transformation de coordonnées, nous avons vu que l'équation de la parabole rapportée à son axe et à la tangente au sommet, est

$$My^2 + Sx = 0,$$

ou, en prenant $-\frac{S}{M} = 2p$,

$$y^2 = 2px. \tag{2}$$

Dans l'étude des propriétés de cette courbe, on pourra toujours supposer p positif, car si l'on avait

$$y^2 = -2px,$$

il suffirait de compter les x positifs dans un sens opposé pour changer cette équation en

$$y^2 = 2px.$$

On déduit immédiatement de cette équation :

1° Que l'origine est un point de la courbe, puisque $x = 0$ donne $y = 0$;

2° Que la ligne des x est un axe de la courbe, car chaque valeur de x donne deux valeurs de y égales et de signes contraires. Cet axe est le seul qui existe dans la parabole.

341. L'équation (1) étant résolue donne :

$$y = \pm \sqrt{2px}.$$

Pour que l'ordonnée soit réelle, il est nécessaire et il suffit que l'abscisse soit positive. Si l'on fait croître x de 0 à $+\infty$, la valeur absolue de y croît aussi de 0 à $+\infty$, et, comme à chaque valeur de x correspondent deux valeurs de y égales et de signes contraires, on voit que la courbe s'étend indéfiniment à partir de l'origine, d'une manière symétrique au-dessus et au-dessous de l'axe des x, vers lequel elle tourne sa concavité.

La parabole n'a qu'un sommet qui est le point A. La quantité $2p$ qui détermine la parabole, s'appelle le *paramètre* de la courbe.

342. Théorème. Les carrés des ordonnées perpendiculaires à l'axe de la parabole sont entre eux comme les abscisses correspondantes.

Cela résulte de la forme même de l'équation de la courbe. Si (x, y) et (x', y') sont deux points de la parabole, on aura :

$$y^2 = 2px, \quad y'^2 = 2px' ;$$

d'où

$$\frac{y^2}{y'^2} = \frac{x}{x'}.$$

THÉORÈME II.

343. Suivant qu'un point est situé sur la parabole, extérieur à la parabole ou intérieur à la parabole, la fonction $y^2 - 2px$ est nulle, positive ou négative.

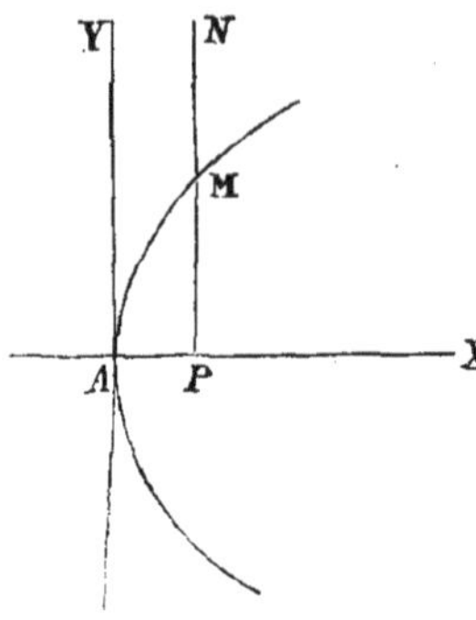

En effet, pour un point M situé sur la parabole on a

$$y^2 - 2px = 0.$$

Si le point N est en dehors de la parabole, et que l'on mène perpendiculairement à l'axe l'ordonnée NP rencontrant la courbe en M, comme on a NP > MP, si dans la fonction $y^2 - 2px$, y représente NP, on aura évidemment

$$y^2 - 2px > 0.$$

On prouverait de même que pour un point N' situé dans l'intérieur de la courbe on a

$$y^2 - 2px < 0.$$

• 344. *Construction de la courbe par points.* — L'équation $y^2 = 2px$ permet de décrire la courbe par points. Prenons, à partir de l'origine A, sur l'axe des x, AP=x, puis

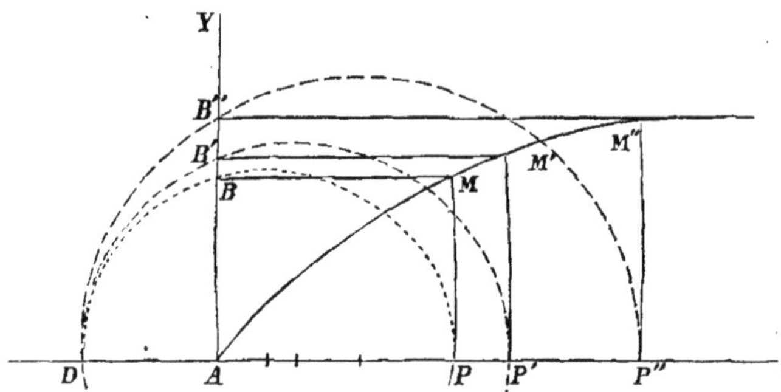

AD = 2p. Sur DP comme diamètre décrivons une demi-circonférence, nous aurons

$$\overline{AB}^2 = AD.\ AP = 2p.\ x.$$

Ainsi AB est l'y du point dont AP est l'abscisse. Si donc par le point B, nous menons BM parallèle à l'axe, et rencontrant en M la perpendiculaire élevée au point P, le point M sera à la courbe. En faisant varier l'abscisse AP on obtiendra, pour chacune de ses valeurs, un nouveau point de la courbe, et comme elle est symétrique par rapport à l'axe des x, on aura immédiatement les points symétriques des premiers.

345. La parabole tend à se confondre avec une parallèle à l'axe transverse.

En effet, on a

$$y^2 - y'^2 = 2p\,(x-x'),\ \text{ou}\ y - y' = \frac{2p\,(x-x')}{y+y'}.$$

En considérant deux points très-voisins et fort éloignés, le numérateur est très-petit, tandis que le dénominateur $y + y'$ est très-grand. Donc la différence des ordonnées est très-petite et le devient d'autant plus que les points que l'on considère sont plus éloignés. Cette parallèle qui sert de limite à la courbe au-dessus de l'axe des x, est une asymptote située à l'infini ; il est évident qu'il y en a une autre symétriquement placée au-dessous de l'axe des x.

THÉORÈME III.

346. La parabole peut être considérée comme la limite des ellipses dont le grand axe augmente indéfiniment, tandis que la distance du foyer au sommet voisin reste constante.

Je considère une ellipse rapportée à ses axes principaux, et je transporte l'origine au sommet négatif en remplaçant x par $x'-a$, ce qui donne

$$y^2 = \frac{b^2}{a^2}\,(2ax'-x'^2).$$

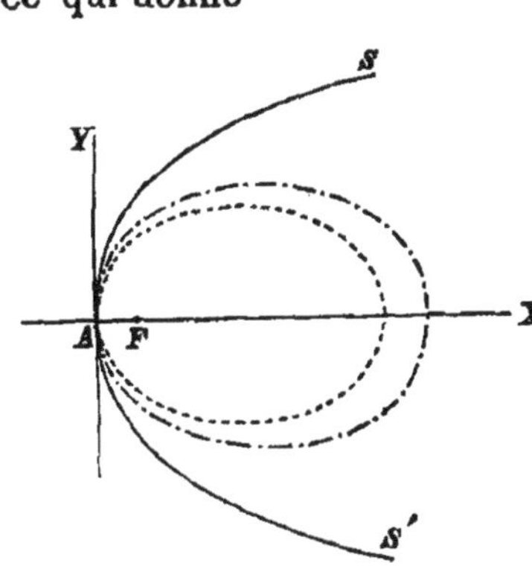

Soit F le foyer le plus voisin de l'origine; faisons $AF = \frac{p}{2}$, nous aurons

$$\frac{p}{2} = a - c = a - \sqrt{a^2-b^2},$$

d'où l'on tire

$$b^2 = ap - \frac{p^2}{4},$$

et par conséquent

$$y^2 = \left(p - \frac{p^2}{4a}\right)\left(2x - \frac{x^2}{a}\right).$$

Si, en supposant que les points A et F restent fixes, on fait augmenter l'axe $2a$, on trouvera une série d'ellipses dont les ordonnées tendront vers celles de la parabole SAS' représentée par l'équation

$$y^2 = 2px,$$

puisque les termes $\frac{p^2}{4a}$ et $\frac{x^2}{a}$ convergent alors vers 0, et le deviennent réellement pour a infini. Donc la parabole SAS′ est la limite des ellipses qui ont même sommet A et même foyer F.

Si l'on construit de même une série d'hyperboles ayant A pour sommet et F pour foyer, et dont le centre, situé du côté des abscisses négatives, s'éloigne de plus en plus de l'origine, on trouvera encore que les hyperboles ont pour limite la parabole SAS′.

On pourra donc dire que la parabole est une ellipse ou une hyperbole dont le grand axe ou l'axe transverse est infini.

FOYER ET DIRECTRICE DE LA PARABOLE.

347. Nous identifierons l'équation focale des courbes du second ordre avec l'équation d'une parabole donnée

$$y^2 = 2px$$

rapportée à son axe et à la tangente à son sommet.

L'équation de la parabole ne contenant pas de terme en xy, ni de terme en x^2, on doit avoir

$$mn = 0, \quad 1 - m^2 = 0,$$

d'où

$$m = 1, \quad n = 0.$$

Le coefficient du terme en y et le terme constant devant être aussi nuls, on a

$$\beta = 0, \quad \alpha^2 - t^2 = 0;$$

d'ailleurs les équations

$$\frac{1-n^2}{A} = \frac{-2mn}{B} = \frac{1-m^2}{C} = \frac{-2(\beta+nt)}{D} = \frac{-2(\alpha+mt)}{E} = \frac{\alpha^2+\beta^2-t^2}{F}$$

se réduisent à

$$1 = \frac{\alpha+t}{p};$$

on en conclut

$$\alpha+t = p.$$

L'équation

$$\alpha^2-t^2 = 0, \text{ ou } (\alpha+t)(\alpha-t) = 0$$

devient

$$p(\alpha-t) = 0,$$

c'est-à-dire

$$\alpha - t = 0;$$

il en résulte

$$\alpha = t = \frac{p}{2}$$

De ce que $\beta = 0$ et $\alpha = \frac{p}{2}$, on conclut que

la parabole a un seul foyer situé sur l'axe à une distance du sommet égal au quart du paramètre.

La distance d'un point de la parabole au foyer qui est exprimée par

$$mx + t$$

devient

$$x + \frac{p}{2}.$$

Donc,

la distance d'un point de la parabole au foyer est égale à l'abscisse du point, augmentée du quart du paramètre.

L'équation de la directrice est

$$x = -\frac{p}{2},$$

Donc,

la parabole a une directrice DD' perpendiculaire sur l'axe et à une distance du sommet AG = AF.

L'expression $\sqrt{m^2+n^2}$, qui exprime le rapport constant entre la distance d'un point de la courbe au foyer et celle de ce même point à la directrice, est ici égale à l'unité ; donc,

chacun des points de la parabole est également distant du foyer et de la directrice.

$n = 0$ signifie que la distance d'un point de la courbe au foyer est une fonction du premier degré de l'abscisse du point comptée sur l'axe.

Remarques. I. Pour $x = \frac{1}{2}p$, on trouve $y = \pm p$. Ainsi, la corde menée par le foyer perpendiculairement à l'axe est égale au paramètre $2p$.

II. Pour $x = 2p$, on trouve $y = \pm 2p$. Il en résulte que si, par le sommet, on mène une droite faisant avec l'axe un angle de 45° (et dont l'équation serait par conséquent $y = x$), elle rencontrera la parabole en un point dont l'abscisse sera égale au paramètre.

Cette remarque fournit un moyen de construire le foyer et la directrice, lorsqu'on a la courbe et son axe, sans avoir son équation.

348. Construction de la parabole à l'aide de la directrice et du foyer.

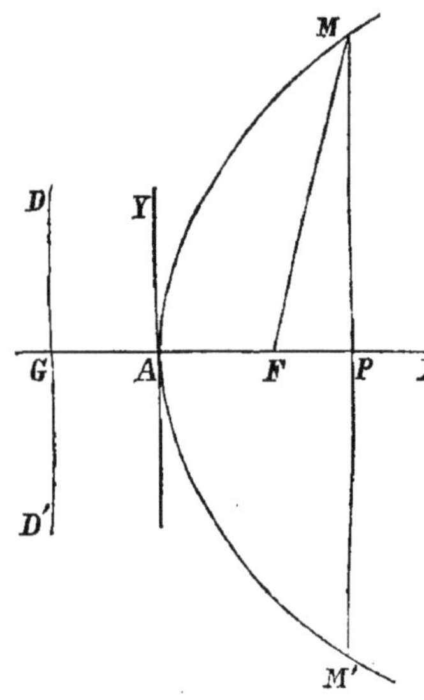

Si après avoir abaissé du foyer F l'axe FG perpendiculaire à la directrice DD', on mène MM' parallèle à cette dernière droite, puis qu'avec GP comme ouverture de compas, on décrive du foyer comme centre, deux arcs coupant la parallèle en M et en M', ces deux points appartiendront à la parabole.

Pour décrire la parabole d'un mouvement continu, je suppose qu'un équerre soit placé sur la directrice, et que les deux extrémités d'un fil FG = GH soient attachées l'une au point F, l'autre au point G de l'équerre. Si l'on fait glisser l'équerre sur la directrice, et qu'en même temps un crayon M glisse sur l'équerre, de manière à tenir le fil constamment tendu, le crayon décrira un arc de parabole.

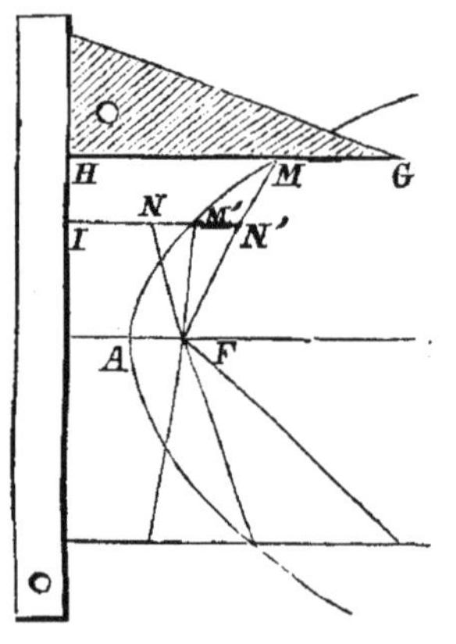

349. Soit N un point extérieur à la parabole, menons NI perpendiculaire à la directrice, et prolongeons NI jusqu'à sa rencontre en M' avec la courbe, tirons M'F et NF, nous aurons

$$NF + NM' > M'F.$$

Or, $M'F = M'I = M'N + NI,$

donc $$NF + NM' > M'N + NI,$$

ou $$NF > NI.$$

Pour un point intérieur N', nous avons

$$N'F < N'M' + M'F,$$

d'où, à cause de $M'F = M'I$

$$N'F < N'I.$$

Donc, selon qu'un point est sur la parabole, ou en dehors de la parabole, ou en dedans, sa distance au foyer est égale à sa distance à la directrice, ou elle est plus grande ou elle est plus petite.

350. La propriété dont jouit la parabole d'avoir chacun de ses points à égale distance du foyer et de la directrice, caractérise cette courbe et peut servir à trouver son équation. Pour le prouver, résolvons le problème suivant :

Trouver une courbe telle que chacun de ses points soit à égale distance d'un point donné et d'une doite donnée.

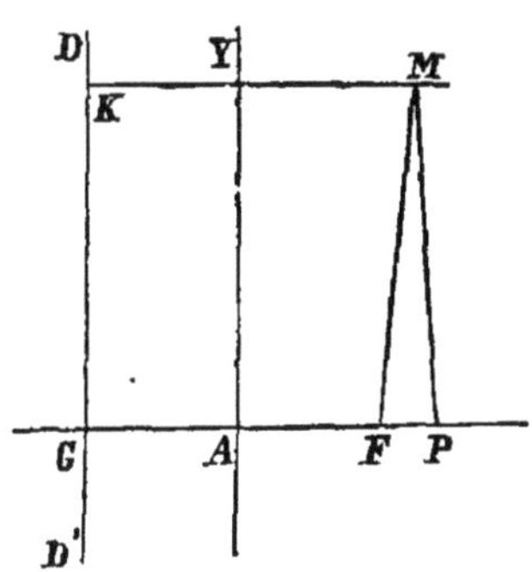

Soient F le point donné et DD′ la droite donnée. Prenons pour axe des x la perpendiculaire abaissée du point F sur la droite DD′, et pour axe des y la droite AY, élevée au point A milieu de FG, perpendiculairement à AX. La courbe cherchée sera symétrique par rapport à AX et passera par le point A. Faisons $FG = p$, d'où $FA = \frac{p}{2}$; soient M un point du lieu, x et y ses coordonnées, nous aurons

$$\overline{MF}^2 = y^2 + \left(x - \frac{p}{2}\right)^2,$$

$$MK = PG = x + \frac{p}{2};$$

et l'on a pour l'équation du lieu

$$y^2 + \left(x - \frac{p}{2}\right)^2 = \left(x + \frac{p}{2}\right)^2$$

ou

$$y^2 = 2px.$$

DE LA TANGENTE ET DE LA NORMALE.

351. L'équation de la tangente en un point (x', y') sera, d'après la règle générale

$$(1) \qquad y - y' = \frac{p}{y'}(x - x').$$

On a d'ailleurs entre x' et y' la relation

$$(2) \qquad y'^2 = 2px',$$

ce qui réduit l'équation précédente à

$$(3) \qquad yy' = p(x + x').$$

Si l'on retranche de l'équation (2) le double de l'équation (3) on a

$$y'^2 - 2yy' = -2px$$

ou

$$(y' - y)^2 = y^2 - 2px.$$

Le premier membre étant un carré est toujours positif, excepté pour $y = y'$, auquel cas il est zéro ; donc il en est de même du second membre. Donc tous les points de la droite représentée par l'équation $yy' = p(x + x')$, sont hors de la courbe, excepté celui dont l'ordonnée est y'.

352. En appelant α le coefficient angulaire de la tangente, on a

$$\alpha = \frac{p}{y'}.$$

L'hypothèse $y' = 0$ donne $\alpha = \infty$; donc au sommet A la tangente est perpendiculaire à l'axe. Si l'on fait croître y' depuis 0 jusqu'à l'infini, α décroît depuis ∞ jusqu'à 0 ; donc la tangente tend de plus en plus à être parallèle à l'axe des x.

353. Si l'on fait $x = 0$, on trouve

$$y = \frac{px'}{y'} = \frac{y'}{2}.$$

C'est-à-dire que l'ordonnée à l'origine est la moitié de l'ordonnée du point de contact.

$y = 0$ donne (fig. du n° 355) $AT = x = -x'$;

c'est-à-dire que la tangente rencontre l'axe en un point T situé du côté des abscisses négatives, à une distance du sommet égale à l'abscisse du point de contact.

On reconnaît de même que la
sous-tangente PT est double de l'abscisse du point de contact; car on a $PT = AT + AP = 2x'$.

Cette propriété fournit un moyen commode de mener une tangente en un point donné M de la courbe, car il suffit de mener l'ordonnée MP, de prendre $AT = AP$, et de joindre TM.

TANGENTE A LA PARABOLE PAR UN POINT EXTÉRIEUR.

354. Soient α et β les coordonnées du point extérieur; les équations qui détermineront les coordonnées inconnues x', y' du point de contact, seront

$$\beta y' = p(\alpha + x'),$$
$$y'^2 = 2px'.$$

En éliminant x' entre ces deux équations, on trouve facilement

$$y' = \beta \pm \sqrt{\beta^2 - 2p\alpha},$$

puis

$$x' = \frac{\beta^2 - p\alpha \pm \beta\sqrt{\beta^2 - 2p\alpha}}{p}.$$

Ces valeurs portées dans l'équation $yy' = p(x+x')$ donneraient les équations des tangentes menées à la courbe par le point (α, β).

Lorsque le point donné est hors de la courbe, on a $\beta^2 - 2p\alpha > 0$, les valeurs de x' et y' sont réelles et inégales, et l'on a deux tangentes.

Lorsque le point α, β est sur la courbe, $\beta^2 - 2p\alpha = 0$, et l'on a $y' = \beta$, $x' = \alpha$; donc il y a une seule tangente dont le point de contact avec la courbe, est le point donné lui-même.

Si le point est intérieur, $\beta^2 - 2p\alpha < 0$, les valeurs de x' et de y' sont imaginaires, et il n'y a pas de tangente.

355. *Normale.* — L'équation de la normale à la parabole au point dont les coordonnées sont x', y' est

$$y - y' = -\frac{y'}{p}(x - x').$$

La sous-normale NP est $x - x'$. On l'obtiendra en faisant $y=0$ dans l'équation précédente ; on trouve

$$x - x' = p = PN.$$

Donc, dans la parabole, la sous-normale est constante et égale à la moitié du paramètre.

THÉORÈME IV.

356. La tangente à la parabole fait des angles égaux avec l'axe et avec le rayon vecteur mené au point de contact ;

Elle divise en deux parties égales l'angle formé par le rayon vecteur mené au point de contact avec la perpendiculaire abaissée de ce point sur la directrice ;

Comme dans l'ellipse, elle fait avec les rayons vecteurs menés au point de contact des angles égaux.

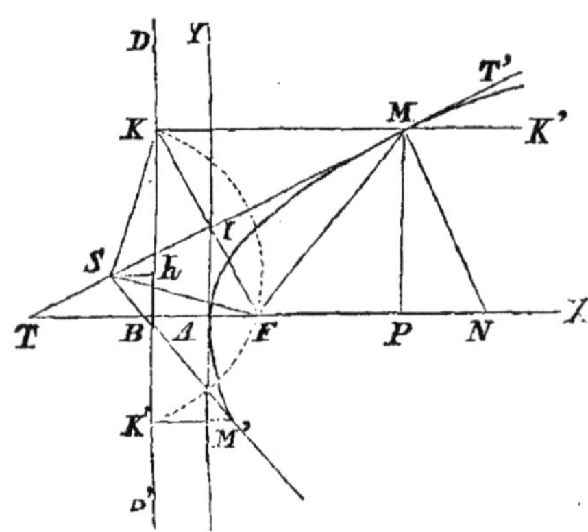

1° Le point F étant le foyer de la parabole, on a vu qu'on a

$$MF = x + \frac{p}{2}.$$

D'un autre côté on a trouvé

$$AT = AP = x,$$

donc

$$FT = x + \frac{p}{2}.$$

donc MF = FT, et le triangle MFT est isocèle. Par suite l'angle FMT = FTM.

2° Soit DD′ la directrice, on a

$$\text{angle TMK} = \text{MTF} = \text{FMT}.$$

3° Comme l'angle KMT = T′MK′, on a angle FMT = T′MK′. La tangente, la normale et l'axe déterminent un triangle rectangle dont l'hypothénuse a pour milieu le foyer F.

357. Le *théorème démontré* au *numéro précédent* fournit un nouveau moyen de mener une tangente à la parabole par un point donné.

Supposons d'abord le point donné sur la courbe, et soit M ce point (fig. précédente). On conduira le rayon vecteur FM ; on prendra FT = FM, et la ligne MT sera la tangente demandée.

Pour démontrer *à posteriori* que la ligne MT est la tangente demandée, on mène MK parallèle à l'axe jusqu'à sa rencontre avec la directrice en K; on joint ce dernier point au point F. Par la nature de la parabole, on a MF$=$ MK, et d'après la construction,

angle KMT $=$ TMF.

Donc MT est perpendiculaire sur le milieu de KF. Actuellement si d'un point quelconque S pris sur MT, on mène SF au foyer, et la ligne Sh perpendiculaire à la directrice, et qu'on joigne SK, on aura

$$Sh < SK, \text{ par suite } Sh < SF.$$

Donc chaque point de MT, excepté le point M, est hors de la courbe.

Supposons maintenant le point donné extérieur à la parabole et soit S ce point. On remarque que si le point M est le point de contact, et MT la tangente cherchée, en joignant MF et menant MK perpendiculaire sur la directrice, la tangente doit être perpendiculaire sur le milieu de FK ; donc les distances SF, SK sont égales, donc le point K sera déterminé par l'intersection de la directrice et de la circonférence décrite du point S comme centre avec SF comme rayon. On voit alors qu'en joignant K et F, et en abaissant ST perpendiculaire sur cette droite, la ligne ST sera la tangente à la parabole, et le point de contact sera à l'intersection M de cette tangente et de la droite KM, menée par le point M parallèlement à l'axe.

Quand le poind S est hors de la courbe, sa distance au foyer est plus grande que sa distance à la directrice, et la circonférence coupe la directrice en deux points K et K$'$, il y a deux tangentes.

Quand le point S est sur la courbe, sa distance au foyer est égale à sa distance à la directrice, la circonférence est tangente à cette dernière droite, et il n'y a qu'une tangente.

Enfin quand le point donné est intérieur à la courbe, sa distance au foyer est moindre que sa distance à la directrice, la circonférence n'atteint plus cette dernière droite, et il n'y a plus de tangente.

Le point A est le milieu de BF, donc AY passe par le point I, milieu de FK; or, la tangente MT passe aussi par ce dernier point, et de plus, est perpendiculaire à FK, donc

Le lieu des pieds des perpendiculaires abaissées du foyer de la parabole sur ses tangentes est l'axe des y.

358. On vient de voir que par un point extérieur on peut mener deux tangentes à la parabole. Examinons ce qui arrive quand le point donné est sur la directrice.

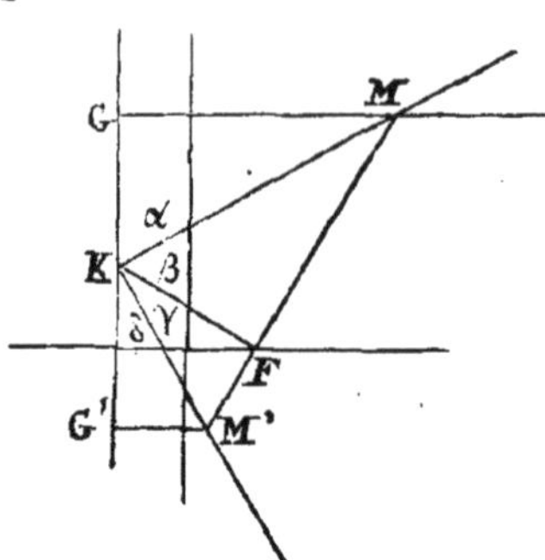

Soient K le point donné sur la directrice, KM et KM' les deux tangentes. Menons MF, M'F et KF, puis par les points M et M' les perpendiculaires MG et M'G' sur la directrice.

Les triangles GMK et KMF sont égaux. Or, le premier est rectangle en G, donc le second l'est en F. Les deux triangles KM'F et KM'G' sont aussi égaux, et comme le second est rectangle en G', il s'ensuit que l'angle KFM' du premier est droit ; donc les deux angles en F sont droits, et la ligne MFM' est une ligne droite ; de plus KF est perpendiculaire sur MM'.

La somme des angles α, β, γ, δ au point K est égale à deux angles droits. Or, $\beta = \alpha$, et $\delta = \gamma$, donc $\beta + \gamma$ ou l'angle MKM' est droit. Donc :

Les tangentes menées à la parabole d'un point de la directrice font entre elles un angle droit ; la ligne de contact passe par le foyer, et elle est perpendiculaire sur celle qui va du foyer au point d'où partent les deux tangentes.

Réciproquement. Le lieu du sommet d'un angle droit circonscrit à la parabole est la directrice.

359. Trouver la distance du foyer à une tangente.

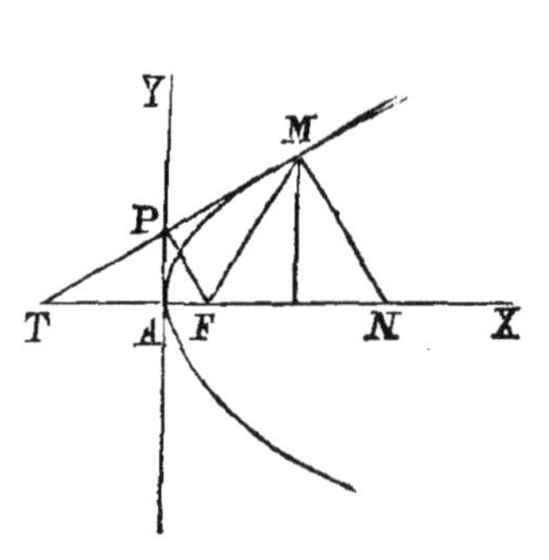

La distance du point $\left(\frac{p}{2}, 0\right)$ à la tangente

$$yy' = p\,(x + x')$$

a pour valeur

$$\frac{p\left(x' + \frac{p}{2}\right)}{\sqrt{y'^2 + p^2}} = \frac{p\,(p + 2\,x')}{2\sqrt{2px' + p^2}} =$$

$$= \tfrac{1}{2}\sqrt{p\,(p + 2\,x')}.$$

Donc FP, distance du foyer F à la tangente TM, est une moyenne proportionnelle à FA et FM.

En partant de l'égalité FT = FN, on conclut aussi que FP est la moitié de la normale.

360. Exprimer la distance du foyer à une tangente, en fonction de l'angle que la direction de cette distance fait avec l'axe.

Appelons x', y' les coordonnées du point de contact, nous aurons (fig. du numéro précédent) :

$$\cos\alpha = \sin \text{FTM} = \frac{\operatorname{tg} \text{FTM}}{\sqrt{1+\operatorname{tg}^2 \text{FTM}}} = \frac{\frac{p}{y'}}{\sqrt{1+\frac{p^2}{y'^2}}}$$

$$= \frac{p}{\sqrt{y'^2+p^2}} = \frac{p}{\sqrt{2px'+p^2}} = \sqrt{\frac{p}{2x'+p}}.$$

Donc

$$\text{FP} = \tfrac{1}{2}\sqrt{p(2x'+p)} = \frac{p}{2\cos\alpha}.$$

En prenant le foyer pour origine, l'équation de la tangente devient

$$x\cos\alpha + y\sin\alpha + \frac{p}{2\cos\alpha} = 0,$$

et permet d'exprimer la longueur de la perpendiculaire abaissée d'un autre point sur les tangentes en fonction de l'angle que cette perpendiculaire fait avec l'axe.

361. Théorème. L'angle compris entre deux tangentes est la moitié de l'angle sous lequel est vue du foyer leur corde de contact.

En effet, le triangle MFT est isocèle (355), donc l'angle MTF que la tangente fait avec l'axe des x est la moitié de celui MFX que le rayon vecteur, allant du foyer au point de contact, fait avec ce même axe. D'ailleurs l'angle compris entre les deux tangentes est égal à la différence des angles que ces tangentes font avec l'axe des x; et l'angle sous lequel est vue la corde de contact est égal à la différence des angles que font avec l'axe les rayons vecteurs menés des foyers aux points de contact.

362. Théorème. La droite FT qui joint le foyer au point d'intersection de deux tangentes est la bissectrice de l'angle MFM' sous lequel on voit du foyer leur corde de contact.

Les équations des deux tangentes sont :

$$x \cos^2 \alpha + y \sin \alpha \cos \alpha + \frac{p}{2} = 0,$$

$$x \cos^2 \beta + y \sin \beta \cos \beta + \frac{p}{2} = 0 ;$$

et en les retranchant l'une de l'autre, on trouve pour l'équation de la droite FT qui joint le foyer, c'est-à-dire l'origine, à leur point d'intersection

$$x \sin (\alpha + \beta) - y \cos (\alpha + \beta) = 0.$$

Cette droite fait avec l'axe des x un angle $\alpha + \beta$; mais puisque α et β sont les angles que forment avec l'axe les perpendiculaires abaissées du foyer sur les tangentes, nous aurons (A étant le sommet) AFM $= 2\alpha$, AFM' $= 2\beta$. Donc la droite qui fait avec l'axe un angle $\alpha + \beta$ est la bissectrice de l'angle MFM'.

Ce théorème est vrai pour l'ellipse, il l'est aussi pour l'hyperbole quand les deux tangentes touchent la même branche ; mais quand les tangentes touchent deux branches différentes, la droite FT est bissectrice de l'angle formé par l'un des rayons vecteurs FM et par le prolongement de l'autre.

Corollaire I. Si l'on considère le cas où l'angle MFM' est égal à 180°, la corde de contact MM' passe par le foyer, les tangentes MT se coupent sur la directrice, et l'angle TFM est droit.

Corollaire II. Si une corde MM' coupe la directrice en D, la droite FD est la bissectrice extérieure de l'angle MFM'

Cette proposition est vraie pour les trois courbes du second ordre.

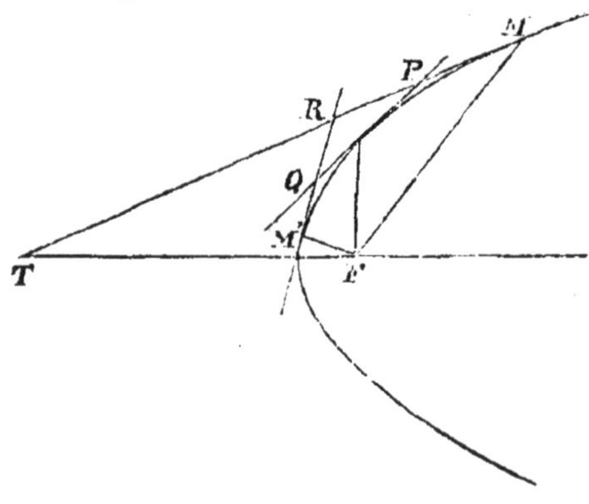

Corollaire III. Le segment PQ déterminé sur une tangente variable par deux tangentes fixes RM, RM', est vu du foyer sous un angle QFP égal au supplément de l'angle PRQ formé par les tangentes fixes.

En effet l'angle QRT des deux tangentes est la moitié de l'angle MFM′ (361) ; et l'angle PFQ est aussi la moitié de MFM′ (362) ; donc

$$\text{PFQ} = \text{QRT} = (180 - \text{PRQ}).$$

Corollaire IV. Le cercle circonscrit au triangle formé par trois tangentes à la parabole passe par le foyer.

Le cercle passant par les points P, Q, R, passe aussi par le point F, puisque l'angle PFQ est supplémentaire de l'angle PRQ.

363. Conditions d'intersection d'une droite avec la parabole.

Soit

$$y = mx + \text{K}$$

l'équation d'une droite quelconque. Si entre cette équation et celle de la parabole

$$y^2 = 2px,$$

on élimine x, on aura une équation du second degré

$$my^2 - 2py + 2p\text{K} = 0,$$

qui détermine les ordonnées des points d'intersection de la droite avec la courbe.

Ces ordonnées seront réelles et inégales, et la droite coupera la courbe en deux points, si l'on a

$$p^2 - 2mp\text{K} > 0, \quad \text{ou} \quad p - 2m\text{K} > 0.$$

Elles seront égales et de même signe, et la droite sera tangente à la courbe, si l'on a

$$p - 2m\text{K} = 0.$$

Enfin, elles seront imaginaires, et la droite n'aura aucun point de commun avec la courbe, si l'on a

$$p - 2m\text{K} < 0.$$

On tire de la condition du contact

$$\text{K} = \frac{p}{2m};$$

en portant cette valeur de K dans l'équation de la droite, on trouve

$$y = mx + \frac{p}{2m}.$$

C'est l'équation de la tangente à la parabole en fonction de l'angle qu'elle fait avec l'axe des x; c'est aussi l'équation d'une tangente parallèle à une direction donnée.

364. Théorème. Les diamètres de la parabole sont des droites parallèles à l'axe.

Soit, en effet, $y = mx + K$ l'équation de l'une des cordes que le diamètre considéré divise en deux parties égales, et soient x_1 et y_1 les coordonnées de son milieu; ce point étant sur la corde on a

(1) $$y_1 = mx_1 + K.$$

Pour avoir les coordonnées des extrémités de la corde, il faut combiner son équation avec celle de la parabole, ou $y^2 = 2px$. En éliminant y on obtient

$$m^2x^2 + 2(mK - p)x + K^2 = 0,$$

équation dont les racines sont les abscisses des extrémités de la corde. Leur demi-somme, qui est égale à l'abscisse x_1, a pour valeur

(2) $$x_1 = \frac{p - mK}{m^2}.$$

En éliminant K entre les équations (1) et (2), on a l'équation du lieu

$$y_1 = \frac{p}{m}$$

qui représente une parallèle à l'axe de la parabole.

Réciproquement

Toute parallèle à l'axe de la parabole est un diamètre.

Soit $y = y'$ l'équation de cette droite, et considérons le système de cordes parallèles dont le coefficient angulaire satisfait à la relation

$$y' = \frac{p}{m}, \quad \text{d'où} \quad m = \frac{p}{y'}.$$

Le lieu du milieu de ces cordes a pour équation

$$y_1 = \frac{p}{m},$$

ou, en mettant pour m sa valeur

$$y_1 = y'.$$

365. $y = \frac{p}{m}$ étant l'équation d'un diamètre, le coefficient angulaire des cordes qu'il divise en deux parties égales est

$$m = \frac{p}{y}.$$

Or, ce coefficient angulaire est aussi celui de la tangente au point M, extrémité du diamètre, donc la tangente à l'extrémité d'un diamètre est parallèle aux cordes conjuguées de ce diamètre.

Pour que m soit infini, il faut que y soit zéro, par conséquent l'axe des abscisses est le seul axe de la Parabole.

LA PARABOLE RAPPORTÉE A SES DIAMÈTRES.

366. Puisque dans la parabole il n'y a pas de diamètres conjugués, nous en conclurons que, si l'équation de cette courbe conserve la même forme, lorsqu'elle est rapportée à des axes obliques, ce n'est pas pour la raison indiquée pour les autres courbes.

Cherchons donc à rapporter la courbe à d'autres axes, de manière à ce qu'elle conserve la même forme d'équation.

A cet effet, nous transporterons l'origine, car en laissant l'origine au même point, l'axe des y' couperait la courbe, il y aurait donc deux points d'intersection réels, et l'équation ne pourrait plus être de la forme $y'^2 = 2px'$, car pour cette forme $x' = 0$ donne y' deux fois nul.

Les formules qui servent à passer d'un système d'axes rectangulaires à un système d'axes obliques, en transportant l'origine, sont

$$x = a + x' \cos\alpha + y' \cos\alpha',$$
$$y = b + x' \sin\alpha + y' \sin\alpha'.$$

Substituant ces valeurs dans l'équation de la courbe, nous aurons :

$$y'^2 \sin^2\alpha' + x'^2 \sin^2\alpha + 2\sin\alpha \sin\alpha' . x'y' + \left.\begin{matrix} 2b\sin\alpha \\ -2p\cos\alpha \end{matrix}\right| x' + \left.\begin{matrix} 2b\sin\alpha' \\ -2p\cos\alpha' \end{matrix}\right| y' + b^2 - 2pa = 0$$

Pour que cette équation ait la forme $y'^2 = 2px'$, il faut que l'on ait les relations

(1) $\sin\alpha = 0$. (2) $\sin\alpha \sin\alpha' = 0$. (3) $2b \sin\alpha' - 2p \cos\alpha' = 0$.

(4) $b^2 - 2pa = 0$.

Et au moyen de ces quatre relations l'équation transformée deviendra :

$$(A). \quad y'^2 \sin^2\alpha' = (2p\cos\alpha - 2b\sin\alpha)\, x'.$$

Examinons ce que signifient les quatre équations de condition ci-dessus.

(1) $\sin\alpha = 0$ veut dire que le nouvel axe des x' doit être parallèle à l'ancien, puisque ce nouvel axe des x' doit faire un angle nul avec l'ancien.

(2) $\sin\alpha \sin\alpha' = 0$ ne dit rien de plus que (1), car le produit $\sin\alpha \sin\alpha'$ devant être nul, l'un des facteurs doit être nul ; or, déjà $\sin\alpha = 0$, donc $\sin\alpha'$ ne peut être zéro, car sans cela les deux nouveaux axes coïncideraient, et en outre si $\sin\alpha' = 0$, le terme y'^2 qui doit rester disparaîtrait par cette hypothèse.

(3) $2b \sin\alpha' - 2p\cos\alpha' = 0$ indique que le nouvel axe des y est une tangente à la courbe au point dont les coordonnées sont a et b ; car cette relation revient à

$$tg\,\alpha' = \frac{p}{b};$$

et de plus cette tangente est parallèle aux cordes dont x' est le diamètre conjugué.

(4) $b^2 - 2ap = 0$ exprime que la nouvelle origine est un point de la courbe, car cette relation existe entre $2p$, et a et b qui sont les coordonnées de la nouvelle origine par rapport aux anciens axes.

Telle est l'interprétation des quatre relations ci-dessus. Or, puisque $\sin\alpha = 0$, $\cos\alpha = 1$, et l'équation (A) devient

$$\text{(B)} \qquad \sin^2\alpha'\, y'^2 = 2px'.$$

De la relation $\text{tang}\,\alpha' = \frac{p}{b}$, on tire $\sin^2\alpha' = \frac{p^2}{b^2+p^2}$. Remplaçant b^2 par $2pa$, et réduisant on a

$$\sin^2\alpha' = \frac{p}{2a+p}$$

Portant cette valeur dans l'équation (B), on obtient

$$y'^2 = 4\left(a + \frac{p}{2}\right)x'.$$

Posons enfin $4\left(a + \frac{p}{2}\right) = 2p'$, et nous aurons

$$y'^2 = 2p'x', \text{ ou } y^2 = 2p'x,$$

en supprimant les accents qui sont désormais inutiles.

367. Le coefficient $2p'$ est ce que l'on nomme le *paramètre du diamètre* auquel la courbe est rapportée. En remarquant que

$a + \frac{p}{2}$ est la distance du foyer au point de la courbe dont l'abscisse est a, on en conclut :

Que le paramètre d'un diamètre quelconque est égal à quatre fois la distance du foyer à l'extrémité de ce diamètre.

368. L'équation de la parabole restant la même quand on rapporte cette courbe à ses diamètres ou à son axe, les propriétés indépendantes de l'angle des coordonnées sont communes à ces différents systèmes.

Donc : 1° Selon qu'un point sera situé sur la parabole, hors de la parabole ou dans la parabole, on aura

$$y^2 - 2p'x = 0, > 0 \text{ ou } < 0.$$

2° Les carrés des ordonnées sont entre eux comme les abscisses correspondantes.

3° En désignant par α le coefficient angulaire de la tangente, on a

$$\alpha = \frac{p}{y'} .$$

et l'équation de la tangente est

$$yy' = p\,(x+x').$$

La valeur de la sous-tangente est encore $2x'$, c'est-à-dire, qu'elle est toujours double de l'abscisse du point de contact.

5° Le diamètre mené au point de concours de deux tangentes passe par le milieu de la corde de contact.

369. Une droite étant donnée dans le plan d'une parabole, si l'on mène à la courbe une tangente parallèle à cette droite, et le diamètre passant par le point de contact, l'équation de la courbe sera

$$y^2 = 2p'x.$$

En menant d'un point quelconque (α, β) de la droite donnée, deux tangentes à la courbe, on aura pour déterminer les coordonnées du point de contact, les deux équations

$$y'^2 = 2px',$$
$$\beta y' = p\,(x'+\alpha).$$

La seconde indique que la droite qui a pour équation

$$\beta y = p\,(x+\alpha)$$

passe par les points de contact. L'hypothèse $y = 0$ dans cette équation donne

$$x = -\alpha.$$

Ce résultat étant indépendant de β, conduit pour la parabole au théorème déjà trouvé pour l'ellipse et pour l'hyperbole.

Donc,

en général, si de chaque point d'une droite donnée on mène des couples de tangentes à une courbe du second ordre, et qu'on mène chaque fois la ligne de contact, on aura des sécantes qui se rencontreront toutes au même point situé sur le diamètre conjugué des cordes parallèles à la droite donnée.

Réciproquement si par un point donné dans le plan d'une courbe du second ordre, on mène des sécantes, et que par les points où chaque sécante rencontre la courbe on mène deux tangentes, le lieu des points de rencontre de ces deux tangentes prises ainsi deux à deux sera une droite parallèle aux cordes que le diamètre passant par le point donné divise en deux parties égales.

370. La construction de la ligne de contact des deux tangentes menées à la parabole par un point extérieur c (α, β), peut être présentée d'une manière assez simple.

Si, dans l'équation de cette droite,

$$\beta y = p' (x + \alpha),$$

on fait $y = 0$, on a

$$x = -\alpha.$$

Nous prendrons donc $AP' = AP$ et P' sera le point où la corde de contact rencontre l'axe des x.

$x = 0$ donnera

$$y = p' \frac{\alpha}{\beta}$$

Pour construire cette valeur j'observe que, si dans l'équation de la tangente au point (x', y'), je fais $x = 0$, j'en tirerai $y = p. \frac{x'}{y'}$; donc si je prenais le point de contact (x', y') de manière que le rapport $\frac{x'}{y'}$ fût égal au rapport $\frac{\alpha}{\beta}$, la tangente en ce point (x', y')

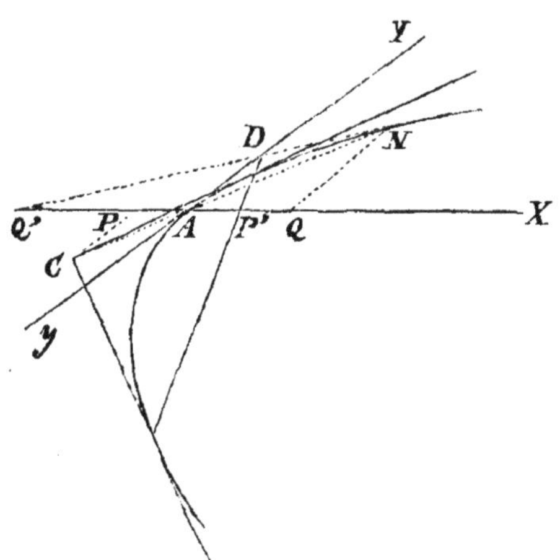

couperait l'axe des y au même point que la droite de contact. En conséquence je tire la droite CA qui rencontre la parabole au point N, je mène l'ordonnée NQ parallèle à l'axe des y et j'ai évidemment

$$\frac{AQ}{NQ} = \frac{AP}{CP},$$

ou, en représentant par x', y' les coordonnées du point N

$$\frac{x'}{y'} = \frac{\alpha}{\beta}.$$

Je prends donc AQ' = AQ, je joins Q'N et $AD = p' \frac{x'}{y'} = p' \frac{\alpha}{\beta}$. Il n'y a donc plus qu'à mener une droite indéfinie par les points P' et D, et à joindre les points où elle coupera la parabole avec le point C, on aura les deux tangentes à la courbe menées par le point (α, β).

AIRE D'UN SEGMENT PARABOLIQUE.

371. Nous nous proposons d'évaluer l'aire comprise entre un arc OB de parabole, le diamètre OX passant par l'une de ses extrémités, et l'ordonnée AB menée par l'autre extrémité parallèlement à la tangente OY au point O.

Rapportons la parabole aux axes OX et OY, son équation sera de la forme

$$y^2 = 2 p' x.$$

Imaginons que l'on ait inscrit dans l'arc OB un contour polygonal ; et que par chacun de ses sommets, tels que M, M', etc., on ait mené des parallèles aux axes : MP, MQ, M'P', M'Q', etc. Soient x, y et x', y' les coordonnées de deux sommets consécutifs. Nommons θ l'angle des axes, nous trouverons pour les aires T et t des trapèzes MPP'M' et MQQ'M'

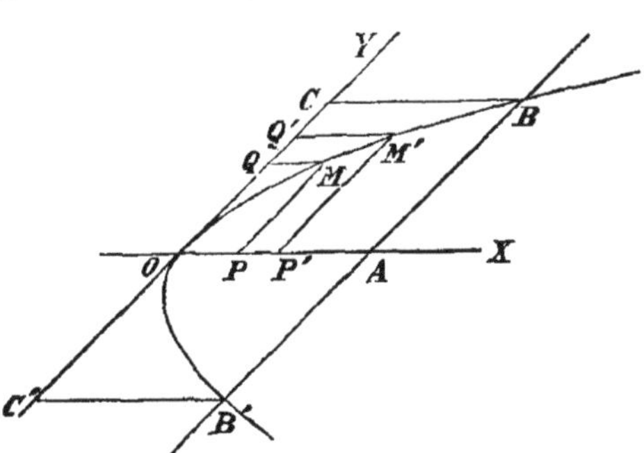

$$T = \tfrac{1}{2}(y + y)(x - x')\sin\theta,$$

et

$$t = \tfrac{1}{2}(x + x)'(y - y')\sin\theta,$$

d'où

$$\frac{T}{t} = \frac{y + y'}{x + x'} \cdot \frac{x - x'}{y - y'}.$$

Si l'on suppose que le nombre des côtés du contour augmente, et que les sommets se rapprochent indéfiniment, on aura

$$\lim \frac{T}{t} = \lim \frac{y + y'}{x + x'} \times \lim \frac{x - x'}{y - y'}.$$

or,

$$\lim \frac{y + y'}{x + x'} = \frac{y}{x}.$$

Pour trouver $\lim \dfrac{x - x'}{y - y'}$, j'observe que les points M et M' étant à la courbe, on a

$$y^2 = 2px \text{ et } y'^2 = 2px',$$

d'où

$$y^2 - y'^2 = 2p(x - x'), \text{ ou } \frac{x - x'}{y - y'} = \frac{y + y'}{2p},$$

et par suite

$$\lim \frac{x - x'}{y - y'} = \lim \frac{y + y'}{2p} = \frac{y}{p}.$$

Par conséquent

$$\lim \frac{T}{t} = \frac{y}{x} . \frac{y}{p} = \frac{y^2}{px} = 2.$$

Ce que l'on vient de dire des trapèzes MPP'M', MQQ'M', on peut le dire de tous les autres couples de trapèzes. Ainsi à la limite la somme des trapèzes intérieurs est double de celle des trapèzes extérieurs.

Or, à la limite la somme des trapèzes intérieurs devient le triangle mixtiligne OBA, et la somme des trapèzes extérieurs devient le triangle mixtiligne OCB, on a donc

$$OAB = 2\,OCB, \text{ d'où } OAB = \tfrac{2}{3}(OAB + OCB) = \tfrac{2}{3}\,OABC.$$

C'est-à-dire que

l'aire parabolique qu'il s'agissait d'évaluer est les $\tfrac{2}{3}$ de celle du parallélogramme OACB.

Remarques. I. Si x et y sont les coordonnées du point B, l'aire du parallélogramme OABC a pour expression $xy \sin\theta$. L'aire du segment parabolique OAB est donc égal à $\tfrac{2}{3}\,xy \sin\theta$.

II. Si le diamètre OX est l'axe de la parabole, la tangente OY lui sera perpendiculaire ; on aura $\sin\theta = 1$, et l'aire parabolique aura simplement pour expression $\frac{2}{3}xy$.

III. On prouve de même que l'aire parabolique OAB' est les $\frac{2}{3}$ du parallélogramme OAB'C'. Par conséquent l'aire du segment parabolique BOB' est les $\frac{2}{3}$ de l'aire du parallélogramme BB'CC' formé par la corde BB', la tangente CC' qui lui est parallèle et les droites BC et B'C' parallèles au diamètre.

Exercices.

372. Problème. Étant donnée l'équation $y^2 = 2p'x$, construire la courbe.

En comparant cette équation à l'équation $y^2 = 2px$, on voit que pour construire une parabole, connaissant un diamètre, le point où il coupe la courbe, le paramètre et l'inclinaison des cordes conjuguées au diamètre, il faut décrire une parabole sur le diamètre pris pour axe avec le paramètre donné, puis, conservant les mêmes abscisses, incliner les ordonnées de cette courbe sous l'angle connu.

On peut aussi déterminer le foyer et la directrice.

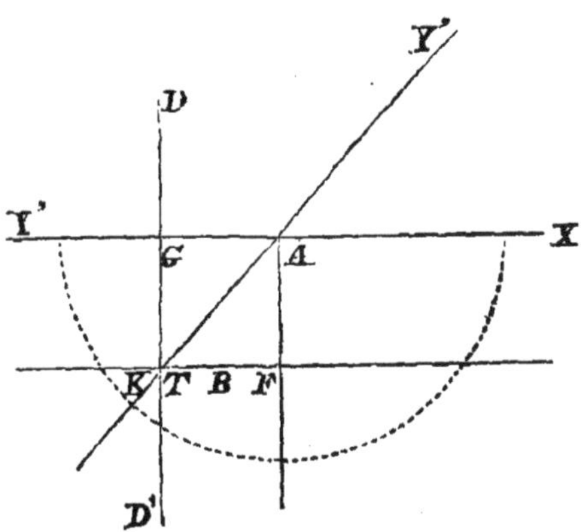

Soient AX'X le diamètre donné, A le point où il rencontre la courbe. On mène Y'AT sous l'inclinaison connue; cette ligne sera tangente à la parabole ; on fait l'angle TAF égal à l'angle TAX'; la ligne AF passera par le foyer. En prenant AF égal au quart du paramètre, le point F sera le foyer. Si l'on porte AF de A en G sur le prolongement AX' de AX, le point G appartiendra à la directrice ; donc DD' perpendiculaire sur XX' sera cette directrice, FK perpendiculaire à DD' sera l'axe de la courbe, le point B milieu de FK en sera le sommet, et la longueur FK sera la moitié du paramètre.

373. **Problème.** Étant donné un arc de parabole, déterminer par la géométrie l'axe, le foyer et le paramètre relatif à l'axe.

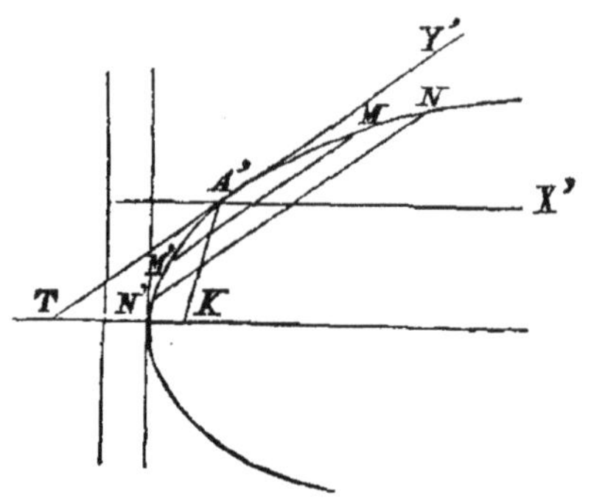

Soit NN' l'arc donné. Si l'on mène les cordes parallèles MM', NN', la droite A'X' qui joint leurs milieux, sera un diamètre de la courbe. La parallèle A'Y' à ces cordes sera une tangente. Alors si au point A' on fait l'angle KAT égal à Y'A'X, la ligne A'K passera par le foyer. En menant deux autres cordes parallèles, on aura un second diamètre, et on pourra trouver une autre droite passant par le foyer ; donc ce point sera déterminé.

En menant par le foyer une parallèle au diamètre, on aura l'axe; on trouvera la directrice comme dans le problème précédent ; le sommet sera au milieu de la distance du foyer à la directrice ; le double de cette distance sera le paramètre.

374. **Théorème.** Si des extrémités d'une corde de la parabole, on abaisse des perpendiculaires sur la tangente au sommet, leur moyenne proportionnelle est la distance du sommet au point de rencontre de la corde et de l'axe.

Supposons la parabole rapportée à son axe et à la tangente à son sommet. Soient (x', y'), (x'', y'') les coordonnées des extrémités de la corde.

L'équation de cette corde sera

$$y-y' = \frac{y'-y''}{x'-x''}(x-x').$$

Pour trouver l'abscisse du point où elle rencontre l'axe, il faut, dans cette équation, faire $y = 0$, ce qui donne

$$(1) \qquad x = x' - \frac{y'(x'-x'')}{y'-y''}.$$

Mais on a

$$y'^2 = 2px' \quad \text{et} \quad y''^2 = 2px''$$

d'où

$$\frac{x'-x''}{y'-y''} = \frac{y'+y''}{2p}.$$

Mettant cette valeur dans (1), on obtient

$$(2)\qquad x = x' - \frac{y'(y'+y'')}{2p} = \frac{2px' - y'^2 - y'y''}{2p} = -\frac{y'y''}{2p}.$$

Par conséquent

$$(3)\qquad x^2 = \frac{y'^2 y''^2}{4p^2} = \frac{y'^2}{2p}.\frac{y''^2}{2p} = x'.x''.$$

Or, x' et x'' sont les perpendiculaires abaissées des extrémités de la corde sur la tangente au sommet. Donc l'équation (3) démontre le théorème.

375. Théorème. Si l'on mène dans une parabole deux cordes quelconques perpendiculaires entre elles, CD et C'D', les distances IP et I'P' de leurs milieux à l'axe, ont pour moyenne géométrique la moitié du paramètre.

Soient x', y' les coordonnées du point C, x'', y'' celles du point D, et soit β l'ordonnée du point I, milieu de CD, on aura

$$\beta = \tfrac{1}{2}(y'+y'').$$

Si m est le coefficient angulaire de la corde CD, on a

$$m = \frac{y'-y''}{x'-x''}.$$

Multipliant ces relations terme à terme, on obtient

$$(1)\qquad \beta m = \tfrac{1}{2}\,\frac{y'^2 - y''^2}{x'-x''} = \tfrac{1}{2}\,\frac{2px' - 2px''}{x'-x''} = p.$$

Si β' est de même l'ordonnée du point I', milieu de la corde C'D', et m' le coefficient angulaire de cette corde, on aura pareillement

$$(2)\qquad \beta' m' = p.$$

Multipliant membre à membre les relations (1) et (2), on a

$$\beta\beta' mm' = p^2.$$

Or, les deux cordes étant perpendiculaires, on a $mm' = -1$; donc

$$\beta\beta' = -p^2.$$

Cette relation montre que les ordonnées β et β' sont de signes contraires. Si donc on a $\beta = \mathrm{IP}$, on aura $\beta' = -\mathrm{I'P'}$, par suite

$$\mathrm{IP}.\mathrm{I'P'} = p^2$$

ce qu'il s'agissait de démontrer.

376. Problème. Par un point pris sur l'axe d'une parabole, on mène des parallèles aux tangentes ; on demande le lieu des points M où chacune d'elles rencontre le rayon vecteur du point de contact correspondant.

Prenons pour origine le foyer. Il suffira, dans l'équation de la parabole, de remplacer x par $x+\frac{p}{2}$, ce qui ne changera pas le coefficient angulaire de la tangente où l'abscisse du point de contact n'entre pas. Soient donc x', y' les coordonnées du point de contact, et soit FP $= a$. Une parallèle à la tangente passant par le point P, aura pour équation

$$y = \frac{p}{y'}(x-a)$$

L'équation du rayon vecteur sera

$$y = \frac{y'}{x'}x,$$

et, pour exprimer que le point x', y' est sur la parabole, on aura

$$y'^2 = 2p(x' + \tfrac{1}{2}p).$$

En éliminant x', y' entre ces trois équations, on aura une relation entre x et y et des constantes, qui sera l'équation du lieu. On obtient ainsi

$$x^2 + y^2 = a^2,$$

équation du cercle décrit du foyer comme centre, avec FP comme rayon.

Remarques. I. Si au lieu de mener par le point P des parallèles aux tangentes, on menait des parallèles aux normales, et qu'on cherchât de même le lieu de leur rencontre avec le rayon vecteur, on trouverait le même cercle que ci-dessus.

II. Le cercle obtenu est indépendant du paramètre de la parabole ; par conséquent le lieu demandé restera le même, quel que soit le paramètre, pourvu que les paraboles aient même axe et même foyer.

377. Problème. — Par le foyer d'une parabole on mène des droites faisant avec les tangentes un angle constant, on demande le lieu du point de rencontre de chaque droite avec la tangente correspondante.

Je prends le foyer pour origine, l'axe de la parabole pour axe des x et l'axe des y perpendiculaire. Pour avoir l'équation d'une tangente quelconque, il suffira, dans l'équation ordinaire

$$y = mx + \frac{p}{2m},$$

de remplacer x par $x + \frac{p}{2}$, et l'on aura

$$(1) \qquad y = m\left(x + \frac{p}{2}\right) + \frac{p}{2m}.$$

L'équation d'une droite passant par le foyer sera

$$(2) \qquad y = m'x.$$

Soit t la tangente de l'angle constant que les deux droites doivent faire entre elles, on aura

$$(3) \qquad t = \frac{m - m'}{1 + mm'}.$$

En regardant les équations (1) et (2) comme simultanées, x et y seront les coordonnées du point commun aux deux droites. Donc si entre les équations (1), (2) et (3) on élimine m et m' il restera une équation entre x et y et des quantités constantes, qui sera l'équation du lieu. Pour faire ce calcul, j'élimine d'abord m' entre les équations (2) et (3) ; de l'équation résultante je tire la valeur de m que je porte dans l'équation (1), et j'obtiens

$$(x^2 + y^2) \left\{ 2t(y - tx) - p(1 + t^2) \right\} = 0.$$

Cette équation se partage en deux, savoir :

$$(x^2 + y^2) = 0 \text{ et } 2t(y - tx) - p(1 + t^2) = 0.$$

La première équation est satisfaite par $x = 0$ et $y = 0$, c'est l'origine des coordonnées, c'est-à-dire le foyer ; c'est évidemment une solution étrangère à la question. La seconde

$$2t(y - tx) - p(1 + t^2) = 0.$$

peut s'écrire

$$y = t\left(x + \frac{p}{2}\right) + \frac{p}{2t},$$

c'est l'équation d'une tangente à la parabole faisant avec l'axe des x un angle égal à l'angle constant dont la tangente est t.

Si t est infini, c'est-à-dire si les droites partant du foyer sont perpendiculaires sur les tangentes correspondantes, on aura, après avoir préalablement divisé par t,

$$x = -\frac{p}{2},$$

qui représente la tangente au sommet. On retrouve ainsi ce théorème :

que le lieu des pieds des perpendiculaires abaissées du foyer des paraboles sur les tangentes, est la tangente au sommet.

378. Trouver le lieu du sommet d'un angle constant circonscrit à la parabole.

Je rapporte la parabole à son axe et à la tangente à son sommet. Les deux côtés de l'angle étant des tangentes à la courbe, auront pour équations

$$(1) \qquad y = mx + \frac{p}{2m} \quad \text{et} \quad y = m'x + \frac{p}{2m'},$$

et si t est la tangente de l'angle constant, on devra avoir aussi

$$(2) \qquad t = \frac{m-m'}{1+mm'}.$$

En regardant les équations (1) comme simultanées, x et y représenteront les coordonnées du sommet de l'angle ; donc en éliminant m et m' entre les équations (1) et (2), on aura l'équation du lieu.

La première des équations (1) peut se mettre sous la forme

$$(3) \qquad m^2 - \frac{y}{x}\, m + \frac{p}{2x} = 0,$$

et la seconde étant traitée de la même manière donnerait une équation qui ne différerait de l'équation (3) qu'en ce que m serait remplacé par m'. On peut donc regarder m et m' comme les deux racines de l'équation (3), par suite, on aura

$$m - m' = \frac{\sqrt{y^2-2px}}{x} \quad \text{et} \quad mm' = \frac{p}{2x}.$$

Ces valeurs substituées dans l'équation (2) donnent

$$(4) \qquad y^2 - t^2x^2 - p\,(2+t^2)\,x - \frac{p^2t^2}{4} = 0,$$

C'est l'équation d'une hyperbole.

Les coordonnées du centre sont

$$y = 0 \quad \text{et} \quad x = -\frac{p(2+t^2)}{2t^2}.$$

En y transportant l'origine des coordonnées, on trouve

$$(5) \qquad y^2 - t^2x^2 + \frac{p^2(1+t^2)}{t^2} = 0.$$

Sous cette forme on voit que les équations des asymptotes sont

$$y = \pm tx$$

Si l'on désigne par a et b les demi-axes, on trouvera

$$a = \frac{p}{t^2}\sqrt{1+t^2}, \quad b = \frac{p}{t}\sqrt{1+t^2},$$

d'où

$$c = \sqrt{a^2+b^2} = \frac{p(1+t^2)}{t^2}.$$

Si de cette quantité on retranche la valeur absolue de la distance du centre de l'hyperbole à l'ancienne origine, on aura

$$\frac{p(1+t^2)}{t^2} - \frac{p(2+t^2)}{2t^2} = \frac{p}{2}.$$

Donc la distance du sommet de la parabole au foyer de droite de l'hyperbole $= \frac{p}{2}$, donc

le foyer de la parabole est un des foyers de l'hyperbole.

En divisant la valeur de a^2 par celle de c, on obtient $\frac{a^2}{c} = \frac{p}{t^2}$. En retranchant cette valeur de celle de $p.\frac{2+t^2}{2t^2}$ qui représente en valeur absolue la distance du centre de l'hyperbole au sommet de la parabole, on trouve pour reste $\frac{p}{2}$, donc

la directrice de la parabole est aussi une des directrices de l'hyperbole.

Si l'angle constant est droit, on a $t = \infty$; en divisant l'équation (4) par t^2, puis faisant t infini, on trouve

$$x^2 + px + \frac{p^2}{4} = 0, \text{ ou } \left(x + \frac{p}{2}\right)^2 = 0, \text{ d'où } x = -\frac{p}{2}.$$

C'est l'équation de la directrice. On retrouve ainsi ce théorème:

que le lieu du sommet d'un angle droit circonscrit à la parabole est la directrice.

Exercices.

279. 1. Le rectangle de deux ordonnées y_1, y_2 de la parabole $y^2 = 2px$, est égal à $\frac{p^2}{4}$, la différence de ces ordonnées est a ; trouver les valeurs de y_1 et y_2.

2. La tangente en un point quelconque de la parabole coupe la directrice et l'ordonnée focale prolongée, en deux points également distants du foyer.

3. Si deux paraboles égales ont un axe commun, une droite tangente à la parabole intérieure, et terminée à la parabole extérieure, sera divisée par le point de contact en deux parties égales.

4. Si du foyer d'une parabole on mène une perpendiculaire à son axe, et que l'on prenne à partir du foyer, sur cette perpendiculaire, deux distances égales, le trapèze formé en abaissant de ces points des perpendiculaires sur les tangentes est constant.

5. Si des différents points d'une tangente à une parabole, on mène une tangente et une droite au foyer, l'angle de ces deux droites est constamment égal à l'angle de la tangente primitive et du rayon vecteur mené à son point de contact.

6. Si des différents points d'une corde de contact de deux tangentes à une parabole, on mène deux parallèles aux deux tangentes, il en résulte un parallélogramme dont la seconde diagonale est toujours tangente à la parabole.

7. Les trois hauteurs du triangle formé par trois tangentes se coupent sur la directrice.

8. L'aire du triangle formé par trois tangentes est la moitié de celle du triangle qui a pour sommets les points de contact.

9. Trouver la valeur du rayon R du cercle circonscrit au triangle formé par trois tangentes à une parabole, en fonction des angles θ', θ'', θ''' que ces tangentes font avec l'axe.

10. Trouver l'angle φ compris entre les deux tangentes menées par le point x', y' à la parabole $y^2 = 4px$.

380. Les problèmes suivants se rapportent aux trois courbes du second degré.

1. La base d'un triangle est constante, ainsi que la somme des angles à la base ; trouver le lieu du sommet.

2. Trouver le lieu des sommets des triangles de même base et dont les angles à la base sont doubles l'un de l'autre.

3. Trouver le lieu des points tels que la somme des carrés de leurs distances aux trois sommets d'un triangle est une quantité constante.

4. Par un point fixe A, on mène des droites qui rencontrent l'axe des y en B et l'axe des x en C. Par les points B et C on mène des parallèles à deux directions données ; ces parallèles se rencontrent en des points M dont on demande le lieu.

5. Lieu des centres des cercles passant par un point donné et tangents à une droite donnée.

6. Lieu des centres des cercles tangents à deux circonférences données.

7. Par un point pris dans l'ellipse on mène des sécantes à celles-ci; trouver le lieu des points milieux des cordes interceptées.

8. Par l'extrémité A du grand axe d'une ellipse on mène une corde qui rencontre en B la circonférence de l'ellipse ; par le point B on mène une parallèle au premier axe, qui rencontre en C la tangente au point A ; on joint le point C à un point fixe P pris sur le grand axe, on demande le lieu du point de rencontre de cette dernière droite avec la corde correspondante. Discuter l'équation du lieu.

9. Déterminer la surface d'un triangle en fonction des coordonnées des trois sommets.

Examiner le cas particulier où l'un des sommets est à l'origine.

10. Etant données deux circonférences, on mène à l'une d'elles des tangentes qui coupent la seconde en deux points, par lesquels on mène à celle-ci des tangentes, qui se rencontrent généralement : quel est le lieu des points de rencontre de ces tangentes ?

Quelle est la condition nécessaire et suffisante pour que le lieu soit une parabole ?

Le lieu peut-il être un cercle ?

11. Etant données une ellipse et une hyperbole concentriques, ayant mêmes axes et dirigés dans le même sens, par tous les points de la première courbe on mène des tangentes, qui coupent généralement la seconde courbe en deux points ; par ces points on mène des tangentes à l'hyperbole, lesquelles se coupent deux à deux en un point dont on demande le lieu.

12. Trouver le lieu géométrique des sommets des parallélogrammes construits sur tous les diamètres conjugués de l'ellipse.

Prouver que les diagonales du parallélogramme construit sur deux diamètres conjugués de l'ellipse forment un système de diamètres conjugués.

13. Etant données deux paraboles égales, dirigées suivant le même axe et dans le même sens, si de tous les points de la parabole extérieure on mène à la parabole intérieure des sécantes perpendiculaires à l'axe, le produit de la sécante entière par la partie extérieure est constant ; déterminer ce produit.

14. Par le centre O d'une courbe du second degré, ellipse ou hyperbole, on mène des rayons OM à tous les points de la courbe, et des

perpendiculaires OP à chacun de ces rayons telles que l'on ait

$$\frac{1}{\overline{OM}^2} + \frac{1}{\overline{OP}^2} = \frac{1}{K^2},$$

K étant une quantité constante : quel est le lieu du point P.

15. Etant donné un point I et deux droites AB, AC, on mène par ce point des sécantes en nombre quelconque, telles que IQN, rencontrant en Q et en N les droites données, et sur ces sécantes on porte, à partir du point I, des longueurs IM égales à la partie QN de la sécante comprise entre les droites données Quel est le lieu géométrique du point M.

16. On donne un angle AOB, une droite fixe OU, et deux points fixes C et D sur cette droite. Par un point fixe F, on mène des transversales qui rencontrent les côtés de l'angle en K et K' ; on joint DK, CK' ; on demande le lieu du point de rencontre de ces deux dernières droites.

17 Etant donné un triangle ABA' (B est le sommet), par un point fixe O pris sur un côté AA', on mène une sécante mobile OCC'. On fait passer un premier cercle par les trois points O, A, C et un second cercle par les trois points O, A', C' ; trouver le lieu du point d'intersection M de ces deux cercles.

18. Etant donné un cercle et un point fixe P dans son intérieur, autour du point P on fait tourner un angle droit APB ; on joint par une droite les deux points A et B, où les côtés de l'angle droit rencontrent le cercle, et on abaisse du point P une perpendiculaire PM sur la droite AB ; trouver le lieu du point M de la perpendiculaire.

19. On divise les petits côtés d'un triangle rectangle ABC (B est le sommet de l'angle droit), de manière que l'on ait $\frac{AC'}{BC'} = \frac{CB'}{BB'}$, on tire CC', AB' qui se rencontrent en M, lieu du point M.

20. Sur une base donnée AB on construit des triangles ABM, tels qu'en abaissant de A et de B sur les côtés AM et BM des perpendiculaires AC, BD qui se coupent en N, on ait

$$\text{surf. } ABM + \text{surf. } ABN = K^2 ;$$

on demande le lieu du point N.

20. On donne une droite xx', un point fixe O sur cette droite, et deux points fixes A et B également sur la droite. On mène des cercles tangentes en O à xx', puis par les points A et B, on mène des tangentes à ces cercles ; ces tangentes se rencontrent en des points dont on demande le lieu.

Discuter l'équation du lieu.

21. Lieu des centres des cercles de même rayon et tangents à une droite donnée.

22 Trouver le lieu des points d'intersection des perpendiculaires abaissées des extrémités du grand axe de l'ellipse sur deux cordes supplémentaires passant par les extrémités de cet axe.

23. Soit un cercle C et un point O pris dans son plan ; par ce point on mène une droite OB qui se termine au cercle ; puis on mène OM de manière que BOM soit égal à un angle donné θ, et l'on prend OM de telle sorte que $\frac{OB}{OM} = p$. On demande le lieu du point M.

24. Un angle droit MAT et une droite BMT se meuvent, l'angle autour de son sommet A et la droite autour du point B, de manière que le côté AT de l'angle et la droite BMT se coupent constamment sur une directrice donnée LT, perpendiculaire à la direction AB ; l'autre côté AM de l'angle rencontre la droite BMT en un point M dont on demande le lieu.

25. On donne une ellipse et un angle BAC dont le sommet est placé à l'un des sommets de l'ellipse ; les côtés AB, AC de l'angle coupent l'ellipse aux points B et C ; par le point B et par le centre de l'ellipse on mène une droite qui rencontre en M le côté AC de l'angle. On demande le lieu du point M, lorsque l'angle se meut autour de son sommet, dans le plan de l'ellipse.

Discuter l'équation du lieu :

1° lorsque l'angle BAC $= 90°$;

2° lorsque cet angle est nul.

26. Etant donnée une ellipse O et un point P sur le grand axe ; par le centre on mène des diamètres tels que DOD', et par le point P des sécantes PMQ, qui rencontrent le diamètre en M et la courbe en Q, de telle sorte que l'on ait PM = MQ ; quel est le lieu du point M ?

Au lieu de la relation PM = MQ, si l'on donnait la relation MP = PQ ; quel serait le lieu du point M ?

27. Etant donné un losange ABCD dans lequel BD est égal à chaque côté, on mène par le sommet C une droite PQ qui rencontre en P et Q respectivement les côtés AB, AD. Enfin on mène les droites PD, QB qui se coupent en M ; trouver le lieu du point M quand la droite PQ tourne autour du sommet C.

28. Par un point fixe P on mène des droites PAB qui rencontrent en A et B les deux côtés d'un angle donné ; puis on prend sur la partie interceptée par les deux côtés de l'angle un point M, tel que l'on ait $\frac{AM}{MB} = \frac{m}{n}$; on demande le lieu du point M.

29. Du centre d'une hyperbole on mène des perpendiculaires sur les tangentes à la courbe ; on demande le lieu des points de rencontre de ces perpendiculaires avec les ordonnées correspondantes des points de contact.

30. Etant donné un angle XOY, deux points A et A' en ligne droite avec son sommet, et un point fixe B. Si l'on mène BCC' quelconque qui coupe en C et C' les côtés de l'angle, et que l'on mène AC, A'C', ces dernières droites se couperont en des points dont on demande le lieu.

30. Soit dans le plan d'une ellipse une droite TS ; par le centre de l'ellipse on mène le diamètre ACB conjugué à la direction de la droite et qui va la couper au point O. On prolonge OC d'une longueur OM telle, que le rectangle OC. CM $= \overline{CA}^2$; on suppose que la droite TS se meuve de manière à rester toujours tangente à un cercle donné, et on demande le lieu décrit par le point M.

31. Etant donné un triangle ABC et deux points fixes P et Q sur la base AB, on mène par ces points deux droites rencontrant respectivement les côtés CA, CB, en deux points a et b, variables de telle manière qu'on ait la relation $p\,\frac{Ca}{Aa} + q\,\frac{Cb}{Bb} = 1$; (p et q étant des constantes) trouver le lieu du point M de rencontre des deux droites Pa, Qb.

32. Inscrire dans un parallélogramme donné une ellipse tangente à une droite donnée.

33. Du sommet d'un angle droit BAC on mène des droites quelconques, puis des perpendiculaires BP, CQ, sur ces droites ; on demande le lieu des points M pour lesquels $\overline{AM}^2 = AP.\ AQ$.

34. Inscrire dans un triangle donné une ellipse qui touche les trois côtés en leurs milieux.

35. Démontrer que la somme des carrés des inverses des distances du centre à deux tangentes conjuguées quelconques est une quantité constante.

36. Les côtés d'un angle tournent respectivement autour de deux points fixes A et B, de manière qu'ils interceptent sur une droite donnée OX un segment de grandeur donnée. Quel lieu décrit le sommet de l'angle ?

37. Une circonférence est donnée ainsi qu'un point fixe A ; de ce point on mène deux droites AD, AE assujetties, l'une à couper la circonférence et à faire entre elles un angle constant dont la tangente est connue ; et enfin le rapport $\frac{AE}{AD} = \frac{p}{q}$ est aussi connu. L'extrémité du premier rayon vecteur décrivant la circonférence, on demande la courbe que décrit le point E.

38. On donne une parabole et une circonférence. A la première courbe on mène des tangentes qui rencontrent la seconde en des points A et B. Par ces points on mène des tangentes à la circonférence. Chercher le lieu des points de rencontre de ces tangentes.

39. D'un point B, pris sur le côté OX d'un angle YOX donné et quelconque, on mène une tangente aux cercles inscrits dans cet angle ; on demande le lieu des points de contact de ces tangentes.

40. Des extrémités M, M′ d'une corde MFM′ passant par le foyer d'une parabole, on abaisse des perpendiculaires MP, M′P′ sur une

droite fixe située dans le plan de la parabole; démontrer que la somme $\frac{MP}{MF} + \frac{M'P'}{M'F'}$ est constante.

41. A une suite d'ellipses ayant leurs foyers communs F, F', on mène des tangentes parallèles à une droite donnée ; trouver le lieu des points de contact.

42. On donne une ellipse ou une hyperbole dont AB est l'axe focal, et un foyer F. Par le sommet A le plus voisin de ce foyer, on mène une droite quelconque qui rencontre la courbe au point C, et on la prolonge d'une quantité CD, telle que le rapport $\frac{AD}{AC}$ soit constamment égal à un rapport donné $\frac{m}{n}$, puis on tire les droites BC et FD qui se rencontrent au point E. Cela posé, on demande la courbe que décrit le point E quand la droite AD prend toutes les positions possibles autour du sommet A.

On examinera comment il conviendrait de modifier l'énoncé du problème dans le cas où la courbe donnée serait une parabole ayant son sommet en A et son foyer en E. Que deviendrait l'équation du lieu géométrique ?

Solution. La courbe décrite par le sommet E est une ellipse si la courbe primitive est une ellipse, et une hyperbole dans le cas de l'hyperbole. Elle a son centre sur l'axe AB et elle passe au point B.

Si la courbe donnée est une parabole, le lieu du point E est une parabole.

43. Par un point fixe O, pris dans le plan d'une ellipse, on mène arbitrairement une droite Omm' et un diamètre aa' parallèle à cette sécante ; puis on prend sur la sécante un point M tel qu'on ait $OM = \frac{\overline{aa'}^2}{mm'}$; on demande le lieu géométrique du point M ; mm' est la corde.

Solution. Le lieu géométrique est une courbe du second degré.

44. Etant donné un cercle et un point dans son intérieur, on suppose que sur chacun des diamètres de ce cercle, on décrive une ellipse qui ait ce diamètre pour grand axe et qui passe par le point donné ; on demande : 1° l'équation générale de ces ellipses ; 2° le lieu de leurs foyers ; 3° le lieu des extrémités de leurs petits axes.

Solution. 2° Le lieu des foyers est une ellipse.

45. Étant donnés une ellipse et un point A sur sa circonférence, on décrit un cercle tangent à la courbe en ce point, et l'on mène au cercle et à l'ellipse les deux tangentes communes, autres que celle qui toucherait les deux courbes au point A.

On demande quel est le lieu du point d'intersection de ces tangentes, quand on fait varier le rayon du cercle.

Solution. Le lieu est une hyberbole homofocale qui passe par le point A.

Remarque. Si la courbe donnée était une parabole ou une hyperbole, le lieu cherché serait une parabole ou une ellipse.

46. Une corde dans une conique étant vue du foyer sous un angle constant, trouver le lieu géométrique des points d'intersection des tangentes menées par les extrémités de la corde.

Solution. Si la courbe est une ellipse, le lieu peut être une ellipse, une parabole ou une hyperbole ayant un foyer et la directrice correspondante communs avec l'ellipse.

47. Trouver le lieu des sommets des parallélogrammes circonscrits à l'ellipse et construits sur un système de diamètres conjugués.

Lieu des milieux des cordes de contact de ces parallélogrammes.

48. Trouver le lieu des projections du sommet d'une parabole sur ses tangentes.

49. Des projections du foyer d'une parabole sur les normales.

50. Des projections du sommet d'une parabole sur les normales.

51. Des points par lesquels on peut mener deux normales à une parabole donnée.

52. Sur les deux côtés OX, OY d'un angle droit, on prend respectivement les distances $OB = a$, $OA = b$ déterminées. On fait en B avec OX un angle quelconque MBX, et en A avec OY un angle YAM double de MBX. Trouver le lieu des points M lorsqu'on fait varier l'angle MBX.

53. On mène une corde MM′ perpendiculaire au grand axe AA′ d'une ellipse. Les droites AM′, A′M se coupent en N. On projette N en P sur le grand axe. Montrer que MP est la tangente en M et trouver le lieu du point N quand M varie.

54. Lieu des points d'où les pieds des perpendiculaires abaissées sur les trois côtés d'un triangle donné, sont en ligne droite.

55. Une ellipse et une parabole sont placées de manière que le grand axe de l'ellipse soit dirigé suivant l'axe de la parabole, et le foyer de la parabole placé au même point que l'un des foyers de l'ellipse, les directrices de l'ellipse et de la parabole correspondantes au foyer commun étant placées de part et d'autres de ce point : démontrer que si l'on mène du foyer commun F aux deux extrémités M et M′ d'un diamètre de l'ellipse les rayons vecteurs FM et FM′, qui rencontrent respectivement en N et N′ la parabole, la somme

$$\frac{FM}{FN} + \frac{FM'}{FN'} = \frac{2(a + c)}{p},$$

a étant le demi-grand axe de l'ellipse, c la moitié de la distance focale et p le demi-paramètre de la parabole.

CHAPITRE XVI.

DU NOMBRE DE POINTS DÉTERMINANT UNE COURBE DU SECOND DEGRÉ.

381. Reprenons l'équation générale du second degré

$$(1) \qquad Ay^2 + Bxy + Cx^2 + Dy + Ex + F = 0.$$

On peut diviser tous les coefficients de cette équation par l'un d'entre eux ; il n'y a donc que cinq paramètres ou coefficients à déterminer ; donc, généralement, il faut cinq conditions pour déterminer une courbe du second degré.

Quand il s'agit d'une parabole, quatre conditions suffisent parce qu'on a entre les coefficients de l'équation (1) la relation

$$B^2 - 4\,AC = 0.$$

Assujettir une courbe à passer par un point, équivaut à une relation, que l'on obtient en exprimant que les coordonnées de ce point vérifient l'équation de la courbe. Cinq points donneront donc cinq équations de condition, par conséquent détermineront la courbe.

La connaissance du centre donne deux conditions, car si on met les coordonnées connues de ce point à la place de a et de b dans les équations

$$2\,Ab + Ba + D = 0,$$

$$Bb + 2\,Ca + E = 0,$$

qui détermineront le centre, on aura deux relations entre les paramètres de l'équation (1).

Le foyer équivaut aussi à deux conditions; car si entre les cinq équations qui résultent de l'identification de l'équation focale des courbes du second ordre avec l'équation (1), on élimine les quantités m, n et t, on aura deux équations de condition entre les coefficients à calculer et les quantités connues α et β qui déterminent le foyer.

La connaissance de la directrice équivaut aussi à deux conditions ; car si la directrice est connue ; on donne les rapports $\frac{m}{n}$ et $\frac{t}{n}$ de l'équation $mx + ny + t = 0$, qui détermine cette droite; donc en éliminant α, β et n entre les cinq relations dont il vient d'être parlé, on aura encore deux équations de condition entre les coefficients indéterminées de l'équation (1).

Un sommet de la courbe équivaut également à deux points; car, d'une part le sommet est un point de la courbe, ce qui donne une première équation de condition ; et d'autre part, comme il est situé sur la perpendiculaire abaissée du foyer sur la directrice, c'est-à-dire sur l'axe principal de la courbe, ses coordonnées satisfont à l'équation

$$\frac{x-\alpha}{m}=\frac{y-\beta}{n},$$

ce qui donne une seconde équation de condition.

Si le rapport des distances de chaque point de la courbe au foyer et à la directrice est une quantité donnée K, on posera

$$m^2+n^2=K^2,$$

et en éliminant α, β, m, n et t entre les cinq mêmes relations, on aura une équation de condition entre les coefficients de l'équation (I),

Donner une tangente, c'est établir une condition. En effet, soit $y=mx+p$ l'équation de cette tangente ; si l'on remplace dans l'équation (1) y par $mx+p$, l'équation résultante

$$(Am^2+Bm+C)\,x^2+(2Amp+Bp+Dm+E)\,x+Ap^2+Dp+F=0$$

devra donner pour x deux valeurs égales et de même signe ; cette équation sera donc un carré parfait, ce qui entraîne la condition unique

$$(2Am+Bp+Dm+E)^2-4\,(Am^2+Bm+C)\,(Ap^2+Dp+F)=0.$$

On peut donc déterminer une courbe du second degré soit par cinq tangentes, soit par quatre tangentes et un point, soit par trois tangentes et deux points, etc.

Donner une tangente et son point de contact, c'est donner deux conditions. En effet, prenons la tangente pour axe des y et soit y' l'ordonnée du point de contact. Si l'on fait $x=0$ dans l'équation (1), on a

$$Ay^2+Dy+F=0.$$

La condition du contact donne

$$D^2-4\,AF=0.$$

et parce que l'ordonnée du point de contact est y', on a encore

$$y'=-\frac{D}{2A}.$$

Donc deux équations de condition.

Donner une asymptote d'une hyperbole, c'est aussi donner deux conditions ; car en substituant les valeurs connues de c et de d dans les équations

$$Ac^2 + Bc + C + 0, \quad d = -\frac{Dc + E}{2Ac + B},$$

on a encore deux équations entre les coefficients de l'équation (1). On arrive au même résultat en portant la valeur de y, tirée de l'équation de la droite donnée dans l'équation de la courbe, et en exprimant que les racines de l'équation résultante sont infinies.

L'équation la plus générale du cercle

$$y^2 + x^2 + 2xy \cos\theta + ay + bx + c = 0,$$

ne renfermant que trois paramètres, trois conditions seulement sont nécessaires pour déterminer un cercle.

Il faut examiner avec soin les conditions données, afin de ne pas s'exposer à compter deux fois la même. Ainsi quand on donne à la fois le centre et l'asymptote, on n'a que trois conditions, parce que l'asymptote passant par le centre, une seule constante détermine sa position.

382. On peut quelquefois écrire l'équation d'une courbe sous une forme telle qu'on reconnaisse que la courbe satisfait à une ou plusieurs conditions géométriques. C'est ainsi qu'en écrivant l'équation générale du second degré sous la forme

$$(x - \alpha)^2 + (y - \beta)^2 = (mx + ny + t)^2,$$

on exprime par cela même, que les courbes qu'elles représentent ont toutes le point (α, β) pour foyer, et la droite $mx + ny + t = 0$ pour directrice.

383. Pour exprimer que le point (a, b) est un centre, on écrira l'équation de la courbe sous la forme

$$A(y - b)^2 + B(x - a)(y - b) + C(x - a)^2 + F = 0.$$

384. On exprimera que la droite (1) $y = mx + p$ est tangente à une courbe, en écrivant l'équation de la courbe sous la forme

(2) $$(Ay + Bx + C)^2 + \lambda(y - mx - p) = 0.$$

En effet le système des équations (1) et (2) peut être évidemment remplacé par un autre composé de la première et de la suivante

(3) $$Ay + Bx + C = 0.$$

Mais les équations (1) et (3), étant du premier degré, n'ont qu'une solution commune. Donc il en est de même des équations (1) et (2). Donc la droite (1) n'a qu'un seul point commun avec la courbe (2) ; donc c'est une tangente.

385. Pour exprimer qu'une droite donnée est asymptote d'un courbe, si on est maître de choisir les axes, on pourra prendre pour axe des x la droite donnée et écrire l'équation sous la forme

$$y^2 + axy + by + c = 0,$$

qui donne $y = 0$ pour $x = \infty$, et qui représente par conséquent toutes les hyperboles qui ont l'axe des x pour asymptote.

386. On a vu (n° 159) que l'équation générale des courbes du second degré qui passent par quatre points donnés A, B, C, D, peut se mettre sous la forme

$$xy + \lambda\left(\frac{x}{x'} + \frac{y}{y'} - 1\right)\left(\frac{x}{x''} + \frac{y}{y''} - 1\right) = 0,$$

dans laquelle λ désigne une constante arbitraire. Les deux parenthèses égalées à zéro sont les équations des sécantes AC, BD.

Lorsque les points A et B se confondent de même que les points C et D, la courbe devient tangente aux deux axes coordonnés, et son équation se réduit à

$$xy + \lambda\left(\frac{x}{x'} + \frac{y}{y'} - 1\right)^2 = 0.$$

La parenthèse égalée à zéro donne l'équation de la ligne de contact des deux tangentes issues de l'origine ou de la *polaire* de l'origine.

Nous allons essayer d'éclaircir ce qui précède par la résolution des problèmes suivants :

387. Problème I. Trouver une courbe du second degré qui passe par trois points donnés M, M', M'' et qui ait pour foyer un point donné F.

Prenons pour origine le foyer F et désignons par

$$x', y' \,;\, x'', y'' \,;\, x''', y'''$$

les coordonnées des points M, M', M''.

L'équation de la courbe sera de la forme

$$(1) \qquad (mx + ny + t)^2 = x^2 + y^2.$$

Pour déterminer les coefficients inconnus m, n et t, on aura à résoudre les trois équations

$$(2)\qquad \begin{aligned} mx' + ny' + t &= \pm \rho' \\ mx'' + ny'' + t &= \pm \rho'' \\ mx''' + ny''' + t &= \pm \rho''' \end{aligned}$$

qui expriment que la courbe passe par les trois points donnés.

Les signes des seconds membres peuvent être combinés de huit manières différentes, ce qui semble d'abord indiquer huit solutions ; mais il est facile de prouver qu'il n'y en a que quatre de distinctes.

En effet, si après avoir pris les seconds membres des équations (2) avec certains signes, on vient à les prendre avec des signes opposés, on obtiendra un second système qui donnera pour m, n et t les valeurs qui satisfaisaient au premier, changées de signes. Or l'équation (1) ne change pas quand on y change à la fois m en $-m$, n en $-n$ et t en $-t$. On obtiendra donc la même solution dans les deux cas.

Cela posé, on n'aura donc à examiner que les quatre cas suivants : 1° on prend ρ', ρ'' et ρ''' avec le signe $+$.

Dans ce cas, les coordonnées des points M, M', M'' substituées dans le premier membre de l'équation

$$mx + ny + t = 0$$

qui représente la directrice, donnent des résultats de même signe ; les trois points donnés sont donc du même côté de la directrice ; et alors :

Si l'on a $t > 0$, les trois points donnés et le foyer sont du même côté de la directrice ; la courbe peut être un ellipse, un hyperbole ou un parabole.

Si l'on a $t < 0$, les trois points donnés et le foyer sont de part et d'autre de la directrice ; la courbe ne peut être qu'une hyperbole.

2° On prend $\quad + \rho', + \rho'', - \rho'''$;
3° $\quad + \rho', - \rho'', + \rho'''$;
4° $\quad + \rho', - \rho'', - \rho'''$.

Dans chacun de ces trois derniers cas, il y aura toujours deux points d'un côté de la directrice et le troisième de l'autre côté, ce qui ne peut convenir qu'à une hyperbole.

Ainsi le problème admet en général quatre solutions, parmi lesquelles se trouvent au moins trois hyperboles.

Remarque. Ce problème a une grande importance en astronomie, où il sert à déterminer la trajectoire d'une planète, lorsqu'on connaît trois positions de l'astre. Il n'admet alors qu'une solution parce qu'on sait que les planètes se meuvent dans des ellipses dont le soleil occupe un foyer.

388. Problème II. Connaissant pour une parabole deux tangentes, et leurs points de contact, trouver l'équation de la courbe.

Nous prendrons les deux tangentes pour axes des coordonnées.

L'équation de la parabole sera de la forme

$$(1)\qquad y^2 + 2axy + a^2x^2 + by + cx + d = 0,$$

puisque les trois premiers termes forment un carré parfait, et qu'on peut réduire à l'unité le coefficient de y^2. Désignons par x' l'abscisse du point de contact avec l'axe des x, et par y' l'ordonnée du point de contact avec l'axe des y. En faisant $y = 0$ dans l'équation (1), on aura

$$a^2x^2 + cx + d = 0,$$

dont les racines doivent être égales à x', ce qui donne

$$(2)\qquad c^2 - 4a^2d = 0$$

$$(3)\qquad x' = -\frac{c}{2a^2}.$$

Si l'on fait $x = 0$, l'équation résultante

$$y^2 + by + d = 0$$

aura ses racines égales à y', et l'on aura

$$(4)\qquad b^2 - 4d = 0$$

$$(5)\qquad y' = -\frac{b}{2}.$$

Les équations (5) et (4) donnent

$$b = -2y', \quad d = y'^2 ;$$

On tire ensuite de (2) et (3)

$$c = -\frac{2y'^2}{x'}, \quad a^2 = \frac{y'^2}{x'^2} :$$

d'où

$$a = \pm \frac{y'}{x'}.$$

En substituant ces valeurs dans l'équation (1) on arrive aux équations

$$(6) \qquad y^2 + 2\frac{y'}{x'}xy + \frac{y'^2}{x'^2}x^2 - 2y'y - \frac{2y'^2}{x'}x + y'^2 = 0$$

$$(7) \qquad y^2 - \frac{2y'}{x'}xy + \frac{y'^2}{x'^2}x^2 - 2y'y - \frac{2y'^2}{x'}x + y'^2 = 0.$$

Le premier membre de l'équation (6) est égal à

$$\left(y + \frac{y'}{x'}x - y'\right)^2;$$

par conséquent cette équation représente une ligne droite. L'équation (7) est celle de la parabole tangente aux deux droites données.

Applications.

1. Construire une ellipse, connaissant le foyer, un sommet et une tangente.

2. Construire une ellipse connaissant deux tangentes, un foyer et un point.

3. Construire une ellipse, connaissant le centre, un point, la tangente en ce point et la longueur du grand axe.

4. Décrire une ellipse dont on connaît le foyer, un sommet et un point. Trouver l'équation de cette ellipse.

5. Construire une ellipse connaissant un foyer et trois points. — L'inconnue est la directrice.

6. Construire une ellipse connaissant un foyer, deux points et la tangente en l'un deux.

7. Trouver l'équation d'une ellipse, connaissant le centre, les longueurs et les directions des axes.

8. Equation de l'ellipse en fonction du rayon issu du centre et de l'angle qu'il fait avec la tangente.

9. Construire une ellipse connaissant le centre, une directrice et un point.

10. Construire une ellipse, connaissant une directrice et trois points.

11. Construire une ellipse connaissant le centre et trois points.

12. Construire une ellipse connaissant un foyer, la directrice correspondante et une tangente.

13. Construire une ellipse, connaissant le centre, deux tangentes et le point de contact de l'une d'elles.

14. Construire une ellipse, connaissant le centre et trois tangentes.

15. Construire une ellipse, connaissant le centre, deux points et une tangente.

16. Construire une hyberbole, connaissant une asymptote et trois points.

17. Construire une hyperbole, connaissant une asymptote, le centre et deux points.

18. Construire une hyperbole, connaissant une asymptote, une tangente et un foyer.

19. Construire une hyperbole, connaissant une asymptote, un sommet et un point.

20. Construire une hyperbole, connaissant une asymptote, une directrice et la longueur de l'axe transverse.

21. Construire une hyperbole, connaissant une asymptote, un foyer et un point.

22. Construire une hyperbole, connaissant une directrice, deux points et la direction d'un asymptote.

23. Construire une hyperbole, connaissant un sommet, une asymptote et l'excentricité.

24. Construire une hyperbole, connaissant une asymptote, une directrice et l'excentricité.

25. Construire une hyperbole, connaissant une asymptote, une directrice et une tangente.

26. Construire une parabole, connaissant le foyer et deux tangentes.

27. Construire une parabole, connaissant le foyer, une tangente et la direction de l'axe.

28 Construire une parabole, connaissant la directrice et deux tangentes.

29. Construire une parabole, connaissant un point, une tangente et le foyer.

30. Construire une parabole, connaissant le foyer, une tangente et son point de contact.

31. Construire une parabole, connaissant une tangente, son point de contact et le sommet.

32. Construire une parabole, connaissant trois tangentes et la direction des diamètres.

33. Construire une parabole, connaissant deux points, la tangente en l'un d'eux et la direction de l'axe.

34. Construire une parabole, connaissant quatre tangentes.

35. Construire une parabole, connaissant son foyer, son paramètre et un de ses points. — Chercher l'équation de cette parabole.

36. Décrire une parabole, connaissant son sommet, son paramètre et un de ses points.

La distance d'un point de la courbe au sommet est moyenne proportionnelle entre sa projection sur l'axe et cette même projection augmentée du paramètre.

389. Lorsque les conditions géométriques imposées à la courbe sont au nombre de quatre seulement, il existe une infinité de courbes satisfaisant à ces conditions, et alors on peut se proposer de trouver le lieu géométrique de l'un quelconque des points remarquables de toutes ces courbes, ou le lieu de tout autre point convenablement défini. Par exemple, si l'on assujettit une parabole à passer par un point donné et à avoir une ligne donnée pour directrice, comme ces conditions n'équivalent qu'à trois relations entre les coefficients de son équation, il y aura une infinité de paraboles passant par ce même point et ayant cette même droite pour directrice, et on pourra se proposer de trouver le lieu des sommets, des foyers, etc., de toutes ces paraboles.

Pour résoudre les problèmes de cette espèce, on commence par introduire les conditions données dans l'équation de la courbe : cela fait, les coefficients de cette équation sont déterminés, à l'exception d'un seul qui demeure arbitraire et qui entre dans les équations qui déterminent les coordonnées du point dont on veut avoir le lieu ; il ne reste plus qu'à éliminer ce coefficient arbitraire entre ces équations pour avoir l'équation du lieu.

390. Exemple I. Trouver le lieu des centres de toutes les coniques passant par quatre points donnés.

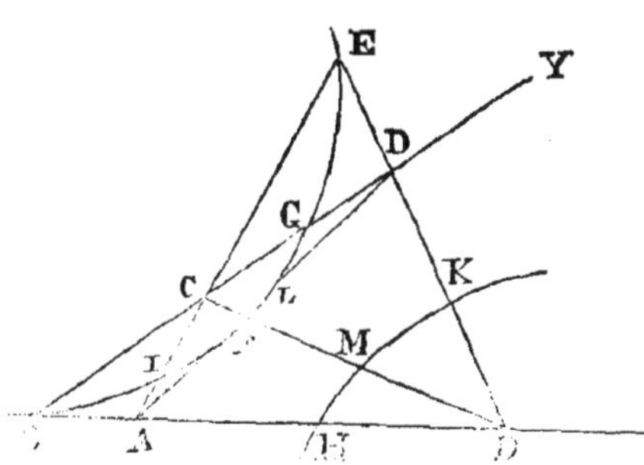

Prenons pour axes les côtés opposés du quadrilatère formé par les quatre points, et désignons par x', x'', y', y'' les distances OA, OB, OC, OD. L'équation de la courbe sera de la forme

$$(1) \qquad Ay^2 + Bxy + Cx^2 + Dy + Ex + 1 = 0.$$

Si l'on fait $y = 0$, on obtient l'équation

$$Cx^2 + Ex + 1 = 0$$

dont les racines sont x' et x'', on a donc identiquement

$$Cx^2 + Ex + 1 = C(x - x')(x - x'')$$

d'où

$$C = \frac{1}{x'x''}.$$

On aura de même

$$Ay^2 + Dy + 1 = A(y-y')(y-y'')$$

et

$$A = \frac{1}{y'y''}.$$

Au moyen de ces relations l'équation (1) devient

$$\frac{1}{y'y''}(y-y')(y-y'') + \frac{1}{x'x''}(x-x')(x-x'') + Bxy - 1 = 0.$$

En chassant les dénominateurs, et en représentant par λ le produit $Bx'y'x''y''$, on a

$$(2)\quad x'x''(y-y')(y-y'') + y'y''(x-x')(x-x'') + \lambda xy - x'y'x''x'' = 0.$$

C'est l'équation générale des coniques passant par les quatre points donnés.

En appliquant à l'équation la règle ordinaire, nous aurons pour les équations du centre

$$(3)\qquad \lambda y + y'y''(2x-x'-x'') = 0$$

$$(4)\qquad \lambda x + x'x''(2y-y'-y'') = 0.$$

Quand on aura donné une valeur arbitraire au paramètre λ, les équations (3) et (4) détermineront les coordonnées du centre de la courbe correspondante. Par conséquent, pour trouver l'équation du lieu cherché, il suffit d'éliminer λ entre ces deux équations, on trouve ainsi

$$(5)\qquad y'y''(2x-x'-x'')x - x'x''(2y-y'-y'')y = 0.$$

Le lieu est donc une courbe du second degré. On reconnaît aisément, en discutant l'équation (5) que cette courbe passe : 1° par les points de concours O, E, F des droites qui joignent deux à deux les quatre points donnés; 2° par les milieux G, H, I, K, L, M de ces dernières droites.

En outre le centre a pour coordonnées

$$x = \frac{x'+x''}{4}, \qquad y = \frac{y'+y''}{4}$$

et, par conséquent,

le centre est situé au milieu commun des droites GH, IK,

LM qui joignent les milieux des côtés opposés ou les milieux des diagonales du quadrilatère ABCD formé par les quatre points donnés, etc.

EXEMPLE II. Rechercher l'équation du lieu des centres des hyperboles équilatères qui ont un point commun, une tangente commune avec le point de contact donné sur la tangente.

Je prends pour axe des y la tangente, pour origine le point O de contact, et pour axe des x la perpendiculaire menée à la tangente par le point de contact. J'appelle p et q les coordonnées du point donné M.

Puisque l'hyperbole est équilatère et que les axes des coordonnées sont rectangulaires, le produit des racines de l'équation

$$\mathrm{A}c^2 + \mathrm{B}c + \mathrm{C} = 0,$$

qui détermine la direction des asymptotes doit être égal à -1; donc $\mathrm{C} = -1$. De plus la courbe passe par l'origine, donc $\mathrm{F} = 0$, et comme elle est tangente en ce point à l'axe des y, il faudra qu'en faisant $x = 0$, on ait $y^2 = 0$; ce qui exige que D soit nul. Donc l'hyperbole équilatère satisfaisant à toutes ces conditions aura pour équation

$$\mathrm{A}y^2 + \mathrm{B}xy - \mathrm{A}x^2 + \mathrm{E}x = 0,$$

ou

$$y^2 + \mathrm{B}xy - x^2 + \mathrm{E}x = 0, \tag{1}$$

parce qu'il est toujours permis de supposer égal à l'unité l'un des six coefficients qui entrent dans l'équation générale.

La condition de passer par le point M donne :

$$q^2 + \mathrm{B}pq - p^2 + \mathrm{E}p = 0\,;$$

on tire de cette relation

$$\mathrm{E} = \frac{p^2 - \mathrm{B}pq - q^2}{p}\,;$$

portant cette valeur dans l'équation (1), on obtient

$$y^2 + \mathrm{B}xy - x^2 + \frac{p^2 - \mathrm{B}pq - q^2}{p}\,x = 0.$$

C'est l'équation générale de toutes les hyperboles équilatères qui ont même tangente, même point de contact situé sur la tangente et qui passent par le même point M.

Les équations des lignes dont l'intersection détermine le centre, sont :

$$2\,y + Bx = 0,$$

$$By - 2x + \frac{p^2 - Bpq - q^2}{p} = 0.$$

Eliminant B entre ces deux équations, on trouve pour l'équation du lieu des centres

$$y^2 + x^2 - \frac{p^2 - q^2}{2p}\,x - qy = 0.$$

C'est l'équation d'un cercle qui passe à l'origine, qui coupe l'axe des y en un second point qui a pour ordonnée q, et l'axe des x en un point qui a pour abscisse $\frac{p^2 - q^2}{4p}$.

Les coordonnées du centre sont $\frac{q}{2}$ et $\frac{p^2 - q^2}{4p}$, et le rayon toujours réel a pour valeur $\frac{p^2 + q^2}{4p}$.

Exemple III. Trouver le lieu des foyers de toutes les paraboles qui ont le même sommet A, et la même tangente MT.

Je prends le point A pour origine, une perpendiculaire et une parallèle menées par ce point à la tangente pour axe des x et des y, et je fais usage de l'équation aux foyers

$$(1-m^2)x^2-2mnxy+(1-n^2)y^2-2(\alpha+mt)x-2(\beta+nt)y+\alpha^2+\beta^2-t^2=0$$

La courbe étant une parabole et passant par l'origine, on a immédiatement les deux conditions

(1) $m^2 + n^2 = 1$, (2) $\alpha^2 + \beta^2 - t^2 = 0.$

J'exprimerai que l'origine est un sommet, en écrivant que la perpendiculaire abaissée de ce point sur la directrice passe par le foyer, ce qui me donnera

(3) $$\beta = \frac{n}{m}\,\alpha.$$

Enfin, si $x = p$ est l'équation de la droite MT, il faudra que les ordonnées des points où elle coupe la parabole, soient égales et de même signe, ce qui donnera pour quatrième équation de condition

(4) $$(\beta + nt)^2 + 2p\alpha m^2 + 2pmt + 2mn\beta p = 0.$$

En éliminant m, n et t entre les équations (1), (2), (3) et (4) on trouve pour l'équation du lieu

(5) $$\beta^2 + p\alpha = 0.$$

C'est une parabole.

Pour la construire par points, je trace une droite quelconque AV que je suppose être l'axe de l'une des paraboles ; puis j'élève au point A une perpendiculaire à cette droite, et par le point I où elle coupe la tangente MT, je tire une perpendiculaire à cette tangente ; le point F où elle rencontrera la droite AV, sera le foyer, etc.

Il serait bien facile de déduire l'équation de la courbe de ce mode de description ; on retomberait sur l'équation (5).

Exemple IV. Trouver le lieu des foyers des paraboles normales à une droite et qui la coupent en deux points fixes.

Je prends pour axe des x la droite donnée, et pour axe des y une perpendiculaire à cette droite, menée par le point où la première est normale à la parabole, et je fais usage de l'équation aux foyers.

$$(1-m^2)x^2-2mnxy+(1-n^2)y^2-2(\alpha+mt)x-2(\beta+nt)y+\alpha^2+\beta^2-t^2=0$$

Comme la courbe est une parabole et qu'elle est tangente à l'origine à l'axe des y, on a immédiatement les trois équations de condition

(1) $$m^2+n^2=1,$$

(2) $$\alpha^2+\beta^2-t^2=0,$$

(3) $$\beta+nt=0.$$

Soit maintenant a l'abscisse du point où la parabole rencontre encore l'axe des x ; en exprimant que les coordonnées $(a, 0)$ vérifient l'équation de la parabole, j'aurai une quatrième relation entre les paramètres m, n et t, et les coordonnées α, β d'un point du lieu

(4) $$a(1-m^2)-2(\alpha+mt)=0.$$

J'aurai donc l'équation du lieu cherché en éliminant les paramètres m, n et t entre ces quatre relations. Des trois premières, je tire

$$t^2=\alpha^2+\beta^2, \quad n^2=\frac{\beta^2}{\alpha^2+\beta^2}, \quad m^2=\frac{\alpha^2}{\alpha^2+\beta^2}.$$

La relation (4) devient alors

$$a\frac{\beta^2}{\alpha^2+\beta^2}-4\alpha=0.$$

En remplaçant α et β par x et y, nous aurons pour équation du lieu

$$y^2=\frac{4x^3}{a-4x},$$

ou encore

$$y = \pm x \sqrt{\frac{x}{\frac{a}{4} - x}}.$$

Sous cette forme on reconnaît une cessoïde dont le diamètre du cercle générateur est $\frac{a}{4}$ et dont l''asymptote a pour équation $x = \frac{a}{4}$ (n° 453).

Exemple V. Une parabole se meut en restant tangente à deux axes rectangulaires. Lieu décrit par un point lié à la la courbe.

Soient

$$y = mx + \frac{p}{2m} \quad , \quad y = -\frac{1}{m}x - \frac{mp}{2}$$

les équations des tangentes, la parabole étant supposée fixe; α, β les coordonnées du point donné par rapport aux axes de la parabole. Les coordonnées par rapport aux tangentes seront :

$$x = \frac{\beta - m\alpha - \frac{p}{2m}}{\sqrt{1 + m^2}} \quad , \quad y = \frac{m\beta + \alpha + \frac{m^2 p}{2}}{\sqrt{1 + m^2}}.$$

L'élimination de m entre ces deux équations donnera le lieu.

1° Supposons que l'on cherche le sommet, dans ce cas $\alpha = 0$ et $\beta = 0$, et l'élimination de m donne

$$y = \frac{p}{2} \frac{\left(\frac{y}{x}\right)^{\frac{2}{3}}}{\sqrt{1 + \left(\frac{y}{x}\right)^{\frac{2}{3}}}}.$$

2° Supposons que l'on cherche le lieu du foyer. Dans ce cas, $\beta = 0$, $\alpha = \frac{p}{2}$, et l'équation du lieu est

$$y = \frac{p}{2}\sqrt{1 + \frac{y^2}{x^2}}$$

ou

$$y^2 = \frac{p^2 x^2}{4x^2 - p^2}.$$

EXEMPLE VI. Lieu des foyers des ellipses tangentes à deux droites rectangulaires données et dont le centre est un point donné.

Je prends pour axes les deux tangentes données, et je fais usage de l'équation aux foyers :

(1) $$(x-\alpha)^2 + (y-\beta)^2 = (mx+ny+t)^2.$$

Les équations du centre sont

$$x - \alpha = m\ (mx+ny+t)$$
$$y - \beta = n\ (mx+ny+t).$$

Si donc a et b sont les coordonnées de ce point, on aura

(2) $$a - \alpha = m\ (ma+nb+t),$$

(3) $$b - \beta = n\ (ma+nb+t).$$

L'axe des abscisses étant une tangente, il faut que l'équation obtenue en faisant $y = 0$ dans la relation (1), ait ses racines égales. Cette condition est exprimée par

(4) $$(mt+\alpha)^2 = (m^2-1)\ (t^2-\alpha^2-\beta^2).$$

De même, l'axe des ordonnées étant une tangente, on a

(5) $$(nt+\beta)^2 = (n^2-1)\ (t^2-\alpha^2-\beta^2).$$

Si entre les équations (2), (3), (4) et (5) on élimine les paramètres m, n, t, on trouvera une équation entre α et β, qui représentera le lieu des foyers.

Cette élimination peut se faire de la manière suivante[1] :

Les équations (4) et (5), développées, deviennent

(4') $$(\alpha^2+\beta^2)\ m^2 + 2\alpha tm + t^2 - \beta^2 = 0,$$

(5') $$(\alpha^2+\beta^2)\ n^2 + 2\beta tn + t^2 - \alpha^2 = 0.$$

Mais si l'on représente par λ la quantité $ma + nb + t$, on a, par les équations (2) et (3)

$$\frac{m}{a-\alpha} = \frac{n}{b-\beta} = \frac{1}{\lambda}.$$

Cette proportion donne d'abord

$$ma + nb + t = \lambda = \frac{b\ (b-\beta) + a\ (a-\alpha)}{\lambda} + t,$$

1. CATALAN. *Manuel des aspirants.*

ou

$$\lambda^2 - t\lambda - \{ b(b-\beta) + a(a-\alpha) \} = 0;$$

et ensuite, au lieu des équations (4') et (5'),

$$(t^2-\beta^2)\lambda^2 + 2\alpha t(a-\alpha)\lambda + (\alpha^2+\beta^2)(a-\alpha)^2 = 0,$$

$$(t^2-\alpha^2)\lambda^2 + 2\beta t(b-\beta)\lambda + (\alpha^2+\beta^2)(b-\beta)^2 = 0.$$

D'ailleurs les trois dernières équations, dans lesquelles λ est l'inconnue, doivent être identiques; donc

$$2\frac{\alpha t(a-\alpha)}{t^2-\beta^2} = 2\frac{\beta t(b-\beta)}{t^2-\alpha^2} = -t,$$

ou

$$2\alpha(a-\alpha) + t^2 - \beta^2 = 0,$$

et

$$2\beta(b-\beta) + t^2 - \alpha^2 = 0.$$

L'élimination de t^2 entre ces deux dernières équations donne enfin

$$\beta^2 - \alpha^2 - 2b\beta + 2a\alpha = 0.$$

Le lieu demandé est donc une hyperbole équilatère qui passe par l'origine, et dont les axes sont parallèles aux tangentes données. Cette hyperbole a pour centre le centre donné.

391. La méthode précédente est générale, mais elle conduit le plus souvent à des calculs compliqués. Dans la plupart des cas, on substitue avec avantage un autre mode de solution, que l'on peut formuler ainsi ; aux quatre éléments donnés, ajoutez-en un cinquième, propre à déterminer commodément le point remarquable dont on demande le lieu, et faites ensuite varier ce cinquième élément.

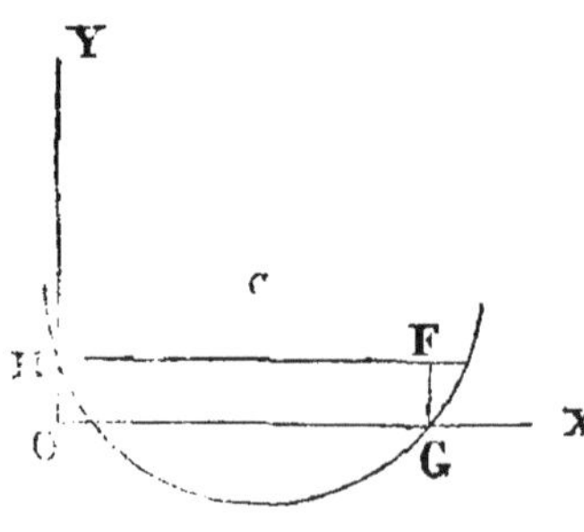

391. Pour éclaircir cet énoncé, reprenons la question précédente. Soient OX et OY les deux tangentes et C le centre commun à toutes les ellipses. Si nous nous rappelons que le lieu des projections du foyer sur toutes les tangentes à une ellipse, est la circonférence décrite sur le grand axe comme

diamètre, nous conclurons que, pour obtenir le foyer F d'une quelconque des courbes satisfaisant aux quatre conditions données, il suffit de décrire, du point C comme centre, une circonférence rencontrant OX et OY en des points G et H, et d'achever le rectangle OGHF. Le rayon λ de cette circonférence est le cinquième élément variable.

Il est actuellement bien facile de former l'équation du lieu des points F donnés par la construction précédente. En effet, la circonférence HG est représentée par

$$(x-a)^2+(y-b)^2=\lambda^2 ;$$

Par suite, les coordonnées du point F vérifient les deux équations

$$(x-a)^2+b^2=\lambda^2, \qquad (y-b)^2+a^2=\lambda^2,$$

que l'on obtient en faisant successivement $x=0$, $y=0$ dans l'équation de la circonférence.

Egalant ces deux valeurs de λ^2, on a donc pour l'équation du lieu,

$$y^2-x^2-2by+2ax=0.$$

Remarque. Cette solution revient à écrire que pour tous les points F on a l'équation de condition

$$CG=CH.$$

Exercices.

392. 1. Etant données deux droites quelconques, trouver le lieu géométrique des centres des cercles qui coupent chacune d'elles sous une corde d'une longueur donnée.

Examiner les cas particuliers où 1° les droites sont perpendiculaires, 2° où les cordes doivent être égales.

2. Trouver le lieu géométrique des foyers des paraboles qui ont la même directrice et un point commun.

3. Lieu des centres des ellipses qui ont un sommet commun et deux tangentes communes perpendiculaires entre elles.

4. Lieu des foyers des ellipses inscrites dans un triangle donné.

5. Lieu des seconds foyers des ellipses qui ont un premier foyer donné, et qui passent par deux points donnés.

6. Lieu des foyers des ellipses qui ont même centre, un point commun, et dans lesquelles le grand axe a une longueur donnée.

7. Le lieu du foyer d'une ellipse qui se meut entre deux droites rectangulaires données.

8. Lieu des foyers des hyperboles qui ont une asymptote et un sommet communs.

9. Des sommets des hyperboles qui ont une asymptote et un foyer communs.

10. Des sommets des hyperboles qui ont une asymptote et une directrice communes.

11. Lieu des centres des hyperboles équilatères passant par trois points donnés.

12. Une infinité d'hyperboles ont un sommet réel donné et un sommet imaginaire donné. Trouver : 1° le lieu des centres : 2° le lieu des seconds sommets réels ; 3° le lieu des seconds sommets imaginaires ; 4° le lieu des foyers de toutes ces courbes.

13. Lieu du foyer de l'hyperbole représentée par $xy = by + bx$, et dont le sommet décrit la parabole qui a pour équation $x^2 = by$.

14. Lieu des centres des hyperboles représentées par

$$y^2 - 2yx - x^2 - 2ay + 2ax - 1 = 0.$$

15. Lieu des centres des hyperboles tangentes à deux droites données, et dont les asymptotes sont parallèles à deux droites données.

16. Trouver l'équation générale des hyperboles équilatères qui ont un foyer et un point communs.

Trouver le lieu des sommets de toutes ces hyperboles.

17. Trouver le lieu géométrique des sommets des paraboles qui ont une tangente et un foyer communs.

18. Lieu des foyers des paraboles ayant une tangente et un sommet communs.

19. Lieu des foyers des paraboles tangentes à trois droites données.

20. Des foyers des paraboles ayant même directrice et une tangente commune.

21. Des sommets des paraboles ayant même directrice et une tangente commune, ou même directrice et un point commun.

22. Des foyers des paraboles ayant même directrice et un point commun.

23. Déterminer a et b de manière que les deux courbes

$$y = x^2 + 1 \text{ et } xy = ax + by$$

soient tangentes. — Lieux des centres de toutes les hyperboles comprises dans la seconde équation, et qui sont tangentes à la courbe représentée par la première.

24. Etant donnée l'équation

$$y^2 + axy + bx^2 + cx = 0,$$

trouver la relation qui doit exister entre les coefficients indéterminés a, b, c, pour que les hyperboles représentées par cette équation ait la droite $y = x + 1$ pour asymptote commune.

Rép. $y^2 + axy - (1 + a)x^2 - (2 + a)x = 0.$

25. Trouver le lieu des sommets de toutes les hyperboles représentées par cette dernière équation.

On exprimera que le point (x, y) est un sommet, en écrivant qu'il appartient à la courbe, et que la tangente en ce point est perpendiculaire à la droite qui le joint au centre.

26. Déterminer a et b de manière que les deux courbes

$$xy = ax + by,$$
$$y^2 - 2axy + x^2 = b^2$$

aient un sommet commun.

27. Déterminer le lieu des sommets de toutes les paraboles comprises dans l'équation

$$y^2 - 2axy + a^2x^2 - x = 0.$$

28. Trouver l'équation du lieu des foyers de toutes les hyperboles comprises dans l'équation $xy = ax + by$, en supposant que le sommet de chacune soit assujetti à rester sur la parabole $ay = x^2$; a et b sont deux variables.

29. Une courbe du second degré glisse, en restant tangente à deux droites données ; trouver le lieu décrit par un point déterminé de cette courbe.

30. Déterminer a, b, c par la condition que les courbes

$$xy = ax + by \text{ et } y^2 + 2cxy + c^2x^2 = 4x$$

aient un foyer commun.

31. Déterminer les conditions pour que les courbes

$$xy = ax + by + c \text{ et } y^2 = 4x - 9x^2$$

soient concentriques.

32. L'équation d'une courbe du second degré renferme deux coefficients arbitraires ; un des points remarquables de la courbe décrit une ligne donnée ; déterminer le lieu géométrique de l'un des autres points remarquables de cette courbe.

33. Trouver l'équation générale des courbes du second ordre tangentes à deux droites données faisant entre elles un angle θ ;

Trouver le lieu des intersections des normales menées par les points de contact de ces courbes avec les droites données.

34. Lieu des foyers des courbes du second degré passant par deux points donnés et ayant pour directrice une droite donnée.

35. Lieu des foyers des courbes du second degré qui ont une même directrice, une même tangente avec le point de contact situé sur la tangente.

36. Lieu des sommets des paraboles représentées par l'équation

$$y^2 - 2cxy + c^2x^2 - x = 0, \text{ en faisant varier } c.$$

CHAPITRE XVII.

DU POLE ET DE LA POLAIRE.

393. THÉORÈME. Si par un point A on trace diverses sécantes à une courbe du second ordre, le lieu du point M, conjugué harmonique de P par rapport aux points d'intersection de chaque sécante et de la courbe, est une ligne droite.

On dit qu'une droite CD est divisée harmoniquement

P C M D

par les deux points P et M, lorsqu'on a la proportion

$$\frac{PC}{PD} = \frac{MC}{MD}.$$

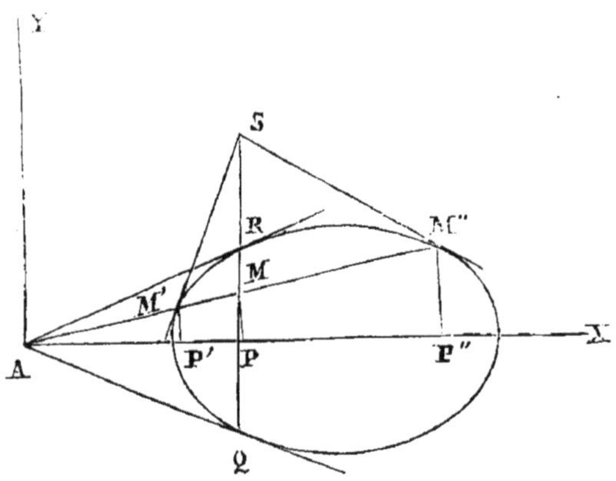

Prenons pour axe des x le diamètre passant par le point A, et pour axe des y une parallèle menée par ce point aux cordes conjuguées de ce diamètre; l'équation de la courbe du second ordre sera de la forme

$$(1) \qquad Ay^2 + Cx^2 + Ex + F = 0.$$

Soient AM une sécante quelconque menée par A, M l'harmonique conjugué de ce point par rapport aux extrémités de la corde M′M″; les projections A, P′, P, P″ des quatre points A, M′, M, M″ formeront aussi un système harmonique, et réciproquement, de sorte que si l'on désigne par x', x, x'' les abscisses respectives des points M′, M, M″, on aura

$$\frac{x'}{x''} = \frac{x - x'}{x'' - x},$$

d'où

$$2x'x'' = x(x' + x'').$$

Représentons par $y = mx$ l'équation de la sécante AM; en éliminant y entre cette équation et celle de la courbe, l'équation du second degré résultante

$$(Am^2 + C)x^2 + Ex + F = 0$$

aura pour racines les abscisses des points M' et M'', donc

$$x' + x'' = -\frac{E}{Am^2 + C}, \quad x'x'' = \frac{F}{Am^2 + C}.$$

et par conséquent

$$(2) \qquad Ex + 2F = 0.$$

Le lieu est donc une ligne droite parallèle aux cordes conjuguées du diamètre qui passe par le point donné.

394. *Remarque.* Si, par un point fixe, on mène tant de couples de sécantes que l'on voudra à une courbe du second degré, et que l'on cherche le lieu des points de concours des droites qui joindront les deux points où ces sécantes rencontrent la courbe, on trouvera encore la même droite.

395. Le lieu des points M se nomme *la polaire* du point A, et ce point est appelé le *pôle* de cette droite.

396. On peut énoncer le Théorème précédent en disant que toutes les cordes dont les directions vont passer par un même point intérieur ou extérieur à une courbe du second ordre, sont coupées en parties harmoniques par ce point et par sa polaire, laquelle est parallèle aux cordes conjuguées du diamètre qui passe par ce point.

397. Si le pôle est au centre, $E = 0$, et la valeur de x tirée de l'équation (2) est $x = -\frac{2F}{0}$; donc la polaire du centre est située à l'infini.

398. Si la courbe est une parabole, $C = 0$; l'abscisse du sommet est $-\frac{F}{E}$, tandis que celle du pied de la polaire est $-\frac{2F}{E}$; ainsi, dans la parabole, un point et sa polaire déterminent des segments égaux sur le diamètre mené par ce point.

399. Il résulte du théorème du n° 393 que, si l'on prend pour axe des abscisses le diamètre passant par le pôle, et pour axe des y la parallèle menée par ce point aux cordes conjuguées de ce dia-

mètre, les équations de la courbe et de la polaire seront respectivement :

$$Ay^2 + Cx^2 + Ex + F = 0,$$
$$Ex + 2F = 0.$$

Or, si l'on cherche l'équation de la corde de contact des deux tangentes issues du pôle (394), on trouve que l'équation de cette corde est aussi

$$Ex + 2F = 0;$$

donc,

la polaire d'un point extérieur à une courbe du second ordre est la droite indéfinie qui passe par les points de contact des deux tangentes issues de ce point, et le pôle d'une sécante est le point de concours des tangentes menées aux points où elle rencontre la courbe.

Si le pôle est intérieur à la courbe, la corde qui joindrait les points de contact des tangentes issues de ce point n'existe plus, mais son équation subsiste toujours ; seulement, si l'on cherchait les coordonnées des points où la droite, représentée par cette équation, rencontre la courbe, on trouverait pour valeurs de ces coordonnées des expressions imaginaires. Ainsi,

pour obtenir l'équation de la polaire d'un point donné, il suffira d'opérer comme si l'on voulait trouver l'équation de la corde de contact des deux tangentes issues de ce point.

400. La polaire d'un point extérieur à une courbe du second ordre étant la corde de contact des deux tangentes issues de ce point, on en conclut que,

pour mener à une courbe du second degré une tangente par un point extérieur, il n'y aura qu'à chercher la polaire de ce point (398) et le joindre avec les points où elle coupera la courbe.

401. Toute droite a un pôle.

Prenons cette droite pour axe des y, et comptons les abscisses sur le diamètre dont les cordes conjuguées lui sont parallèles ; l'équation de la courbe sera de la forme

$$Ay^2 + Cx^2 + Ex + F = 0,$$

et par conséquent celle de la polaire d'un point quelconque (α, β) sera (395)

$$2A\beta y + (2C\alpha + E)\,x + E\alpha + 2F = 0.$$

Si donc on veut que le point (α, β) soit le pôle de la droite donnée, il faudra que l'équation précédente se réduise à $x = 0$, ce qui exige que l'on ait

$$\beta = 0, \quad E\alpha + 2F = 0\,;$$

donc,

toute droite a un pôle qui est situé sur le diamètre dont les cordes conjuguées sont parallèles à cette droite.

402. Théorème. Si un point mobile glisse le long d'une ligne droite, sa polaire tournera autour du pôle de cette droite.

Prenons cette droite pour axe des y, et pour axe des x le diamètre dont les cordes conjuguées lui sont parallèles ; l'équation de la polaire d'un point quelconque (0, β) de cette droite sera

$$2A\beta y + Ex + 2F = 0.$$

L'abscisse à l'origine de cette droite est indépendante de β ; or cette abscisse est précisément la valeur de α donnée par l'équation $E\alpha + 2F = 0$, donc,

les polaires de tous les points de la droite donnée vont se croiser au pôle même de cette droite.

Corollaire I. Pour obtenir le pôle d'une droite, il suffit de construire les polaires de deux de ses points.

Corollaire II. Pour mener une tangente à une courbe du second ordre par un point pris sur la courbe, on mène une sécante quelconque par ce point, on cherche son pôle et on le joint au point donné.

Corollaire III. Si plusieurs angles circonscrits à une courbe du second degré ont leurs sommets en ligne droite, leurs cordes de contact iront concourir en un même point situé sur le diamètre dont les cordes conjuguées sont parallèles à cette droite.

403. Théorème. Si une droite tourne autour d'un point fixe, son pôle décrira la polaire de ce point.

Prenons pour axe des x le diamètre mené par ce point, et pour axe des y une parallèle menée par ce point aux cordes conjuguées de ce diamètre. La courbe du second ordre et la polaire d'un point quelconque (α, β) seront représentées par les équations

$$Ay^2 + Cx^2 + Ex + F = 0 \quad (1)$$

$$2A\beta y + (2C\alpha + E)\,x + E\alpha + 2F = 0 \quad (2).$$

Mais si l'on veut que ce point soit le pôle d'une droite passant par le point donné, il faudra que l'équation (2) soit vérifiée par $x = 0$, $y = 0$; donc

$$E\alpha + 2F = 0.$$

Cette équation étant indépendante de β et n'étant autre que l'équation

$$Ex + 2F = 0,$$

dans laquelle on a remplacé x par α, on en conclut que le pôle de toute droite menée par le point donné est situé sur la polaire de ce point.

COROLLAIRE I. La droite qui joint les pôles des deux droites est la polaire de leur point d'intersection ;
car le pôle de cette droite doit se trouver à la fois sur ces deux polaires.

COROLLAIRE II. Si les cordes de contact de tant d'angles circonscrits que l'on voudra à une courbe du second ordre, concourent en un même point, les sommets de ces angles se trouveront sur une même droite parallèle aux cordes conjuguées du diamètre qui passe par ce point.
Car ces sommets sont les pôles de ces cordes.

Il suit du corrollaire 1, nº 402, que si deux polygones d'un même nombre de côtés tracés sur le plan d'une courbe du second ordre, sont tels que les sommets A, B, C, ... de l'un sont les pôles des côtés *a*, *b*, *c*, ... de l'autre, réciproquement les sommets *ab*, *bc* ... du second (*ab* représente le point d'intersection des côtés *a* et *b*) seront les pôles des côtés AB, BC, ... du premier, et de plus le point de concours de deux côtés ou de deux diagonales quelconques de l'un sera le pôle de

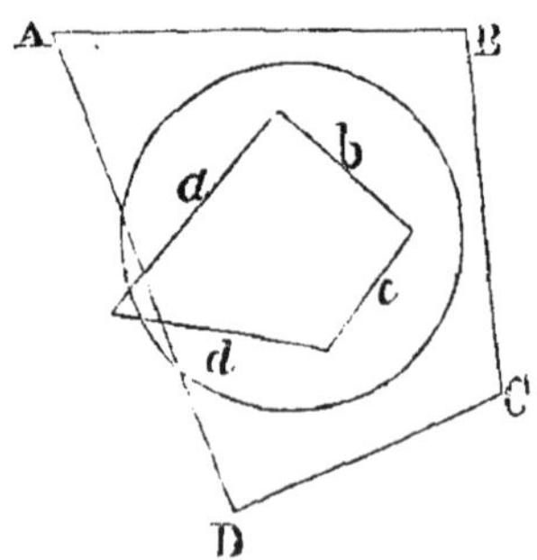

la droite qui joindra les sommets-pôles de ces deux côtés ou les pôles de ces deux diagonales dans l'autre. Ainsi, par exemple, le point *ad* de concours des deux côtés *a* et *d*, est le pôle de la droite AD qui joint les sommets A et D, pôles respectifs de *a* et de *d*.

A cause de ces deux propriétés corrélatives, les deux polygones sont appelés *polaires réciproques* l'un de l'autre, par rapport à la courbe qui est dite *leur directrice*.

Ce théorème qui s'étend à des courbes quelconques, puisqu'il est indépendant du nombre et de la grandeur des côtés des polygones, sert de base à la *Théorie des polaires réciproques* de Poncelet.

—

CHAPITRE XVIII.

QUESTIONS RELATIVES AUX COURBES DU SECOND DEGRÉ.

404. Etant donné un arc de courbe du second degré, déterminer à laquelle des trois courbes cet arc appartient, et trouver les éléments de la courbe.

Pour répondre à la première partie de la question, on mènera deux diamètres au moyen de deux systèmes de cordes parallèles, et selon que ces diamètres se trouveront dans la concavité ou dans la convexité de la courbe, ou seront parallèles, l'arc donné appartiendra à une ellipse, à une hyperbole ou à une parabole.

Si l'arc donné est elliptique ou parabolique le point de rencontre des deux diamètres sera le centre de la courbe.

1° L'arc donné est elliptique.

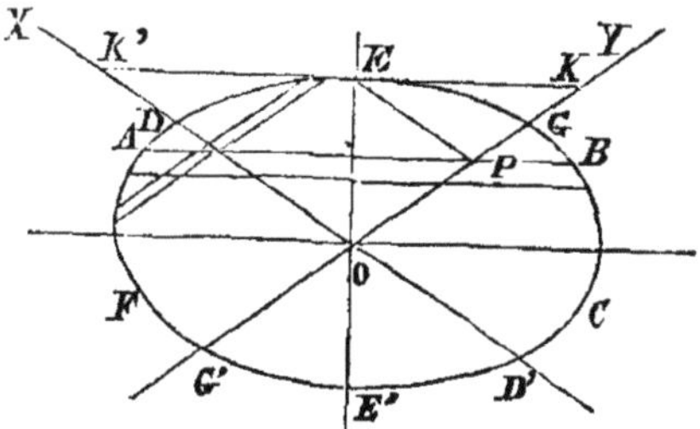

Soit ACBFD cet arc. Après avoir déterminé le centre comme il vient d'être dit, au moyen des deux diamètres DD', EE', je mène par le centre la droite GG' parallèle aux cordes que DD' divise en deux parties égales ; si ce diamètre rencontre l'arc donné, il sera, comme le premier, déterminé en vraie grandeur, et nous aurons ainsi deux diamètres conjugués en grandeur et en direction ; on pourra donc déterminer tous les éléments de la courbe.

Si le diamètre GG′ ne rencontre pas la courbe, menons par le point E, EKK′ parallèle aux cordes conjuguées de EE′, cette ligne EK sera (n. 191) tangente à l'ellipse, et en représentant par x', y' les coordonnées du point de contact E par rapport aux diamètres OD et OG pris pour axes des x et des y, son équation sera

$$a'^2 yy' + b'^2 xx' = a'^2 b'^2,$$

$2b'$ représentant la longueur du diamètre inconnu GG′.

En faisant $x = 0$ pour trouver l'ordonnée du point où cette tangente rencontre l'axe des y, nous aurons

$$yy' = b'^2.$$

Or, y est OK et y' est OP, donc on a

$$\text{OK.OP} = b'^2.$$

De sorte qu'on trouvera b' en cherchant une moyenne proportionnelle entre OK et OP. On connaîtra donc encore deux diamètres conjugués en grandeur et en direction, ce qui permettra de déterminer les axes, et par suite tous les éléments de la courbe.

2° L'arc donné est hyperbolique.

En opérant comme dans le cas précédent, on trouvera deux diamètres conjugués en grandeur et en direction, ce qui suffit, comme nous l'avons vu dans l'hyperbole, pour déterminer les axes (n° 320).

3° L'arc donné est parabolique.

La question a été complétement résolue lorsque nous avons traité de la parabole (n° 371).

405. Equation commune aux trois courbes du second ordre.

En prenant des axes rectangulaires, et en plaçant l'origine à un sommet, les trois courbes du second degré peuvent être représentées par l'équation

$$y^2 = 2px + qx^2,$$

soit d'abord l'ellipse dont l'équation est

$$a^2y^2 + b^2x^2 = a^2b^2.$$

Transportons l'origine au sommet négatif, en remplaçant x par $x - a$, nous aurons

$$y^2 = \frac{b^2}{a^2}(2ax - x^2)$$

ou

$$y^2 = \frac{2b^2}{a}x - \frac{b^2}{a^2}x^2.$$

Prenons maintenant l'hyperbole rapportée à son centre et à ses axes,

$$a^2y^2 - b^2x^2 = -a^2b^2,$$

et transportons l'origine au sommet situé du côté des abscisses positives en remplaçant x par $a + x$, nous aurons

$$y^2 = \frac{b^2}{a^2}(2ax + x^2),$$

ou

$$y^2 = \frac{2b^2}{a}x + \frac{b^2}{a^2}x^2.$$

Si l'on fait $\frac{b^2}{a} = p$, et $\frac{b^2}{a^2} = q$, les deux équations précédentes seront renfermées dans l'équation

$$y^2 = 2px + qx^2.$$

La parabole est visiblement comprise dans cette équation qui se réduit à

$$y^2 = 2px$$

quand on fait $q = 0$.

Quand l'équation représente une ellipse ou une hyperbole, le coefficient q de x^2 représente le carré du rapport du second axe au premier; il est négatif pour l'ellipse, positif pour l'hyperbole.

Le coefficient $2p$ de x est le *paramètre* de la courbe, c'est une troisième proportionnelle au premier et au second axe; c'est aussi la double ordonnée correspondante au foyer.

L'équation $y^2 + 2px + qx^2$ ne représente pas toutes les variétés des courbes du second degré; on n'y trouverait que le cercle, le point, le système de deux droites qui se coupent, et une seule droite.

Cette équation s'obtiendra soit que l'on parte de l'équation de la courbe rapportée à son centre et à ses axes, soit de l'équation de la courbe rapportée à son centre et à des diamètres conjugués.

De sorte que l'équation $y^2 = 2px + qx^2$ est également celle d'une courbe rapportée à un système d'axes conjugués, dont l'un est le diamètre passant par l'origine qui est un point de la courbe, et l'autre la tangente à la courbe en ce même point.

406. Théorème. — Si par les différents points du plan on mène des couples de sécantes parallèles à travers une courbe du second degré, le produit des segments de l'une est au produit des segments de l'autre dans un rapport constant.

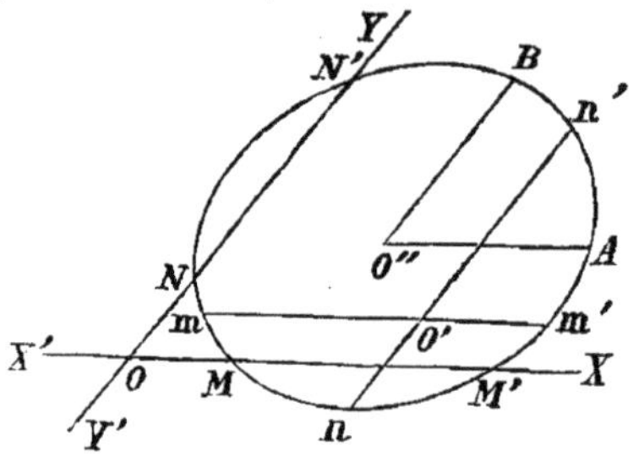

Soient XX', YY' deux droites menées suivant deux directions différentes, O leur point de concours, M, M' les points de rencontre de XX' avec la courbe, N, N' les points où YY' coupe cette même courbe.

Rapportons la courbe aux droites XX', YY' qui se coupent au point O; son équation sera de la forme

$$Ay^2 + Bxy + Cx^2 + Dy + Ex + F = 0.$$

Si l'on fait $y = 0$, on aura

$$Cx^2 + Ex + F = 0.$$

Equation qui donne pour x deux valeurs dont le produit

$$OM.\ OM' = \frac{F}{C}.$$

L'hypothèse $x = 0$ donnera également

$$ON.\ ON' = \frac{F}{A};$$

d'où

$$\frac{OM.\ OM'}{ON.\ ON'} = \frac{A}{C}.$$

Transportons l'origine en un point quelconque O' du plan, sans changer la direction des axes; soient m, m' les points de rencontre de la courbe avec le nouvel axe des x; n, n' ceux où elle est coupée par le nouvel axe des y. On trouve l'équation de la courbe rapportée aux nouveaux axes en remplaçant x par $x + a$, et y par $y + b$, a et b étant les coordonnées de la nouvelle origine. Or, cette transformation n'altère en rien les termes du second degré; donc en faisant $y = 0$ dans la nouvelle équation, on obtiendra

$$o'm.\,o'm' = \frac{F'}{C}.$$

La supposition $x = 0$ donnera

$$o'n.\,o'n' = \frac{F'}{A}.$$

d'où

$$\frac{o'm.\,o'm'}{o'n.\,o'n'} = \frac{A}{C}$$

ce qui démontre le théorème.

Ce théorème, qui porte le nom de *théorème de Newton*, s'applique à toutes les courbes algériques.

COROLLAIRE I. Lorsque la courbe est une ellipse ou une hyperbole, si l'on mène par le centre deux rayons O″A, O″B parallèles aux sécantes on a

$$\frac{OM.\,OM'}{ON.\,ON'} = \frac{\overline{O''A}^2}{\overline{O''B}^2},$$

ou

$$\frac{OM.\,OM'}{\overline{O''A}^2} = \frac{ON.\,ON'}{\overline{O''B}^2}.$$

Donc si par un point O on mène diverses sécantes à une ellipse ou à une hyperbole, le produit des deux segments de chacune des sécantes est au carré du rayon parallèle dans un rapport constant.

COROLLAIRE II. Lorsqu'un cercle coupe une courbe du second degré en quatre points, les bissectrices des cordes communes sont parallèles aux axes de la courbe.

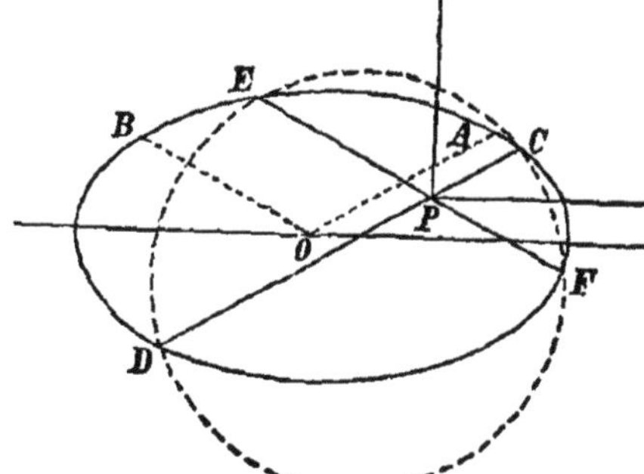

Je suppose d'abord qu'il s'agisse d'une ellipse; par le centre je mène deux rayons OA, OB parallèles aux cordes; on a

$$\frac{PC.\,DP}{PE.\,PF} = \frac{\overline{OA}^2}{\overline{OB}^2};$$

mais puisque les deux cordes appartiennent au cercle, on a aussi

$$\frac{PC.PD}{PE.PF} = 1;$$

donc

$$OA = OB.$$

Ainsi les cordes CD, EF sont parallèles aux rayons égaux de l'ellipse et par conséquent les bissectrices sont parallèles aux axes.

Dans l'hyperbole, il n'y a pas de rayons égaux à proprement parler, mais les rayons infinis dirigés suivant les asymptotes en tiennent lieu; car on démontre que la limite du rapport de deux rayons de l'hyperbole est l'unité, lorsque les rayons tendent vers les asymptotes.

Ainsi, dans l'hyperbole, les cordes CD et EF sont parallèles aux asymptotes, et par conséquent les bissectrices sont parallèles aux axes.

Cette propriété existe aussi dans la parabole, puisque la parabole est la limite d'une ellipse.

407. Applications. — Problème. Etant donnés cinq points d'une courbe du second degré A, B, C, D, E, reconnaître l'espèce de la courbe, puis déterminer les longueurs et la position de deux diamètres conjugués.

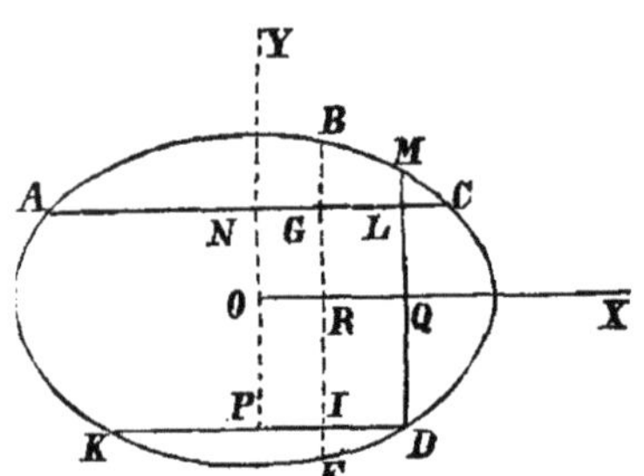

Tirons les lignes AC, BE qui se coupent en G, puis par le point D menons DI parallèle à AC; soit K le point où cette droite rencontre la courbe. En vertu du théorème de Newton, nous aurons

$$\frac{AG.GC}{BG.GE} = \frac{KI.ID}{BI.IE}.$$

Dans cette égalité tout est connu, excepté IK; donc le point K peut être regardé comme connu.

Par le point D, menons DL parallèle à BE; M étant le point où cette droite rencontre la courbe, nous aurons également

$$\frac{AG.GC}{BG.GE} = \frac{AL.LC}{ML.LD};$$

tout étant connu dans cette égalité, à l'exception de ML, nous pourrons aussi regarder le point M comme connu. Si l'on joint le milieu N de AC au milieu P de DK, NP sera un diamètre. On aura un autre diamètre en joignant les milieux R et Q de BE et de DM. Lorsque les diamètres NP et RQ se couperont, la courbe sera une ellipse ou une hyperbole ayant pour centre le point O de rencontre de ces deux diamètres.

Supposons que la courbe soit une ellipse, et cherchons à déterminer deux diamètres conjugués de grandeur et de direction. Il peut arriver deux cas : 1° Les diamètres OP, OQ sont conjugués; 2° ils ne le sont pas.

Premier cas. Les diamètres OP, OQ sont conjugués. Appelons a' la longueur du demi-diamètre dirigé suivant OQ et b' celle du demi-diamètre dirigé suivant ON; le théorème de Newton nous donnera

$$(1) \qquad \frac{a'^2}{b'^2} = \frac{\text{AG. GC}}{\text{BG. GE}}.$$

La courbe étant rapportée aux deux diamètres conjugués a' et b', son équation sera

$$a'^2y^2 + b'^2x^2 = a'^2b'^2.$$

Or, le point B appartient à la courbe, donc ses coordonnées BR et OR doivent satisfaire à l'équation précédente, et l'on a

$$(2) \qquad a'^2.\,\overline{\text{BR}}^2 + b'^2.\,\overline{\text{OR}}^2 = a'^2b'^2.$$

Les équations (1) et (2) feront connaître a'^2 et par suite, b'^2.

Second cas. Les diamètres ON et OQ ne sont pas conjugués. En menant par le centre O une parallèle à la corde BE, on aura la direction du conjugué de OQ; menant ensuite par le point C une parallèle à OR, et prenant NA = NC, le point A appartiendra à la courbe. Nous rentrerons donc exactement dans le cas précédent.

Pour que la question soit possible, il faut que parmi les cinq points donnés, il n'y en ait pas trois en ligne droite.

408. Problème. — Construire une parabole qui passe par quatre points donnés.

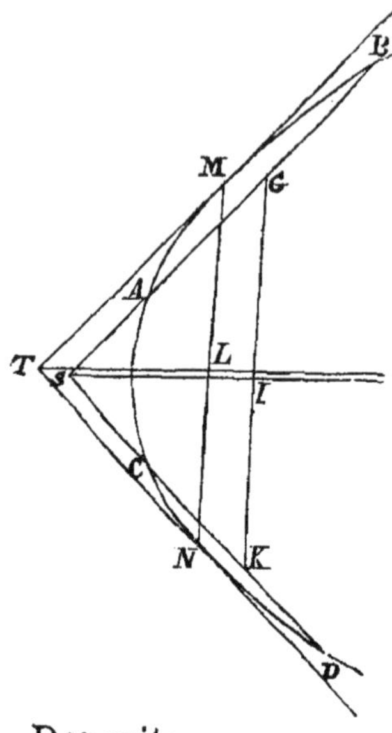

Soient A, B, C, D les quatre points donnés. Supposons que les droites AB, CD se rencontrent en S, et imaginons construites les tangentes TM et TN parallèles à ces droites. Le théorème de Newton donnera

$$\frac{\overline{TM}^2}{\overline{TN}^2} = \frac{SA.\ SB}{SC.\ SD}.$$

Soit SG une moyenne proportionnelle entre SA et SB, et SK une moyenne proportionnelle entre SC et SD, nous aurons

$$\overline{SG}^2 = SA.\ SB,$$
$$\overline{SK}^2 = SC.\ SD.$$

Par suite

$$\frac{\overline{TM}^2}{\overline{TN}^2} = \frac{\overline{SG}^2}{\overline{SK}^2}, \quad \text{ou} \quad \frac{TM}{TN} = \frac{SG}{SK}.$$

Donc, si nous menons MN, GK, les triangles TMN, SGK seront semblables et leurs lignes homologues seront parallèles; si donc nous menons les médianes TL, SI, de ces deux triangles, ces droites seront parallèles.

Or TL est un diamètre, donc SI est aussi un diamètre, et la position de cette dernière ligne est complètement déterminée.

Connaissant la direction des diamètres et trois points de la courbe, construire la parabole.

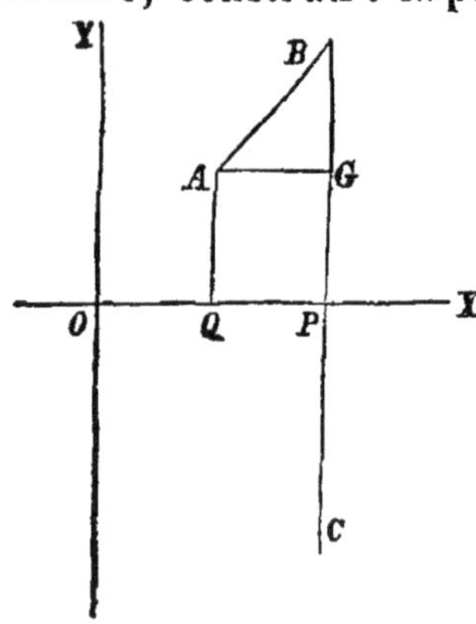

Soient A, B, C, les trois points donnés. Joignons BC et par le milieu P de BC, menons une droite parallèle à la direction connue des diamètres ; soit O le point supposé où ce diamètre rencontre la courbe. Par le point O, concevons une parallèle OY à BC, cette droite OY sera la tangente conjuguée du diamètre OP.

Rapportons la courbe aux droites OY et OP, et représentons par $2p'$ le paramètre du diamètre OP, l'équation de la courbe sera

$$y^2 = 2p'x.$$

BP et OP étant les coordonnées du point B, AQ et OQ celles du point A, nous aurons

$$\overline{BP}^2 = 2p'. OP.$$

$$\overline{AQ}^2 = 2p'. OQ.$$

Retranchant membre à membre, il viendra

$$\overline{BP}^2 - \overline{AQ}^2 = 2p' (OP - OQ);$$

ou

$$(BP + AQ)(BP - AQ) = 2p' (OP - OQ).$$

Or $BP + AQ = GC$, $BP - AQ = BG$ et $OP - OQ = AG$; on a donc

$$GC. BG = 2p'. AG;$$

d'où

$$2p' = \frac{GC. BG}{AG}:$$

donc le paramètre est connu.

Pour obtenir le point O, nous avons

$$\overline{AQ}^2 = 2p'. OQ,$$

d'où l'on tire

$$OQ = \frac{\overline{AQ}^2}{2p'}.$$

On déterminera le sommet, l'axe, le foyer, la directrice comme il a été dit au nº 370.

Lorsque les cordes AC et BD se rencontreront, on pourra construire une seconde parabole passant par les quatre points A, B, C, D. Mais si ces droites sont parallèles, il n'existera qu'une seule parabole passant par les quatre points donnés. Enfin si les cordes AC, BD étant parallèles, les cordes AB et CD le sont aussi, il n'existera pas de parabole passant par les quatre points A, B, C, D.

HEXAGRAMME DE PASCAL.

THÉORÈME.

409. Lorsqu'on prolonge deux à deux les côtés opposés d'un hexagone inscrit dans une courbe du second ordre, les trois points de concours sont en ligne droite.

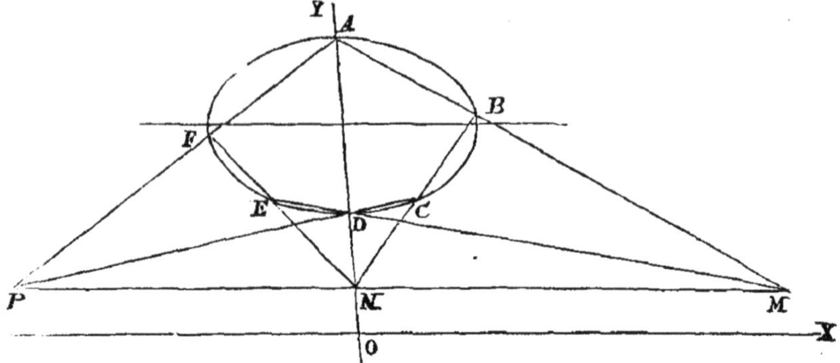

Soit ABCDEF un hexagone inscrit dans une courbe du second ordre. Prenons AD pour axe des y, OX pour axe des x. L'équation de AB sera de la forme

$$y - ax - b = 0.$$

celle de DC sera

$$y - a'x - b' = 0.$$

En multipliant par ordre ces deux équations, on aura une équation du second degré

$$(1) \qquad y^2 + Bxy + Cx^2 + Dy + Ex + F = 0$$

qui représentera le système des deux droites AB et DC.

De la même manière le système des deux droites AF et ED sera représenté par une équation de la forme

$$(2) \qquad y^2 + B'xy + C'x^2 + D'y + E'x + F' = 0.$$

Soit

$$(3) \qquad y^2 + B''xy + C''x^2 + D''y + E''x + F'' = 0$$

l'équation de la courbe.

Je dis d'abord que l'axe des y passant par les points A et D, on doit avoir

$$D = D' = D'', \quad \text{et} \quad F = F' = F''.$$

En effet, en faisant $x = 0$ dans les équations (1), (2) et (3) on aura

$$y^2 + Dy + F = 0,$$
$$y^2 + D'y + F' = 0,$$
$$y^2 + D''y + F'' = 0,$$

et comme ces trois équations doivent donner pour y les mêmes valeurs, savoir OA et OD, il faut qu'elles soient les mêmes et qu'on ait $D = D' = D''$, $F = F' = F''$.

En combinant par soustraction les équations (2) et (3), nous aurons une équation

$$(B - B'')\, xy + (C - C'')\, x^2 + (E - E'')\, x = 0$$

laquelle devra être vérifiée par les coordonnées des points A, B, C, D communs à la courbe et aux droites AB et DC.

Cette équation se décompose en

$$(4) \quad x = 0 \quad \text{et} \quad (B - B'')\, y + (C - C'')\, x + E - E'' = 0$$

$x = 0$ représente le système des points A et D. Quant à l'équation

$$(B - B'')\, y + (C - C'')\, x + E - E'' = 0$$

qui est du premier degré et qui doit être satisfaite par les coordonnées des points B et C, elle est l'équation de la droite BC.

Si l'on retranche de même les équations (2) et (3), on aura

$$x \left\{ (B' - B'')\, y + (C' - C'')\, x + E' - E'' \right\} = 0,$$

qui se décompose en

$$(5) \quad x = 0, \text{ et } (B' - B'')\, y + (C' - C'')\, x + E' - E'' = 0$$

cette dernière équation est celle de EF.

Si l'on retranche membre à membre les équations (4) et (5), l'équation résultante

$$(6) \qquad (B - B')\, y + (C - C')\, x + E - E' = 0$$

devra être satisfaite par les coordonnées du point N d'intersection des deux droites BC et EF; or, c'est l'équation d'une ligne droite; donc c'est l'équation d'une droite passant par le point N.

Actuellement si l'on combine par soustraction les équations (1) et (2), l'équation qui en résultera

$$(7) \quad x \left\{ (B - B')\, y + (C - C')\, x + E - E' \right\} = 0$$

devra être vérifiée par les coordonnées des points communs aux droites du système (1) avec les droites du système (2); c'est-à-dire par les coordonnées des points A et D, intersection de AF avec AB et de ED avec DC, et par celles des points de rencontre des droites AF et DC, AB et ED. Cette équation (7) se décompose en

$$x = 0$$

qui est l'axe des y passant par les points A et D, et en

$$(8) \qquad (B - B')\, y + (C - C')\, x + E - E' = 0.$$

qui est celle de la droite MP passant par les points M et P d'intersection des deux systèmes de droites AF et CD, AB et ED. Or cette équation (8) n'est autre que l'équation (6) qui est celle de la droite passant par le point N d'intersection des droites BC et FE ; donc les trois points de concours des côtés opposés de l'hexagone inscrit, M, N et P sont en ligne droite.

Remarque. Ce théorème ne s'applique pas seulement à l'hexagone convexe, mais encore à l'hexagone fermé quelconque. On forme un hexagone inscrit en traçant six cordes consécutives dans un sens ou dans l'autre, de manière à revenir finalement au point de départ. Si l'on numérote les côtés dans l'ordre suivant lequel on les a obtenus, les trois points d'intersection (1, 4), (2, 5), (3, 6), sont en ligne droite.

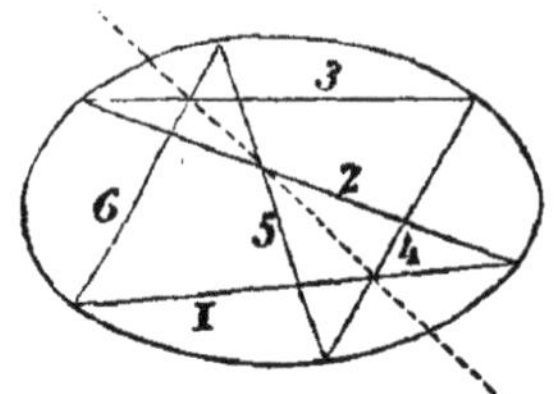

410. Pentagone inscrit. — Soient A, B, C, D, E cinq points d'une courbe du second degré. Joignons AB, BC, CD, DE, et par le point A imaginons une transversale AK que nous supposerons rencontrer la courbe au point G. Nous pourrons regarder le point G comme le sixième sommet d'un hexagone inscrit dont les cinq autres sommets sont les cinq points donnés.

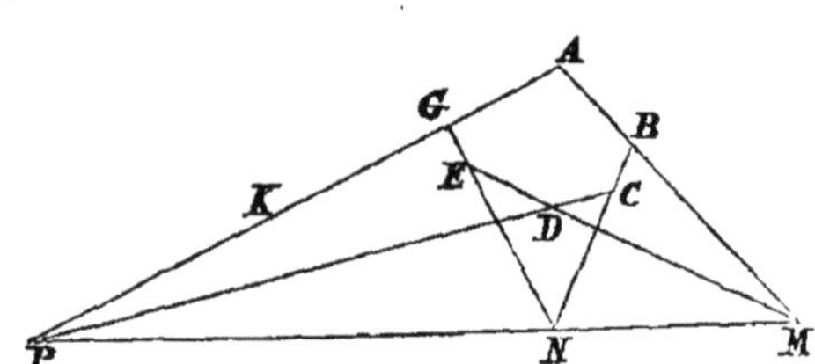

Par conséquent si l'on prolonge AB, ED jusqu'à leur rencontre en M; CD et AG jusqu'à leur rencontre en P, la droite MP devra contenir le point de rencontre de BC avec GE. Il s'ensuit que la droite NE coupera AK au point G appartenant à la courbe.

On trouvera de cette manière autant de points que l'on voudra. Si l'on suppose que la droite MP tourne autour du point M, les droites NG et PA tourneront l'une autour du point E, l'autre autour du point A, et le point G décrira la courbe.

411. Tangente. — Soient A, B, C, D, E cinq points d'une courbe du second degré, et proposons-nous de construire la tangente au point A. Soit F un sixième sommet; ABCDEF formera un hexagone inscrit. Si l'on suppose que le point F se rapproche conti-

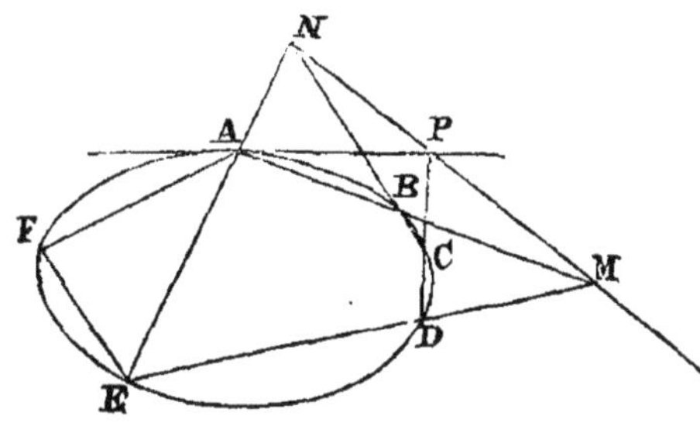

nuellement du point A, et vienne se confondre avec lui, la corde AF à cette limite deviendra tangente à la courbe au point A, et le côté EF se confondra avec EA. Par conséquent si l'on détermine le point de concours M des côtés opposés AB et ED, le point de concours N des côtés BC et EF, confondu avec EA, la droite MN devra contenir le point d'intersection des côtés DC et FA qui est maintenant devenu la tangente au point A. Si donc nous prolongeons DC jusqu'en P, AP sera la tangente au point A.

412. Théorème. — Si par les extrémités d'un diamètre de l'ellipse on mène des tangentes, le rectangle des segments de ces tangentes compris entre le point de contact et une troisième tangente quelconque, est égal au carré du demi-diamètre conjugué du premier.

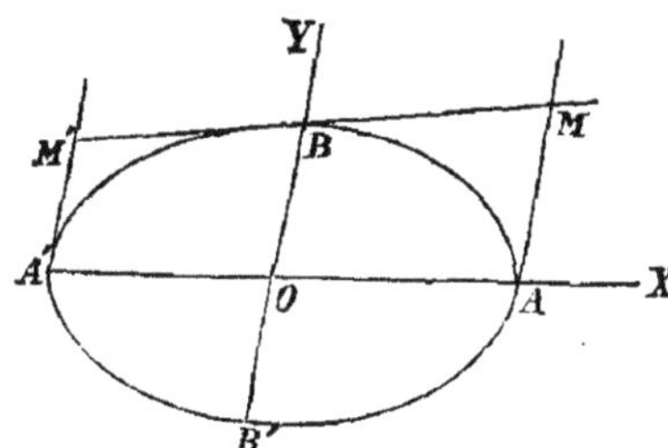

Soit O une ellipse, AA' un diamètre quelconque, AM, A'M' deux tangentes, et MM' une troisième tangente. Appelons $2a'$ la longueur du diamètre AA', $2b'$ celle de son conjugué BB'. En rapportant la courbe à ces deux diamètres et prenant le premier pour axe des x, l'équation de la tangente MM' sera

$$a'^2 yy' + b'^2 xx' = a'^2 b'^2.$$

Faisant $x = a'$, on a

$$\mathrm{AM} = \frac{b'^2(a'-x')}{a'y'};$$

si l'on fait $x = -a'$, il vient

$$\mathrm{A'M'} = \frac{b'^2(a'+x')}{a'y'};$$

d'où

$$\mathrm{AM.\,A'M'} = \frac{b'^4(a'^2-x'^2)}{a'^2y'^2} = b'^2.$$

Ce qu'il fallait démontrer.

La même propriété existe pour l'hyperbole.

413. Construire une courbe du second ordre dont on donne cinq points.

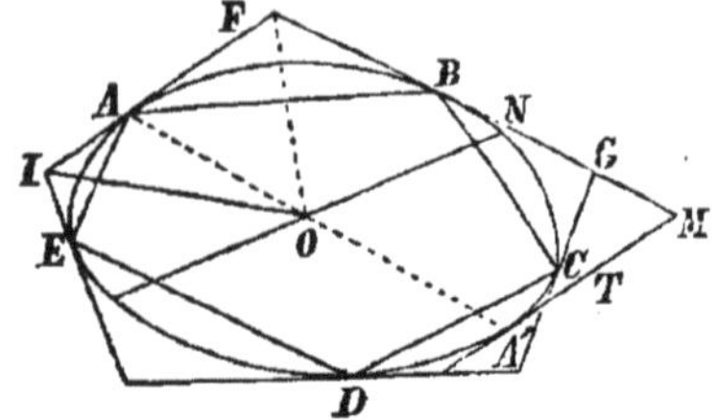

Soient A, B, C, D, E les cinq points donnés. On construira le pentagone ABCDE, et on pourra déterminer les tangentes aux différents sommets de ce pentagone (n. 411).

Considérons les tangentes aux trois sommets E, A, B. Lorsque la courbe sera une ellipse ou une hyperbole, on trouvera le centre en traçant les diamètres IO, FO, leur point de concours O sera le centre. Si l'on tire le rayon AO, et qu'on le prolonge d'une quantité OA', = OA, le point A' appartiendra à la courbe, et en menant par le point A' une parallèle A'T à IF, cette ligne A'T sera tangente à la courbe. Le diamètre conjugué de OA sera dirigé suivant la droite ON menée par le centre parallèlement à IF. Pour avoir la longueur de la moitié ON, on prolongera FG jusqu'en M, où cette ligne rencontre la tangente A'T, et en vertu du théorème précédent, on aura

$$\overline{ON}^2 \text{ ou } b'^2 = AF.A'M.$$

On connaîtra donc deux diamètres conjugués de la courbe de grandeur et de position.

La même construction s'applique à l'hyperbole.

Si les diamètres IO et FO étaient parallèles, la courbe serait une parabole, et on pourrait la construire, puisqu'on connaîtrait trois points de la courbe et la direction des diamètres.

THÉORÈME.

414. Hexagone de Brianchon. Les trois diagonales qui joignent les sommets des angles opposés d'un hexagone circonscrit à une courbe du second degré se coupent au même point.

Soit ABCDEF un hexagone circonscrit à une courbe du second degré. Si par le point A on mène à la courbe la sécante AD, et que par les points de rencontre on mène des tangentes, en vertu de propositions démontrées, ces tangentes se couperont sur la po-

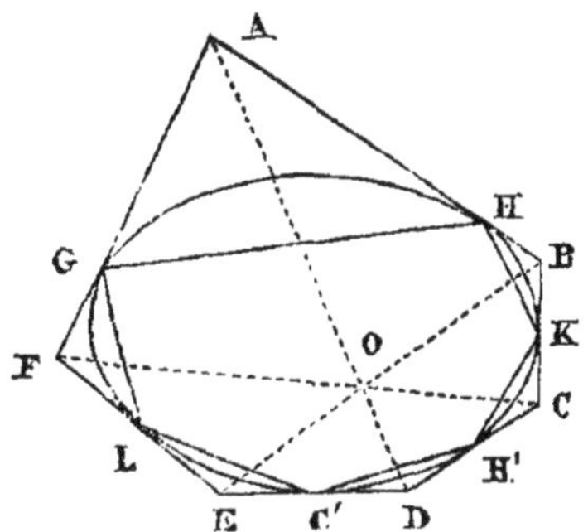

laire du point A ; il en sera de même pour le point D. Par conséquent si, par les points de rencontre de AD avec la courbe, on mène deux tangentes, elles devront se rencontrer en un point situé à la fois sur la polaire du point A, et sur la polaire du point D ; ce point sera donc le point de rencontre des côtés opposés GH, G'H' de l'hexagone inscrit formé en joignant deux à deux chaque point de contact au suivant, donc la diagonale AD est la polaire de ce point.

De la mêmemanière, la diagonale BE est la polaire du point de rencontre des côtés opposés HK, LG'. Enfin la diagonale FC sera dirigée suivant la polaire des deux côtés H'K et GL, qui forment le troisièmecouple de côtés opposés de l'hexagone inscrit. Les trois diagonales se confondent donc avec les polaires de trois points en ligne droite. Mais (398) ces trois polaires passent par le même point ; donc les trois diagonales de l'hexagone circonscrit doivent se couper au même point.

On fait ici une remarque analogue à celle qui a été faite dans le théorème du n° 409, hexagone de Pascal. Il n'est pas nécessaire que l'hexagone circonscrit soit convexe, il suffit qu'il soit fermé. Je suppose qu'on ait tracé six tangentes à une courbe du second degré; pour former l'hexagone, partant du point d'intersection de deux tangentes, je m'avance sur l'une d'elles jusqu'à la rencontre d'une autre tangente ; je m'avance sur cette seconde tangente dans un sens ou dans l'autre, jusqu'à la rencontre d'une troisième tangente, et ainsi de suite, de manière à revenir au point

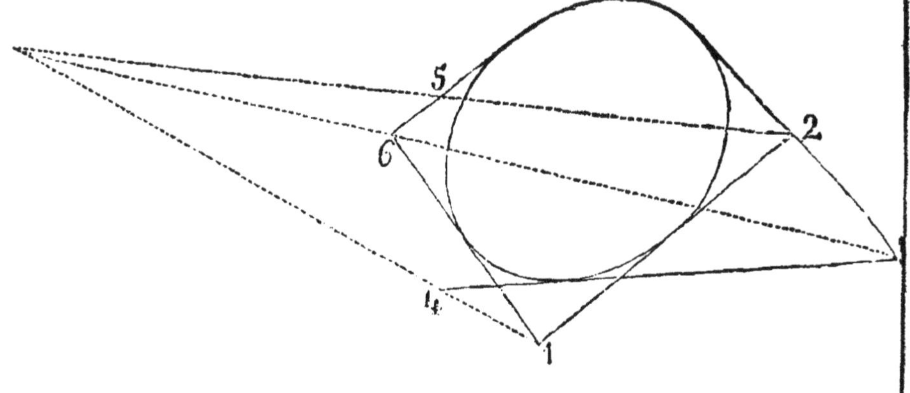

de départ après avoir marché sur toutes les tangentes sans discontinuité; La ligne brisée ainsi formée est un hexagone circonscrit. Si l'on numérote ses côtés dans l'ordre suivant lequel ils ont été obtenus, les trois diagonales qui joignent les sommets (1, 4), (2, 5), (3, 6) passent par un même point.

415. PENTAGONE CIRCONSCRIT. Soit ABCDE un pentagone circonscrit, et proposons-nous de déterminer le point de contact de chacun des côtés avec la courbe.

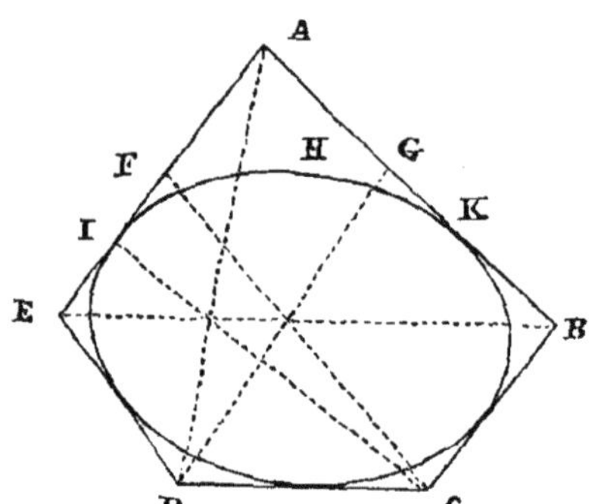

Soit I le point de contact du côté AE ; concevons une sixième tangente FG dont le point de contact H soit entre les points de contact I et K des deux tangentes AE, AB. Supposons maintenant que cette tangente se meuve de manière que le point de contact H se rapproche continuellement du point I. Quand le point H sera en I, le point F y sera également et le sommet G viendra en A ; donc la diagonale GD deviendra AD, et la diagonale CF se confondra avec CI. Par conséquent pour déterminer le point de contact d'un côté AE avec la courbe, il faut joindre chacune des extrémités de ce côté au sommet voisin de l'autre extrémité, puis le point de concours de ces diagonales au cinquième sommet C ; le point de rencontre de cette ligne de jonction avec le côté AE, sera le point de contact de AE. On pourra donc, étant données cinq tangentes à une courbe du second ordre, déterminer le point de contact de chaque tangente, et par suite trouver un système de diamètres conjugués, si la courbe est une ellipse ou une hyperbole ; et si la courbe est une parabole, construire cette courbe après avoir déterminé, soit la direction des diamètres, soit le foyer.

415. COROLLAIRES. Lorsque deux sommets consécutifs de l'hexagone inscrit se confondent, le côté intermédiaire devient une tangente à la courbe ; ainsi un pentagone, un quadrilatère, un triangle, inscrits dans une courbe du second ordre, jouissent des propriétés de l'hexagone, en ayant soin de compléter le nombre des côtés par des tangentes.

En même temps que deux sommets de l'hexagone inscrits se confondent, les deux côtés correspondants de l'hexagone circonscrit se placent en ligne droite, et le sommet intermédiaire devient le point de contact du côté double ; ainsi un pentagone, un quadrilatère, un triangle, circonscrits à une courbe du second ordre, jouissent des propriétés de l'hexagone, en ayant soin de compléter le nombre des sommets par des points de contact. Parmi les corollaires qu'on déduit de la sorte des deux théorèmes généraux, nous citerons les deux suivants :

Dans tout triangle inscrit à une courbe du second ordre, les trois points d'intersection des côtés et des tangentes aux sommets opposés sont en ligne droite.

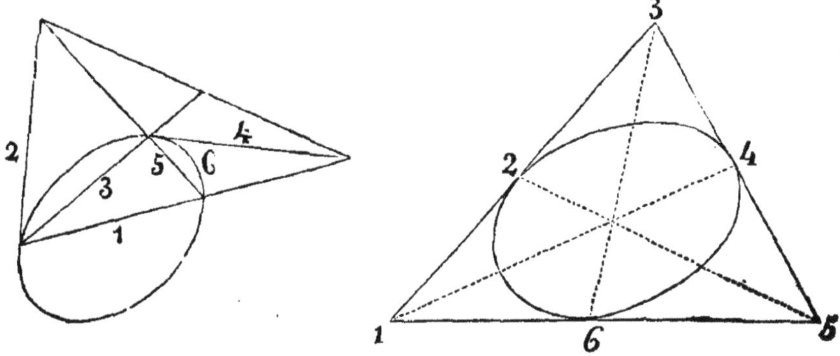

Dans un triangle circonscrit, les trois droites qui joignent les sommets aux points de contact des côtés opposés passent par un même point.

CHAPITRE XIX.

DE LA SIMILITUDE DANS LES COURBES DU SECOND ORDRE.

416. Définition. On dit que deux courbes sont semblables lorsqu'on peut les placer de telle manière qu'en menant par un même point des rayons vecteurs aux différents points des deux courbes, les rayons vecteurs dirigés suivant la même droite soient proportionnels.

Considérons les deux courbes AB, A'B', situées sur le même plan. S'il est possible de placer la courbe A'B' en *ab*, de telle

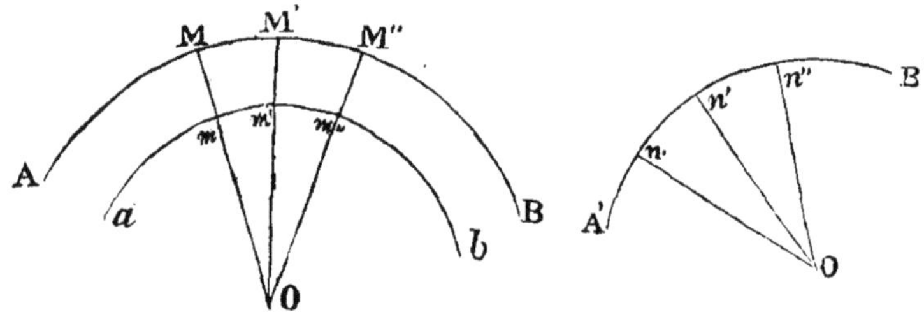

manière, que menant par un certain point O, dans des directions quelconques, des droites qui rencontrent la courbe AB, en M, M', M'', etc., et la courbe *ab*, en *m*, *m'*, *m''*, etc., on ait

$$\frac{OM}{Om} = \frac{OM'}{Om'} = \frac{OM''}{Om''} = \dots$$

la courbe A'B' est semblable à AB.

Si l'on imagine que la courbe *ab* soit reportée en A'B', et que les lignes O*m*, O*m'*, O*m''*, etc., se placent en *on*, *on'*, *on''*, etc., les points O et *o* d'où partent les rayons proportionnels, sont appelés *centres de similitude*. Les rayons de l'une des deux courbes font entre eux les mêmes angles que ceux de l'autre courbe auxquels ils sont proportionnels et qu'on nomme *homologues*.

La courbe A'B' peut avoir une position quelconque par rapport à AB, sans cesser de lui être semblable. Quand cette position est telle que les rayons de l'une sont parallèles à leurs homologues dans l'autre, on dit que les deux courbes sont *semblables et semblablement placées*. C'est cette similitude de forme et de position que M. Chasles, pour abréger le langage, a désignée par le nom *d'homothétie*, *directe* quand les rayons vecteurs homologues sont dirigés dans le même sens, *inverse* quand les rayons vecteurs sont dirigés en sens contraire.

Le rapport constant qui existe entre les rayons vecteurs homologues se nomme *rapport de similitude*.

417. Equation des courbes homothétiques.

Soit

$$f(x, y) = 0 \qquad (1)$$

l'équation d'une courbe AB. Prenons l'origine pour centre de similitude et construisons avec le rapport K une courbe *ab* homothétique à la première; si l'on désigne par x et y les coordonnées d'un point quelconque M de la première courbe, par x' et y' celles du point homologue M′ de la seconde, les triangles semblables OPM, OP′M′ donnent

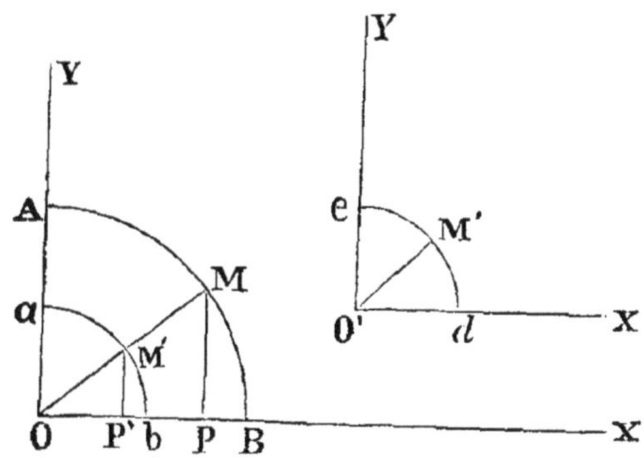

$$\frac{x}{x'} = \frac{y}{y'} = \frac{\text{OM}}{\text{OM}'} = \text{K}\,;$$

si l'on substitue dans l'équation (1), on a l'équation

$$f(\text{K}x', \text{K}y') = 0, \qquad (2)$$

qui représente toutes les courbes homothétiques à la courbe proposée et ayant l'origine pour centre d'homothétie. Dans cette équation on donnera à K une valeur positive lorsque l'homothétie sera directe, une valeur négative lorsque l'homothétie sera inverse.

Laissant fixe la courbe AB, transportons la courbe *ab* dans le plan en *cd*, de manière que l'origine O vienne en O′ (p, q), et que les axes restent parallèles à leurs directions primitives ; la courbe *cd*, rapportée aux axes mobiles O′X′, O′Y′, a pour équation

$$f(\text{K}x', \text{K}y') = 0.$$

Si maintenant on veut la rapporter aux anciens axes fixes OX, OY, il faudra changer dans cette équation x' en $x - p$, et y' en $y - q$; on a ainsi l'équation

$$f(\text{K}(x-p), \text{K}(y-q)) = 0. \qquad (3)$$

Dans cette nouvelle position, la courbe *cd* est homothétique à la courbe S ; car les rayons vecteurs menés de O et de O′ sont parallèles, et dans le rapport constant K. L'équation (3) représente donc toutes les courbes homothétiques à la courbe proposée, quelle que soit la position du centre de similitude.

418. Equation des courbes semblables.

En même temps que nous transportons l'origine en O′, faisons tourner les axes de l'angle α ; la courbe *cd* occupera alors une position quelconque dans le plan et sera simplement semblable à la proposée.

La courbe *cd* rapportée aux axes mobiles O′X′, O′Y′, a pour équation

$$f\,(Kx', Ky') = 0;$$

et il reste à trouver l'équation qu'on doit avoir en rapportant la courbe dans sa nouvelle position aux mêmes axes OX, OY que AB.

Les deux systèmes d'axes étant obliques, on passe des premiers aux derniers par les formules

$$x = p + \frac{x' \sin(\theta - \alpha) + y' \sin(\theta - \alpha')}{\sin \theta}.$$

$$y = q + \frac{x' \sin \alpha + y' \sin \alpha'}{\sin \theta}$$

Dans le cas actuel, on a $\alpha' - \alpha = \theta$, ou $\alpha' = \theta + \alpha$. En portant cette condition dans les équations précédentes, on obtient

$$x = p + \frac{x' \sin(\theta - \alpha) - y' \sin \alpha}{\sin \theta}$$

$$y = q + \frac{x' \sin \alpha + y' \sin(\theta + \alpha)}{\sin \theta}.$$

Tirant de ces deux formules les valeurs de x' et de y', on trouve :

$$x' = \frac{(x-p) \sin(\theta + \alpha) + (y-q) \sin \alpha}{\sin \theta},$$

$$y' = \frac{-(x-p) \sin \alpha + (y-q) \sin(\theta - \alpha)}{\sin \theta}.$$

Si l'on porte ces valeurs dans l'équation

$$f\,(Kx', Ky') = 0,$$

on obtient l'équation de la courbe par rapport aux axes fixes OX et OY. Cette équation représente toutes les courbes semblables à la proposée.

419. Nous allons appliquer cette théorie aux courbes du second ordre; mais pour le faire le plus simplement possible, nous considèrerons une ellipse ou une hyperbole rapportée à son centre et à ses axes principaux, de sorte que son équation sera ainsi

$$(1) \qquad a^2y^2 \pm b^2x^2 = \pm a^2b^2.$$

Si l'on prend le centre de la courbe pour centre de similitude, et si l'on désigne toujours par K le rapport de similitude, l'équation des courbes semblables à la proposée sera

$$a^2K^2y'^2 \pm b^2K^2x'^2 \mp a^2b^2 = 0,$$

ou, en supprimant les accents

$$(2) \qquad a^2K^2y^2 \pm b^2K^2x^2 \mp a^2b^2 = 0.$$

Ce qui nous apprend que les courbes homothétiques à des ellipses ou à des hyperboles sont des ellipses ou des hyperboles.

On voit de plus que pour savoir si une pareille courbe est semblable à celle que l'équation (2) représente, il faut d'abord la rapporter à ses axes principaux, ce qui ramènera son équation à la forme

$$a'^2y'^2 \pm b'^2x'^2 \mp a'^2b'^2 = 0,$$

et il faudra qu'en donnant à K une valeur convenable, on puisse identifier cette équation avec l'équation (2) qui représente toutes les courbes semblables à la proposée. On devra donc avoir

$$a^2K^2 = a'^2, \text{ et } b^2K^2 = b'^2,$$

d'où

$$\frac{a}{a'} = \frac{b}{b'}.$$

Donc

pour que deux ellipses ou deux hyperboles soient semblables il faut et il suffit que leurs axes soient proportionnels.

420. En appliquant cette méthode à la parabole $y^2 = 2px$, on obtient

$$y^2 = \frac{2p}{K}x.$$

Or, on peut toujours donner à K une valeur telle que $\frac{2p}{K}$ soit égal à un paramètre donné ; on en conclut que toutes les paraboles sont des courbes semblables.

421. La règle très-simple que l'on vient d'énoncer pour les ellipses et pour les hyperboles a l'inconvénient que l'on rapporte à leurs axes principaux les deux courbes dont on veut vérifier l'homothétie ou simplement la similitude, ce qui entraîne dans des calculs assez longs. Il est donc intéressant de rechercher une autre règle qui donne le moyen de reconnaître à l'inspection de leurs équations, si deux courbes à centre sont ou ne sont pas homothétiques ou simplement semblables.

422. Trouver la condition pour que deux courbes du second degré données par des équations générales soient homothétiques.

Prenons, par une transformation de coordonnées, le centre de la première pour origine ; le carré du demi-diamètre faisant avec l'axe des x un angle θ, dans cette courbe, est égal à une constante divisée par

$$A \sin^2\theta + B \sin\theta \cos\theta + C \cos^2\theta ;$$

de même le carré du demi-diamètre qui lui est parallèle dans la seconde est égal au quotient d'une autre constante par

$$A' \sin^2\theta + B' \sin\theta \cos\theta + C' \cos^2\theta.$$

Le rapport de ces deux carrés ne peut être constant qu'à la condition d'être indépendant de θ, c'est-à-dire lorsqu'on a

$$\frac{A}{A'} = \frac{B}{B'} = \frac{C}{C'}$$

Donc

deux courbes du second ordre sont homothétiques lorsque les coefficients des termes du second degré de leurs équations sont égaux ou proportionnels.

423. Les axes de deux courbes du second ordre homothétiques sont parallèles, puisque le plus grand et le plus petit diamètre de l'une doivent être respectivement parallèles au plus grand et au plus petit diamètre de l'autre.

Si l'un des diamètres de l'une des courbes devient infini, il en est de même du diamètre parallèle de l'autre; ainsi les asymptotes de deux hyperboles homothétiques sont parallèles.

Deux hyperboles ayant leurs asymptotes parallèles sont homothétiques. En effet, leurs axes, étant les bissectrices des angles formés par les asymptotes, sont parallèles ; de plus elles ont même excentricité, puisque l'excentricité ne dépend que de l'angle compris entre les asymptotes.

424. Toutes les paraboles sont homothétiques lorsque leurs axes sont parallèles. En effet l'équation d'une parabole rapportée à son sommet $y^2 = 2px$, ou

$$\rho = \frac{2p \cos\theta}{\sin^2\theta},$$

il est évident que le rayon vecteur ρ' mené à une autre parabole par son sommet, et parallèlement à ρ, est avec celui-ci dans le rapport constant de p' à p.

425. Deux figures sont semblables, mais non semblablement placées, lorsque les rayons vecteurs proportionnels, au lieu d'être parallèles, font entre eux un angle constant θ, de telle sorte qu'en faisant tourner l'une d'elles de l'angle θ, on obtienne deux figures homothétiques (nº 416).

Trouver la condition pour que deux courbes du second ordre données par l'équation générale du second degré soient semblables, quoique non semblablement placées.

Il suffit pour cela de rapporter la première courbe à un nouveau système d'axes faisant un angle θ avec le premier, et de voir si l'on peut trouver une valeur de θ qui rendent les nouveaux coefficients, A, B, C de cette équation proportionnels aux coefficients A', B', C' de la seconde, c'est-à-dire égaux à KA', KB', KC'.

Lorsque les axes primitifs sont rectangulaires, les quantités $A+C$, $B^2 - 4AC$ ne changent pas quand on transforme les coordonnées : on aura donc

$$A + C = K(A'+C')$$
$$B^2 - 4AC = K^2 (B'^2 - 4A'C'),$$

et la condition cherchée sera

$$\frac{B^2-4AC}{(A+C)^2} = \frac{B'^2-4A'C'}{(A'+C')^2}$$

Exercices.

1. Sur un rayon vecteur OP mené à une courbe du second ordre par un point fixe O, on prend une longueur OQ proportionnelle à OP, trouver le lieu du point Q.

2. Si par le centre de similitude de deux courbes du second ordre homothétiques, on mène deux rayons vecteurs, les cordes qui joignent leurs extrémités sont parallèles ou se rencontrent sur la corde d'intersection des deux courbes.

3. Les six centres de similitudes de trois courbes du second ordre sont situés trois par trois sur une même droite.

4. Deux courbes du second ordre homothétiques et concentriques déterminent sur une sécante des segments égaux.

Toute corde de la courbe extérieure, qui est tangente à la courbe intérieure, est divisée au point de contact en deux parties égales.

CHAPITRE XX.

IDENTITÉ DES COURBES DU SECOND ORDRE AVEC LES SECTIONS CONIQUES.

425. Nous nous proposons ici de prouver que la courbe qui résulte de l'intersection d'un cône droit à base circulaire par un plan quelconque qui ne passe pas par le centre de cette surface, est une courbe du second ordre, et que, réciproquement, toute courbe du second ordre peut être obtenue en coupant une pareille surface par un plan.

Soit NOM une section du cône par un plan. Par l'axe zz' du cône menons un plan perpendiculaire à celui de la section ; ce plan méridien coupera le cône suivant deux génératrices opposées ASA', BSB', et le plan de la section suivant une droite OC. Le plan ASB est évidemment un plan de symétrie, donc OC sera un axe de la courbe ONM, et le point O, situé sur la génératrice SA, en sera un sommet. Rapportons la section à cette droite OC prise pour axe des x, et à la perpendiculaire OY élevée sur OC dans le plan de la section.

Désignons par β l'angle générateur du cône, et en outre représentons par α l'angle SOX, et par d la distance SO. Ce sont là les

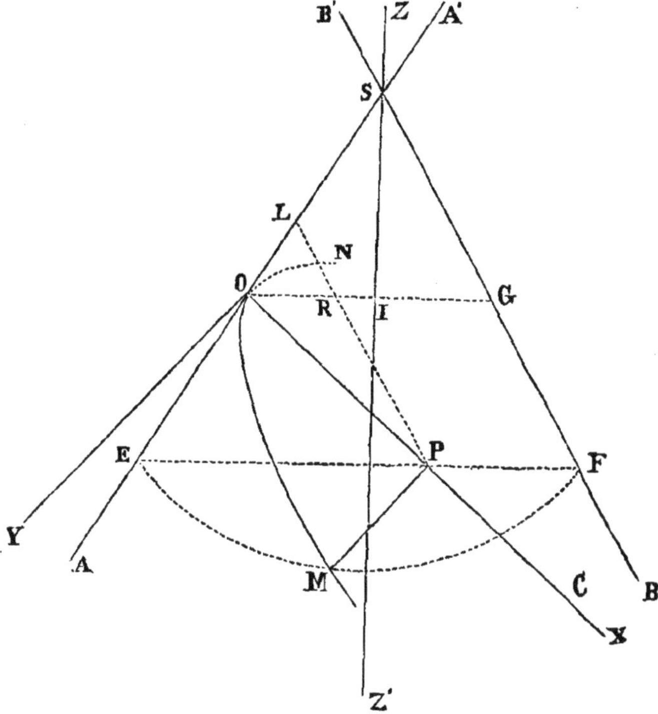

deux quantités qui déterminent la position du plan sécant à l'égard de la surface conique. Soit M un point quelconque de la section ; $MP = y$, $OP = x$ seront ses coordonnées, et, pour avoir l'équation de la courbe, il s'agira de trouver la relation constante qui lie entre elles x et y.

Par la droite MP, menons un plan perpendiculaire à l'axe ; il coupera le cône suivant un cercle EMF, dont EF sera le diamètre. Or, l'ordonnée MP étant perpendiculaire à OX, et située dans le plan NOM, perpendiculaire au plan SAB, est perpendiculaire à ce dernier plan, donc aussi à EF menée par son pied dans ce plan ; donc MP est moyenne proportionnelle entre les deux segments EP et PF du diamètre EF du cercle EMF ; donc quelle que soit la position du point M, on a

$$\overline{MP}^2 = EP.PF, \quad \text{ou} \quad y^2 = EP.PF\,;$$

de sorte qu'on obtiendra l'équation de la section conique NOM en exprimant EP et PF en fonction de x, et des constantes β, α et d.

Le triangle EOP donne

$$\frac{EP}{x} = \frac{\sin\alpha}{\cos\beta}$$

d'où

$$EP = \frac{x \sin \alpha}{\cos \beta}.$$

Cherchons maintenant PF. Pour cela menons PRL parallèle à la génératrice SB, nous aurons

$$PF = RG = 2OI - OR.$$

Mais $OI = d \sin \beta$; on tire ensuite du triangle PRO

$$\frac{OR}{x} = \frac{\sin(\alpha+2\beta)}{\cos\beta}$$

car l'angle OPL est supplémentaire de $LOP + OLP = \alpha + 2\beta$ et $\sin ORP = \sin OGS = \cos \beta$; donc

$$OR = \frac{x \sin(\alpha+2\beta)}{\cos \beta},$$

et par suite

$$PF = 2d \sin \beta - \frac{x \sin(\alpha+2\beta)}{\cos \beta},$$

et enfin

$$(1) \qquad y^2 = \frac{2d \sin \alpha \sin \beta}{\cos \beta} x - \frac{\sin \alpha \sin(\alpha+2\beta)}{\cos^2 \beta} x^2$$

donc

les sections coniques sont des courbes du second ordre.

L'équation (1) représentera une ellipse, une hyperbole ou une parabole, suivant que l'on aura

$$\sin(\alpha+2\beta) > 0, \ < 0, \text{ ou } = 0 ;$$

car l'angle α ne devant varier que de 0 à 180°, son sinus est toujours positif. Cette condition revient à

$$\alpha + 2\beta < 180°, > 180°, \text{ ou } = 180° ;$$

car $\alpha + 2\beta$ est nécessairement $< 360°$.

Dans le premier cas, la trace OX du plan sécant sur ASB coupe la génératrice SB sur la nappe ASB de la surface conique, et par conséquent le plan sécant rencontrant toutes les génératrices sur une même nappe, la courbe MON est rentrante et fermée, ce qui s'accorde avec la forme connue de l'ellipse.

Si $\alpha + 2\beta > 180°$, la trace OX coupe la génératrice SB sur son prolongement SB′, de manière que le plan sécant rencontre une partie seulement des génératrices des deux nappes. Il en résulte ainsi deux branches de courbe qui s'étendent indéfiniment, chacune sur une seule nappe, et s'opposent leur convexité, ce qui est bien la forme connue de l'hyperbole.

Si $\alpha + 2\beta = 180°$, OX est parallèle à SB, et le plan sécant rencontre toutes les génératrices, à l'exception de SB, sur la nappe ASB, de sorte que la courbe sera formée d'une seule branche qui s'étendra indéfiniment sur cette nappe ; on a donc la parabole.

Si l'on suppose $d = 0$, et que, pour abréger, on représente par $-$ K le coefficient de x^2, l'équation (1) se réduit à

$$y^2 + Kx^2 = 0,$$

et représentera un point, deux droites qui se coupent, ou deux droites confondues en une seule, selon qu'on aura

$$\alpha + 2\beta < 180°, > 180°, \text{ ou } = 180°$$

L'hypothèse $\alpha = 90° - \beta$ introduite dans l'équation (1), rend les facteurs $\sin\alpha$, $\sin(\alpha + 2\beta)$ égaux à $\cos\beta$, et conduit à une équation de la forme

$$y^2 = mx - x^2,$$

qui représente une circonférence de cercle, puisque les coordonnées sont rectangulaires. Dans le cas dont il s'agit, le plan coupant est perpendiculaire à l'axe du cône.

On conclut de ce qui précède que l'équation (1) peut représenter:

1° Une ellipse, un cercle et un point ;

2° Une hyperbole et deux droites qui se coupent ;

3° Une parabole et une ligne droite ;

mais qu'elle ne peut jamais représenter deux parallèles ou une droite imaginaire, de sorte qu'elle est moins générale que l'équation

$$Ay^2 + Bxy + Cx^2 + Dy + Ex + F = 0.$$

426. Nous allons maintenant nous occuper de la seconde partie de la question, et examiner si toute courbe du second ordre est une section conique ou, plus généralement,
si une courbe quelconque du second ordre peut être placée sur un cône donné.

En rapportant cette courbe à son axe focal et à la tangente à son sommet, son équation sera de la forme

$$(2) \qquad y^2 = 2px + qx^2$$

$2p$ désignant le paramètre, et la valeur absolue de q étant le carré du rapport du second axe au premier. Il s'agit donc uniquement de savoir si, les quantités p, q, β étant données, on peut déterminer pour α et d des valeurs réelles et finies de manière à rendre l'équation (1) identique avec l'équation (2).

En égalant respectivement les coefficients de x^2 et de x, on arrive aux deux équations de condition

$$(3) \quad p = \frac{d \sin \alpha \sin \beta}{\cos \beta}, \quad (4) \quad -q = \frac{\sin \alpha \sin (\alpha + 2\beta)}{\cos^2 \beta}.$$

L'équation (3) étant du premier degré par rapport à d, donnera toujours une valeur réelle et finie pour cette inconnue, si, toutefois, on peut tirer de (4) une valeur réelle de α qui ne soit ni 0, ni 180°. Nous allons donc nous occuper de la résolution de l'équation (4) qui ne renferme que l'inconnu α ; elle donne

$$\sin \alpha \sin (\alpha + 2\beta) = - q \cos^2 \beta.$$

Mais on a

$$2 \sin \alpha \sin (\alpha + 2\beta) = \cos 2\beta - \cos (2\alpha + 2\beta),$$

et, par conséquent,

$$\cos (2\alpha + 2\beta) - \cos 2\beta = 2q \cos^2 \beta.$$

On en déduit

$$\cos (2\alpha + 2\beta) = \cos 2\beta + 2q \cos^2 \beta.$$

$$\text{Or, } \cos 2\beta = \cos^2 \beta - \sin^2 \beta = 2 \cos^2 \beta - 1,$$

donc enfin

$$(5) \qquad \cos (2\alpha + 2\beta) = 2 (q + 1) \cos^2 \beta - 1.$$

Pour que l'on puisse déduire de cette équation une valeur de α, il faut que son second membre soit compris entre $+1$ et -1, car ce sont là les limites entre lesquelles tout cosinus est compris ; de sorte que, pour que le problème soit possible, il faut, et il suffit que l'on ait à la fois

$$2 (q + 1) \cos^2 \beta - 1 > - 1 \text{ et } < + 1.$$

Ces deux inégalités reviennent à

$$(6) \qquad q + 1 > 0, \text{ et } \cos^2 \beta < \frac{1}{q + 1}.$$

Quelle que soit celle des trois courbes du second ordre que l'on considère, la première des équations (6) est toujours satisfaite ; en effet, dans l'ellipse, q est négatif, mais plus petit que l'unité, car $q = -\frac{b^2}{a^2}$, et $2a$ représente toujours le grand axe ; dans l'hyperbole q est positif et il est nul dans la parabole. Il ne reste donc qu'à vérifier la condition

$$\cos^2\beta < \frac{1}{q+1}.$$

Or, nous venons de dire que dans l'ellipse q est négatif, mais plus petit que l'unité ; donc cette condition est remplie ; donc une ellipse donnée peut toujours être appliquée sur un cône de révolution donné.

Si la courbe donnée est une hyperbole, q est positif, et cette seconde condition revient à

$$\cos^2\beta < \frac{1}{1+\frac{b^2}{a^2}}, \quad \text{ou} \quad \cos^2\beta < \frac{a^2}{c^2}.$$

Mais, en représentant par θ le demi angle des asymptotes, on a $\cos\theta = \frac{a}{c}$, donc

$$\cos^2\beta < \cos^2\theta,$$

et, par conséquent

$$2\beta > 2\theta.$$

Ce qui nous apprend que pour placer une hyperbole sur un cône donné, il faut que l'angle au sommet du cône soit au moins égal à l'angle des asymptotes de cette hyperbole.

Si la courbe donnée est une parabole, $q = 0$, et les équations (6) sont satisfaites ; mais cela ne suffit pas pour être certain que la section conique sera cette parabole, il faut encore que $\sin\alpha$ ne soit pas nul, sans quoi d serait infini.

Or, en faisant $q = 0$ dans l'équation (4), il vient

$$\sin\alpha \sin(\alpha + 2\beta) = 0$$

d'où

$$\sin\alpha = 0, \quad \text{ou} \quad \sin(\alpha + 2\beta) = 0.$$

La première valeur doit être rejetée ; on doit donc prendre

$$\sin(\alpha + 2\beta) = 0.$$

Or, $\alpha + 2\beta$ est moindre que 360° ; il faut donc poser

$$\alpha + 2\beta = 0, \quad \text{ou} \quad \alpha + 2\beta = 180°.$$

$\alpha + 2\beta = 0$ donnant pour α une valeur négative, doit être rejetée ; quant à l'égalité $\alpha + 2\beta = 180^\circ$, elle montre que la ligne OX doit être parallèle à SB.

Donc une parabole donnée peut toujours être appliquée sur un cône de révolution donné.

Remarque. Les ellipses ou les hyperboles que l'on obtient en coupant un cône par des plans parallèles sont des courbes homothétiques.

En effet, l'angle α restant le même, le coefficient de x^2 dans l'équation des sections du cône, ne change pas. Or, ce coefficient représente, abstraction faite du signe, le carré du rapport des axes ; ce rapport étant constant, les axes sont proportionnels, et, par suite, les courbes de même nom sont homothétiques.

427. Section du cylindre droit à base circulaire.

Le plan YOX restant fixe ainsi que la base du cône, si on suppose que le sommet S s'éloigne indéfiniment sur la droite ZZ′, le cône tendra de plus en plus vers un cylindre droit ; à la limite on aura $\beta = 0$, et $d = \infty$. Mais le triangle SOI donne $OI = d \sin\beta$; donc si l'on appelle r le rayon invariable de la circonférence qui sert de base au cône, le produit $d \sin\beta$ tendra vers r, lorsque β et d convergeront respectivement vers 0 et ∞ ; donc, à la limite, l'équation (1) deviendra

$$y^2 + \sin^2\alpha . x^2 - 2r \sin\alpha . x = 0,$$

équation d'une ellipse. Donc

les sections faites dans un cylindre droit à base circulaire par des plans inclinés à la base, sont des ellipses qui ont toutes pour petit axe le diamètre de ce cylindre.

On ne peut donc pas placer une ellipse quelconque sur une pareille surface, mais on peut très bien couper cette surface suivant une ellipse semblable à une ellipse donnée. Il suffit pour cela de poser $\sin\alpha = \frac{b}{a}$.

428. *Section du cône circulaire oblique.* On peut obtenir les trois courbes du second degré en coupant par un plan un cône circulaire oblique.

Soit SAB un cône oblique à base circulaire. Suivant l'axe SC, menons un plan perpendiculaire à la base ; nous déterminerons une section méridienne SAB ; soient γ et δ les angles SAB, SBA, et coupons le cône par un plan perpendiculaire à la section méridienne. Soit OX la trace du plan sécant sur le plan méridien, et NOM la courbe d'intersection dont il s'agit d'avoir l'équation.

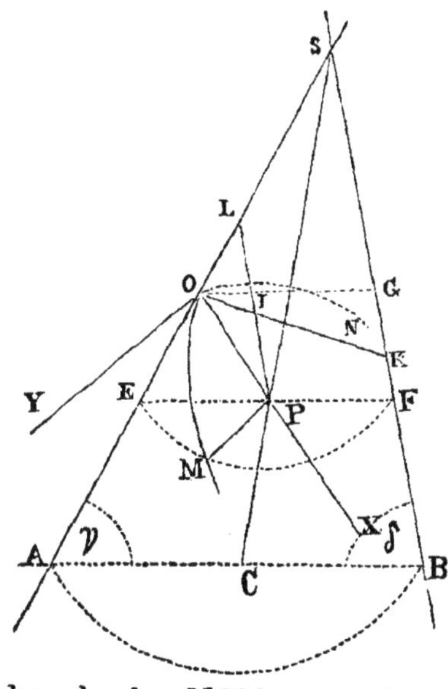

Prenons OX pour axe des x, et pour axe des y, la perpendiculaire OY élevée sur OX dans le plan sécant. Appelons, comme précédemment, α l'angle SOX, et d la distance SO. Soit M un point quelconque de la courbe; MP perpendiculaire à OX sera son ordonnée et OP, son abscisse. Par MP menons un plan parallèle à la base du cône ; ce plan coupera la surface conique suivant une circonférence de cercle EMF dont EF sera le diamètre. Or, l'ordonnée MP, menée perpendiculairement à OX dans le plan NOM perpendiculaire au plan méridien, est elle-même perpendiculaire à ce plan ; donc on a encore

$$y^2 = \mathrm{EP}.\,\mathrm{PF};$$

et pour avoir l'équation du lieu, il reste à exprimer EP et PF en fonction de α, d, γ et δ.

Le triangle EOP donne

$$\frac{\mathrm{EP}}{\mathrm{OP}} = \frac{\sin \mathrm{EOP}}{\sin \mathrm{OEP}}, \text{ ou } \frac{\mathrm{EP}}{x} = \frac{\sin\alpha}{\sin\gamma},$$

d'où

$$\mathrm{EP} = \frac{x \sin \alpha}{\sin \gamma}.$$

D'ailleurs en menant PIL parallèle à SB et OIG parallèle à EF, on aura

$$\mathrm{PF} = \mathrm{OG} - \mathrm{OI}$$

$$\frac{\mathrm{OG}}{d} = \frac{\sin (\gamma + \delta)}{\sin \delta};$$

de plus

$$\frac{OI}{OP} = \frac{\sin OPI}{\sin OIP}, \text{ ou } \frac{OI}{x} = \frac{\sin(\gamma + \delta - \alpha)}{\sin \delta}.$$

Il en résulte

$$PE = \frac{d \sin(\gamma + \delta)}{\sin \delta} - \frac{x \sin(\gamma + \delta - \alpha)}{\sin \delta}$$

et par suite

$$y^2 = \frac{d \sin \alpha \sin(\gamma + \delta)}{\sin \gamma \sin \delta} x - \frac{\sin \alpha \sin(\gamma + \delta - \alpha)}{\sin \gamma \sin \delta} x^2.$$

Equation du second degré qui représente les trois courbes du second ordre suivant qu'on aura

$$\gamma + \delta - \alpha > 0, < 0, \text{ ou} = 0;$$

car la valeur absolue de $\gamma + \delta - \alpha$ est moindre que 180°.

En appelant S l'angle ASB, les conditions précédentes reviennent à

$$\alpha + S < 180^\circ, > 180^\circ, = 180^\circ,$$

Voyons si la section peut être un cercle. Il faut pour cela qu'on ait

$$\sin \alpha \sin(\gamma + \delta - \alpha) = \sin \gamma \sin \delta;$$

ou, en remplaçant le produit des deux sinus par la différence des deux cosinus

$$\cos(\gamma + \delta) - \cos(2\alpha - \gamma - \delta) = \cos(\gamma + \delta) - \cos(\gamma - \delta).$$

Pour que deux arcs aient le même cosinus, il faut et il suffit que leur somme ou leur différence soit un multiple pair de la demi-circonférence. On aura donc toutes les solutions de cette équation en posant

$$2\alpha - \gamma - \delta + \gamma - \delta = 2K\pi, \text{ d'où } \alpha - \delta = K\pi;$$
$$2\alpha - \gamma - \delta - \gamma + \delta = 2K\pi, \text{ d'où } \alpha - \gamma = K\pi.$$

Or les angles α, γ et δ sont moindres que 180°, donc $K = 0$, et par suite

$$\alpha = \delta, \text{ ou } \alpha = \gamma.$$

On voit par là que la section est une circonférence lorsque le plan sécant est parallèle à la base du cône, ce qu'on savait déjà; et lorsque ce plan est dirigé de manière à faire avec la génératrice SA un angle SOK égal à l'inclinaison de SB sur la base.

Cette seconde section est nommée *anti-parallèle*, ou *sous-contraire*.

429. Section d'un cylindre oblique à base circulaire par un plan.

Par l'axe CC′ du cylindre menons un plan perpendiculaire aux bases. Soit ABA′B′ la section méridienne résultante.

Représentons par γ et δ les angles AA′B′ et A′B′B, puis par un point quelconque O pris sur la génératrice AA′ menons un plan perpendiculaire à la section méridienne ; soient OX la trace du plan sécant sur le plan méridien, et α l'angle AOX. Par le point quelconque M pris sur le plan de la section du cylindre, menons un plan parallèle à la base ; il coupera la surface cylindrique suivant une circonférence de cercle, et le plan méridien suivant la ligne FG parallèle à A′B′. La droite MP, intersection des plans EMG, OMX, perpendiculaires au plan méridien, est elle même perpendiculaire à ce plan, donc on a

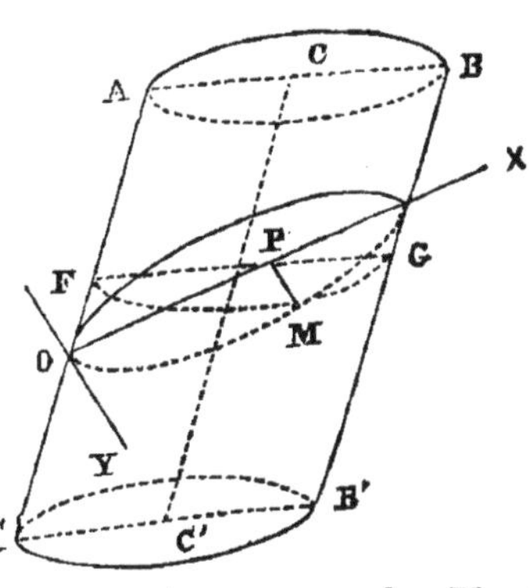

$$y^2 = \text{FP.PG},$$

en prenant pour axe des Y, la droite OY perpendiculaire à OX, dans le plan de la section.

On a aussi, dans le triangle OFP,

$$\frac{\text{FP}}{x} = \frac{\sin \alpha}{\sin \text{OFP}}, \quad \text{ou} \quad \frac{\text{FP}}{x} = \frac{\sin \alpha}{\sin \gamma},$$

d'où

$$\text{FP} = \frac{x \sin \alpha}{\sin \gamma}.$$

En outre, en nommant R le rayon des bases du cylindre, nous aurons

$$\text{PG} = 2\text{R} - \text{FP} = 2\text{R} - \frac{x \sin \alpha}{\sin \gamma},$$

et par suite

$$y^2 = \frac{2\text{R} \sin \alpha}{\sin \gamma} x - \frac{\sin^2 \alpha}{\sin^2 \gamma} x^2.$$

Equation qui représente une ellipse.

La section sera une circonférence si l'on a

$$\sin^2 \alpha = \sin^2 \gamma,$$

d'où

$$\sin \alpha = \sin \gamma.$$

Puisque les angles α et γ sont tous deux moindres que 180°, cette équation donne

$$\alpha = \gamma, \quad \alpha = 180^{\circ} - \gamma = \delta.$$

On obtient donc aussi un cercle en coupant un cylindre par des plans qui forment avec AA′ des angles égaux à BB′A′, ou δ. Le cercle obtenu en faisant $\alpha = \delta$ est aussi nommé *section anti-parallèle*, ou *sous-contraire*.

430. *Autre méthode*. On peut encore arriver aux mêmes résultats par une autre méthode, purement géométrique. Elle offre surtout l'avantage de montrer, dans le cône même, le rôle des points et des droites remarquables qui ont été désignés par les noms de *foyers* et de *directrices*.

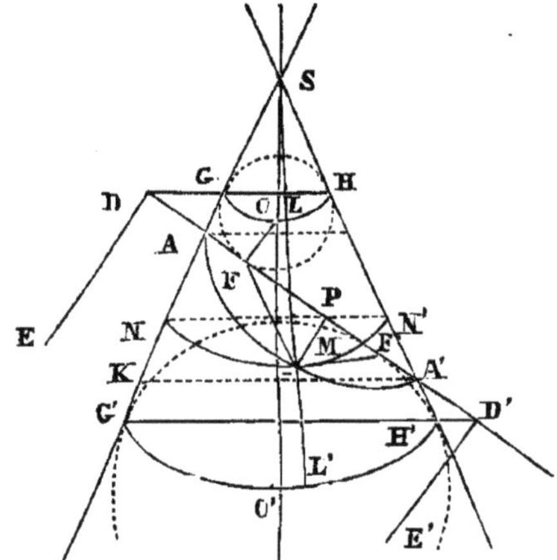

Considérons d'abord le cas où le plan sécant ne coupe qu'une nappe du cône. Décrivons deux cercles O et O′ tangents à la droite AA′, et aux deux arêtes SG′, SH′. Si l'on fait tourner la figure autour de l'axe SO′, pendant que l'arête SG′ engendre le cône, les deux demi-cercles engendrent deux sphères tangentes au cône suivant les cercles de contact GH, G′H′. Le plan sécant est tangent à l'une des sphères au point F comme perpendiculaire à l'extrémité du rayon OF ; il est aussi tangent à l'autre sphère au point F′. Cela posé, soit M un point quelconque de l'ellipse d'intersection ; la génératrice SM qui passe en ce point touche les sphères aux points L et L′ ; joignons MF, MF′. Les droites MF et ML sont égales comme tangentes menées du même point M à la sphère O ; les droites MF′ et ML′ sont égales comme tangentes issues du point M à la sphère O′ ; donc

$$\text{MF} + \text{MF}' = \text{ML} + \text{ML}' = \text{LL}'.$$

Or la portion LL′ de génératrice comprise entre les cercles parallèles GH et G′H′ est constante et égale à GG′ ; donc la somme des distances de chacun des points de l'ellipse aux deux points F, F′ est constante. Ces deux points sont les *foyers* de l'ellipse.

La somme constante GG′ est égale au grand axe AA′. Si par le point A′ on mène A′K parallèle à GH, on détermine sur la génératrice une portion AK′ égale à l'excentricité FF′. Car si des longueurs égales GG′, AA′ on retranche d'une part AG, KG′, d'autre part les longueurs égales AF, A′F′, il reste deux longueurs égales AK, FF′

Considérons les droites DE, D′E′, suivant lesquelles le plan sécant est coupé par les plans des cercles de contact GH, G′H′. Si du point M on abaisse une perpendiculaire MP sur le grand axe, la distance du point M à la droite DE est égale à PD. Soit NMN′ le cercle parallèle qui passe par le point M ; la longueur MF ou ML est égale à GN, or les triangles semblables PAN, DAG donnent :

$$GN : DP = AG : AD = AK : AA'.$$

Donc les distances de chacun des points de l'ellipse au foyer F et à la droite DE sont entre elles comme l'excentricité est au grand axe. Cette droite DE est une directrice de l'ellipse. La droite D′E′ est la seconde directrice.

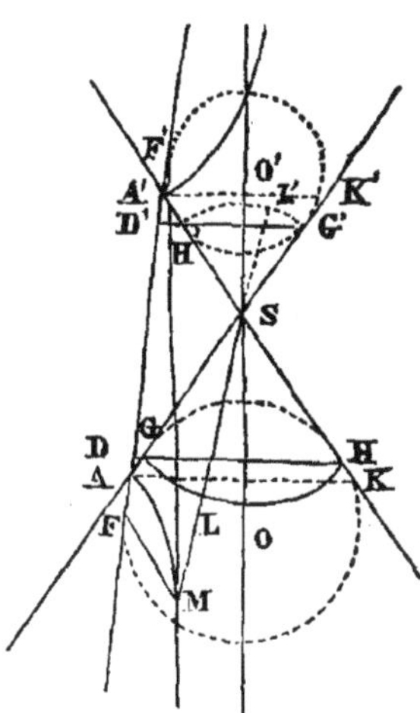

2° Lorsque le plan sécant rencontre les deux nappes du cône, on a

$$MF' - MF = ML' - ML = GG'.$$

La différence des distances de chacun des points de l'hyperbole aux deux points F, F′ est constante ; ces points sont les deux foyers de l'hyperbole. Les droites d'intersection du plan sécant et des plans de contact sont de même les directrices de l'hyperbole.

3° Supposons enfin que la droite AA′ soit parallèle à l'arête SH du cône, décrivons une sphère tangente au cône suivant le cercle GH et au plan sécant en F. Soit DE l'intersection du plan sécant avec le plan du cercle de contact GH. Par le point M de la section menons la droite ME perpendiculaire à DE, et la génératrice SM, qui rencontre en L la courbe de contact ; ME sera parallèle à AA′ et à SH ; donc les trois droites ME, MS, SH sont dans un même plan, et les trois points H, L, E sur la droite d'intersection du plan de conact et du plan précédent. Les deux triangles

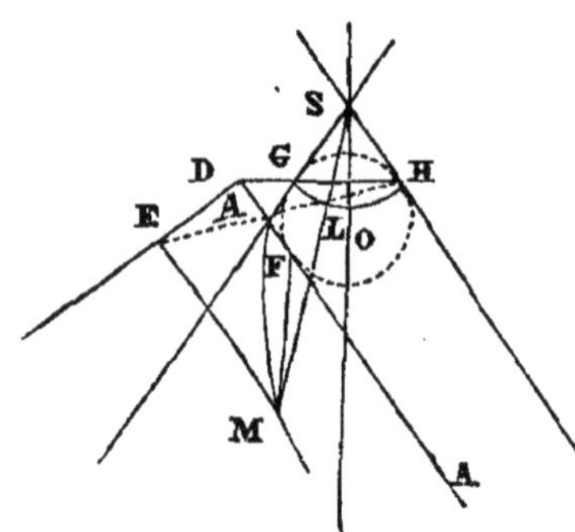

MLE, HSL sont semblables, et puisque SL = SH, on a aussi ML = ME ; mais ML = MF, comme tangentes à la sphère, menées du point M ; par conséquent MF=ME. Donc chacun des points de la courbe est équidistant du foyer F et de la directrice DE ; ainsi la courbe est une parabole dont F est le foyer et DE la directrice.

Cette méthode si élégante pour trouver les propriétés des foyers et des directrices dans les courbes du second degré, est due à M. Dandelin, ancien colonel du génie et ancien professeur à l'Université de Liége.

Exercices.

431. 1. On donne un cône droit à base circulaire ; on demande l'angle que fait son axe avec le plan des sections dont l'excentricité est $\frac{1}{\sqrt{2}}$.

2. Si un cône droit à base circulaire dont l'angle au sommet est 2α, est coupé par un plan faisant avec l'axe du cône un angle δ, on obtiendra une ellipse dont le petit axe sera au grand axe dans le rapport de

$\{ \sin(\delta + \alpha) \sin(\delta - \alpha) \}^{\frac{1}{2}} : \cos \alpha$.

3. Quand la section d'un cône est une ellipse ou une hyperbole, la moitié du petit axe est moyen proportionnel entre les perpendiculaires abaissées des extrémités du grand axe sur l'axe du cône.

4. La section d'un cône droit par un plan est une ellipse dont a et b sont les axes, h et k les distances du sommet du cône aux points où le plan de la section rencontre les côtés du triangle générateur ; démontrer que

$$a^2 - b^2 = (h - k)^2.$$

Si 2α est l'angle au sommet du cône, on démontre que

$$a^2 = (h - k)^2 + 4hk \sin^2 \alpha, \text{ et } b^2 = 4hk \sin^2 \alpha.$$

5. Quel doit être l'angle d'un plan avec la génératrice d'un cône droit pour que la section soit une hyperbole équilatère ?

6. Si la longueur de l'axe d'un cône oblique est égale au rayon de sa base, toute section perpendiculaire à l'axe est un cercle.

7. Lorsque deux coniques sont concentriques, semblables et que leurs axes coïncident, une tangente à la courbe intérieure coupe la courbe extérieure en faisant avec elle une surface dont l'aire est constante.

8. Toute droite menée par le point d'intersection de deux tangentes à une conique est divisée par la courbe et par la corde de contact en parties harmoniques.

9. Deux droites situées dans un même plan, tournent autour des points S et H, et se coupent en P de telle manière que, 1° $\overline{SP}^2 + \overline{HP}^2$ égale une quantité constante, ou 2° que SP est à HP comme n : 1 ; démontrer que dans chaque cas le lieu du point P est un cercle.

CHAPITRE XXI.

COORDONNÉES POLAIRES.

§ I.

432. Nous avons vu (42) qu'un point M du plan peut être déterminé par la longueur du *rayon vecteur* OM, et par l'angle ω que fait ce rayon avec une droite fixe OX, que l'on appelle l'axe polaire.

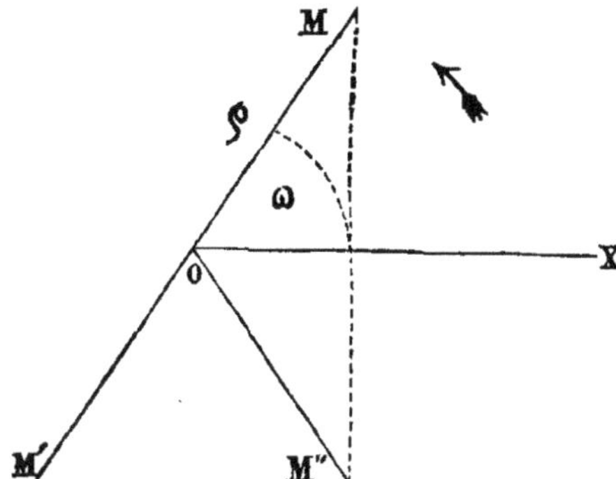

L'angle MOX et la longueur OM s'appellent les coordonnées polaires du point M. Le point O est *le pôle*, la droite fixe OX *l'axe polaire*; la longueur OM est le *rayon vecteur* du point M. L'angle ω n'a pas reçu de nom particulier; pour la commodité du langage, nous l'appellerons *l'angle polaire* du point M.

Le rayon vecteur se désigne habituellement par la lettre ρ, et l'angle polaire par la lettre ω. On adopte pour le sens positif de cet angle celui qui est indiqué par la flèche, c'est-à-dire le sens du mouvement d'une droite qui, d'abord couchée sur OX, tournerait autour du point O en s'élevant de OX vers OM. L'angle ω peut varier depuis zéro jusqu'à une valeur quelconque, pouvant comprendre un nombre illimité de circonférences, soit dans le sens positif, soit dans le sens négatif. Quant au rayon vecteur ρ, on le regarde ordinairement comme une valeur absolue, c'est-à-dire essentiellement positive. Dans certains cas cependant, il serait avantageux d'admettre des rayons vecteurs négatifs ; OM et OM′ seraient, par exemple, des rayons vecteurs égaux et de signes contraires, répondant à une même valeur de l'angle polaire.

433. *Equation d'une courbe en coordonnées polaires.* Toute équation de la forme

$$f(\rho, \omega) = 0, \text{ ou } \rho = \varphi(\omega)$$

représente en coordonnées polaires une courbe que l'on construira de la manière suivante :

On donnera à ω des valeurs croissantes, à partir de zéro, et suffisamment rapprochées; et l'on déduira de l'équation proposée les valeurs correspondantes de ρ. On construira, comme il a été dit au nº 42, les différents points qui ont pour coordonnées polaires les valeurs correspondantes de ω et de ρ ainsi obtenues ; si l'on a fait varier ω par intervalles suffisamment petits, les points construits de la sorte seront assez rapprochés ; et en les réunissant par un trait continu, on aura la courbe demandée, avec le degré d'approximation que comporte le dessin.

Remarque. La variable ω n'entre dans l'équation que par ses lignes trigonométriques, l'unité à laquelle on la rapporte est indifférente ; mais lorsqu'elle y entre d'une autre manière, on prend pour unité d'arc celui dont la longueur est égale au rayon, ou, ce qui revient au même, on prend pour unité d'angle l'angle au centre qui correspond à cet arc. La variable ω n'exprime plus alors qu'un rapport ; et elle ne figure dans les formules que comme un nombre abstrait. Un angle polaire de 90° est alors représenté par $\frac{\pi}{2}$; un angle de 180° par π ; et ainsi de suite.

434. D'après la définition même des coordonnées polaires, l'équation

$$\omega = \alpha$$

dans laquelle α est un angle donné, représente une droite passant par le pôle, et faisant avec l'axe polaire l'angle α. Si l'on n'admet que des rayons vecteurs positifs, une moitié seulement de la droite serait représentée par cette équation ; l'autre moitié serait représentée par l'équation $\omega = \alpha + 180°$. Si l'on admet des rayons vecteurs négatifs, une même équation représentera la droite tout entière.

Les équations $\omega = 0$ et $\omega = 180$ représentent l'axe polaire.

L'équation

$$\rho = r$$

dans laquelle r est une longueur donnée, représente une circonférence décrite du pôle comme centre avec un rayon égal à r.

L'équation $\rho = 0$ représente le pôle.

TRANSFORMATION DES COORDONNÉES RECTILIGNES EN COORDONNÉES POLAIRES ET RÉCIPROQUEMENT.

435. Nous nous proposons de chercher les formules qui servent à passer d'un système de coordonnées rectilignes à un système de coordonnées polaires et réciproquement.

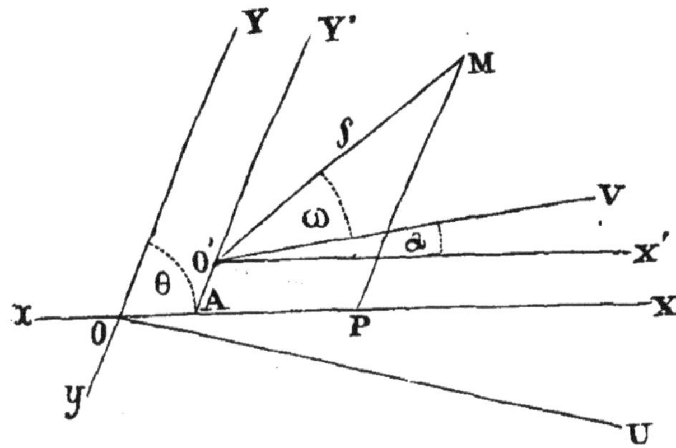

Soient Xx, Yy les axes rectilignes, θ leur angle, O' le pôle, $O'V$ l'axe polaire. Nous fixerons la position de ce nouveau système d'axes, en nous donnant les coordonnées a et b du pôle, et l'angle α que l'axe polaire $O'V$ fait avec une parallèle menée par le pôle à la partie positive de l'axe des x. Soit M un point quelconque ; $MP = y$, $OP = x$ ses coordonnées rectilignes ; $O'M = \rho$, $MO'V = \omega$ ses coordonnées polaires. Menons la droite OU perpendiculaire sur Yy, et projetons sur OU la ligne brisée $OPMO'AO$: nous aurons

$$x \sin YOX = \rho \sin MO'Y' + a \sin YOX,$$

et, par conséquent

$$y \sin YOX = \rho \sin MO'X' + b \sin YOX.$$

Donc, en observant que $MO'Y' = \theta - \alpha - \omega$, on aura

$$\left.\begin{aligned} x &= a + \frac{\rho \sin(\theta - \omega - \alpha)}{\sin \theta} \\ y &= b + \frac{\rho \sin(\omega + \alpha)}{\sin \theta} \end{aligned}\right\} (1).$$

Si les axes rectilignes sont rectangulaires, les formules précédentes deviendront:

$$\left.\begin{aligned} x &= a + \rho \cos(\omega + \alpha), \\ y &= b + \rho \sin(\omega + \alpha)\,; \end{aligned}\right\} (2)$$

et si de plus l'axe polaire est parallèle à l'axe des x et dirigé dans le sens des abscisses positives, on aura

$$\left.\begin{aligned} x &= a + \rho \cos \omega, \\ y &= b + \rho \sin \omega. \end{aligned}\right\} (3)$$

Enfin, si le pôle était à l'origine, on aurait simplement

$$\left.\begin{aligned} x &= \rho \cos \omega, \\ y &= \rho \sin \omega. \end{aligned}\right\} (4)$$

436. Si l'on voulait revenir d'un système de coordonnées polaires au système primitif de coordonnées rectilignes, il faudrait tirer des formules (1), (2), (3) ou (4) les valeurs de ρ et de ω en fonction de x et de y et les substituer dans l'équation polaire. Supposons, par exemple, que les coordonnées rectilignes soient rectangulaires. On commencera par faire passer a et b dans les premiers membres des équations (2), ce qui donnera

$$\begin{aligned} x - a &= \rho \cos(\omega + \alpha), \\ y - b &= \rho \sin(\omega + \alpha). \end{aligned}$$

D'où l'on tire

$$\rho = \sqrt{(x - a)^2 + (y - b)^2}, \quad \text{tang}(\omega + \alpha) = \frac{y - b}{x - a}, \; (5)$$

et, par suite, les valeurs de tang ω, sin ω et cos ω. Au moyen de ces formules on éliminera ρ et ω de l'équation proposée.

Si le pôle était à l'origine, et que l'axe polaire fût l'axe des x, on aurait simplement

$$\rho = \sqrt{x^2 + y^2}, \quad \text{tang}\,\omega = \frac{y}{x}, \quad \sin \omega = \frac{y}{\sqrt{x^2 + y^2}}, \quad \cos \omega = \frac{x}{\sqrt{x^2 + y^2}}. \; (6)$$

437. Ces formules servent pour passer d'un système de coordonnées polaires à un système de coordonnées rectilignes rectangulaires. Nous observerons toutefois que pour obtenir les axes sur lesquels on devra les compter, il faudra mener par le pôle O', et au-dessous de l'axe polaire, une droite O'X' qui fasse avec cet axe un angle égal à α, et sur O'X' une perpendiculaire O'Y', qui soit dirigée au-dessus de O'X'. On prendra ensuite sur les prolongements de ces deux droites, des distances O'B et O'A respectivement égales à a et à b et en tirant par les points A et B des parallèles Xx, Yy à O'X' et à O'Y', on aura les axes des coordonnées. Si les distances a et b étaient négatives, il faudrait les porter sur O'X' et sur O'Y'.

Prenons pour exemple l'équation

$$\rho^2 - 2c\rho \cos \omega - c^2 = 0.$$

De la formule

$$\operatorname{tang} (\omega + \alpha) = \frac{y - b}{x - a},$$

on tire

$$\operatorname{tang} \omega = \frac{(y - b) - (x - a) \operatorname{tang} \alpha}{(x - a) + (y - b) \operatorname{tang} \alpha},$$

d'où

$$\cos \omega = \frac{(x - a) \cos \alpha + (y - b) \sin \alpha}{\sqrt{(x - a)^2 + (y - b)^2}}.$$

En substituant cette valeur et celle de ρ dans l'équation proposée on aura

$$(x - a)^2 + (y - b)^2 - 2c(x - a) \cos \alpha - 2c(y - b) \sin \alpha - c^2 = 0,$$

qui représente une circonférence.

Si l'on veut que l'origine soit au centre, il faudra disposer des indéterminées a, b et α, de manière à faire évanouir les premières puissances de x et de y, ce qui donnera

$$a + c \cos \alpha = 0, \; b + c \sin \alpha = 0,$$

d'où

$$a = - c \cos \alpha, \; b = - c \sin \alpha.$$

On voit que l'angle α reste tout à fait indéterminé.

Pour construire ce centre, on mènera par le pôle une droite quelconque OX', et à celle-ci une perpendiculaire OY', dirigée au-dessus de OX'; puis ayant pris OC $= c$, on abaissera du point C une perpendiculaire sur OX', et le point C, ayant pour coordonnées

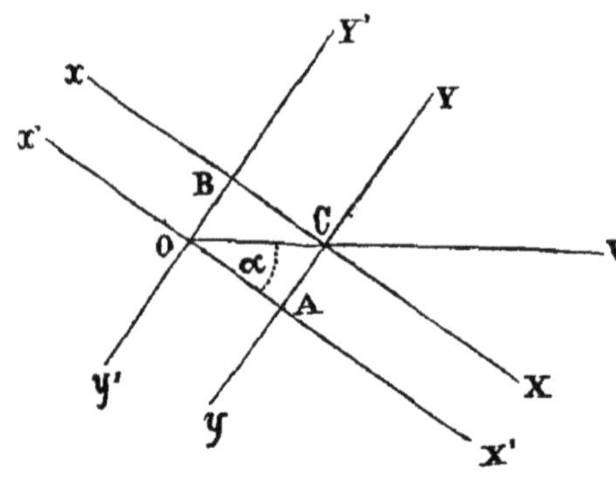

$$-\text{OA} = -c \cos \alpha,$$
$$-\text{OB} = -c \sin \alpha,$$

sera le centre.

Remplaçant enfin a et b par leurs valeurs, l'équation de la circonférence devient

$$x^2 + y^2 - 2c^2 = 0.$$

438. Application des formules précédentes.

I. Considérons d'abord l'équation de la ligne droite rapportée à des axes rectangulaires. Nous avons vu (n° 61), qu'en appelant p la perpendiculaire abaissée de l'origine sur la droite, et α l'angle que cette perpendiculaire fait avec l'axe des x, l'équation de la droite peut se mettre sous la forme

$$x \cos \alpha + y \sin \alpha - p = 0 :$$

Si l'on prend l'origine pour pôle et l'axe des x pour axe polaire, on aura, en faisant usage des formules (4).

$$\rho \cos \omega \cos \alpha + \rho \sin \omega \sin \alpha = p,$$

d'où

$$\rho = \frac{p}{\cos(\omega - \alpha)}.$$

II. L'équation

$$x^2 - y^2 = a^2,$$

représente, en coordonnées rectangulaires, une hyperbole équilatère rapportée à son centre et à ses axes. Si l'on prend le centre pour pôle, et l'axe transverse pour axe polaire, on trouvera, à l'aide des mêmes formules (4):

$$\rho^2 \cos^2 \omega - \rho^2 \sin^2 \omega = a^2, \text{ d'où } \rho = \frac{a}{\sqrt{\cos 2\omega}}.$$

III. L'équation

$$xy = m^2,$$

en coordonnées rectangulaires, représente une hyperbole équilatère rapportée à ses asymptotes. Si l'on prend le centre pour pôle, et l'une des asymptotes pour axe polaire, on trouvera, en faisant usage des formules (4)

$$\rho^2 \cos \omega \sin \omega = m^2, \text{ d'où } \rho = \frac{m\sqrt{2}}{\sqrt{\sin 2\omega}}.$$

IV. L'équation

$$y^2 = \frac{x^3}{a - x},$$

en coordonnées rectangulaires, représente, comme nous le verrons plus loin, une cissoïde. Au moyen des équations (4), on trouvera que la même courbe en coordonnées polaires, a pour équation

$$\rho = a \frac{\sin^2 \omega}{\cos \omega}.$$

V. Supposons au contraire qu'on ait l'équation polaire :

$$\rho = \frac{p}{a \cos \omega + b \sin \omega},$$

on en déduit

$$a \rho \cos \omega + b \rho \sin \omega = p;$$

ou, en faisant usage des relations (4),

$$ax + by = p,$$

équation d'une ligne droite. Donc l'équation proposée représente une ligne droite.

VI. Soit l'équation

$$\rho = a \cos \omega + b \sin \omega.$$

En substituant dans cette équation les valeurs de ρ, de $\sin \omega$ et de $\cos \omega$ données par les relations (6), elle devient

$$x^2 + y^2 = ax + by,$$

équation d'une circonférence de cercle passant par l'origine. L'équation proposée représente donc un cercle qui passe par le pôle.

Remarque. En multipliant les deux membres de l'équation proposée par ρ, sauf à tenir compte du facteur introduit, on trouve :

$$\rho^2 = a\rho \cos \omega + b \rho \sin \omega,$$

ou, en se servant des relations (4) et (6)

$$x^2 + y^2 = ax + by$$

comme nous venons de le trouver.

On justifie l'introduction du facteur ρ, en observant que l'équation $\rho = 0$, correspondante à ce facteur, représente le pôle, ce qui ne change rien au lieu représenté par l'équation proposée.

VII. Soit encore l'équation polaire

$$\rho = \frac{a \cos \omega}{1 - \sin 2\omega}.$$

En chassant le dénominateur, et multipliant par ρ, on a

$$\rho^2 - \rho^2 \sin 2\omega = a \rho \cos \omega,$$

ou

$$\rho^2 - 2 \rho \sin \omega . \rho \cos \omega = a \rho \cos \omega.$$

En faisant usage des formules (4) et (6), on la change en

$$x^2 + y^2 - 2xy = ax,$$

équation d'une parabole. Donc l'équation proposée représente une parabole.

§ II. AXES DE SYMÉTRIE, TANGENTES ET ASYMPTOTES DES COURBES EN COORDONNÉES POLAIRES.

439. Axes de symétrie. — Lorsque l'axe polaire est un axe de symétrie de la courbe, à chaque point M (fig. du n° 432) situé au-dessus de cet axe correspond un point M″ situé au dessous, à la même distance, et sur une même perpendiculaire. Pour ces deux points les longueurs OM, OM″ du rayon vecteur sont égales, ainsi que les angles polaires MOX, M″OX. Mais le premier de ces angles étant regardé comme positif, le second doit être regardé comme négatif. Il s'ensuit que si l'équation polaire est satisfaite par un système de valeurs ρ et ω, elle le sera également par le système ρ et $-\omega$, et pour cela il faut que l'équation ne change pas quand on y remplace ω par $-\omega$.

C'est ce qui arrive lorsque l'angle polaire n'entre dans l'équation que par son cosinus, sa sécante ou par des lignes trigonométriques affectées d'un exposant pair. Ainsi, les équations

$$f(\rho, \cos\omega) = 0, \; f(\rho, \sin^2\omega) = 0, \; f(\rho, \operatorname{tg}^2\omega) = 0,$$

représentent des courbes symétriques par rapport à l'axe polaire.

440. *Recherche de l'axe de symétrie.* Si la courbe a un axe de symétrie passant par le pôle, et faisant avec l'axe polaire un angle α, il faudra qu'en rapportant la courbe à son axe de symétrie, c'est-à-dire en faisant tourner l'axe polaire d'un angle α, l'équation à laquelle on parviendra reste la même quand on y changera le signe du nouvel angle polaire. Or, pour effectuer le changement d'axe polaire dont il s'agit, il faut remplacer ω par $\omega' + \alpha$; et la nouvelle équation polaire devra rester la même quand on y changera ω en $-\omega'$. Donc

Pour reconnaître si une courbe définie par une équation polaire admet un axe de symétrie, il faut dans son équation remplacer ω par $\alpha \pm \omega'$, et égaler à zéro les termes susceptibles de changer de signe avec ω'; on aura ainsi une équation de condition qui, si elle peut être satisfaite, fera connaitre l'angle α.

Exemple. Soit proposée l'équation

$$\rho = a + b \sin 3\omega.$$

En y remplaçant ω par $\alpha \pm \omega'$, elle devient

$$\rho = a + b \sin 3\alpha \cos 3\omega' \pm b \cos 3\alpha \sin 3\omega'.$$

Pour que le terme en $\sin 3\omega'$ s'annule, quel que soit ω', il faut que l'on ait

$$\cos 3\alpha = 0,$$

d'où, en ne prenant que les valeurs positives,

$$3\alpha = 90^\circ + K.\ 180^\circ, \text{ et } \alpha = 30^\circ + K.\ 60^\circ,$$

K étant un nombre entier. On tire de cette dernière relation

$$\alpha = 30,\ \alpha = 90,\ \alpha = 30 + 120 = 150^\circ,\ \alpha = 30 + 180, \text{ etc.}$$

La quatrième valeur de α donne le prolongement de la droite déterminée par la première, la cinquième donnerait le prolongement de la droite déterminée par la seconde, et ainsi de suite. Donc ces équations ne fournissent que trois directions distinctes $\alpha = 30$, $\alpha = 90$, $\alpha = 150$; donc enfin la courbe proposée a trois axes de symétrie.

Remarque. Si l'on admettait des rayons vecteurs négatifs, une équation polaire représenterait encore une courbe symétrique par rapport à l'axe polaire lorsqu'elle demeurerait la même en y remplaçant à la fois ω par $180^\circ - \omega$ et ρ par $-\rho$. La méthode que l'on vient d'exposer devrait alors être modifiée en conséquence; c'est-à-dire que

Pour obtenir les axes de symétrie passant par le pôle, il faudrait remplacer successivement ω par $\alpha + \omega'$ et par $\alpha + 180^\circ - \omega'$, puis exprimer que les résultats obtenus sont égaux et de signes contraires, quel que soit ω'.

441. *Tangente en coordonnées polaires.* La tangente à une courbe rapportée à des coordonnées polaires se détermine par l'angle M qu'elle fait avec le rayon mené au point de contact. Mais comme deux droites font deux angles différents, nous conviendrons que cet angle M sera celui qui est formé par le rayon vecteur du point de contact avec la partie de la tangente qui, si on rabattait le rayon vecteur sur l'axe polaire, en le faisant tourner autour du pôle, serait dirigée au-dessous de cet axe. Cela posé, appelons ω et ρ les coordonnées du point de contact M, et $\omega + h$, $\rho + k$ les coordonnées d'un point M' de la courbe, voisin du point

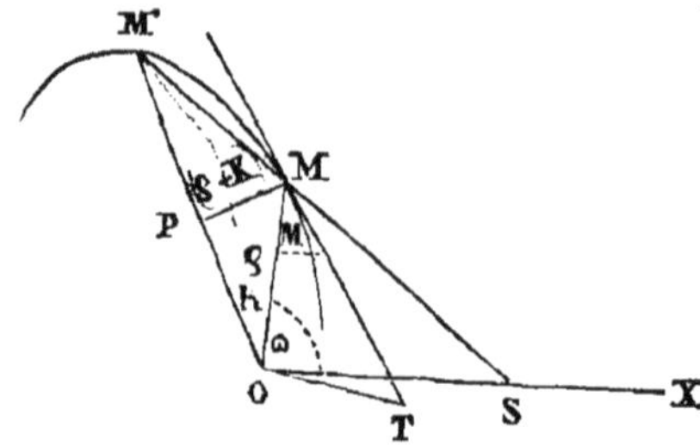

M. Tirons MM', et faisons tourner la sécante M'MS autour du point M, jusqu'à ce qu'elle devienne la tangente MT. La limite commune vers laquelle tendront les angles OM'S et OMS sera ainsi l'angle cherché M. Or, si du point M on abaisse la perpendiculaire MP sur OM', on aura, dans le triangle rectangle MM'P,

$$\text{tang OM'S} = \frac{\text{MP}}{\text{OM'}-\text{OP}}.$$

Mais

$$\text{OM'} = \rho + \text{k}, \qquad \text{OP} = \rho \cos h, \qquad \text{MP} = \rho \sin h\,;$$

donc

$$\text{tang OM'S} = \frac{\rho \sin h}{\rho + \text{k} - \rho \cos h} = \frac{2\rho \sin \frac{h}{2} \cos \frac{h}{2}}{2\rho \sin^2 \frac{h}{2} + \text{k}}.$$

Si l'on suppose que le point M' vienne coïncider avec le point M, le premier membre se réduira à tang M, et le second prendra la forme $\frac{0}{0}$. Pour en trouver la véritable valeur, divisons haut et bas par $\frac{h}{2}$, nous aurons

$$\frac{\rho \dfrac{\sin \frac{h}{2}}{\frac{h}{2}} \cdot \cos \frac{h}{2}}{\rho \sin \frac{h}{2} \cdot \dfrac{\sin \frac{h}{2}}{\frac{h}{2}} + \dfrac{\text{k}}{h}}$$

Pour $h = 0$, l'angle h devient nul, le rapport $\dfrac{\sin \frac{h}{2}}{\frac{h}{2}}$ est égal à l'unité, et cette expression se réduit à $\dfrac{\rho}{\lim \frac{\text{k}}{h}} = \rho \lim \dfrac{h}{\text{k}},$

Pour construire la tangente, on élève au pôle une perpendiculaire OT sur le rayon vecteur du point de contact, et on la prolonge jusqu'à sa rencontre avec la tangente. Cette perpendiculaire se nomme la *sous-tangente polaire*, et il est clair que, quand on connaît sa longueur, la tangente est déterminée. Pour en obtenir la valeur, considérons le triangle OMT ; il donne OT $= \rho$ tang M, et par conséquent

$$\mathrm{OT} = \rho^2 \lim \frac{h}{k}.$$

APPLICATION. Proposons-nous, par exemple, de mener une tangente au lieu de l'équation

$$\rho = \frac{b^2}{a + c\cos\omega}$$

par le point M (ω, ρ) de ce lieu.

Pour déterminer la limite du rapport $\frac{h}{k}$, remplaçons dans l'équation ω et ρ, par $\omega + h$ et $\rho + k$, nous aurons :

$$\rho + k = \frac{b^2}{a + c\cos(\omega + h)};$$

renversant les deux membres de chacune de ces équations, puis les soustrayant l'une de l'autre, on obtient :

$$\frac{c}{b^2}\left\{\cos(\omega+h) - \cos\omega\right\} = \frac{1}{\rho+k} - \frac{1}{\rho} = -\frac{k}{\rho(\rho+k)},$$

ou, en transformant la différence $\cos(\omega+h) - \cos\omega$ en un produit de deux facteurs

$$\frac{2c}{b^2}\sin\left(\omega + \frac{h}{2}\right)\sin\frac{h}{2} = \frac{k}{\rho(\rho+k)},$$

équation que l'on peut mettre sous la forme suivante :

$$\frac{c}{b^2}\sin\left(\omega + \frac{h}{2}\right)\cdot\frac{\sin\frac{h}{2}}{\frac{h}{2}} = \frac{1}{\rho(\rho+k)}\cdot\frac{k}{h}.$$

Faisant maintenant $h = 0$ pour passer à la limite, on obtient

$$\lim\frac{k}{h} = \frac{c\rho^2\sin\omega}{b^2},$$

et par suite

$$\lim\frac{h}{k} = \frac{b^2}{c\rho^2\sin\omega}.$$

donc $\quad$ tang $\mathrm{M} = \dfrac{b^2}{c\rho\sin\omega}$ et $\mathrm{OT} = \dfrac{b^2}{c\sin\omega}$.

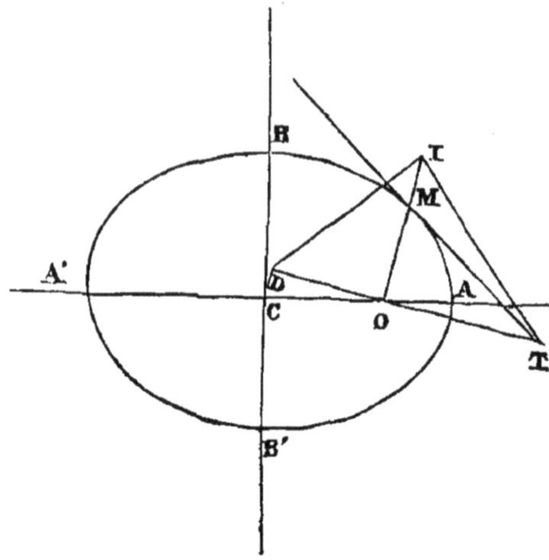

Pour construire cette valeur de OT, on élève en O une perpendiculaire indéfinie sur le rayon OM, et, ayant pris sur le prolongement de l'axe polaire la distance OC $= c$, on tire par C une parallèle à ce rayon vecteur ; on a ainsi OD $= c \sin \omega$; si maintenant on prend OI $= b$, et que l'on joigne ID, en menant IT, perpendiculairement sur ID, on aura OT $= \dfrac{b^2}{c \sin \omega}$; de sorte qu'il suffira de tirer TM pour avoir la tangente demandée.

442. Asymptotes d'une courbe rapportée à des coordonnées polaires.

Lorsqu'une courbe est rapportée à des coordonnées polaires, on connaîtra d'abord toutes les directions que peuvent prendre ses asymptotes, en cherchant les valeurs de ω qui donnent pour ρ des valeurs infinies. Pour cela, on ordonnera l'équation par rapport aux puissances décroissantes de ρ, on égalera ensuite à zéro le coefficient de la plus haute puissance de cette variable, et en résolvant l'équation ainsi formée, on en tirera différentes valeurs ω', ω'', ω''', de ω. Ce seront là les inclinaisons des asymptotes sur l'axe polaire, de sorte que, pour achever de déterminer ces droites, si elles existent, il suffira de calculer leurs distances au pôle.

Pour calculer ces distances, regardons l'asymptote comme la limite vers laquelle tend la direction d'une tangente dont le point de contact s'éloigne indéfiniment ; il ne s'agira que de construire au moyen de la sous-tangente polaire

$$\text{OT} = \rho^2 \lim \frac{h}{k}$$

les tangentes correspondantes aux valeurs trouvées $\omega = \omega'$, $= \omega''$, ω''', etc., et $\rho = \infty$. Ce procédé ne présente d'autre difficulté que celle de trouver ce que devient l'expression précédente de OT, quand on y suppose, par exemple, $\omega = \omega'$ et $\rho = \infty$. Si cette valeur de OT n'a pas de limite, la courbe n'a pas d'asymptote.

Prenons pour exemple l'équation

$$\rho = \frac{b^2}{a - c\cos\omega},$$

a, b et c étant trois constantes liées entre elles par la relation

$$c^2 = a^2 + b^2.$$

Pour que ρ soit infini, il faut et il suffit que $\cos\omega = \frac{a}{c}$, et si on appelle α le plus petit des arcs positifs qui ont $\frac{a}{c}$ pour cosinus, la formule de tous ces arcs sera

$$\omega = 2k\pi \pm \alpha.$$

Mais comme en donnant à ω des valeurs plus grandes que 360°, on retrouve les mêmes valeurs de ρ, et par conséquent les mêmes points qu'en faisant croître ω depuis zéro jusqu'à 360°, on n'a pour ω que les deux valeurs α et $360° - \alpha$.

La courbe proposée ne diffère de la courbe du n° 440 que par le signe de c ; la valeur de OT que nous cherchons ne diffèrera donc de celle que nous avons trouvée alors que par le signe de cette constante ; donc

$$\mathrm{OT} = -\frac{b^2}{c\sin\omega}$$

Or, $\cos\omega = \frac{a}{c}$ donne $\sin\omega = \mp\frac{\sqrt{c^2 - a^2}}{c^2} = \pm\frac{b}{c}$, donc

$$\mathrm{OT} = \mp b.$$

Ainsi, il y a deux asymptotes distantes du pôle de la quantité b, et faisant avec l'axe polaire les angles qui ont $\frac{a}{c}$ pour cosinus. La première valeur de OT répond au plus petit de ces angles, et la second au plus grand.

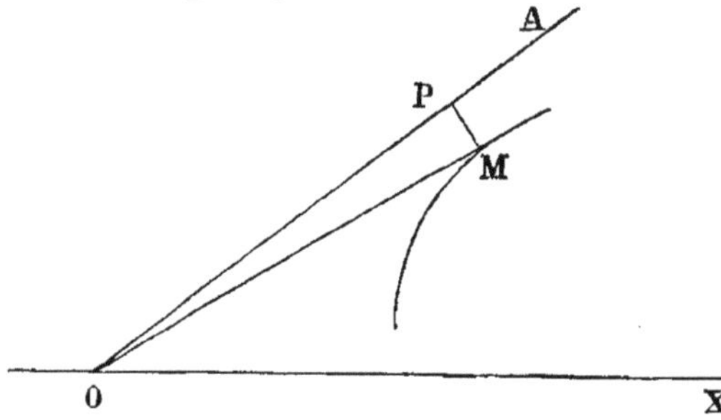

443. Autre méthode. — Supposons qu'à la valeur finie α de ω, répond une valeur infinie de ρ.

Soit OA la droite qui fait avec l'axe polaire l'angle α ; et soit M un point quelconque de la courbe, du point M abaissons sur OA la perpendiculaire MP, et joignons OM, nous aurons

$$POM = AOX - MOX = \alpha - \omega,$$

et en appelant δ la distance MP,

$$\delta = OM \sin POM = \rho \sin(\alpha - \omega).$$

Supposons que dans cette expression on ait mis pour ρ sa valeur tirée de l'équation de la courbe, et que l'on fasse converger ω vers la valeur particulière α. Il pourra se présenter trois cas. Si δ tend vers zéro, la courbe ira en se rapprochant indéfiniment de OA; cette droite sera donc une asymptote de la courbe. Si δ tend vers une valeur finie d, la courbe aura pour asymptote une parallèle à OA, distante de OA d'une longueur égale à d. Si δ tend vers l'infini, la courbe n'aura pour asymptote ni OA, ni une parallèle à OA.

Exemple. Considérons l'équation

$$\rho = a \operatorname{tg} \omega.$$

Pour $\omega = 90^\circ$ elle donne $\rho = \infty$. Il y a donc lieu de rechercher si la perpendiculaire menée à l'axe polaire par le pôle n'est pas une asymptote de la courbe. On trouve

$$\delta = a \operatorname{tang} \omega \sin(90^\circ - \omega) = a \sin \omega,$$

valeur qui se réduit à a quand on y fait $\omega = 90^\circ$. La droite menée par le pôle perpendiculairement à l'axe polaire n'est donc pas une asymptote ; mais la courbe a une asymptote perpendiculaire à l'axe polaire, située à la distance a du pôle.

$\omega = 270^\circ$ donne une autre asymptote située à la distance a de l'autre côté du pôle.

§ III. EQUATIONS POLAIRES DE LA LIGNE DROITE, DU CERCLE, DE L'ELLIPSE, DE L'HYPERBOLE ET DE LA PARABOLE.

443. Equation polaire de la ligne droite.

Soient O le pôle, OX l'axe polaire. Une droite sera déterminée par l'angle BAO qu'elle fait avec l'axe polaire, et par la longueur p de la perpendiculaire abaissée du pôle sur cette droite.

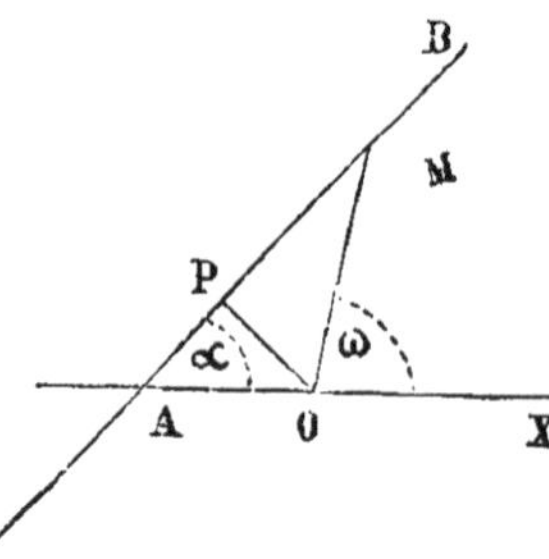

Soit donc M un point quelconque de la droite, faisons $OM = \rho$, l'angle $MOX = \omega$, le triangle rectangle MOP donnera

$$OP = OM \sin PMO,$$

ou

$$p = \rho \sin(\text{MOX} - \text{MAX}) = \rho \sin(\omega - \alpha),$$

d'où

$$(1). \qquad \rho = \frac{p}{\sin(\omega - \alpha)}.$$

Telle est l'équation polaire de la ligne droite.

$\omega = 0$ donne

$$\rho = -\frac{p}{\sin \alpha},$$

ce qui détermine le point A. Si ω croît depuis 0 jusque α, les valeurs de ρ, toujours négatives, iront en croissant numériquement depuis $\frac{p}{\sin \alpha}$ jusqu'à l'infini, ce qui donne toute la partie de la droite située au-dessous de l'axe polaire.

De $\omega = \alpha$ à $\omega = 90° + \alpha$, les valeurs de ρ sont positives et décroissantes ; l'équation donne alors tous les points de la droite situés au-dessus de l'axe polaire, jusqu'au point P qui est déterminé par

$$\omega = 90° + \alpha, \text{ ou } \omega - \alpha = 90°.$$

ω continuant à croître jusqu'à 180°, les valeurs de ρ croissent depuis p jusqu'à OA, et donnent la partie de la droite comprise entre les points P et A.

Si la droite passe par le pôle, $p = 0$, d'où

$$\rho \sin(\omega - \alpha) = 0 ;$$

pour que ρ puisse prendre toutes les valeurs possibles, il faut que

$$\sin(\omega - \alpha) = 0,$$

d'où

$$\omega = \alpha,$$

pour l'équation de la droite.

Si la droite est parallèle à l'axe polaire, α est nul sans que p le soit, et l'équation de la droite devient

$$\rho = \frac{p}{\sin \omega}.$$

Quand $\alpha = 90$, la droite est perpendiculaire à l'axe, et l'on a

$$\rho = -\frac{p}{\cos \omega}, \text{ ou } \rho = \frac{p}{\cos \omega},$$

en laissant indéterminé le signe de p.

444. En développant sin $(\omega-\alpha)$ et posant

$$h = \cos\alpha,\ k = -\sin\alpha$$

l'équation (1) pourra être mise sous la forme

$$\rho = \frac{p}{h\sin\omega + k\cos\omega},$$

h et k étant liés par la relation $h^2 + k^2 = 1$.

445. Construction d'une droite donnée par son équation polaire.

Pour construire une droite donnée par son équation polaire, on construit deux quelconques de ses points, par exemple ceux qui répondent à $\omega = 0$, et à $\omega = 90$.

Soit la droite

$$\rho = \frac{7}{3\sin\omega + 4\cos\omega},$$

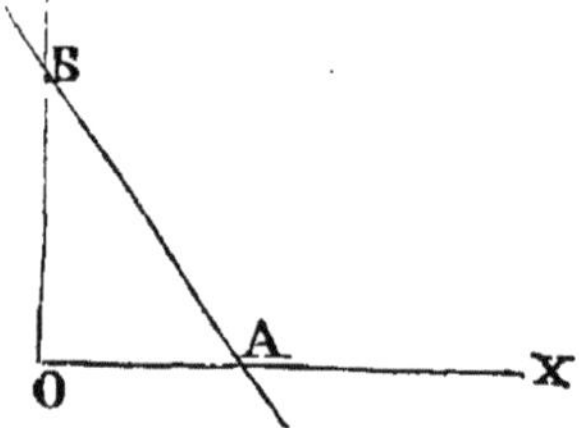

En faisant successivement $\omega = 0$, $\omega = 90°$, on trouve $\rho = \frac{7}{4}$, $\rho = \frac{7}{3}$, si l'on prend $OA = \frac{7}{4}$, et la perpendiculaire OB $\frac{7}{3}$, la droite AB sera la droite cherchée.

446. Equation d'une droite passant par deux points donnés. — Soient (ω', ρ'), (ω'', ρ'') les deux points donnés. L'équation de la droite sera de la forme

$$\rho = \frac{p}{h\sin\omega + k\cos\omega}.$$

La condition de passer par les deux points donnera

$$\rho' = \frac{p}{h\sin\omega' + k\cos\omega'},$$

$$\rho'' = \frac{p}{h\sin\omega'' + k\cos\omega''}.$$

D'où l'on tire

$$h = \frac{(\rho'\cos\omega' - \rho''\cos\omega'')\,p}{\rho'\rho''\sin(\omega'' - \omega')},$$

$$k = -\frac{(\rho'\sin\omega' - \rho''\sin\omega'')\,p}{\rho'\rho''\sin(\omega'' - \omega')}.$$

En portant ces valeurs à la place de h et de k dans l'équation $\rho =$

$\dfrac{p}{h \sin \omega + k \cos \omega}$, on obtient

$$\rho = \frac{\rho'\rho'' \sin(\omega'' - \omega')}{\rho' \sin(\omega - \omega') - \rho'' \sin(\omega - \omega'')}$$

447. *Point de rencontre de deux droites.* — Soient

$$\rho = \frac{p}{h \sin \omega + k \cos \omega}, \quad \rho = \frac{p'}{h' \sin \omega + k' \cos \omega},$$

les équations des deux droites ; on aura les coordonnées de leur point d'intersection en cherchant les valeurs de ρ et de ω qui satisfont en même temps aux deux équations.

Egalant les deux valeurs de ρ, on trouve

$$\frac{p}{h \sin \omega + k \cos \omega} = \frac{p'}{h' \sin \omega + k' \cos \omega},$$

d'où

$$\operatorname{tang} \omega = \frac{kp' - k'p}{hp' - hp}.$$

On en déduit

$$\sin \omega = -\frac{kp' - k'p}{\sqrt{(hp' - k'p)^2 + (hp' - h'p)^2}},$$

$$\cos \omega = -\frac{hp' - h'p}{\sqrt{(kp' - k'p)^2 + (hp' - h'p)^2}}.$$

Si l'on porte ces valeurs dans l'équation de l'une des droites, on obtient

$$\rho = \frac{\sqrt{(kp' - k'p)^2 + (hp' - h'p)^2}}{hk' - kh'},$$

Lorsqu'on suppose $h' = h$, $k' = k$, le dénominateur de la valeur de ρ est nul, sans que le numérateur le soit, car p' est différent de p. Donc ρ est infini ; le point d'intersection des deux droites est situé à l'infini, et les deux droites sont parallèles.

Donc, si

$$\rho = \frac{p}{h \sin \omega + k \cos \omega}$$

est l'équation d'une droite, celle d'une parallèle quelconque à cette droite sera

$$\rho = \frac{p'}{h \sin \omega + k \cos \omega}.$$

448. *Angle de deux droites.* — Soient les deux droites

$$\rho = \frac{p}{h \sin \omega + k \cos \omega}, \quad \rho = \frac{p'}{h' \sin \omega + k' \cos \omega},$$

α et α' étant les angles qu'elles font avec les axes, et V l'angle qu'elles font entre elles, on a

$$V = \alpha - \alpha', \text{ tang } V = \frac{\text{tang } \alpha - \text{tang } \alpha'}{1 + \text{tang } \alpha \text{ tang } \alpha'}.$$

Or, $\text{tang } \alpha = -\frac{k}{h}$, $\text{tang } \alpha' = -\frac{k'}{h'}$,

donc

$$\text{tang } V = \frac{hk' - h'k}{hh' + kk'},$$

Si les droites sont parallèles, tang V = 0, d'où

$$hk' - h'k = 0, \text{ et } h' = h, \; k' = k,$$

comme précédemment

Si les droites sont perpendiculaires, tang V = ∞, d'où

$$hh' + kk' = 0.$$

On satisfait à cette condition en posant

$$h' = k, \; k' = -h.$$

L'équation de la perpendiculaire à la première des deux droites sera donc

$$\rho = \frac{p'}{k \sin \omega - h \cos \omega}.$$

EQUATION POLAIRE DU CERCLE.

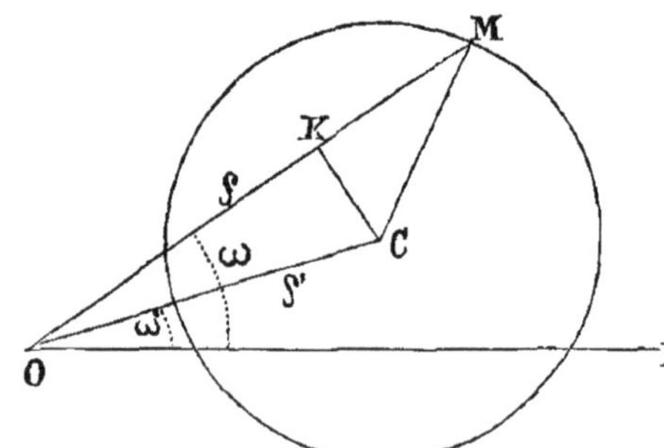

449. Soit R le rayon de la circonférence ; (ρ', ω') les coordonnées polaires du centre, (ρ, ω) celles du point M. La distance du point (ρ, ω) au point (ρ', ω') est

$$\sqrt{\rho^2 + \rho'^2 \quad 2\rho\rho' \cos(\omega - \omega')}.$$

En égalant cette distance à R, et élevant au carré, on trouve pour l'équation du cercle

$$\rho^2 + \rho'^2 - 2\rho\rho' \cos(\omega - \omega') - R^2 = 0.$$

Quelque valeur que l'on attribue à ω, on aura pour ρ deux valeurs dont le produit est constant, et égal à $\rho'^2 - R^2$. On en déduit immédiatement les théorèmes relatifs aux sécantes et aux cordes qui se coupent, et que nous avons démontrés en traitant du cercle.

Quand le pôle est placé dans l'intérieur du cercle, les valeurs de ρ sont toujours réelles, quelles que soient celles que l'on attribue à ω.

Quand le pôle est placé extérieurement, les valeurs de ρ ne seront réelles que si l'on a

$$R^2 - \rho'^2 \sin^2 (\omega - \omega') > 0,$$

ou, comme limites des valeurs réelles de ρ,

$$R^2 = \rho'^2 \sin^2 (\omega - \omega'),$$

L'expression $\rho' \sin (\omega - \omega')$ représente la perpendiculaire CK abaissée du centre sur le rayon vecteur CM. On voit par là que les tangentes menées du pôle à la circonférence sont les limites des rayons vecteurs.

Si le pôle est à la circonférence, $\rho' = R$, l'équation

$$\rho^2 - 2R\rho \cos (\omega - \omega') = 0$$

est divisible par ρ, et l'on a pour l'équation du cercle

$$\rho - 2R \cos (\omega - \omega') = 0.$$

Si de plus l'axe polaire passait par le centre, l'équation serait

$$\rho - 2R \cos \omega = 0;$$

enfin quand le pôle est au centre, l'équation du cercle se réduit à

$$\rho = R.$$

450. *Conditions de l'intersection et du contact de deux cercles.* — Prenons pour pôle le centre O de l'un des cercles, et pour axe polaire la droite qui joint le centre O au centre O' du second cercle. Soient R et R' les rayons des deux circonférences. L'équation du premier cercle sera

$$\rho = R,$$

et celle du second

$$\rho^2 - 2\rho\rho' \cos \omega + \rho'^2 - R'^2 = 0.$$

En regardant ces deux équations comme simultanées, on a

$$R^2 - 2\rho' R \cos \omega + \rho'^2 - R'^2 = 0,$$

d'où

$$\cos \omega = \frac{R^2 + \rho'^2 - R'^2}{2\rho' R}.$$

Pour qu'il y ait intersection, il faut que l'on ait $\cos \omega < 1$, ou

$$R^2 + \rho'^2 - R'^2 < 2\rho' R$$

ou

$$R^2 + \rho'^2 - 2\rho' R - R'^2 < 0 ;$$

ce qui conduit à

$$(R + R' - \rho') \quad (R - \rho' - R') < 0.$$

On peut toujours supposer le pôle au centre du plus grand cercle et regarder ρ' comme positif ; alors l'inégalité précédente donnera

$$\rho' < R + R', \text{ et } \rho' > R - R' ;$$

ce qui sont les deux conditions connues.

Dans le cas du contact, $\omega = 0$, $\cos \omega = 1$, et l'on a

$$(R + R' - \rho') \quad (R - R' - \rho') = 0,$$

d'où

$$\rho' = R + R' \text{ et } \rho' = R - R'.$$

On retrouve ainsi les deux conditions du contact extérieur et du contact intérieur.

451. Equation polaire de l'ellipse.

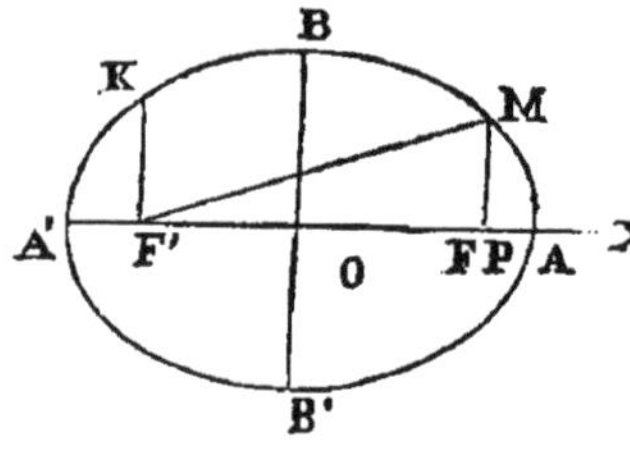

Prenons pour pôle le foyer F'. M étant un point quelconque de la courbe, si l'on nomme ρ le rayon vecteur F'M, ω l'angle MF'X, c la distance OF', le triangle rectangle MF'P donnera

$$F'P = \rho \cos \omega.$$

Mais on sait n° 225 que F'P ou $\rho = a + \frac{cx}{a} = \frac{a^2 + cx}{a}$;

Or, $x = OP = F'P - OF' = \rho \cos \omega - c$, donc

$$\rho = \frac{a^2 - c^2}{a - c \cos \omega} = \frac{b^2}{a - c \cos \omega}.$$

Divisons par a les deux termes du second membre, et faisons $\frac{b^2}{a} = p$, $\frac{c}{a} = e$ nous obtiendrons

$$\rho = \frac{p}{1 - e \cos \omega},$$

pour l'équation polaire de l'ellipse : p est la moitié du paramètre, $\omega = 0$ donne

$$\rho = \frac{p}{1-e} = \frac{\frac{b^2}{a}}{1-\frac{c}{a}} = \frac{a^2-c^2}{a-c} = a+c,$$

ce qui détermine le sommet a.

ω croissant de 0 à 90°, les valeurs de ρ diminuent de $a+c$ à p, et l'on obtient ainsi l'arc de courbe compris entre le point A et le point K. De $\omega = 90°$ à $\omega = 180°$, $\cos\omega$ est négatif ; le dénominateur de la valeur de ρ augmente, et ρ diminue depuis p jusque $\frac{b^2}{a+c} = a-c$, valeur qui correspond au sommet A'.

En faisant croître ω de 180° à 360°, on déterminera la seconde partie de l'ellipse.

ÉQUATION POLAIRE DE L'HYPERBOLE.

452. En représentant par c la distance OF, par ρ le rayon vecteur, on a trouvé (n° 285)

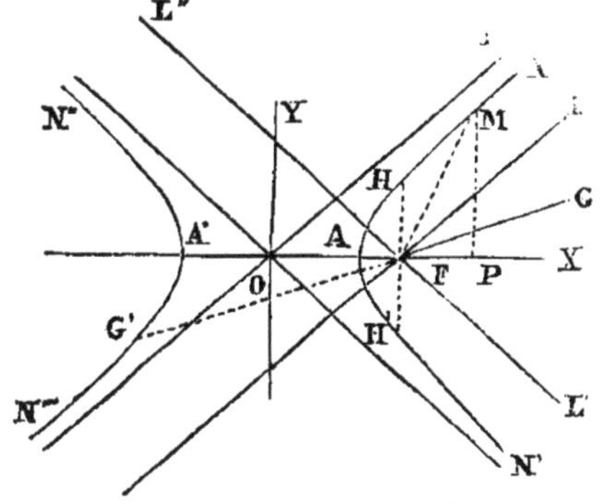

$$\left.\begin{aligned} FM &= \rho = \frac{cx}{a} - a, \\ FM' &= \rho = -\frac{cx}{a} + a \end{aligned}\right\} \quad (1)$$

suivant que le point M est sur la branche qui renferme le foyer F, ou sur la branche opposée. Quelle que soit la position du point M, si l'on désigne toujours par ω l'angle MFX, on a

$$x = c + \rho\cos\omega.$$

Portant cette valeur dans les équations (1), et faisant $\frac{b^2}{a} = p$, $\frac{c}{a} = e$, on trouve

$$(2) \qquad \rho = \frac{p}{1 - e\cos\omega},$$

$$(3) \qquad \rho = -\frac{p}{1 + e\cos\omega}.$$

Dans ces équations, e est plus grand que 1, puisque $c > a$.

On doit remarquer que dans les équations (1), ρ est positif, et que, par conséquent, cette hypothèse doit être maintenue dans les équations (2) et (3) Il en résulte que l'on devra rejeter les valeurs négatives de ρ, et que l'équation (2) donnera la branche de droite de la courbe, et l'équation (3), la branche de gauche.

Discutons la formule (2). Pour $\omega = 0$, elle donne

$$\rho = \frac{p}{1 - e},$$

valeur négative puisque $e > 1$, et à laquelle ne correspond aucun point de la courbe.

Puisque p est positif, le signe de ρ dépendra du dénominateur $1 - e \cos \omega$. Or, en faisant croître ω à partir de zéro, $1 - e \cos\omega$ restera négatif jusqu'à ce que l'on ait

$$1 - e \cos \omega = 0,$$

d'où

$$\cos \omega = \frac{1}{e} = \frac{a}{c}.$$

Cette valeur de $\cos\omega$ est celle qui convient à l'angle que fait avec l'axe transverse OX, l'asymptote OK. Donc si par le foyer F nous menons FL parallèle à l'asymptote OK, cette parallèle est la limite jusqu'à laquelle s'élève le rayon vecteur sans cesser d'être négatif. Si l'on fait $\omega = \text{LFX}$, on aura

$$\rho = \infty.$$

Pour les valeurs de ω comprises entre LFX et 90°, les valeurs de ρ vont en décroissant, et pour $\omega = 90°$, on a

$$\rho = p;$$

on trouve de cette manière l'arc NH.

Pour $\omega > 90°$, $\cos \omega$ devient négatif, ses valeurs absolues vont en croissant, et ρ diminue encore jusqu'à ce qu'on fasse $\omega = 180°$, qui donne

$$\cos \omega = -1$$

et

$$\rho = \frac{p}{1 + e} = \frac{c^2 - a^2}{c + a} = c - a,$$

ce qui détermine le point A. L'hyperbole est donc déterminée jusqu'au sommet A.

De $\omega = 180°$ à $\omega = 360°$, $\cos \omega$ repasse par les mêmes valeurs, mais en sens inverse. Donc si l'on fait l'angle L'FX = LFX, c'est-à-dire si l'on mène FL' parallèle à la seconde asymptote, on trouvera dans l'angle OFL' l'arc AH'N'.

Dans l'angle L'FX le rayon vecteur est négatif, comme il l'était dans l'angle LFX.

L'équation

$$\rho = \frac{p}{1 - e \cos \omega},$$

ne donne que la première branche de la courbe.

Examinons maintenant l'équation

$$\rho = -\frac{p}{1 + e \cos \omega}.$$

ω variant de zéro à 90°, le dénominateur reste positif, et les valeurs de ρ sont négatives. Au-delà de $\omega = 90^\circ$, $\cos \omega$ devient négatif, mais les valeurs de ρ resteront négatives jusqu'à ce qu'on ait

$$1 + e \cos \omega = 0,$$

d'où l'on tire

$$\cos \omega = -\frac{1}{e} = -\frac{a}{c}.$$

Donc, si l'on mène FL'' parallèle à la seconde asymptote, c'est-à-dire si l'on prolonge FL', les rayons vecteurs compris dans l'angle L''FX seront négatifs; mais ceux qui seront renfermés dans l'angle L''FX' seront positifs et décroissants. Quand on fera $\cos \omega =$ — 1, on aura

$$\rho = -\frac{p}{1 - e} = \frac{p}{e - 1} = c + a;$$

on obtient ainsi l'arc d'hyperbole N''A'. En faisant croître ω de 180 à 360, on obtiendra l'arc A'N'''.

En établissant la condition que le rayon vecteur doit être positif, les équations (2) et (3) sont nécessaires pour représenter complètement la courbe ; mais si l'on écarte cette restriction, et que, suivant la convention établie, on porte les valeurs négatives du rayon sur son prolongement, l'équation (2) peut également représenter la seconde branche.

En effet, soit un rayon vecteur FG faisant avec l'axe polaire l'angle ω', l'équation (2) donnera

$$\rho = \frac{p}{1 - e \cos \omega'},$$

et cette valeur est négative. Pour le prolongement FG′ de FG, on a $\omega = \omega' + 180^\circ$; cette valeur portée dans l'équation (3) donne

$$\rho = -\frac{p}{1 - e\cos\omega'},$$

valeur positive, puisque, par hypothèse, la première est négative. Elle fait donc obtenir un point G′ de la branche A′N″. Mais ce point est celui qu'on eût obtenu en portant la valeur négative de FG obtenue au moyen de l'équation (2), sur le prolongement de FG. Donc en admettant les valeurs négatives du rayon vecteur, et en les portant dans le sens où elles doivent être portées, l'équation (2) ou l'équation (3) donnera toute l'hyperbole.

ÉQUATION POLAIRE DE LA PARABOLE.

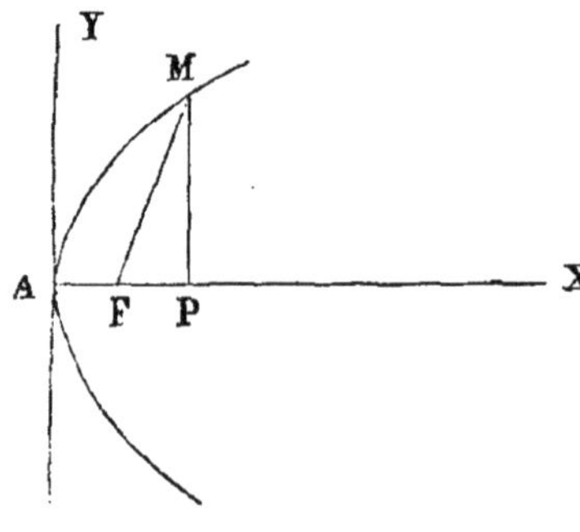

453. En plaçant le pôle au foyer F, et désignant par ρ le rayon vecteur FM, on sait qu'on a (nº 347)

$$FM = \rho = x + \frac{p}{2},$$

soit ω l'angle MFX, on a

$$FP = \rho\cos\omega.$$

Or, $x = AF + FP = \frac{p}{2} + \rho\cos\omega$;

en substituant, on obtient

$$\rho = \frac{p}{1 - \cos\omega}.$$

Il est facile de s'assurer qu'en faisant croître ω depuis zéro jusqu'à 360°, on aura tous les points de la parabole.

Si l'on compare les équations polaires des trois courbes du second ordre, on voit qu'on peut les représenter toutes par l'équation unique

$$\rho = \frac{p}{1 - e\cos\omega},$$

dans laquelle p est le demi-paramètre. Selon que l'on aura $e < 1$, $e > 1$, $e = 1$, cette équation représentera une ellipse, une hyperbole ou une parabole.

CHAPITRE XXII.

DISCUSSION DES COURBES.

454. La discussion complète d'une courbe, la recherche du sens suivant lequel elle tourne sa concavité ou sa convexité, celle de ses points singuliers : points d'inflexion, points multiples, points de rebroussement, points d'arrêt, etc., exigent la connaissance du calcul différentiel ; nous nous bornerons dans ce chapitre au développement de quelques exemples propres à guider les élèves dans la discussion des lieux géométriques d'un degré supérieur au second.

EXEMPLE I. — CISSOÏDE DE DIOCLÈS.

455. Etant donnés un cercle, un diamètre OA, une tangente AC à l'extrémité de ce diamètre, si autour du point O on fait tourner une sécante OE, sur laquelle on porte à partir du point O une longueur OM égale à la portion IE de la sécante comprise entre le cercle et la tangente fixe, le lieu du point M est une courbe qui porte le nom de *Cissoïde*.

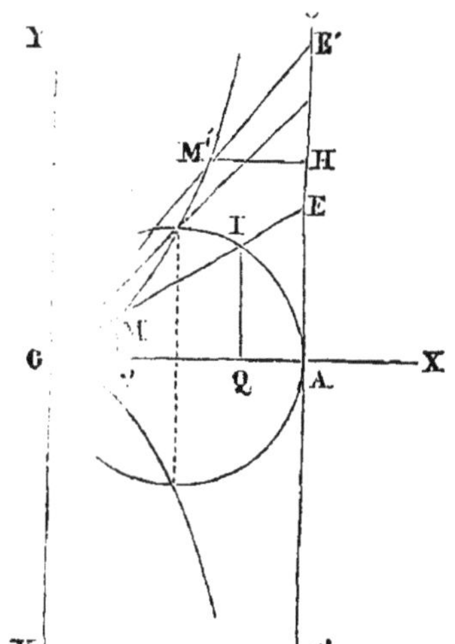

ASPECT GÉNÉRAL DE LA COURBE. — Si l'on suppose que la sécante mobile parte de la position OA, et tourne autour du point O, de OX vers la perpendiculaire OY, la longueur IE, et, par suite, OM augmentera indéfiniment ; le point M décrira une branche de courbe infinie OMM'. Si l'on fait tourner la sécante mobile de l'autre côté de OA, on obtiendra évidemment une autre branche égale à la première. La droite OA est un axe de la courbe, puisque les deux branches sont symétriques par rapport à cette droite.

La tangente au point O coïncide avec l'axe ; car, si la sécante OM tourne autour du point O de manière à ce que la corde OM ou IE devienne nulle, elle tend vers la position limite OA ; donc OA est la tangente en O. Le point O est ce qu'on appelle un point de *rebroussement*.

On peut voir aussi que les deux branches de la courbe se rapprochent indéfiniment de la droite CC′. En effet, considérons la sécante dans la position OE′ ; si de la longueur totale OE′ on retranche alternativement les deux longueurs OM′ et I′E′, on a M′E′ = OI′. La corde OI′ diminuant de plus en plus et tendant vers O, il en est de même de la longueur M′E′, et à plus forte raison de la perpendiculaire M′H. Cette droite CC′ est une asymptote.

La cissoïde a été imaginée par le géomètre grec Dioclès pour résoudre le problème de la construction de deux moyennes proportionnelles entre deux lignes données.

ÉQUATION DE LA COURBE EN COORDONNÉES RECTILIGNES.

Cherchons l'équation de la courbe en coordonnées rectilignes. Prenons OA pour axe des x, le point O pour origine et la tangente en O pour axe des y. La courbe étant symétrique par rapport à son axe, ne renfermera pas de puissances impaires de y. Abaissons sur OA les perpendiculaires MP et IQ ; soient OP $= x$, MP $= y$, OA $= a$.

La similitude des triangles OMP, OIQ donne l'égalité

$$\frac{\mathrm{MP}}{\mathrm{OP}} = \frac{\mathrm{IQ}}{\mathrm{OQ}}, \quad \text{ou} \quad \frac{y}{x} = \frac{\mathrm{IQ}}{\mathrm{OQ}}.$$

Les longueurs OM et IE étant égales, il en est de même des longueurs OP et AQ ; on a donc OQ = OA — AQ = OA — OP = $a - x$. Par conséquent

$$\frac{y}{x} = \frac{\mathrm{IQ}}{a-x}.$$

Mais $\overline{\mathrm{IQ}}^2 = \mathrm{OQ} \times \mathrm{AQ} = (a-x)x$; tirant de l'égalité ci-dessus la valeur de y, élevant au carré, et remplaçant $\overline{\mathrm{IQ}}^2$ par sa valeur $(a-x)\,x$, on obtient :

$$y^2 = \frac{x^3}{a-x}, \quad \text{ou} \quad (a-x)\,y^2 = x^3.$$

Telle est l'équation du lieu ; on en tire

$$y = \pm x \sqrt{\frac{x}{a-x}}.$$

Discussion. L'ordonnée n'est réelle que pour les valeurs de l'abscisse comprises entre 0 et a ; donc la courbe est située tout entière entre l'axe des y et la parallèle CC′ menée à une distance a

de l'origine. Quand x croît de 0 à a, la valeur numérique de y croît de 0 à ∞, ce qui donne une branche de courbe partant de l'origine O et s'élevant indéfiniment. En même temps la distance $M'H = a - x$ d'un point de la courbe à la droite CC' tend vers 0, ce qui fait voir que la droite CC' est asymptote de la courbe. D'ailleurs en appliquant à l'équation $(a - x)\,y^2 - x^3 = 0$, la règle donnée nº 177 pour déterminer les asymptotes parallèles à l'axe des y, on trouve une asymptote ayant pour équation $x = a$, ce qui est la droite CC'. Comme à chaque valeur de x correspondent deux valeurs de y égales et de signes contraires, la courbe se compose de deux branches symétriques par rapport à l'axe OX.

EXEMPLE II. — STROPHOÏDE.

456. Un angle droit YOX et un point fixe A étant donnés dans un plan, on mène du point fixe A une droite quelconque AD qui rencontre le côté OY en D, et l'on porte sur cette droite d'un côté et de l'autre à partir du point D des longueurs DM et DN égales à OD ; le lieu des points M et N est la strophoïde.

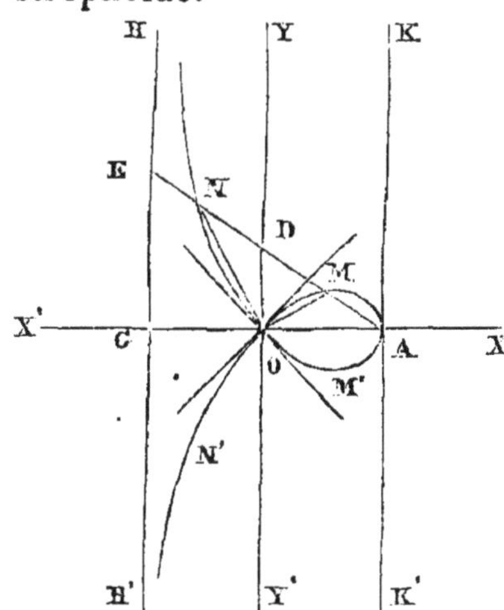

Aspect général de la courbe. — Quand la droite mobile occupe la position AO, les deux points M et N se confondent en O. Si la droite tourne de manière à ce que le point D s'élève indéfiniment sur OY, OD augmente, et l'on voit que le point N décrit une branche de courbe infinie ON. Quant au point M il se rapproche de plus en plus du point A où il arrive quand OD est infini. En effet, on obtient les points M et N en décrivant un cercle du point D comme centre avec DO pour rayon ; quand le point D s'élève à l'infini l'arc de cercle OM coïncide avec la droite OA, et le point M vient en A. Il y a évidemment une autre partie symétrique de l'autre côté de la droite AX.

Le point O par lequel passe les deux branches de courbe s'appelle point *multiple*. Les tangentes en ce point aux deux branches de courbe coïncident avec les bissectrices des angles droits YOX, YOX'. Car l'angle ODE, extérieur au triangle isocèle ODM, est égal à la somme des deux angles intérieurs opposés, et, par conséquent, à deux fois l'angle DOM; de même l'angle ODA est égal à deux fois l'angle DON. Quand la droite AD s'applique sur AO, l'angle obtus ODE diminue et tend vers un angle droit; l'angle moitié YOM diminue et tend vers $\frac{\pi}{4}$; l'angle aigu ODA augmente et tend vers un angle droit; l'angle moitié YON augmente et tend aussi vers $\frac{\pi}{4}$. On peut remarquer que les deux droites OM, ON sont rectangulaires. On voit, en outre, que l'arc OMA est situé au-dessous de sa tangente, tandis que l'arc ON est au-dessus.

Equation de la courbe en coordonnées rectilignes. — Cherchons maintenant l'équation de la courbe en coordonnées rectilignes. Prenons le point O pour origine, la droite OA pour axe des x et la perpendiculaire au point O pour axe des y, désignons par a la longueur OA. La droite AM, dans l'une quelconque de ses positions, aura pour équation

$$y = m(x - a),$$

dans laquelle m est un paramètre variable. Elle coupe l'axe des Y en un point D dont l'ordonnée $\mathrm{OD} = -ma$.

Si M est un point quelconque du lieu, nous devrons avoir l'équation de condition

$$\mathrm{DM} = \mathrm{OD} \qquad (1).$$

Appelons x et y les coordonnées du point M, nous aurons

$$\mathrm{DM} = \sqrt{x^2 + (y + ma)^2}$$

et la relation (1) deviendra

$$\sqrt{x^2 + (y + ma)^2} = -ma,$$

ou

$$x^2 + (y + ma)^2 = m^2a^2,$$

En développant le carré, supprimant le terme m^2a^2 commun aux deux membres, et éliminant le paramètre variable m au moyen de l'équation $y = m\ (x - a)$, on arrive à l'équation du troisième degré

$$x(x^2 + y^2) - a(x^2 - y^2) = 0. \qquad (2)$$

Les coordonnées du point N vérifient la même équation.

Equation de la courbe en coordonnées polaires. — Cherchons l'équation de la courbe en coordonnées polaires. Prenons le point O pour pôle, et la droite OA pour axe polaire; les coordonnées du point M sont $\rho = \mathrm{OM}$, $\omega = \mathrm{MOA}$: Dans le triangle isocèle DOM, chacun des angles DOM, DMO est égal à $\frac{\pi}{2} - \omega$, et l'angle ODM à 2ω; l'angle OAM complémentaire du précédent, vaut $\frac{\pi}{2} - 2\omega$. En désignant toujours par a la longueur OA, on a, dans le triangle OMA,

$$\frac{\rho}{a} = \frac{\sin\left(\frac{\pi}{2} - 2\omega\right)}{\sin\left(\frac{\pi}{2} - \omega\right)},$$

d'où

$$\rho = \frac{a \cos 2\omega}{\cos \omega}.$$

En remplaçant $\cos \omega$, $\sin \omega$ et ρ par leurs valeurs $\frac{x}{\rho}$, $\frac{y}{\rho}$ et $\sqrt{x^2 + y^2}$, tirées des formules (6), on retrouve l'équation (2).

Discussion. En résolvant l'équation (2) par rapport à y, on obtient

$$y = \pm x \sqrt{\frac{a - x}{a + x}}.$$

A chaque valeur de x correspondent deux valeurs de y égales et de signes contraires; par conséquent la courbe est symétrique par rapport à l'axe OX.

Pour que l'ordonnée y soit réelle, il faut que la quantité sous le radical soit positive. Quand on donne à x des valeurs positives, le dénominateur étant positif, le numérateur doit être aussi positif, ce qui exige que x soit plus petit que a. Quand on donne à x des valeurs négatives, le numérateur étant positif, le dénominateur doit être aussi positif, ce qui exige que la valeur absolue de x soit moindre que a, Ainsi l'abscisse x ne peut varier que de $-a$ à $+a$; si donc on porte sur l'axe des x, à partir de l'origine, des longueurs OG, OA égales à a, et que par les points G et A on mène des parallèles HH', KK' à l'axe des y, la courbe sera tout entière comprise entre ces deux parallèles.

Quand x varie de 0 à a, l'ordonnée y part de zéro pour revenir à zéro, en conservant des valeurs finies ; elle commence donc par croître pour décroître ensuite, et, par conséquent, elle passe par un maximum. Au point de la courbe correspondant au maximum de y, la tangente est parallèle à l'axe des x ; pour trouver ce point, il suffira donc de former le coefficient angulaire $-\frac{f'_x}{f'_y}$ de la tangente en un point quelconque x, y de la courbe, et de chercher les valeurs de x pour lesquels ce coefficient angulaire est égal à zéro.

Or, nous avons

$$f'_x = 3x^2 + y^2 - 2ax.$$
$$f'_y = 2xy + 3ay,$$

et par suite

$$\frac{f'_x}{f'_y} = \frac{3x^2 + y^2 - 2ax}{2y(x+a)} ;$$

en éliminant y au moyen de l'équation (2), on a

$$\frac{f'_x}{f'_y} = \frac{-x^2 - ax + a^2}{(a+x)\sqrt{(a+x)(a-x)}}.$$

Le numérateur s'annule pour deux valeurs de x, l'une positive x_1, l'autre négative x_2 ; on en conclut que l'ordonnée est maximum pour la valeur $x_1 = \frac{a(\sqrt{5}-1)}{2}$, égale au plus grand segment de la ligne a divisée en moyenne et extrême raison.

Il résulte de cette discussion que x variant de 0 à a, on obtient les deux branches de courbe OMA, OM'A partant toutes deux du point O et aboutissant au point A.

Le coefficient angulaire de la tangente devient infini pour $x = a$ et pour $x = -a$; la perpendiculaire KK' est donc tangente à la courbe au point A. Quant à la valeur $x = -a$, elle rend infinie la valeur de y, donc la perpendiculaire HH' est asymptote à la courbe.

Pour $x = 0$, on a

$$\frac{f'_x}{f'_y} = \frac{a}{a} = 1 ;$$

On en conclut qu'au point O les tangentes à la courbe sont les bissectrices des angles YOA, Y'OA, ce que nous avions déjà reconnu plus haut.

Quand x varie de 0 à $-a$ la valeur numérique de y augmente constamment de 0 à l'infini ; on obtient de la sorte les deux branches infinies ON, ON' asymptotes à la droite HH'.

EXEMPLE III.

457. Construire le lieu des points tels que le produit de leurs distances à deux points fixes F, F' soit égal à un nombre donné.

Prenons pour origine le milieu O de la droite FF', cette droite pour axe des x et une perpendiculaire pour axe des y ; appelons $2c$ la distance FF' et a^2 le produit constant, l'équation du lieu est

$$y^4 + 2(x^2 + c^2)y^2 + (x^2 - c^2)^2 - a^4 = 0. \qquad (1).$$

Cette équation, ne renfermant que des puissances paires de chacune des variables, chacun des axes est un axe de symétrie de la courbe, et l'origine est un centre. En considérant y^2 comme l'inconnue, l'équation (1) est du second degré, le binome $b^2 - 4ac$ se réduit ici à $4(4c^2x^2 + a^4)$, quantité essentiellement positive, les racines sont donc toujours réelles. Lorsque le terme $(x^2-c^2)^2-a^4$ est positif, les valeurs de y^2 ont le même signe, et comme leur somme $-2(x^2+c^2)$ est toujours négative, les deux valeurs de y^2 sont négatives et les quatre valeurs de y imaginaires. Pour que l'équation (1) ait des racines réelles, on doit donc avoir

$$(x^2-c^2)^2 - a^4 < 0, \text{ ou } (x^2-c^2+a^2)(x^2-c^2-a^2) < 0,$$

et, par suite

$$x^2 < a^2+c^2 \text{ et } x^2 > c^2-a^2.$$

Alors une des valeurs de y^2 est positive, l'autre négative.

Prenons OA = OA' $= \sqrt{a^2 + c^2}$, la courbe est comprise entre les parallèles à l'axe des y menées par les points A et A'. La seconde condition exige que l'on distingue plusieurs cas.

1° $a<c$. Prenons OB = OB' $= \sqrt{c^2 - a^2}$, et par les points B et B' menons des parallèles à OY, la courbe se compose de deux parties comprises, l'une entre les parallèles menées par les points B et A, l'autre entre les parallèles menées par les points B' et A'. Quand on donne à x une des valeurs OB ou OA, l'une des valeurs de y^2 est nulle, l'autre négative ; x croissant de OB à OA, la valeur de y^2 qui d'abord était nulle, devient positive et s'annule de nouveau; on obtient une courbe fermée BACD. Les valeurs négatives de x donnent une seconde courbe B'C'A'D', égale à la précédente.

Le coefficient angulaire de la tangente est déterminé par la formule

$$\frac{f'_x}{f'_y} = -\frac{x(y^2 + x^2 - c^2)}{y(y^2 + x^2 + c^2)}.$$

Aux points A et B, y est nul, et $\frac{f'_x}{f'_y}$ est infini, la tangente est parallèle à l'axe des y. Le numérateur de $\frac{f'_x}{f'_y}$ devient nul, quand on a $x^2 + y^2 = c^2$. Du point O comme centre, avec OF pour rayon, décrivons un cercle ; ce cercle coupe la courbe en quatre points C, D, C', D' pour lesquels l'ordonnée est maximum, et la tangente parallèle à l'axe OX.

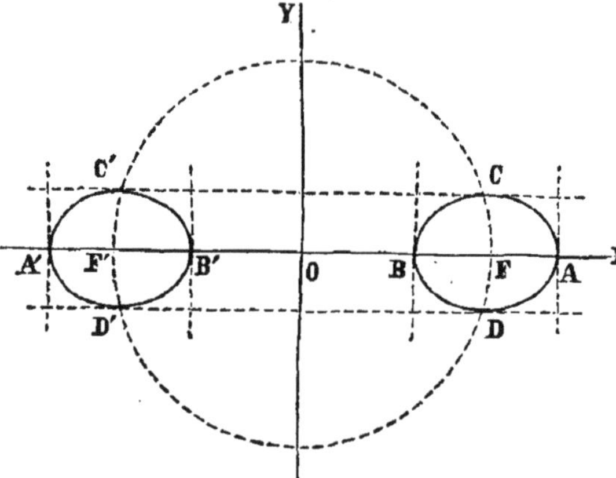

2° $a = c$, la condition $x^2 > c^2 - a^2$ est satisfaite, quel que soit x ; la première condition, $x^2 < c^2 + a^2$, montre que x peut varier de $-c\sqrt{2}$ à $+c\sqrt{2}$; quand x varie de zéro à $c\sqrt{2}$, la valeur positive de y^2 part de zéro et redevient nulle ; on a une courbe fermée OCADO qui passe à l'origine ; les valeurs négatives de x donnent une courbe symétrique de la précédente. Le cercle de rayon OF coupe la courbe en quatre points, dont les ordonnées ont une valeur numérique maximum $\frac{c}{2}$, l'abscisse de ces points a pour valeur absolue $\frac{c\sqrt{2}}{2}$; en ces points la tangente est parallèle à l'axe OX. Cette courbe se nomme *Lemniscate*.

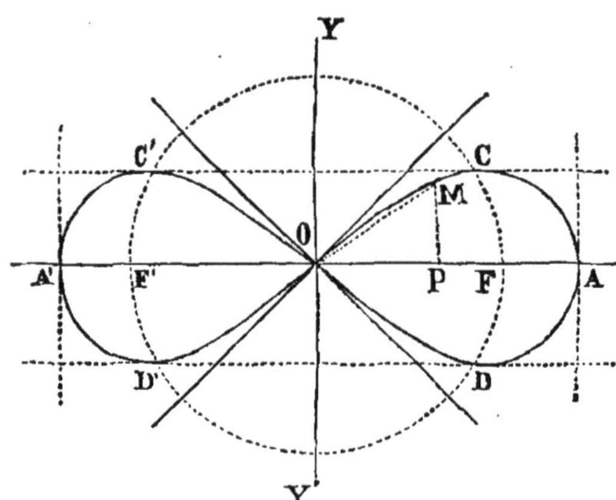

A l'origine la valeur de $\frac{f'_x}{f'_y}$ se présente sous la forme $\frac{0}{0}$; il est facile de comprendre qu'il en est ainsi aux points multiples d'une courbe algébrique quelconque. En effet, le premier membre de l'équation de la courbe, $f(x, y) = 0$, étant un polynôme entier par rapport aux variables x et y, les dérivées partielles f'_x, f'_y sont aussi des polynômes entiers par rapport aux mêmes variables. Si ces polynômes ne devenaient pas nuls, lorsqu'on y remplace x et y par les coordonnées du point multiple, $\frac{f'_x}{f'_y}$ aurait en ce point une valeur unique, tandis que ce coefficient angulaire doit avoir autant de valeurs différentes qu'il y a de branches qui passent par le point multiple. Dans le cas actuel l'équation étant bicarrée peut être résolue par rapport à y ; à chaque valeur de y correspond un coefficient angulaire de la tangente qui a une valeur déterminée.

On détermine souvent la tangente en certains points de la courbe, ou, ce qui est la même chose, certaines valeurs particulières du coefficient angulaire, sans avoir recours à l'expression générale de ce coefficient. Considérons, par exemple, le point O de la lemniscate ; joignons ce point à un point voisin M, ayant pour coordonnées x et y ; le coefficient angulaire de la sécante OM est égal au rapport $\frac{y}{x}$; on aura le coefficient angulaire de la tangente au point O, en cherchant la limite de ce rapport lorsqu'on fait tendre x vers zéro. Dans le cas actuel on peut obtenir la limite de ce rapport sans résoudre l'équation ; pour cela, posons $\frac{y}{x} = t$, ou $y = tx$; en substituant dans l'équation (1), dans laquelle on a fait préalablement $a = c$, il vient

$$x^2 t^4 + 2 (x^2 + c^2) t^2 + x^2 - 2 c^2 = 0,$$

Lorsque x est très-petit, l'une des valeurs de t^2 est très-voisine de l'unité, l'autre est négative et très-grande ; en se bornant aux valeurs réelles de y, on a $\lim \frac{y}{x} = \pm 1$; donc les tangentes au point O sont les bissectrices des angles des axes.

3° $a > c$. La seconde condition, $x^2 > c^2 - a^2$, est encore satisfaite, quel que soit x ; x peut donc varier de $-\sqrt{c^2 + a^2}$ à $+\sqrt{c^2 + a^2}$. Pour $x = 0$ la valeur positive de y^2 est $a^2 - c^2$.

Prenons sur l'axe des y,

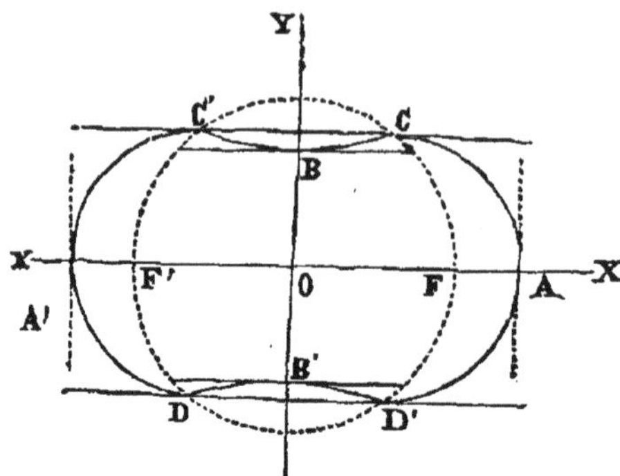

$$OB = OB' = \sqrt{a^2 - c^2}$$

la courbe passe par les points B et B'. Le coefficient angulaire s'annule pour $x = 0$, il s'en suit qu'aux points B et B' la tangente est parallèle à l'axe OX. Si l'on fait varier x de O à $\sqrt{c^2+a^2}$, y^2 part de a^2-c^2 et devient nul ; le lieu est une courbe fermée qui a pour sommets les points B, B', A, A'. En A et en A' la tangente est perpendiculaire à l'axe OX.

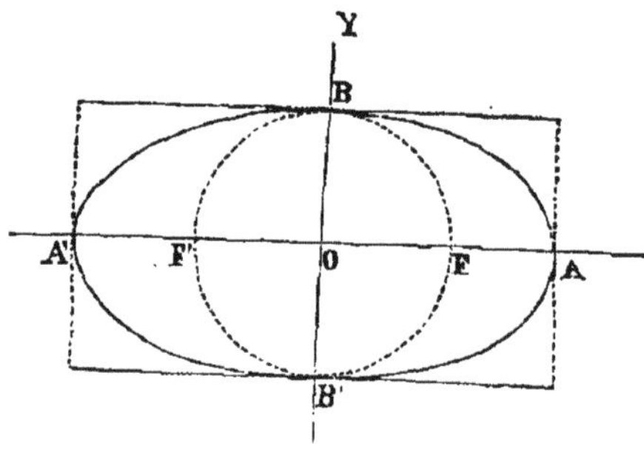

Pour que le cercle $x^2+y^2 = c^2$ coupe la courbe, il faut que l'on ait $a < c\sqrt{2}$. Lorsque cette condition est satisfaite, le cercle coupe la courbe aux points C, D, C', D' : en ces points la tangente est parallèle à l'axe OX. L'ordonnée du point B est minimum, celle du point C est maximum.

Si au contraire on a $a > c\sqrt{2}$, le cercle est intérieur à la courbe, dont l'ordonnée diminue de B en A.

Quand $a = c\sqrt{2}$, le cercle est tangent à la courbe, l'ordonnée du point B est maximum. Dans ce cas on donne à la courbe le nom d'ovale de Cassini, son équation est

$$y^4 + 2(x^2+c^2)y^2 + (x^2-c^2)^2 - 4c^4 = 0.$$

COORDONNÉES POLAIRES.

458. Exemple iv. Discuter l'équation

$$\rho = \frac{a}{\cos\omega \cos 2\omega}.$$

On remarque: 1° que cette équation ne sera pas altérée si on y change ω en $-\omega$, et qu'en conséquence la courbe est symétrique par rapport à son axe polaire. Il sera donc inutile de donner des valeurs négatives à ω.

2° Que si l'on suppose $\omega = 180 + \alpha$, le second membre ne fera que changer de signe. Il faudra donc porter cette valeur de ρ dans le prolongement du rayon vecteur qui fait avec l'axe polaire l'angle $\omega + \alpha$, de sorte que l'on retrouvera le point déjà obtenu pour $\omega = \alpha$. Donc en faisant varier α depuis 180° jusqu'à 360°, on retrouvera les points déjà obtenus en donnant à ω des valeurs comprises entre 0° et 180°.

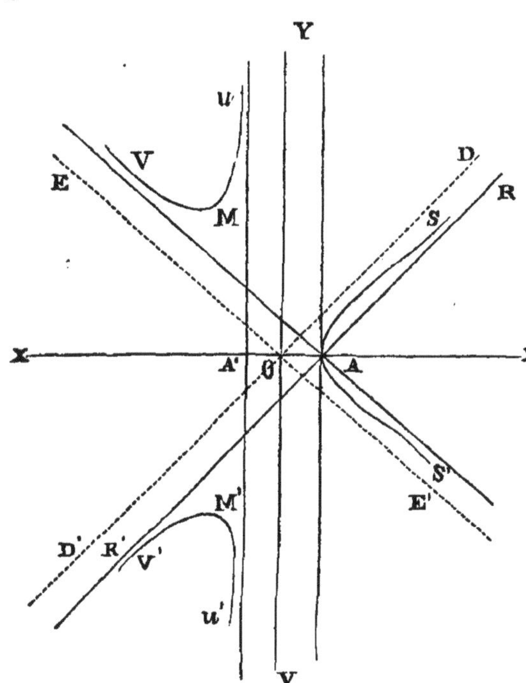

Il sera également inutile de donner à ω des valeurs plus grandes que 360° ; car l'équation déterminant alors pour ρ les mêmes valeurs que quand $\omega < 360°$, on repassera par tous les points précédemment obtenus.

Enfin si l'on observe que faire $\omega = 90 + \alpha$ donne au signe près la même valeur de ρ que celle qui répond à $90 - \alpha$, de sorte qu'il faudra porter cette valeur de ρ dans le prolongement du rayon vecteur qui fait l'angle $90 + \alpha$, on voit que le point (ρ, $90° + \alpha$) est le symétrique par rapport à l'axe fixe du point (ρ, $90° - \alpha$) ; par conséquent la branche correspondante aux valeurs de ρ comprises entre 90° et 180° est la symétrique de celle qu'on aura trouvée en faisant croître ω depuis zéro jusqu'à 90°. Donc enfin il suffira, pour tracer la courbe demandée, de donner à ω des valeurs croissantes depuis zéro jusqu'à 90°.

On formera facilement le tableau suivant :

$\omega = 0$ donne	$\rho = a$,
ω augmente $< 45°$ . . .	ρ augmente,
$\omega = 45°$	$\rho = \infty$,
ω augmente $< 90°$ . . .	ρ négatif et incertain,
$\omega = 90°$	$\rho = \infty$.

Il résulte de ce tableau que la courbe cherchée coupe l'axe polaire à la distance OA $= a$ du pôle ; qu'elle s'éloigne ensuite de plus en plus du pôle, à mesure que ω augmente, et que le rayon vecteur devient infini pour $\omega = 45^\circ$; que de 45° à 90° le rayon vecteur est négatif, de sorte qu'en donnant à ω des valeurs qui surpassent 45° d'aussi peu qu'on voudra, on aura des points situés sur le prolongement du rayon vecteur correspondant, et à des distances du pôle aussi grandes qu'on voudra ; mais, quand ω sera très près de 90°, on retrouvera encore des points excessivement éloignés sur le prolongement du rayon vecteur, et ce rayon devient $-\infty$ quand $\omega = 90^\circ$. Il y a donc une seconde branche V'm'U', qui vient de l'infini, se rapproche du pôle et s'en éloigne de nouveau jusqu'à l'infini.

Pour reconnaître plus exactement la forme de chacune des deux branches AS et V'm'U', nous allons mener à la première une tangente au point A, chercher le point *minimum* de la seconde, et les asymptotes de toutes deux.

Cherchons d'abord la limite du rapport $\frac{k}{h}$, et pour le faire le plus simplement possible, on observera que

$$\cos\omega\cos 2\omega = \tfrac{1}{2}(\cos 3\omega + \cos\omega),$$

de sorte que l'équation proposée revient à

$$\cos 3\omega + \cos\omega = \frac{2a}{\rho}.$$

En opérant alors comme il a été indiqué au n° 440, on trouvera facilement

$$3\sin\left(3\omega + \frac{3h}{2}\right)\frac{\sin\frac{3h}{2}}{\frac{3h}{2}} + \sin\left(\omega + \frac{h}{2}\right)\frac{\sin\frac{h}{2}}{\frac{h}{2}} = \frac{2a\,\frac{k}{h}}{\rho(\rho+k)},$$

$$3\sin 3\omega + \sin\omega = \frac{2a}{\rho^2}\lim\frac{k}{h}, \text{ par suite}$$

$$\text{tang M} = \frac{\cos 3\omega + \cos\omega}{3\sin 3\omega + \sin\omega}.$$

En observant qu'aux points *maximum* et *minimum*, la tangente devant être parallèle à l'axe fixe, l'angle M doit être le supplément de l'angle ω, et qu'ainsi tang M $= -$ tg ω, on aura pour déterminer les points *maximum* et *minimum* les deux équations

$$\frac{\cos 3\omega + \cos \omega}{3 \sin 3\omega + \sin \omega} + \frac{\sin \omega}{\cos \omega} = 0, \ \rho \cos \omega \cos 2\omega = 0.$$

On tire successivement de la première

$$\cos 3\omega \cos \omega + \cos^2 \omega + 3 \sin 3\omega \sin \omega + \sin^2 \omega = 0,$$

$$\cos 2\omega + 1 - (\cos 4\omega - \cos 2\omega) = 0$$

$$\cos 4\omega - 2 \cos 2\omega - 1 = 0$$

$$\cos^2 2\omega - \cos 2\omega - 1 = 0.$$

$$\cos 2\omega = \frac{1-\sqrt{5}}{2}, \ \cos\omega = \frac{\sqrt{3-\sqrt{5}}}{2}; \text{ partant } \rho = \frac{2a}{\sqrt{7-3\sqrt{5}}}$$

Les coordonnées du point minimum de la courbe U'V' sont donc

$$\omega = arc \cos \frac{\sqrt{3-\sqrt{5}}}{2}, \ \rho = \frac{2a}{\sqrt{7-3\sqrt{5}}}.$$

Des équations

$$\text{tang } M = \frac{\cos 3\omega + \cos \omega}{3 \sin 3\omega + \sin \omega}, \ \rho = \frac{2a}{\cos 3\omega + \cos \omega},$$

on conclut que l'expression de la sous-tangente est

$$OT = \frac{2a}{3 \sin 3\omega + \sin \omega}.$$

Lorsque $\omega = 0$, on a $OT = \infty$, donc au point A la tangente est perpendiculaire à l'axe polaire, et ainsi, aux environs de ce point, la courbe présente sa concavité à cet axe.

Pour $\omega = 45°$, on a $OT = \frac{a\sqrt{2}}{2}$, et, comme $\omega = 45°$ donne $\rho = \pm \infty$, on en conclut que les branches AS et M'V' ont une asymptote inclinée de 45° sur l'axe polaire et distante du pôle de la quantité $\frac{a\sqrt{2}}{2}$. C'est donc la parallèle AR' menée par le point A à la droite OD.

Si l'on fait $\omega = 90°$, on trouve $OT = -a$; ainsi, en prenant $OA' = -a$, et élevant par le point A' une perpendiculaire à l'axe polaire, on aura l'asymptote de la branche M'U'.

Il est maintenant facile de tracer la courbe demandée.

Exercices.

459. Discuter les courbes représentées par les équations en coordonnées rectangulaires :

I. $y^2 = x(x-1) \pm x\sqrt{2(x+1)(x+\frac{1}{2})}$.

II. $y^2(x+a) = x(x-a)(x-b)$.

III. $y^2 - 3axy + x^3 = 0$.

IV. $y = x^3 - 2x^2 - x + 3$.

Discuter les courbes représentées par les équations en coordonnées polaires.

V. $\rho = a \cos 3\omega + b$;

VI. $\rho = \dfrac{a\sqrt{2}}{\sin\omega + \cos\omega}$;

VII. $\rho = \dfrac{a}{\sin 2\omega \cos\omega}$.

VIII. $\rho^2 \cos^2 2\omega - 4 \sin 2\omega = 0$.

IX. On connaît les intensités de deux lumières placées en deux points A et B donnés sur un plan, et on propose de trouver le lieu de tous les points de ce plan qui sont également éclairés par ces lumières. — Qu'arrivera-t-il si les intensités des deux lumières sont égales? — Où faudrait-il placer deux lumières dont les intensités sont connues pour que tous les points d'une circonférence donnée en fussent également éclairés?

X. Si d'un point fixe on tire des droites à tous les points d'une droite indéfinie donnée de position, et qu'à partir du point où chacune coupe cette droite, on prenne sur sa direction une distance égale à une droite donnée a, le lieu de tous les points ainsi déterminés forme une courbe nommée *conchoïde*, dont on demande l'équation. — *Discussion*. — Traduire l'équation trouvée en coordonnées polaires, et la discuter sous cette forme.

CHAPITRE XXIII.

INTERSECTION DE DEUX COURBES DU SECOND ORDRE.

460. La recherche des points communs à deux courbes dont on a les équations, revient à la recherche des solutions communes à ces deux équations; car les coordonnées des points communs doivent satisfaire à la fois aux équations des deux courbes. Le problème de l'intersection de deux courbes se ramène donc à un problème d'élimination ; et réciproquement le problème de l'élimination peut être remplacé par le problème graphique de l'intersection des deux courbes.

Soient

$$(1) \qquad Ay^2 + Bxy + Cx^2 + Dy + Ex + F = 0,$$

$$(2) \qquad A'y^2 + B'xy + C'x^2 + D'y + E'x + F' = 0,$$

les équations de deux courbes du second degré. Si je multiplie la première par A' et la seconde par A, et que je les retranche membre à membre, j'obtiendrai une équation du premier degré en y de la forme

$$(3) \qquad axy + bx^2 + cy + dx + f = 0,$$

équation qui pourra tenir lieu de l'une quelconque des proposées; si maintenant j'élimine y entre cette dernière et l'une quelconque des équations (1) et (2), j'obtiendrai une équation en x qui sera généralement du quatrième degré et de la forme

$$Px^4 + Qx^3 + Rx^2 + Sx + T = 0.$$

Cette équation aura quatre racines qui peuvent être réelles ou imaginaires, et, comme, en vertu de l'équation (3), à chaque valeur de x correspond une seule valeur de y, il s'ensuit que le système des équations (1) et (2) ne peut admettre que quatre solutions. Ces quatre solutions pourront être toutes réelles ; ou bien deux seront réelles et les deux autres imaginaires ; ou bien elles seront toutes les quatre imaginaires ; par conséquent les courbes du second degré représentées par les équations (1) et (2), pourront se couper en quatre points, ou seulement en deux points, ou ne pas se couper du tout. Mais si l'on convient de regarder une solution *imaginaire* comme les coordonnées d'un point d'intersection *ima-*

ginaire, on pourra dire que deux courbes du second degré se coupent toujours en quatre points réels ou imaginaires.

APPLICATION. Soient les deux équations

$$2y^2 + 3xy + x^2 - y + 4x - 9 = 0$$
$$y^2 + xy - x^2 + 2y + 10x - 13 = 0.$$

L'élimination de y^2 conduit à

$$y = -\frac{3x^2 - 16x + 17}{x-5}.$$

Cette valeur substituée dans la seconde des équations proposées, donne, tout calcul fait,

$$5x^4 - 51x^3 + 185x^2 - 273x + 134 = 0.$$

On tire de cette équation

$$x = 1, \quad x = 2, \quad x = \frac{18 \pm \sqrt{-11}}{5}$$

d'où

$$y = 1, \quad y = -1, \quad y = \frac{-14 \pm \sqrt{-11}}{5}.$$

Par conséquent les courbes données se coupent seulement en deux points.

Les quatre points d'intersection de deux courbes du second ordre déterminent trois couples de sécantes dont les équations sont réelles ou imaginaires, suivant que ces points sont eux-mêmes réels ou imaginaires. Dans le cas où ces points existent, la recherche des points d'intersection des deux courbes est ramenée à la recherche des points d'intersection de l'une des deux courbes avec l'une de ces droites ; et, plus simplement, cette recherche serait ramenée à celle des points d'intersection de quatre de ces droites considérées deux à deux.

Pour résoudre la question de cette manière, je commence par chercher la condition pour qu'une équation du second degré

$$(1) \qquad Ay^2 + Bxy + Cx^2 + Dy + Ex + F = 0,$$

donne pour l'inconnue y une valeur de la forme $Mx + N$, M et N étant des quantités indépendantes de x.

En considérant l'équation (1) comme une équation du second degré en y, on en déduit

$$(2) \quad y = -\frac{Bx + D}{2A} \pm \frac{1}{2A}\sqrt{(B^2 - 4AC)x^2 + 2(BD - 2AE)x + (D^2 - 4AF)}$$

Pour que cette valeur de y ait la forme demandée, il est nécessaire et suffisant que la quantité placée sous le radical soit un carré parfait, et, pour cela, on doit avoir

$$(BD - 2AE)^2 - (B^2 - 4AC)(D^2 - 4AF) = 0$$

ou, en supprimant les termes B^2D^2, et divisant ensuite par le facteur commun 4A,

(3) $$-BDE + AE^2 = 4ACF - FB^2 - CD^2 ;$$

telle est la condition demandée, si elle est remplie la valeur de y prend la forme

(4) $$y = -\frac{Bx+D}{2A} \pm \frac{1}{2A}\left\{x\sqrt{B^2-4AC} + \frac{BD-2AE}{\sqrt{B^2-4AC}}\right\}.$$

Soit actuellement le système des deux équations

(5) $$Ay^2 + Bxy + Cx^2 + Dy + Ex + F = 0,$$

(6) $$A'y^2 + B'xy + C'x^2 + D'y + E'x + F' = 0.$$

J'ajoute ces deux équations après avoir multiplié la première par λ, le résultat pourra remplacer l'une d'elles. On obtient ainsi

(7) $$(A\lambda+A')\,y^2 + (B\lambda+B')\,xy + (C\lambda+C')\,x^2 + (D\lambda+D')\,y + (E\lambda+E')\,x + (F\lambda+F') = 0.$$

La quantité λ étant arbitraire, nous pouvons la déterminer par la condition que les valeurs de y déduites de l'équation (7), soient du premier degré en x.

Il suffira de poser :

(8) $$-(B\lambda+B')(D\lambda+D')(E\lambda+E') + (A\lambda+A')(E\lambda+E')^2 = 4\,(A\lambda+A')(C\lambda+C')(F\lambda+F') - (F\lambda+F')(B\lambda+B')^2 - (C\lambda+C')(D\lambda+D')^2.$$

Cette équation du troisième degré en λ. aura, au moins, une racine réelle. On calculera cette racine par approximation, et en la portant dans l'équation (4), (n° 426), on obtiendra alors, pour y, deux valeurs de la forme

$$y = Mx + N, \quad y = M_1x + N_1.$$

M_1 N_1 M_1 et N_1 étant connus en fonction de λ, en substituant successivement ces valeurs dans l'une des équations proposées, on obtiendra deux équations du second degré en x ; il y aura, par conséquent, en tout, quatre valeurs pour x et autant pour y.

Discussion. Il y a plusieurs cas à considérer.

1° Si l'équation du troisième degré en λ, admet trois racines réelles et si, en même temps, deux au moins de ces racines rendent positive la fonction

$$(B\lambda+B')^2 - 4\,(A\lambda+A')(C\lambda+C') = k,$$

ces deux racines déterminent deux couples de sécantes réelles, qui se coupent en général en quatre points. Ces quatre points sont les points d'intersection des deux courbes, et leurs coordonnées donnent les solutions des équations proposées.

2° Si l'équation du troisième degré a trois racines réelles, dont une seule rend positive la quantité k, ou, si l'équation n'a qu'une seule racine réelle, mais qui satisfasse à cette condition, les deux courbes n'admettent qu'une seule couple de sécantes communes. Il faudra alors chercher si ces sécantes rencontrent l'une quelconque des courbes proposées ou non ; dans le premier cas, les deux équations auront deux solutions réelles ; dans le second cas, elles auront quatre solutions imaginaires.

3° Si enfin les racines réelles de l'équation en λ rendent négative la fonction k, les deux équations ont quatre solutions imaginaires, parce que quand la racine λ rend la fonction k négative, l'équation (7) ne représente qu'un point.

Exemple I. — Soient données les deux équations

$$3y^2 + 4xy + 3x^2 - 9y - 15x = 0, \quad \text{(ellipse)}$$
$$y^2 - 2xy + x^2 + 2y - 10x = 0, \quad \text{(parabole)}.$$

Ces deux équations combinées ensemble, donnent

$$(3+\lambda)\, y^2 + (4-2\lambda)\, xy + (3+\lambda)\, x^2 - (9-2\lambda)\, y - (15+10\lambda)\, x = 0$$

et l'on obtient pour l'équation (8)

$$32\lambda^3 + 388\lambda^2 + 364\lambda + 189 = 0.$$

Cette équation a trois racines réelles négatives, qui sont

$$\lambda = -\frac{1}{2}, \quad \lambda = -\frac{9}{8}, \quad \lambda = -\frac{21}{2}.$$

La fonction

$$k = -20\,(1+2\lambda)$$

étant positive ou nulle pour chacune des trois valeurs de λ, les courbes données admettent trois systèmes de sécantes communes réelles, dont les points d'intersection se confondent avec ceux des deux courbes.

Il ne reste plus qu'à déterminer deux systèmes de sécantes, et de chercher leurs points de rencontre.

Pour $\lambda = -\frac{1}{2}$, les deux équations du premier degré sont :

$$y = -x + 2 \pm 2,$$

système de deux parallèles.

Pour $\lambda = -\frac{21}{2}$, on a

$$y = \frac{5x}{3} - 2 \pm \left(\frac{4x}{3} + 2\right).$$

Les points d'intersection des quatre sécantes sont

$$x = 0, \quad y = 0,$$
$$x = 1, \quad y = 3,$$
$$x = 3, \quad y = -3,$$
$$x = 6, \quad y = -2.$$

Ces quatre points sont les sommets d'un trapèze dont les côtés sont formés par les quatre sécantes. Les deux autres sécantes correspondantes à $\lambda = -\frac{9}{8}$, seraient les diagonales du trapèze.

EXEMPLE II. — Déterminer les points d'intersection des courbes

$$xy - 3x + 6 = 0 \text{ (hyperbole)},$$
$$x^2 - 9y = 0 \qquad \text{(parabole)}.$$

Si dans la première de ces deux équations on substitue à y sa valeur tirée de la seconde, on obtient l'équation du troisième degré

$$x^3 - 27x + 54 = 0.$$

Cette équation a trois racines réelles, deux positives et égales, $x = 3$, et une négative, $x = -6$.

A ces deux abscisses correspondent les ordonnées

$$y = 1, \quad y = 4.$$

Donc les deux courbes sont tangentes au point (3, 1), et se coupent au point (— 6, 4).

EXEMPLE III. — Soient données les deux équations

$$y^2 + x^2 - 2x = 0 \text{ (cercle)},$$
$$2xy - 1 = 0 \text{ (hyperbole)}.$$

L'équation résultant de la combinaison sera

$$y^2 + 2\lambda\, xy + x^2 - 2x - \lambda = 0,$$

et en écrivant que cette équation représente deux droites, on aura

$$\lambda^3 - \lambda - 1 = 0.$$

Cette dernière équation a une racine réelle positive, et deux racines imaginaires. La racine réelle est comprise entre 1 et 2 et devrait être calculée par les méthodes d'approximation.

461. *Cas particuliers.* La résolution de deux équations du second degré se réduit dans certains cas particuliers, à la résolution d'une équation du second degré, ou d'une équation bicarrée.

1° Lorsque les deux courbes sont concentriques, et rapportées à leur centre commun pris pour origine, leurs équations ne contiennent plus de termes du premier degré par rapport aux variables, et l'élimination d'une variable donnera une équation bicarrée par rapport à l'autre variable.

EXEMPLE. $16y^2 - 16xy + 5x^2 - 400 = 0$ (ellipse),

$y^2 - x^2 + 16 = 0,$ (hyperbole).

2° Lorsque les deux courbes sont homofocales, et rapportées à leur foyer commun pris pour origine des coordonnées, les deux équations se mettent sous la forme

$$x^2 + y^2 = (mx + ny + t)^2,$$
$$x^2 + y^2 = (m'x' + n'y' + t')^2.$$

Donc

$$mx + ny + t = \pm (m'x + n'y + t'),$$

ou

$$(m \mp m')\, x + (n \mp n')\, y + (t \mp t') = 0,$$

et l'on aura deux équations du premier degré que l'on combinera avec l'une des équations proposées.

EXEMPLE : $3y^2 - 4xy + 4y - 2x + 1 = 0$ (hyperbole),

$y^2 - 2xy + x^2 - 3y - 3x - \frac{9}{4} = 0$ (parabole).

En rapportant ces courbes à leur foyer commun pris pour origine, leurs équations peuvent s'écrire

$$x^2 + y^2 = (x - 2y - 1)^2$$
$$x^2 + y^2 = (\tfrac{1}{2}\sqrt{2}.\, x + \tfrac{1}{2}\sqrt{2}.\, y + \tfrac{3}{4}\sqrt{2})^2$$

3° Lorsque deux courbes ont un diamètre commun, et qu'elles sont rapportées à un système de coordonnées obliques, ayant pour axe des abscisses le diamètre commun, et pour axe des ordonnées une parallèle aux cordes, les deux équations ne contiennent la variable y qu'à la seconde puissance, et l'élimination de cette variable réduira le problème à la résolution d'une équation du second degré en x.

EXEMPLE. $2y^2 - 3x - 36 = 0.$ (parabole),

$y^2 + 5x^2 - 80 = 0.$ (ellipse).

4° Si les deux courbes sont homothétiques, les termes du second degré dans les deux équations ont leurs coefficients proportionnels.

Donc si l'on multiplie l'une des équations par un facteur convenable, et qu'on retranche de l'autre équation, on obtiendra pour résultat une équation du premier degré.

EXEMPLE. $y^2 + 2xy - 3x^2 + 6x + 40 = 0$, (hyperbole)

$2y^2 + 4xy - 6x^2 - 5y + 37 = 0$, (hyperbole).

5° Lorsque les deux courbes sont des hyperboles ayant une même asymptote, et rapportée à cette asymptote commune pour axe des x, les deux équations ne contiennent la variable x que dans le terme xy, et l'élimination de x donne une équation du second degré en y.

EXEMPLE.
$$y^2 - 4xy + 6y - 10 = 0$$
$$3y^2 + 2xy - 10y + 8 = 0.$$

NOTE.

DÉRIVÉES DES FONCTIONS ALGÉBRIQUES.

1. Lorsque deux quantités variables x et y sont liées l'une à l'autre de telle sorte que la variation de l'une entraine celle de l'autre, on dit que ces deux quantités sont fonctions l'une de l'autre.

On nomme *variable indépendante* celle à laquelle on donne des valeurs arbitraires, et *fonction* la variable qui prend des valeurs correspondantes. Ainsi, l'aire d'un cercle, d'une sphère, est une fonction de son rayon ; le temps de l'oscillation d'une pendule est une fonction de sa longueur.

2. Une quantité peut être une fonction de plusieurs variables indépendantes; par exemple, le volume d'un cylindre droit à base circulaire est une fonction de sa hauteur et du rayon de sa base.

3. Si l'on regarde y comme une fonction de x, on indique cette liaison par le symbole

$$y = f(x).$$

4. Quand on veut représenter différentes fonctions d'une même variable x sans en spécifier la nature, on emploie les symboles $f(x)$,

$\varphi(x)$, $F(x)$, etc. Si l'on donne à x la valeur particulière a, le résultat de la substitution de a à la place de x dans $f(x)$ est indiqué par $f(a)$.

5. On représente les fonctions de plusieurs variables par les notations

$$f(x, y, z),\ \varphi(x, y, z),\ F(x, y, z)...$$

On représente par $f(a, b, c)$, $\varphi(a, b, c)$, etc., les résultats que l'on obtient lorsqu'on met a, b, c à la place de x, y, z dans ces fonctions.

6. La relation qui existe entre une fonction d'une seule variable et cette variable peut être représentée géométriquement.

Il suffit pour cela de regarder x comme une abscisse variable et et y comme l'ordonnée de la courbe plane définie par l'équation

$$y = f(x).$$

Ordinairement cette courbe est continue, c'est-à-dire que, pour des valeurs de x qui varient par degrés insensibles, l'ordonnée varie aussi par degrés insensibles ; *y est alors une fonction continue de x.*

7. On peut de même représenter par une surface une fonction de deux variables indépendantes ; mais une fonction de trois, de quatre ou d'un plus grand nombre de variables indépendantes n'est pas susceptible d'une représentation géométrique.

8. Une fonction est dite *explicite* quand elle est exprimée immédiatement au moyen de la variable ou des variables dont elle dépend, de sorte qu'on peut en obtenir la valeur en effectuant sur ces variables certaines opérations indiquées avec précision. Ainsi

$$y = x + \sqrt{x^2 - a^2}$$

est une fonction explicite de x.

9. On nomme *fonctions implicites* celles qui sont liées aux variables dont elles dépendent par des équations non résolues, telle est y dans l'équation

$$y^2 - 2xy + 2x^2 - a^2 = 0.$$

La fonction deviendra explicite si l'on tire sa valeur de l'équation et l'on aura

$$y = x \pm \sqrt{a^2 - x^2},$$

10. Nous supposerons dans ce qui suit que lorsque la variable x

varie d'une manière continue entre certaines limites, la fonction y varie aussi d'une manière continue. A une variation très-petite h de la variable correspond une variation très-petite k de la fonction, et quand la première variation tend vers zéro, la seconde tend aussi vers zéro. En général, le rapport $\frac{k}{h}$ de la variation de la fonction à la variation de la variable tend vers une limite fixe et déterminée. Cette limite est ce qu'on appelle la *dérivée* de la fonction proposée. La dérivée est une nouvelle fonction de x que nous représentons par y' ou $f'(x)$.

11. En mathématiques on donne le nom *d'accroissement* aux variations très-petites des grandeurs continues, que ces variations soient positives ou négatives.

12. Considérons, par exemple, la fonction $y = x^3$. Si l'on donne à la variable x l'accroissement h, la fonction devient :

$$y + k = (x+h)^3 = x^3 + 3x^2h + 3xh^2 + h^3 ;$$

elle éprouve la variation ou l'accroissement

$$k = 3x^2h + 3xh^2 + h^3.$$

En divisant par h, on a

$$\frac{k}{h} = 3x^2 + 3xh + h^2.$$

Quand on fait tendre h vers zéro, le rapport $\frac{k}{h}$ de l'accroissement de la fonction à l'accroissement de la variable, tend vers la limite $3x^2$; on en conclut que la fonction proposée a pour dérivée $y' = 3x^2$.

13. Considérons encore la fonction $y = ax^m$, dans laquelle l'exposant m est entier et positif, et le coefficient a constant, si l'on donne à la variable x l'accroissement h, la fonction devient :

$$y + k = a\,(x+h) = ax^m + max^{m-1}\,h + \frac{m(m-1)}{1.2}\,ax^{m-2}h^2 + \dots + ah^m ;$$

elle éprouve l'accroissement

$$k = max^{m-1}\,h + \frac{m(m-1)}{1.2}\,ax^{m-2}\,h^2 + \dots + ah^m.$$

On peut rendre l'accroissement h assez petit pour que chacun des termes du second membre, et par conséquent leur somme k, ait une valeur aussi petite qu'on veut, ainsi la fonction y varie d'une manière continue avec x. En divisant par h, on a

$$\frac{k}{h} = max^{m-1} + \frac{m(m-1)}{1.2} ax^{m-2} h + \dots + ah^{m-1}.$$

Quand h tend vers zéro, tous les termes du second membre, à partir du second, tendent vers zéro ; comme ils sont en nombre fini, leur somme tend aussi vers zéro. Le rapport $\frac{k}{h}$ tend vers la limite max^{m-1} ; on en conclut que la fonction proposée admet une dérivée $y' = max^{m-1}$.

14. En général, si dans l'équation à deux variables

$$y = f(x)$$

on attribue à x l'accroissement h, y prend un accroissement correspondant k, déterminé par la relation

$$y + k = f(x+h).$$

La valeur de cet accroissement est donc

$$k = f(x+h) - f(x) ;$$

par suite,

le rapport entre l'accroissement de la fonction et l'accroissement de la variable a pour expression

$$\frac{k}{h} = \frac{f(x+h) - f(x)}{h}.$$

Cela posé, si h diminue indéfiniment, il en est de même pour k. Mais, comme à chaque instant le rapport $\frac{k}{h}$ a une valeur déterminée, on conçoit que cette valeur tende vers une certaine limite, qu'elle atteint seulement lorsque h, et par suite k, sont devenus égaux à zéro. Cette limite, qui dépend évidemment de la nature de la fonction $f(x)$, est ce que nous avons appelé la dérivée de $f(x)$. Par conséquent

On appelle dérivée d'une fonction la limite vers laquelle tend le rapport entre l'accroissement de la fonction et l'accroissement de la variable, lorsque celui-ci tend vers zéro.

15. Nous venons de vérifier, dans deux cas très-simples, l'exis-

tence de la dérivée. Cette vérification a été faite sur toutes les fonctions que considère l'analyse. On peut d'ailleurs rattacher cette propriété analytique des fonctions continues à la propriété des courbes d'admettre une tangente en chacun de leurs points.

16. Théorème. — Le coefficient angulaire d'une tangente à une courbe est égale à la dérivée de l'ordonnée par rapport à l'abscisse.

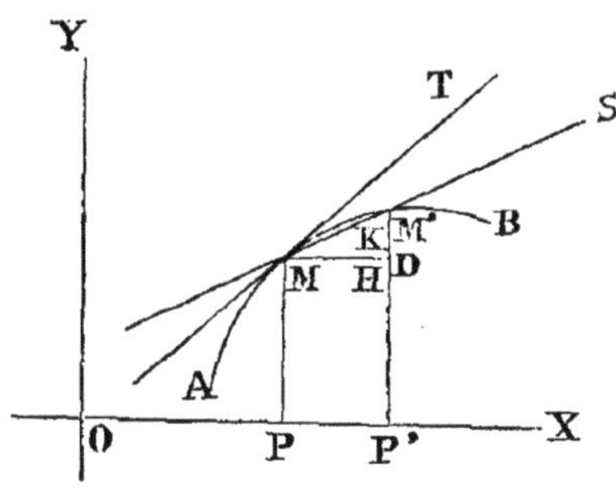

Soit $y = f(x)$ la fonction proposée, et AB la courbe définie par cette équation. On sait que la tangente MT en un point M est la limite des positions d'une sécante MM'S qui tourne autour du point M supposé fixe, jusqu'à ce que le second point M' d'intersection vienne se confondre avec le premier.

Menons MD parallèle à OX. Soient alors x et y les coordonnées du point M, et $x + h$, $y + k$, celles du point M', de sorte que h représente l'accroissement PP' de l'abscisse OP, et k l'accroissement M'D de l'ordonnée MP. Le rapport $\frac{k}{h}$ est égal à la tangente de l'angle SMD, que fait cette sécante avec l'horizontale MD ou OX. Faisons maintenant diminuer l'accroissement h jusqu'à zéro, le point M' se rapprochera indéfiniment du point M, l'angle SMD tendra vers l'angle TMD que fait la tangente MT avec l'horizontale OD ou OX, et le rapport $\frac{k}{h}$ qui est égal à tang SMD, vers la limite tang TMD. On a donc

$$\lim \frac{k}{h} = \lim \frac{\text{M'D}}{\text{MD}} = \lim \frac{f(x+h) - f(x)}{h} = \text{tang TMD};$$

puis, par la définition de la dérivée

$$y' = f'(x) = \text{tang TMD}.$$

17. *Remarque.* Cette équation fondamentale est en défaut dans un seul cas: celui où la tangente MT n'existerait pas. En le laissant de côté, on conclut du théorème précédent, que toute fonction continue a une dérivée.

18. *Dérivée de la variable indépendante.* — Si l'équation de la

courbe se réduit à $y = x$, l'accroissement k devient égal à l'accroissement h, donc, $\frac{k}{h} = 1$, et $\lim \frac{k}{h} = y' = 1$,

la dérivée de la variable indépendante est égale à l'unité.

19. Il est évident que la dérivée d'une *constante* est nulle.

20. *Dérivée d'une somme.* — Soient u, v, w ... des fonctions continues de x, dont nous représenterons les dérivées par u', v', w', ..., en accentuant simplement les lettres qui désignent les fonctions, et soit y la somme algébrique de ces fonctions, de sorte que

$$y = u + v - w \dots.$$

Donnons à x un accroissement quelconque que nous désignerons par le symbole Δx, les fonctions u, v, w, ..., y prendront les accroissements correspondantes Δu, Δv, Δw, ..., Δy, et l'on aura

$$y + \Delta y = u + \Delta u + v + \Delta v - w - \Delta w \dots;$$

puis en retranchant membre à membre,

$$\Delta y = \Delta u + \Delta v - \Delta w \dots.$$

Si l'on divise tous les termes par Δx, on a

$$\frac{\Delta y}{\Delta x} = \frac{\Delta u}{\Delta x} + \frac{\Delta v}{\Delta x} - \frac{\Delta w}{\Delta x} \dots.$$

Supposons maintenant que l'accroissement Δx de la variable tende vers zéro, les accroissements correspondants Δu, Δv, Δw, ... tendront aussi vers zéro ; le rapport $\frac{\Delta u}{\Delta x}$ tendra vers une limite qui, par définition, est la dérivée de la fonction u, dérivée que nous représentons par u', les rapports $\frac{\Delta v}{\Delta x}$, $\frac{\Delta w}{\Delta x}$, ... tendront de même vers des limites qui sont les dérivées des fonctions v, w, etc. ; on en conclut que le rapport $\frac{\Delta y}{\Delta x}$ tend aussi vers une limite égale à $u' + v' - w' +$ etc., et l'on a

$$y' = u' + v' - w' + \text{etc.}$$

Ainsi,

la dérivée d'une somme algébrique est la somme des dérivées des diverses fonctions qui la composent.

21. *Dérivée d'une fonction entière.* — Toute fonction du degré m est de la forme

$$f(x) = A_0 x^m + A_1 x^{m-1} + \dots + A_{m-1} x + A_m.$$

C'est la somme algébrique des termes qui la composent; chacun des termes étant une fonction continue de x ayant une dérivée, leur somme, d'après le théorème précédent, admet une dérivée, et cette dérivée est égale à la somme des dérivées des divers termes. Nous avons vu (n° 13) que, pour trouver la dérivée de la fonction élementaire ax^m, il faut multiplier par l'exposant de x et diminuer ensuite cet exposant d'une unité; en appliquant cette règle à chacun des termes du polynôme, on a

$$f'(x) = mA_0 x^{m-1} + (m-1)A_1 x^{m-2} + \dots + A_{m-1}.$$

Le degré de chaque terme s'abaissant d'une unité, la dérivée est une fonction entière du degré $m - 1$. Le terme constant A_m n'entre pas dans la dérivée.

Exemple. — $f(x) = x^3 + 5x^2 - 7x + 6,$

$$f'(x) = 3x^2 + 10x - 7.$$

22. *Dérivée d'un produit de deux facteurs.* — Soit

$$y = uv,$$

u et v étant des fonctions continues d'une variable indépendante x. Si l'on donne à la variable x l'accroissement Δx, les fonctions u, v, y éprouveront des accroissements correspondants Δu, Δv, Δy, et l'on a

$$y + \Delta y = (u+\Delta u)(v+\Delta v),$$

ou, en effectuant les multiplications, et supprimant dans les deux membres les quantités égales y et uv,

$$\Delta y = u\Delta v + v\Delta u + \Delta u\Delta v.$$

En divisant tous les termes par Δx nous aurons

$$\frac{\Delta y}{\Delta x} = u\frac{\Delta v}{\Delta x} + v\frac{\Delta u}{\Delta x} + \frac{\Delta u}{\Delta x}.\Delta v.$$

Si l'accroissement Δx de la variable x tend vers zéro, les rapports $\frac{\Delta u}{\Delta x}$, $\frac{\Delta v}{\Delta x}$ tendent vers des limites qui sont les dérivées u' et v des fonctions u et v; le troisième terme du second membre devient nul, parce que le premier facteur $\frac{\Delta u}{\Delta x}$ tend vers une valeur fixe u', tandis que le second facteur Δv tend vers zéro. On en conclut que le rapport $\frac{\Delta y}{\Delta x}$ tend lui-même vers une limite égale à $uv' + vu'$, et l'on a

$$y' = uv' + vu'.$$

Ainsi,

la dérivée d'un produit de deux facteurs égale le premier facteur multiplié par la dérivée du second, plus le second facteur multiplié par la dérivée du premier.

23. Lorsqu'une fonction est multipliée par un facteur constant, il est clair que sa dérivée est multipliée par ce facteur. Soit $y = au$; on a évidemment $\Delta y = a\Delta u$, et par suite $\frac{\Delta y}{\Delta x} = a \frac{\Delta u}{\Delta x}$. On en conclut

$$y' = au'.$$

24. Considérons maintenant le produit $y = uvw$ de trois fonctions, si l'on regarde le produit uv des deux premières fonctions comme ne formant qu'un seul facteur, nous aurons :

$$y' = uvw' + w\,(uv)'\ ;$$

puis, en développant le produit $(uv)'$,

$$y' = uvw' + w\,(uv' + vu'),$$

ou

$$y' = uvw' + wuv' + wvu'.$$

Ainsi,

la dérivée d'un produit de plusieurs facteurs est égale à la somme des produits que l'on obtient en multipliant la dérivée de chaque facteur par le produit de tous les autres.

Exemples. 1° $y = (2x - 5)(4x^2 + 7x - 3)$

$$y' = (2x-5)(8x + 7) + (4x^2 + 7x - 3).\,2 = 24x^2 - 12x - 41.$$

2° $y = x^3(x^2 + 1)(3x - 1)$.

$$y' = x^3(x^2+1).\,3 + (x^2+1)(3x-1).\,3x^2 + x^3(3x-1).\,2x = 18x^5 - 5x^4 + 12x^3 - 3x^2.$$

25. *Dérivée d'une puissance.* — Soit $y = u^n$, l'exposant étant d'abord supposé entier et positif. Cette fonction est le produit de n facteurs égaux à u ; donc, par le théorème précédent, on a

$$y' = u^{n-1}u' + u^{n-1}u' + \ldots = nu^{n-1}u'.$$

Ainsi,

pour trouver la dérivée d'une puissance de fonction, on multiplie la puissance par son exposant, on diminue cet exposant d'une unité, et l'on multiplie le résultat par la dérivée de la fonction.

Cette règle subsiste quelle que soit la forme de l'exposant n.

1° si $n = \frac{p}{q}$, p et q étant entiers et positifs,

$$y^q = u^p\ ;$$

puis

$$qy^{q-1}\, y' = pu^{p-1}\, u'.$$

Mais

$$y^{q-1} = \frac{y^q}{y} = \frac{u^p}{u^{\frac{p}{q}}} = u^{p-\frac{p}{q}}\ ;$$

donc

$$y' = \frac{p}{q} \cdot u^{\frac{p}{q}-1}\, u'.$$

2° Soit $n = -p$, p étant entier ou fractionnaire, mais positif; alors

$$y = \frac{1}{u^p}, \qquad yu^p = 0,$$

$$pyu^{p-1}\, u' + u^p\, y' = 0,$$

d'où

$$y' = -p\,\frac{yu^{p-1}u'}{u^p} = -p\,\frac{u^{p-1}}{u^{2p}} = -pu^{-p-1} \cdot u'.$$

26. *Dérivée d'une racine carrée.* Dans le cas particulier de $y = u^{\frac{1}{2}} = \sqrt{u}$, on a :

$$y' = \frac{1}{2} u^{\frac{1}{2}-1}\, u' = \frac{1}{2}\, u^{-\frac{1}{2}} u' = \frac{u'}{2\sqrt{u}}.$$

Donc,

la dérivée d'une racine carrée est égale à la dérivée de la fonction placée sous le radical, divisée par le double du radical.

EXEMPLES. 1. $y = \sqrt{x}\ ;\ y' = \frac{1}{2}\, x^{\frac{1}{2}-1} = \frac{1}{2\sqrt{x}}.$

2. $y = \frac{1}{x} = x^{-1};\ y' = -x^{-2} = -\frac{1}{x^2}.$

$$3.\quad y=\frac{1}{x^2}=x^{-2};\ y'=-2x^{-3}=-\frac{2}{x^3}.$$

$$4.\quad y=\sqrt[3]{x}=x^{\frac{1}{3}};\ y'=\frac{1}{3}x^{-\frac{2}{3}}=\frac{1}{3\sqrt[3]{x^2}}.$$

27. *Dérivée d'un quotient.* — Soit

$$y=\frac{u}{v}.$$

u et v étant des fonctions continues de x. On en conclut,

$$yv=u,$$

puis, nº 22,

$$yv'+vy'=u',$$

d'où

$$y'=\frac{u'-yv'}{v}.$$

En remplaçant y par sa valeur $\frac{u}{v}$, on obtient

$$y'=\frac{v\,u'-u\,v'}{v^2}.$$

Donc,
la dérivée d'une fraction est égale au dénominateur multiplié par la dérivée du numérateur, moins le numérateur multiplié par la dérivée du dénominateur, le tout divisé par le carré du dénominateur.

Exemples 1.
$$y=\frac{x-1}{x+1}.$$

$$y'=\frac{x+1-(x-1)}{(x+1)^2}=\frac{2}{(x+1)^2}.$$

2.
$$y=\frac{5x^2-3x+4}{x^2-1}.$$

$$y'=\frac{(x^2-1)(10x-3)-(5x^2-3x+4)\,2x}{(x^2-1)^2}=\frac{3x^2-18x+3}{(x^2-1)^2}$$

3.
$$y=\frac{a^2-x^2}{a^4+a^2x^2+x^4}.$$

$$y'=\frac{-2x(a^4+a^2x^2+x^4)-(a^2-x^2)(2a^2x+4x^3)}{(a^4+a^2x+x^4)^2}=\frac{2x(x^4-2a^2x^2-2a^4)}{(a^4+a^2x^2+x^4)^2}$$

FONCTION DE FONCTION.

28. Soit $y = f(u)$ une fonction de la quantité u, qui est elle-même une fonction $\varphi(x)$ de la variable x. Par l'intermédiaire de la variable u, y pourra être considéré comme une fonction de x ; c'est ce qu'on appelle *une fonction de fonction.*

Si l'on donne à x un accroissement très-petit Δx, il en résulte pour u un accroissement très-petit Δu, et par suite pour y un accroissement très-petit Δy. Or, on a évidemment

$$\frac{\Delta y}{\Delta x} = \frac{\Delta y}{\Delta u} \times \frac{\Delta u}{\Delta x}.$$

Quand l'accroissement Δx tend vers zéro, le rapport $\frac{\Delta u}{\Delta x}$ tend vers la limite u', le rapport $\frac{\Delta y}{\Delta u}$ tend vers la limite $f'(u)$; le rapport $\frac{\Delta y}{\Delta x}$ tend donc vers une limite égale au produit $f'(u) \times u'$; on en conclut

$$y' = f'(u)u'.$$

Ainsi,

la dérivée d'une fonction de fonction est égale au produit des dérivées des fonctions qui la composent.

EXEMPLE. $$y = (a + bx^2)^m.$$

Si nous faisons $a + bx^2 = u$, nous aurons une fonction de fonction

$$y = u^m,$$

qui admet pour dérivée

$$y' = mu^{m-1}u'.$$

Or, $u' = 2bx$: en remplaçant u et u' par leurs valeurs, on a

$$y' = 2mbx(a + bx^2)^{m-1}.$$

Remarque. La règle qui nous a donné la dérivée de u^n (25) peut être regardée comme une application de ce théorème.

Les règles précédentes donnent le moyen de former la dérivée d'une fonction algébrique explicite quelconque, quelle qu'en soit la complication.

29. *Dérivée d'une fonction implicite de deux variables.* Soit actuellement

(1) $$F(x,y) = 0$$

une équation donnée, et soit proposé de trouver la valeur de la dérivée y' sans résoudre l'équation.

En résolvant cette équation par rapport à y, on trouverait $y = \varphi(x)$; imaginons que l'on ait substitué cette valeur dans l'équation (1), celle-ci deviendra $F(x, \varphi(x)) = 0$, ou pour plus de simplicité

$$f(x) = 0,$$

équation identique, et dans laquelle tous les termes doivent se détruire, quelque valeur que l'on donne à x. Par exemple, si cette équation ne monte qu'au troisième degré, on pourra la représenter par

$$Ax^3 + Bx^2 + Cx + D = 0,$$

et en mettant une valeur quelconque pour x, elle sera toujours satisfaite; donc, en mettant $x + h$ à la place de x, on aura encore

$$A(x + h)^3 + B(x + h)^2 + C(x + h) + D = 0,$$

c'est-à-dire que si l'on a $f(x) = 0$, quel que soit x, on aura encore $f(x + h) = 0$; retranchant de cette équation celle-ci

$$f(x) = 0, \text{ il restera } f(x + h) - f(x) = 0 ;$$

donc aussi

$$\frac{f(x + h) - f(x)}{h} = 0,$$

et, en passant à la limite,

$$f'(x) = 0.$$

Ceci nous apprend qu'en regardant y comme une fonction de x, si l'on prend la dérivée de l'équation $f(x, y) = 0$, on pourra égaler le résultat à zéro, ce qui servira à déterminer la dérivée y', comme nous allons le voir dans les exemples suivants :

1. $$f(x, y) = x^2 + 3ay - y^2 = 0.$$

$$2x + 3ay' - 2yy' = 0$$

d'où
$$y' = \frac{2x}{2y - 3a}.$$

2. $f(x, y) = Ay^2 + Bxy + Cx^2 + Dy + Ex + F = 0.$

On a pour la dérivée

$$2Ayy' + Bxy' + By + 2Cx + Dy' + E = 0$$

d'où
$$y' = -\frac{By + 2Cx + E}{2Ay + Bx + D}.$$

En remarquant que le numérateur de la valeur de y' est la dérivée de l'équation proposée prise en regardant x comme seule variable, et le dénominateur la dérivée de cette même équation prise en regardant y comme seule variable, on peut écrire

$$y' = -\frac{F'_x}{F'_y},$$

c'est le coefficient angulaire de la tangente aux courbes du second ordre.

On conclut de ce qui précède que
la dérivée de la fonction implicite y, déterminée par l'équation $F(x, y) = 0$, s'obtient en divisant la dérivée du premier membre, relative à la lettre x, par la dérivée relative à la lettre y, et en changeant le signe du quotient.

FIN.

TABLE DES MATIÈRES.

CHAPITRE I.

CHAPITRE II.

DES COORDONNÉES.

CHAPITRE III.

CHAPITRE IV.

LIGNES DU PREMIER ORDRE.

CHAPITRE V.

CHAPITRE VI.

THÉORIE DU CERCLE.

CHAPITRE VII.

CHAPITRE VIII.

CHAPITRE IX.

COURBES DU SECOND ORDRE.

CHAPITRE X.

CHAPITRE XI.

CHAPITRE XII.

DU CENTRE DES DIAMÈTRES ET DES AXES.

CHAPITRE XIII.

RÉDUCTION DE L'ÉQUATION GÉNÉRALE DU SECOND DEGRÉ.

CHAPITRE XIV.

THÉORIE DE L'ELLIPSE.

CHAPITRE XV.

THÉORIE DE L'HYPERBOLE.

CHAPITRE XVI.

THÉORIE DE LA PARABOLE.

CHAPITRE XVII.

CHAPITRE XVIII.

CHAPITRE XIX.

CHAPITRE XX.

CHAPITRE XXI.

IDENTITÉ DES COURBES DU SECOND ORDRE AVEC LES SECTIONS CONIQUES.

CHAPITRE XXII.

COORDONNÉES POLAIRES.

CHAPITRE XXIII.

CHAPITRE XXIV.

NOTE.

ERRATA.

Page 2, ligne 11e en remontant, lisez $\frac{a}{x} = \frac{h}{h-x}$.

» 51, ligne 12, lisez $x \cos \alpha + y \cos \beta = p$.

» 54. Exercice I. La réponse est $x + 7y + 11 = 0$.

» 56, ligne 10, lisez $x = \frac{0}{0}$.

» 56. Exercice III, la 1re équation est $2y - 3x = 10$.

» 69. » II, lisez $x \cos \alpha + y \sin \alpha = p$.

» 76. Dans la figure, B est mis pour E.

» 78, ligne 5 en remontant, lisez $\overline{AM}^2 = y^2 + (x+c)^2$.

» 87. Exercice IV. La réponse est $x^2 + y^2 - 2cy = c^2$.

» 109, ligne 9, lisez $R^2 [\beta(y-\beta) + \alpha(x-\alpha)]^2 = \ldots$

» 120. Exercice II. Lisez : $(x-3)^2 + y^2 = 5$.

» 128, dernière ligne, lisez $y = \frac{x' \sin \alpha + y' \cos \alpha}{\sin \theta}$.

» 133, ligne 13, lisez $Y = \frac{1}{2A} \sqrt{-n(x-x')(x''-x)}$.

» 134, ligne 5, lisez : Pour $x > x''$. . . . .

» 140, ligne 9, lisez $x = -\frac{B}{2C} y - \frac{E}{2C} \pm \frac{1}{2C} \sqrt{\ldots}$

» 147, ligne 9, lisez : $y = a \left\{ x^2 + \frac{b}{a} x + \ldots \right\}$

» 150, le n° 155 est répété par erreur.

» 151, ligne 6 en remontant, lisez $x' + h$, et $y' + k$.

» 152, ligne 10, lisez $\frac{y'-y''}{x'-x''}$.

» 153, ligne 2 en remontant, lisez $\frac{y'-y''}{x'-x''}$.

» 170. Exercices I et II, lisez $4y^2$ au lieu de $4x^2$.

» 203, ligne 11 en remontant, lisez $x = -\frac{a}{c}$.

» 253, Exercice 20, lisez: toute corde passant par le foyer est égale au carré du diamètre parallèle divisé par l'axe focal.

» 256, au lieu de chapitre XIV, lisez chapitre XV.

N. B. A partir de ce chapitre, tous les suivants doivent avancer d'un numéro.

www.ingramcontent.com/pod-product-compliance
Ingram Content Group UK Ltd.
Pitfield, Milton Keynes, MK11 3LW, UK
UKHW012003240726
13965UKWH00001B/123

9 782013 440066